mit Raumfahrzeugen

USA

1950

1958 Erste wissenschaftliche Entdeckung im Weltraum (Van Allen Strahlungsgürtel; *Explorer 1*)

1959 Erste Fernsehbilder der Erde aus dem Weltraum *(Explorer 6)*

1960

1962 Erste wissenschaftliche Entdeckung im interplanetaren Raum – direkte Beobachtung des Sonnenwindes *(Mariner 2)*

1962 Erste wissenschaftlich erfolgreiche Planetenmission (*Mariner 2*/Venus)

1962 Erstes astronomisches Observatorium im Weltraum *(OSO-1)*

1968 Erste Umrundung einer anderen Welt mit einem bemannten Raumfahrzeug (*Apollo 8*/Mond)

1969 Erste Landung von Menschen auf einer anderen Welt (*Apollo 11*/Mond)

1969 Erste Proben von einer anderen Welt zur Erde gebracht (*Apollo 11*/Mond)

1970

1971 Erstes bemanntes Geländefahrzeug auf einer anderen Welt (*Apollo 15*/Mond)

1971 Erste Raumsonde im Orbit einer anderen Welt (*Mariner 9*/Mars)

1974 Erste Mission zu zwei Planeten (*Mariner 10*/Venus und Merkur)

1976 Erste erfolgreiche Mars-Landung; erste Raumsonde auf der Suche nach Leben auf einem anderen Planeten *(Viking 1)*

Carl Sagan

Blauer Punkt im All

Unsere Zukunft im Kosmos

Aus dem Amerikanischen von Susanne Bunzel

Droemer Knaur

Legende zur Abbildung auf Seite 2: *Die Erde: ein blauer Punkt in einem Sonnenstrahl, jenseits der Umlaufbahn des Neptun, von* Voyager 2 *aufgenommen.*

Die Deutsche Bibliothek – CIP-Einheitsaufnahme

Sagan, Carl:
Blauer Punkt im All : unsere Zukunft im Kosmos / Carl Sagan.
Aus dem Amerikan. von Susanne Bunzel. –
München : Droemer Knaur, 1996
Einheitssacht.: Pale blue dot <dt.>
ISBN 3-426-26906-6

Originaltitel: Pale Blue Dot. A Vision of the Human Future in Space
Originalverlag: Random House, New York

Die Folie des Schutzumschlags sowie die
Einschweißfolie sind PE-Folien und biologisch abbaubar.
Dieses Buch wurde auf chlor- und säurefreiem Papier gedruckt.

Umschlaggestaltung: Agentur ZERO, München
Umbruch: QuarkXPress im Verlag
Druck und Bindearbeiten: Druckerei Appl, Wemding
Printed in Germany
ISBN 3-426-26906-6

5 4 3 2 1

FÜR SAM,
auch ein Wanderer.
Möge deine Generation
noch ungeträumte
Wunder erschauen.

Inhalt

Wanderer: Eine Einführung 9
1 You are here 19
2 Die Aberration des Lichts 27
3 Die große Ernüchterung 41
4 Ein Universum nicht nur für uns 57
5 Gibt es Intelligenz auf der Erde? 75
6 *Voyagers* Triumph 97
7 Zwischen den Monden des Saturn 117
8 Der erste Planet der Neuzeit 135
9 Eine amerikanische Raumsonde an der Grenze des Sonnensystems 151
10 Schwarzer Himmel 171
11 Abendstern und Morgenstern 185
12 Der Boden schmilzt 199
13 *Apollos* Geschenk 219
14 Andere Welten erforschen und unsere eigene schützen 233
15 Die Tore zur Wunderwelt stehen offen 247
16 Den Himmel erklimmen 279
17 Die ganz normale interplanetare Gewalt 303
18 Der Sumpf von Camarina 325
19 Terraforming 345
20 Finsternis 367
21 Himmelwärts! 383
22 Auf Zehenspitzen durch das Weltall 395
Anmerkungen 421
Weiterführende Literatur 425
Danksagung 429
Register 431

NEPTUNE
TRITON
URANUS
TITANIA
OBERON
SATURN
CALLISTO
GANYMEDE
EUROPA
IO
JUPITER
MOON
MARS
EARTH
VENUS
MERCURY

Wanderer: Eine Einführung

Wer aber *sind* sie, sag mir, die Fahrenden ...?

Rainer Maria Rilke, *Die fünfte Elegie,* 1923[1]

Wir waren Wanderer von Anfang an. Wir kannten jeden Baum im Umkreis von hundert Meilen und wußten, wann er Früchte trug. Wir folgten den Viehherden auf ihren jährlichen Wanderungen und ernährten uns von ihrem Fleisch. Mit vereinten Kräften gelang einigen von uns, was viele von uns allein nicht schaffen konnten. Wir waren voneinander abhängig, und die Vorstellung, allein auf sich gestellt zu überleben, war genauso absurd wie der Gedanke an Seßhaftigkeit. Gemeinsam schützten wir unsere Kinder vor Löwen und Hyänen. Wir brachten ihnen bei, was sie zum Leben brauchten, und erklärten ihnen unsere Werkzeuge. Damals wie heute ist Technologie der Schlüssel zum Überleben.

Während längerer Dürreperioden oder ungemütlich kalter Sommer zog unsere Gruppe weiter, manchmal in ein unbekanntes Land, und suchte nach einem besseren Standort. Und wenn wir uns mit den anderen nicht mehr vertrugen, verließen wir sie, um uns anderswo einer freundlicheren Schar anzuschließen. Wir konnten immer wieder von vorne anfangen. Seit unserer Entstehung verbrachten wir 99,9 Prozent unserer

Existenz als Jäger und Sammler, als Wanderer in Savannen und Steppen. Halten konnten uns nur Erde, Meer und Himmel.

Wenn das Klima günstig und die Nahrung reichlich war, ließen wir uns gerne auch einmal nieder. Wir wurden langweilig, übergewichtig und leichtsinnig. In den letzten zehntausend Jahren – ein Augenblick nur in unserer langen Geschichte – gaben wir das Nomadenleben auf und entwickelten Ackerbau und Viehzucht.

Trotz aller materiellen Vorteile machte uns das seßhafte Leben unruhig und unzufrieden. Selbst nach vierhundert Generationen in Dörfern und Städten haben wir die Wildnis nicht vergessen. Ganz leise hören wir ihren Ruf immer noch in uns. Unseren Fernreisen haftet daher eine gewisse Romantik an. Dieses Fernweh wurde vermutlich durch natürliche Auslese als wesentliches Element zum Überleben herausgebildet. Lange Sommer, milde Winter, reiche Ernten, jede Menge Spaß – nichts davon bleibt ewig. Wir können die Zukunft nicht vorhersagen. Katastrophen treten überraschend ein und treffen uns unvorbereitet. Unser Leben, das Leben unserer Familie, ja das Leben unserer ganzen Spezies ist wahrscheinlich einigen wenigen rastlosen Wanderern zu verdanken, die, getrieben von einer unbegreiflichen und unfaßbaren Sehnsucht, nach unbekannten Ländern und neuen Welten aufbrachen.

Herman Melville sprach in seinem Roman *Moby Dick* (1851) für die Wanderer aller Zeiten und aller Breiten: »Mich aber zieht und zerrt es unaufhörlich in die Ferne. Ich bin für mein Leben gern in verbotenen Gewässern ...«[2]

Für die alten Griechen und Römer bestand die bekannte Welt aus Europa sowie den unmittelbar angrenzenden Ländern in Asien und Afrika und war von einem unpassierbaren Weltmeer umgeben. Auf Reisen konnte man niederen Wesen, genannt Barbaren, oder höheren Wesen, den Göttern, begegnen. Jeder Baum besaß seine Dryade, jeder Bezirk seinen sagenhaften Helden. Aber es gab, zumindest anfangs, nicht übermäßig viele Götter, vielleicht ein paar Dutzend. Sie lebten auf Bergen, unter der Erde, im Meer oder im Himmel. Sie kommunizierten mit den Menschen, mischten sich in ihre Angelegenheiten ein und zeugten Kinder mit ihnen.

Mit den Entdeckungen kamen im Laufe der Zeit jedoch auch Überraschungen: Barbaren entpuppten sich als genauso klug wie Griechen und Römer, Afrika und Asien waren viel größer als bisher angenommen, und das Weltmeer konnte sehr wohl erkundet werden. Auch gab es Antipoden*, drei Kontinente, von denen man in Europa bisher nichts gewußt hatte und die in grauer Vorzeit von Asiaten besiedelt worden waren. Und die Götter machten sich enttäuschend rar.

Die erste große Völkerwanderung von der Alten in die Neue Welt fand während der letzten Eiszeit, vor rund elfeinhalbtausend Jahren statt. Durch die wachsende Eisschicht auf den Polkappen sank der Meeresspiegel so stark, daß man auf einer Landbrücke von Sibirien nach Alaska gelangen konnte. Tausend Jahre später hatten die Menschen Feuerland, die Südspitze Lateinamerikas, erreicht. Lange vor Kolumbus erkundeten indonesische Argonauten in Auslegerbooten den westlichen Pazifik. Menschen aus Borneo siedelten sich in Madagaskar an, Ägypter und Libyer umsegelten den afrikanischen Kontinent, und eine große Flotte chinesischer Hochsee-Dschunken durchkreuzte während der Ming-Dynastie den Indischen Ozean, errichtete eine Kolonie in Sansibar, umrundete das Kap der Guten Hoffnung und wagte sich bis in den Atlantik vor. Vom fünfzehnten bis zum siebzehnten Jahrhundert entdeckten europäische Seefahrer für sie neue Kontinente und segelten um die ganze Erde. Im achtzehnten und neunzehnten Jahrhundert drangen amerikanische und russische Forscher, Händler und Siedler bis an die Pazifikküsten ihrer beiden riesigen Länder vor. Dieser Entdecker- und Beutedrang war in grauer Vorzeit überlebensnotwendig. Er ist nicht auf eine Nation oder eine ethnische Gruppe beschränkt, sondern allen Menschen zu eigen.

Seit unserer Entstehung vor einigen Millionen Jahren in Ostafrika ziehen wir über die Erde. Heute leben Menschen auf allen Kontinenten und auf den abgelegensten Inseln; vom Nordpol bis zum Südpol, vom Mount Everest bis zum Toten Meer haben Menschen ihre Spuren hinterlassen, auf dem Meeresgrund und manchmal sogar im Weltall dreihundert Kilometer hoch über der Erde – gleich den Göttern der Antike.

* »Um auf die Behauptung zu sprechen zu kommen, es gebe Antipoden«, schrieb Augustinus im fünften Jahrhundert, »d.h. Menschen, die auf der anderen Seite der Erde leben, wo die Sonne aufgeht, wenn sie bei uns untergeht, Menschen, die ihre Füße beim Gehen auf uns gerichtet haben, so ist diese in keiner Weise glaubhaft.« Selbst wenn es dort unbekanntes Land und nicht nur Ozean gebe, »so gibt es doch nur ein Paar Urahnen, und es ist nicht vorstellbar, daß solch entfernte Gebiete von Adams Nachkömmlingen bevölkert worden seien«.

Heute scheint man auf der Erde nichts Neues mehr entdecken zu können, so daß die einstigen Entdecker, Opfer ihres eigenen Erfolgs, nicht mehr zu großen Fahrten aufbrechen.
Große Völkerwanderungen, die manchmal freiwillig, in den meisten Fällen jedoch der Not gehorchend erfolgten, prägten die Geschichte der Menschheit. Heute fliehen mehr Menschen vor Krieg, Unterdrückung und Hunger als jemals zuvor. Mit dem zu erwartenden Klimawechsel wird es in den kommenden Jahrzehnten auch weitaus mehr Umweltflüchtlinge geben. Wir werden immer auf der Suche nach besseren Standorten sein, ganze Scharen werden regelmäßig über die Erde wandern. Doch die Länder, die sie aufsuchen, sind bereits besiedelt. Andere, oft taub für ihre Bitten, waren schon vor ihnen da.

Ende des neunzehnten Jahrhunderts wuchs Leib Gruber in einem winzigen Dorf in einem gottverlassenen Winkel des riesigen Habsburgerreichs auf. Sein Vater machte als Fischverkäufer Gelegenheitsgeschäfte, die kaum zum Überleben reichten. Als junger Mann konnte Leib nur eine einzige ehrliche Arbeit finden: Reisende über den nahegelegenen Fluß tragen. Er ließ die Kunden, Mann oder Frau, auf seinen Rücken steigen und trug sie ans andere Ufer. Manchmal reichte ihm das Wasser bis an die Taille. Brücken oder Fähren gab es nicht, und Pferde wurden für andere Zwecke gebraucht. So blieben nur noch Leib und ein paar andere junge Männer, die sich wie Tiere verhökerten. Mein Großvater war nichts anderes als ein Lasttier.
Leib kam in seinen jungen Jahren wohl kaum jemals weiter als hundert Kilometer über seine Heimatstadt hinaus. Doch im Jahre 1904 brach er plötzlich auf in die Neue Welt – angeblich um sich einer Anklage wegen Mordes zu entziehen. Seine junge Frau ließ er zurück. Wie riesig im Vergleich zu seinem Weiler mußten ihm die deutschen Hafenstädte erscheinen, wie weit das Meer, wie seltsam die hohen Wolkenkratzer und die Sprache seiner neuen Heimat. Wir wissen nichts über seine Überfahrt, doch besitzen wir Unterlagen über die Reise seiner Frau Chaiya, die nachkam, sobald Leib das Geld für die Überfahrt angespart hatte. Sie reiste in der billigsten Klasse, konnte weder lesen noch schreiben, sprach kein Wort Englisch, und ihr ganzes Barvermögen betrug einen Dollar.
Sie ging in New York an Land und lebte gerade lange genug mit ihrem Mann zusammen, um meine Mutter und ihre Schwester zu gebären.

Dann starb sie an den Komplikationen der Entbindung. In jenen Jahren in Amerika wurde ihr Name oft zu Carla verformt. Ein Vierteljahrhundert später nannte meine Mutter ihren ersten Sohn nach ihrer Mutter, die sie eigentlich nie gekannt hatte.

Unsere Vorfahren bemerkten bei ihren Himmelsbeobachtungen, daß fünf Sterne anders als die sogenannten Fixsterne nicht nur in einer immer gleichen Bewegung auf- und untergehen, sondern eine ungewöhnliche und komplizierte Bahn beschreiben. Im Lauf der Monate scheinen sie langsam durch die Sternenwelt zu wandern, wobei sie manchmal im Kreis laufen. Heute nennen wir diese Himmelskörper Planeten, abgeleitet aus dem griechischen Wort für »Wanderer«. Dazu hatten unsere Urahnen wohl einen konkreten Bezug.
Wir wissen heute, daß Planeten keine Sterne, sondern andere Welten und durch die Schwerkraft an die Sonne gebunden sind. Als die Erkundung der Erde abgeschlossen war, begannen wir dieses System als eine Welt unter einer Vielzahl von anderen Welten zu betrachten, die um eine Sonne oder andere Sterne in der Milchstraße kreisen. Unser Planet und unser Sonnensystem sind heute von einem neuen Ozean umgeben – den Tiefen des Weltalls. Doch auch sie werden eines Tages passierbar sein, ganz so wie das Weltmeer der Antike.
Vielleicht ist es jetzt noch etwas zu früh, vielleicht ist die Zeit einfach noch nicht reif, den Verlockungen dieser Welten nachzugeben.
In den vergangenen Jahrzehnten gelang den USA und der ehemaligen Sowjetunion die genauere Untersuchung all dieser hellen Punkte am Himmel, die mit ihrem rätselhaften Verhalten den Grundstein zur Astronomie legten. Seit dem ersten erfolgreichen Flug zu den Planeten im Jahre 1962 flogen unsere Maschinen an über sechzig neuen Welten vorbei, umrundeten sie oder landeten dort. Wir wanderten sozusagen unter Wanderern. Wir entdeckten riesige Vulkane, die die höchsten Berge der Erde winzig klein aussehen lassen, wir fanden alte Flußtäler auf zwei Planeten, die eigentlich zu kalt oder zu warm für fließendes Wasser sind, wir sahen einen riesigen Planeten, dessen Kern aus flüssigen Wasserstoffverbindungen die Erde tausendmal fassen kann, wir entdeckten ganze geschmolzene Monde, einen wolkenverhüllten Planeten mit einer Atmosphäre aus ätzenden Säuren, wo die Temperaturen selbst auf den Hochplateaus über dem Schmelzpunkt von Blei liegen, alte Ober-

flächenstrukturen, die die gewaltsame Entstehung des Sonnensystems getreu wiedergeben, Eiswelten aus den Tiefen des Alls jenseits von Pluto, ausgeklügelte Ringsysteme, die das feine Spiel der Schwerkraft verdeutlichen, und schließlich eine Welt in Wolken komplexer organischer Moleküle, die in ähnlicher Form die Entstehung von Leben auf unserem Planeten ermöglichten.

Wir entdeckten Wunder, von denen unsere Ahnen bei ihren Himmelsbeobachtungen nicht einmal träumten. Wir untersuchten die Entstehung unseres Planeten und die der Menschheit. Durch die Entdeckung neuer Möglichkeiten, durch den Kontakt mit Welten, die unserer eigenen ähneln, begannen wir, unsere Erde besser zu verstehen. Jede einzelne dieser Welten hält neue Erkenntnisse für uns bereit, doch nach unserem Wissensstand sind sie unbewohnt und unfruchtbar. Es gibt also keine bessere Welt dort draußen. Bis heute zumindest.

Während der *Viking*-Mission verbrachte ich ab Juli 1976 gewissermaßen ein Jahr auf dem Mars. Ich untersuchte das Gestein und die Sanddünen, den Himmel, der selbst mittags rot war, die alten Flußtäler, die hoch aufragenden Vulkane, die gewaltigen Winderosionen, die Polkappen, die beiden dunklen, kartoffelförmigen Monde. Doch es gab keine Spur von Leben – keinen Käfer oder Grashalm, nach unserem Wissen nicht einmal eine Mikrobe. Jene Welten sind nicht mit Leben gesegnet. Leben ist verhältnismäßig rar. Man kann Dutzende von verschiedenen Welten untersuchen und nur auf einer einzigen Leben entdecken.

Während Leib und Chaiya in ihrer Jugend gerade einmal ihren Fluß überquerten, fuhren sie später über den Ozean. Sie hatten einen großen Vorteil: Auf der anderen Seite des Wassers gab es Menschen, die ihre Sprache und Ansichten teilten und sogar mit ihnen verwandt waren. Wir durchsuchten das Sonnensystem und sandten Raumschiffe zu den Sternen. Neptun ist millionenmal weiter von der Erde entfernt als New York von den Ufern des Bug. Aber dort leben keine Verwandten, keine Menschen, nicht einmal andere Wesen. Keine Briefe von Auswanderern helfen uns, diese neuen Welten zu verstehen. Nur digitale Daten geben uns Auskunft, die mit Lichtgeschwindigkeit von emotionslosen und präzisen Robotern an die Erde übertragen werden und erkennen lassen, daß diese Welten wenig mit unserer eigenen gemeinsam haben. Und dennoch suchen wir weiter nach Leben. Wir können nichts dafür, Leben sucht immer nach Leben.

Niemand auf Erden, nicht einmal der reichste Mensch kann sich diese Überfahrten leisten. Wir können nicht einfach aus einer Laune heraus zu Mars oder Titan reisen, nur weil wir Langeweile haben, arbeitslos sind, zum Militär eingezogen, unterdrückt oder eines Verbrechens bezichtigt werden. Für die Privatindustrie scheint sich die Weltraumforschung nicht zu lohnen. Wenn wir Menschen jemals zu diesen Welten aufbrechen, dann nur, weil ein Staat oder ein Staatenbund glaubt, für sich oder die Menschheit einen Nutzen daraus ziehen zu können. Gerade heute jedoch scheint eine Finanzierung dieser Projekte dringlicher denn je.

Und davon handelt dieses Buch: von anderen Welten, was uns dort erwartet, was sie uns über uns selbst erzählen und – angesichts der drängenden Probleme der Menschheit – ob es sich lohnt, dorthin aufzubrechen. Sollten wir nicht zuerst die Probleme auf unserer Welt lösen? Oder sind sie vielleicht gerade der Grund, eine derartige Reise zu unternehmen?

Dieses Buch ist in vieler Hinsicht optimistisch, was die Zukunft der Menschheit angeht. Die ersten Kapitel konzentrieren sich beim ersten Hinsehen vielleicht zu stark auf unsere Unzulänglichkeiten. Doch sie bilden die Grundlage für die Entwicklung meiner These.

Ich habe versucht, mehr als nur einen Aspekt eines Themas darzulegen. An manchen Stellen scheine ich mir deshalb zu widersprechen. Das ist richtig. Da ich an mehreren Argumenten etwas Gutes finden kann, widerspreche ich mir tatsächlich oft. Ich hoffe jedoch, daß spätestens im letzten Kapitel deutlich wird, worauf ich hinauswill.

Den Anfang des Buchs bildet die Untersuchung der weitverbreiteten und in der ganzen Menschheitsgeschichte wiederkehrenden Behauptung, unsere Welt und unser Menschengeschlecht seien einzigartig und sogar wesentlich für das Funktionieren des Kosmos beziehungsweise sein eigentlicher Zweck. Es folgt eine Darstellung der jüngsten Missionen durch das Sonnensystem mit einer Diskussion über das Für und Wider menschlicher Expeditionen in den Weltraum. Im letzten und spekulativen Teil schließlich wird ein Bild von der Zukunft der Menschen im All entworfen.

Blauer Punkt im All zeigt, wie wir langsam ein neues Bild von unseren Koordinaten, von unserem Platz im Universum gewinnen – und daß unsere Zukunft nicht allein auf unserer Erde liegt.

Legende zur Abbildung auf Seite 8: *In der Frühzeit der Raumfahrt waren die hier abgebildeten Welten des Sonnensystems bekannt. Die terrestrischen Planeten mit Ausnahme von Merkur und den galileischen Jupiter-Monden sind in drei verschiedenen Meridianen zu sehen. Einige Saturn- und Uranus-Monde sind in zwei verschiedenen Meridianen abgebildet. Auf Titan sind keine Einzelheiten zu sehen, weil wir fast nichts über seine Oberflächengestalt wissen. Auf einigen anderen Welten – zum Beispiel auf Rhea, Kallisto und Merkur – sind Details nur angedeutet, weil diese Regionen noch nie aus nächster Nähe von Raumsonden untersucht wurden. Pluto und Charon zeigen Strukturen, die man aufgrund von erdgebundenen Beobachtungen dort vermutet. Viele kleine Monde im äußeren Sonnensystem sind nicht abgebildet. Alle hier gezeigten Welten wurden, wenn nicht anders vermerkt, maßstabsgetreu wiedergegeben. (Mimas zum Beispiel ist hier im Vergleich zur Erde dreimal größer als in Wirklichkeit.) Die meisten Daten zur Erstellung dieser Abbildung stammen von Raumsonden der National Aeronautics and Space Administration (NASA). Die Daten über Venus kommen teilweise von sowjetischen Weltraummissionen, die Informationen über den Halleyschen Kometen von einer Raumsonde der Europäischen Weltraumorganisation ESA.*
(Mit freundlicher Genehmigung der NASA und U.S. Geological Survey; USGS. Die Abbildung ist als Poster erhältlich bei: U.S. Geological Survey, Map Distribution, Box 25286, Federal Center, Denver CO 80225, USA).

YOU ARE HERE

Kapitel 1

You are here

Ist ja doch die ganze Erde nur ein Punkt im All,
und welch kleiner Winkel auf ihr ist deine Wohnung!

Mark Aurel, *Selbstbetrachtungen*, 4. Buch, um 170[1]

Übereinstimmend schreiben die verschiedenen Gelehrten ... daß
die Himmelkörper, soweit sie zum Universum gehören, weder
auf- noch untergehen, sondern daß es nach unseren Beobachtungen
nur diesen Anschein hat. Denn sie gehen von der Erde aus ...
Im Vergleich zum Universum bedeutet sie nur einen kleinen Punkt.

Ammianus Marcellinus, *Römische Geschichte*, um 380[2]

Die Raumsonde hatte bereits die Umlaufbahn des äußersten Planeten unseres Sonnensystems hinter sich gelassen und schwebte hoch über der Ekliptik – einer gedachten Fläche, auf die sich die Umlaufbahnen der Planeten projizieren lassen und die wir uns als Rennbahn vorstellen können. Die Sonde entfernte sich mit einer Geschwindigkeit von über sechzigtausend Stundenkilometern von der Sonne. Doch Anfang Februar 1990 erhielt sie einen wichtigen Befehl von der Bodenstation auf der Erde.

Gegenüberliegende Seite: *Blick auf Erde und Sonne (und viele andere Sterne) an unserem Nachthimmel von einem Punkt außerhalb der Milchstraße. Schaut man sich dazu die Abbildungen auf den Seiten 402 und 403 an, so wird deutlich, wie unsere Galaxie aufgebaut ist. (Darstellung von Jon Lomberg)*

Die Sonde gehorchte und richtete den Blick ihrer Kameras zurück auf die nun weit entfernten Planeten. Sie schwenkte ihre Videokamera von einem Punkt im Weltall zum nächsten, machte sechzig Aufnahmen und legte sie in digitaler Form auf ihrem Speicherband ab. Während der Monate März, April und Mai funkte sie diese Daten allmählich zur Erde. Jedes Bild bestand aus sechshundertvierzigtausend einzelnen Elementen (Pixel), vergleichbar einem gerasterten Zeitungsfoto oder einem pointillistischen Gemälde. Die Raumsonde war rund sechs Milliarden Kilometer von der Erde entfernt, so daß die Pixel fünfeinhalb Stunden unterwegs war. Die Bilder wären vielleicht schon eher zur Erde gelangt, doch die Radioteleskope in Kalifornien, Spanien und Australien, die dieses Flüstern vom Rand des Sonnensystems empfingen, mußten auch noch andere Raumsonden betreuen, etwa *Magellan*, die zur Venus unterwegs war, oder *Galileo* auf dem Weg zum Jupiter.

Die Raumsonde *Voyager 1* befand sich so hoch über der Ekliptik, weil sie 1981 nahe an Titan, dem riesigen Saturn-Mond, vorbeigeflogen war. Die Schwestersonde *Voyager 2* war innerhalb der Ekliptik unterwegs und führte ihre später gefeierten Erkundungen von Uranus und Neptun durch. Die beiden Sonden erforschten vier Planeten und annähernd sechzig Monde. Sie werden mit ihren Entdeckungen in die Geschichte eingehen.

Die Funktionstüchtigkeit der beiden *Voyager*-Sonden war bis zu ihrem Vorbeiflug an Saturn garantiert. Ich wollte sie deshalb einen letzten Blick heimwärts richten lassen. Ich wußte, daß die Erde vom Saturn aus gesehen zu klein ist, um irgendwelche Details erkennen zu können. Unser Planet ist gerade einmal ein kleiner Lichtpunkt, ein einsames Pixel, das sich kaum von den vielen anderen Lichtpunkten – Planeten und Sonnen – unterscheidet, die *Voyager 1* sehen konnte. Doch gerade deshalb schien mir so eine Aufnahme wertvoll.

Seefahrer zeichneten sorgfältig die Umrisse unserer Kontinente auf, Geographen setzten diese Erkenntnisse in Karten und Globen um. Kleine Gebiete unserer Erde wurden zunächst von Ballonen und Flugzeugen, dann von Raketen und Satelliten aus aufgenommen. Inzwischen ist es kein Geheimnis mehr, daß die Erde eine Kugel ist und wir dank der Schwerkraft mit ihr verbunden sind. In aller Konsequenz wurde uns das jedoch erst durch die berühmte Aufnahme bewußt, die die Astronauten der *Apollo 17* auf ihrem letzten Mondflug von der Erde machten.

Diese Aufnahme wurde zu einem Symbol für unsere Epoche. Am unteren Bildrand erkennt man die Antarktis, darüber liegt der afrikanische Kontinent. Man sieht Äthiopien, Tansania und Kenia, wo die ersten Menschen lebten. Oben rechts dann Saudi-Arabien und der Nahe Osten. Am oberen Rand sieht man gerade noch etwas vom Mittelmeer, an dessen Küsten die ersten Hochkulturen entstanden. Man kann deutlich das Blau des Ozeans, das gelbliche Rot der Sahara und der Arabischen Wüste, das bräunliche Grün der Wälder und Steppen ausmachen. Aber es gibt keine Spur menschlichen Lebens auf diesem Bild. Nichts

Die Erde, aufgenommen während der Apollo-17-*Mission. (Mit freundlicher Genehmigung der NASA)*

von unserer Arbeit, von unseren Maschinen oder von uns selbst ist zu erkennen. Wir sind zu klein, um von einem Raumschiff zwischen Erde und Mond entdeckt zu werden. Von diesem Blickwinkel aus betrachtet, verliert unser nationalistischer Eifer an Bedeutung. Die Bilder, die *Apollo 17* von der Erde machte, eröffneten allen Menschen, was Astronomen bereits seit langem wußten: Im Maßstab von ganzen Welten – nicht zu reden von Sternen oder Galaxien – sind Menschen völlig unbedeutend, eine dünne Schicht Leben auf einem dunklen und einsamen Klumpen aus Stein und Metall.

Ein weiteres Bild von der Erde, diesmal aus hunderttausendmal größerer Entfernung aufgenommen, könnte uns helfen, unsere Situation besser zu erfassen. Wissenschaftler und Philosophen der klassischen Antike wußten sehr genau, daß die Erde nur ein Punkt in einem riesigen Kosmos ist, doch niemand hatte die Erde je als Punkt *gesehen.* Dies war unsere erste (und vielleicht für lange Zeit letzte) Chance.

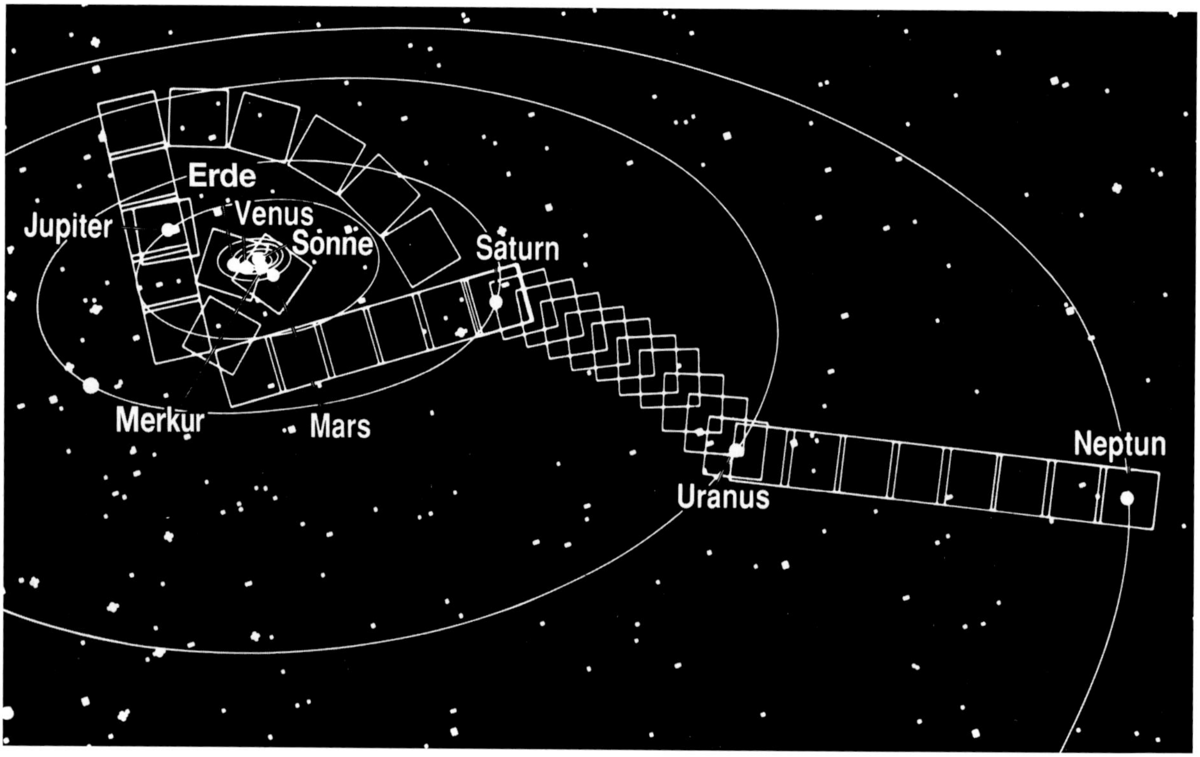

Die Stellung der Planeten vor dem Hintergrund weiter entfernter Sterne, aufgenommen von Voyager 1. *Die Kästchen zeigen die Projektionsrahmen für die einzelnen Aufnahmen. Diese Ansicht des Sonnensystems war nur deshalb möglich, weil* Voyager 1 *hoch über der Ekliptik – der Ebene, in der die Planeten um die Sonne kreisen – schwebte. Die Erde ist als einzelnes Bildelement zu sehen, aber Jupiter und Saturn mit seinen Ringen sind größer als ein einzelner Punkt. (Mit freundlicher Genehmigung des Jet Propulsion Laboratory (JPL/NASA)*

Viele Mitarbeiter am *Voyager*-Projekt unterstützten meinen Wunsch. Doch vom Rand des Sonnensystems aus gesehen liegt die Erde sehr nah an der Sonne. Wir mußten also die Kameras fast direkt auf die Sonne richten und dabei riskieren, daß das Videosystem der Raumsonde erblindete. Wir einigten uns deshalb darauf, zunächst die wissenschaftlichen Uranus- und Neptun-Missionen abzuschließen – vorausgesetzt, die Sonden arbeiteten überhaupt so lange – und dann erst die Aufnahmen von der Erde zu machen.

So warteten wir eine ganze Weile: 1981 erreichten die Sonden Saturn, 1986 Uranus, 1989 kreuzten sie die Umlaufbahnen von Neptun und Pluto. Endlich war es soweit. Nun mußten jedoch die Instrumente neu programmiert werden, und so warteten wir wieder. Nach einiger Zeit hatten die Sonden ihre Position erreicht, die Instrumente funktionierten immer noch wunderbar, und alle anderen Missionen waren abgeschlossen. Doch einige Projektmanager erhoben auf einmal Einspruch. Das habe nichts mit Wissenschaft zu tun, argumentierten sie. Dann fanden wir heraus, daß die Techniker, die die Befehle an die *Voyager*-

Sonden funkten, ausgestellt oder versetzt werden sollten, da die NASA kein Geld mehr für sie hatte. Es hieß auf einmal: jetzt oder nie. In allerletzter Minute – als *Voyager 1* Neptun erreichte – genehmigte der damalige NASA-Chef Rear Admiral Richard Truly die Aufnahmen. Die Astrophysiker Candy Hansen vom NASA Jet Propulsion Laboratory (JPL) und Carolyn Porco von der University of Arizona entwarfen die Befehlsstruktur und berechneten die Belichtungszeiten für die Kameras.

Da sind sie nun – ein ganzes Mosaik aus Quadraten wurde auf die Planeten und den Sternenhintergrund projiziert. Wir konnten somit nicht nur die Erde, sondern auch fünf weitere der neun bekannten Planeten photographieren. Merkur liegt der Sonne am nächsten und verschwand deshalb in ihrem gleißenden Licht. Mars und Pluto waren zu klein, zu schwach beleuchtet und/oder zu weit weg. Uranus und Neptun leuchten so schwach, daß ihre Aufnahmen lange Belichtungszeiten erforderten. Da sich die Raumsonde aber bewegte, wurden die Bilder unscharf. Alle Bilder zeigen jedoch, wie das Sonnensystem für einen fremden Beobachter aussieht.

Aus dieser Entfernung erscheinen unsere Planeten selbst mit einem hochauflösenden Teleskop wie dem der *Voyager*-Sonden wie kleine – scharfe oder unscharfe – Lichtpunkte. Nicht anders wie die Planeten, die wir mit bloßem Auge erkennen können: leuchtende Punkte, die heller als die meisten Sterne sind. Im Verlauf von mehreren Monaten scheint auch die Erde wie die übrigen Planeten über den Himmel zu wandern. Man kann beim bloßen Betrachten dieser Punkte einfach nicht erkennen, wie sie genau aussehen, welche Geschichte sie haben und ob dort Leben existiert.

Da die Raumsonde zum Zeitpunkt der Aufnahme Sonnenlicht reflektierte, scheint die Erde in einem Lichtstrahl zu schweben, der ihr eine ganz besondere Bedeutung verleiht. Doch das Bild ist nichts weiter als ein Zufallsprodukt aus Geometrie und Optik. Die Sonne strahlt in alle Richtungen gleich. Wäre die Aufnahme einige Augenblicke früher oder später gemacht worden, wäre kein Sonnenstrahl auf die Erde gefallen. Die blaue Farbe unseres Planeten ist auf die großen Wasserflächen und die Atmosphäre zurückzuführen. Wasser absorbiert etwas mehr rotes als blaues Licht. In einem Glas scheint Wasser transparent. Sobald es sich aber um eine zehn oder mehr Meter dicke Wasserschicht handelt, wird das rote Licht absorbiert und das blaue reflektiert. So verhält es sich auch

Unten und auf der folgenden Seite: *Sechs der neun Planeten, die am 14. Februar 1990 von* Voyager 1 *von einem Punkt jenseits der Umlaufbahnen von Neptun und Pluto aufgenommen wurden.*

Venus

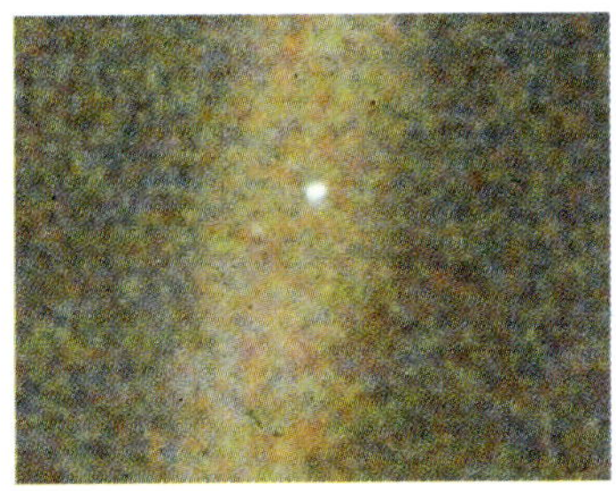

Erde

Jupiter

Saturn

Uranus

Neptun

mit der Luft. Während eine kurze Strecke absolut transparent erscheint, sehen wir weiter entfernte Gegenstände blau (Leonardo da Vinci brachte diesen Umstand in seinen Porträts meisterhaft zur Geltung). Denn die Luft streut blaues Licht besser als rotes. Der blaue Farbton unserer Erde rührt also von ihrer dicken, aber lichtdurchlässigen Atmosphäre und ihren tiefen Ozeanen her. Und das Weiß? Die Erde ist an einem durchschnittlichen Tag zur Hälfte mit weißen Wasserwolken überzogen.

Wir können also erklären, woher das Blau in unserer kleinen Welt kommt, weil wir sie gut kennen. Ob jedoch ein fremder Wissenschaftler, der gerade den Rand unseres Sonnensystems erreicht, zuverlässig auf Ozeane und Wolken und eine dichte Atmosphäre schließen kann, ist weniger gewiß. Von dieser Entfernung aus betrachtet, mag die Erde nicht besonders interessant erscheinen.

Wir sehen das natürlich anders. Sehen Sie sich diesen Punkt noch einmal an. Hier leben wir, hier sind wir zu Hause und mit uns alle Menschen, die wir kennen und lieben. Hier durchleben wir unsere Freuden und Leiden. Alles an Religionen, Ideologien und Wirtschaftsformen ist hier versammelt, alle Jäger und Sammler, Schöpfer und Zerstörer, Könige und Bauern, Eltern und Kinder, Erfinder und Entdecker, Heilige und Sünder in der Geschichte der Menschheit lebten hier – auf diesem Staubkörnchen, das im Sonnenlicht tanzt.

Die Erde ist eine kleine Bühne im großen Theater des Kosmos. Man denke nur an die Ströme von Blut, die von Generälen und Feldherren vergossen werden, um für einen winzigen Augenblick zu Herrschern über den Bruchteil dieses Punktes aufzusteigen. Man denke an die endlosen Grausamkeiten, die die Bewohner eines Winkels auf diesem Pixel den kaum anders gearteten Bewohnern eines anderen Winkels auf diesem Pixel zufügen, wie wenig sie sich verstehen, wie gern sie sich gegenseitig umbringen, wie glühend ihr Haß ist. Unsere Anmaßung, unsere eingebildete Wichtigkeit, die wahnwitzige Vorstellung, daß wir im Universum einen besonderen Platz einnehmen, wird von diesem schwachen Lichtpunkt in Frage gestellt. Unser Planet ist ein einsames Körnchen im großen Dunkel des Weltalls. Und es ist nicht wahrscheinlich, daß von draußen jemand kommt, um uns vor uns selbst zu schützen.

Die Erde ist unserem Wissen nach bis heute die einzige bewohnte Welt. Es gibt keine andere Welt, zu der die Menschheit aufbrechen könnte

– zumindest nicht in näherer Zukunft. Besuchen, ja. Besiedeln, noch nicht. Ob es uns gefällt oder nicht, derzeit ist die Erde unser einziger Lebensraum. Astronomie ist bekanntlich eine charakterbildende Beschäftigung. Vielleicht gibt es keinen besseren Beweis für die Aberwitzigkeit menschlicher Vorstellungen als dieses aus großer Entfernung aufgenommene Bild von unserer winzigen Erde. Dieses Bild unterstreicht nur, daß wir freundlicher miteinander umgehen und den kleinen blauen Punkt bewahren, lebenswert erhalten müssen – er ist unser einziges Zuhause.

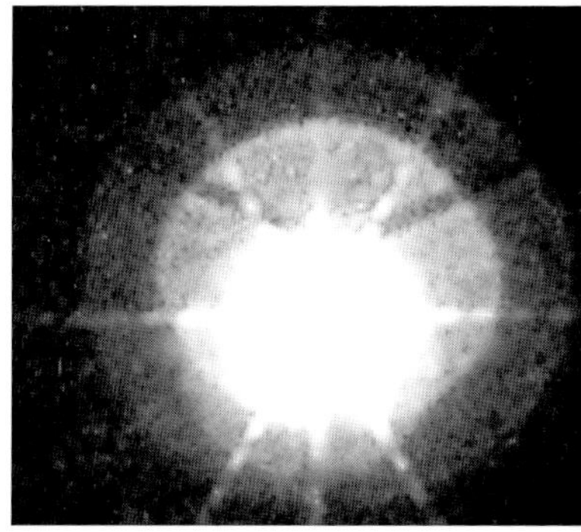

Die Sonne, aufgenommen mit dem dunkelsten Filter und der kürzestmöglichen Belichtungszeit (5/1000 Sekunden) einer Weitwinkelkamera an Bord von Voyager 1. *Jenseits des äußersten Planeten sieht die Sonne vierzigmal kleiner aus als von der Erde aus betrachtet, ist aber immer noch fast achtmillionenmal heller als Sirius, der hellste Stern an unserem Himmel. (Mit freundlicher Genehmigung des JPL/NASA)*

Kapitel 2

Die Aberration des Lichts

... daß der Mensch, wenn wir auf die Zweckursachen blicken, als der Mittelpunkt der Welt betrachtet werden kann, und zwar derart, daß, wenn der Mensch aus der Welt genommen würde, der Rest völlig verstreut erscheinen würde, ohne Ziel und Zweck und zu nichts führen würde. Denn das gesamte Universum dient dem Menschen, und es gibt nichts, woraus er nicht seinen Nutzen und seine Früchte zieht.

Francis Bacon, *De sapientia veterum,* 1609[1]

Sehen Sie sich den hellblauen Punkt aus dem ersten Kapitel noch einmal an, rät Ann Druyan. Sehen Sie ihn ganz genau an. Betrachten Sie den Punkt, und versuchen Sie sich dann vorzustellen, daß Gott das gesamte Universum nur für eine einzige von ungefähr zehn Millionen Arten von Lebewesen, die diesen hellblauen Punkt bevölkern, erschaffen hat. Gehen Sie dann einen Schritt weiter: Stellen Sie sich vor, daß alles nur für eine bestimmte Gruppe dieser Art, für ein Geschlecht, Volk oder eine Religionsgemeinschaft erschaffen wurde. Wenn Sie das nicht für unwahrscheinlich halten, sehen Sie sich einen weiteren Punkt an. Stellen Sie sich vor, jener Punkt sei von einer anderen Form intelligenter Wesen bewohnt. Auch sie glauben an einen Gott, der alles für sie erschaffen hat. Halten Sie das für wahrscheinlich?

Gegenüberliegende Seite: *Die Sterne gehen auf und unter und machen uns glauben, die Erde liege im Mittelpunkt des Universums. Auf dieser Aufnahme ist das Zentrum der Milchstraße im Sternbild des Schützen zu sehen. Jeder Stern ist eine Sonne. Die Milchstraße besteht aus rund vierhundert Milliarden Sternen. (Aufnahme von Frank Zullo, Superstition Mountains, Arizona; Copyright © 1987 by Frank Zullo)*

»Siehst du diesen Stern?«

»Meinst du den hellroten da?« fragte seine Tochter zurück.

»Ja. Weißt du, vielleicht gibt es diesen Stern gar nicht mehr. Er ist

Der Nebel um den sterbenden Stern Eta Carinae. Der Nebel bildete sich aus einer Reihe von gewaltigen Explosionen auf dem Stern. Die letzte Explosion wurde 1841 beobachtet, als Eta Carinae trotz seiner Entfernung von der Erde – über zehntausend Lichtjahre – für kurze Zeit zum zweithellsten Stern am Nachthimmel wurde. Wenn Eta Carinae nur so weit von der Erde entfernt wäre wie die Sonne, dann würde er viermillionenmal heller scheinen als die Sonne und die gesamte Erdoberfläche zum Schmelzen bringen. (Mit freundlicher Genehmigung des Anglo-Australian Observatory; Aufnahme von David Malin)

Gegenüberliegende Seite: *Eine Nahaufnahme von Eta Carinae. Das Licht war über zehntausend Jahre zu uns unterwegs. Die Aufnahme des Hubble-Weltraumteleskops zeigt den Ausstoß von zwei riesigen Sternmateriewolken. Die linke Wolke zeigt zur Erde, die andere in die entgegengesetzte Richtung. Szenen kosmischer Gewalt gehören zum Alltag der modernen Astronomie. (Mit freundlicher Genehmigung von J. Hester, Arizona State University und NASA)*

vielleicht schon erloschen oder explodiert. Sein Licht strahlt aber noch durch den Weltraum und gelangt jetzt zu uns. Wir sehen den Stern nicht in seiner jetzigen Gestalt. Wir sehen ihn so, wie er war.« Viele Menschen reagieren verwundert, wenn sie das erste Mal mit dieser einfachen Tatsache konfrontiert werden. Denn auf unserer kleinen Welt haben wir gewissermaßen immer direkten Kontakt mit unseren Lichtquellen. Wenn eine Glühbirne brennt, dann ist sie auch

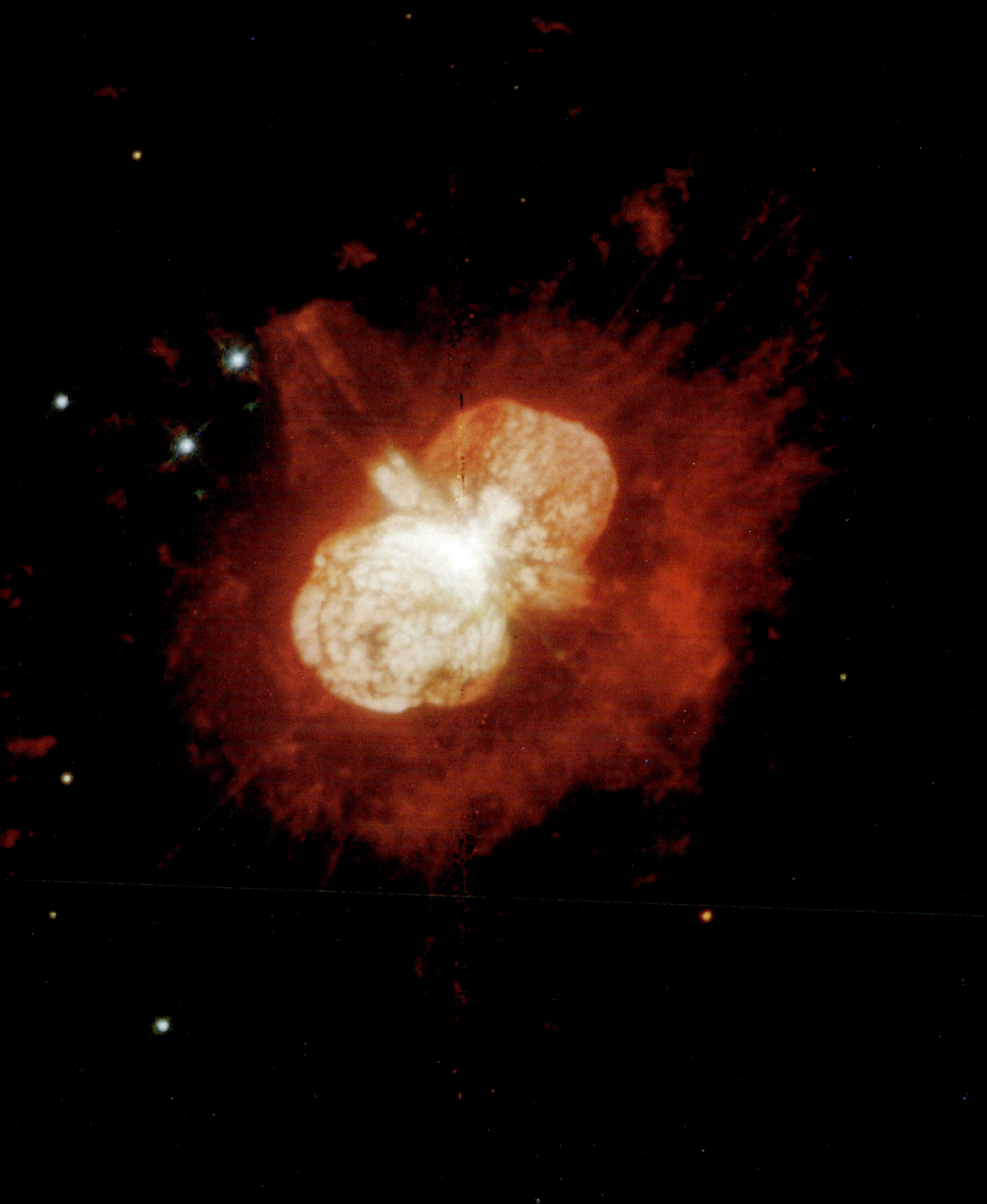

wirklich dort, wo wir sie glühen sehen. Wir können nach ihr greifen und sie berühren. Sie hängt da und ist ziemlich heiß. Wenn der Draht durchbrennt, geht das Licht aus. Wir sehen die Glühbirne nicht noch Jahre weiterbrennen, nachdem sie aus dem Gewinde geschraubt wurde. Wenn wir jedoch weit genug entfernt sind, kann eine ganze Sonne verlöschen, und wir sehen sie immer noch hell scheinen. Wir werden von ihrem Erlöschen erst sehr viel später erfahren – bis all ihr Licht den leeren Raum zu uns durchquert hat.

Die ungeheuren Entfernungen zu Sternen und Galaxien bedeuten, daß alles, was wir im Weltraum sehen, bereits der Vergangenheit angehört – manches ereignete sich sogar noch vor der Entstehung unserer Erde. Teleskope sind Zeitmaschinen. Als vor langer Zeit eine der ersten Galaxien ihr Licht in das dunkle Universum aussandte, konnte niemand ahnen, daß Jahrmilliarden später aus ein paar Gesteins- und Metallbrocken, Eis und organischen Molekülen die Erde geformt wird. Oder gar, daß dort Leben entsteht und sich denkende Wesen entwickeln, die eines Tages einen Bruchteil dieses galaktischen Lichts einfangen und herauszufinden versuchen, woher dieses Licht kommt. Und wenn die Erde in ungefähr fünf Milliarden Jahren verbrennt oder von der Sonne verschluckt wird, dann wird es andere Welten, Sterne und Galaxien geben, die nichts wissen von einem Planeten namens Erde.

Die Vorstellung, *unsere* Gruppe (welche auch immer das sein mag) besäße naturgegeben eine zentrale Stellung im Universum, klingt zunächst einmal ganz glaubhaft. Pharaonen und Königshäuser, Räuberbarone und Bürokraten, Straßenbanden und Eroberer, Mehrheiten, Sekten und Minderheiten scheinen nichts Besonderes daran zu finden. Ihre Rechtfertigung beziehen sie aus denselben Quellen wie Sexismus, Rassismus, Nationalismus und sonstige Fanatismen, die die Menschheit geißeln. Es bedarf großer innerer Kraft, um nicht der verführerischen Idee zu verfallen, wir seien unseren Artgenossen auf natürliche Weise überlegen. Je geringer unsere Selbstachtung, um so größer unsere Empfänglichkeit für derartige Ideen.

Da Wissenschaftler auch nur Menschen sind, nimmt es nicht wunder, daß ähnliche Behauptungen auch in der wissenschaftlichen Weltsicht auftauchen. In der Tat scheinen viele wesentlichen Debatten in der Geschichte der Wissenschaft zumindest teilweise um die Frage zu kreisen, ob der Mensch etwas Besonderes sei. Fast immer wird davon ausgegangen, daß der Mensch etwas Besonderes *ist*. Nach genauerer Untersuchung kommt dann allerdings nur allzuoft heraus, daß dem nicht so ist.

Unsere Vorfahren lebten im Freien. Sie kannten den Nachthimmel so gut wie wir unsere Lieblingssendungen im Fernsehen. Sonne, Mond, Sterne und Planeten gingen im Osten auf, wanderten über den Himmel und gingen im Westen unter. Das Studium des Himmels war jedoch kein simpler Zeitvertreib, sondern die einzige Möglichkeit, Tages- und Jahreszeiten genau festzustellen. Für Jäger, Sammler und Bauern waren astronomische Kenntnisse lebensnotwendig.

Wie gut, daß Sonne, Mond, Planeten und Sterne Teil eines eleganten kosmischen Uhrwerks sind! Das kann kein Zufall sein. Sie erfüllen einen Zweck, sie sind uns zu Diensten. Wer sonst könnte ihnen einen Sinn geben? Wozu sonst sind sie gut?

Wenn das Licht am Himmel um uns herum auf- und untergeht, muß das doch bedeuten, daß wir uns im Zentrum des Universums befinden. Diese Himmelskörper, die überirdische Kräfte besitzen und uns – wie die Sonne – Licht und Wärme zum Leben spenden, umkreisen uns wie Höflinge einen König. Wenn wir es selbst noch nicht erraten hätten, so zeigt uns doch die elementarste Himmelsbeobachtung, daß wir wirklich etwas Besonderes sein müssen. Das Universum scheint für den Menschen entworfen zu sein. Das ganze Universum – für uns gemacht! Wir müssen wirklich sehr wichtig sein.

Die befriedigende Demonstration unserer eigenen Wichtigkeit, untermauert durch unsere täglichen Beobachtungen am Firmament, ließ die Geozentristen ihre kulturüberschreitende Behauptung aufstellen, die Erde stünde im Mittelpunkt des Universums. Sie wurde in Schulen gelehrt, fand Eingang in Sprache und Literatur und in heilige Schriften. Andersdenkende wurden verurteilt, manchmal gefoltert oder mit dem Tode bestraft. Es überrascht kaum, daß dieses Weltbild nur selten in Frage gestellt wurde.

Es war zweifelsohne das Weltbild unserer jagenden und sammelnden Vorfahren. Der große Astronom der Antike, Claudius Ptolemäus, erkannte im zweiten Jahrhundert nach Christus, daß die Erde eine Kugel ist. Er beschrieb ihre Größe im Vergleich zur Entfernung zu den

Ein kleiner Beweis für den überwältigenden Reichtum unserer Milchstraße. Auf der Originalaufnahme sind wahrscheinlich rund zehntausend Sterne zu sehen – eine große Zahl, die jedoch nicht einmal ein Zehnmillionstel aller Sterne in dieser Galaxie ausmacht. Der glühende Wasserstoffnebel oben links trägt die Bezeichnung M17. (Mit freundlicher Genehmigung des ROE/Anglo-Australian Observatory, Aufnahme von David Malin)

Sternen als einen Punkt und lehrte, daß sie im Zentrum des Himmels liege. Jahrtausendelang vertraten Aristoteles, Plato, Augustinus und Thomas von Aquin wie fast alle großen Philosophen und Wissenschaftler aller Kulturen diese falsche Lehrmeinung, die erst im siebzehnten Jahrhundert korrigiert wurde. Zur Erklärung der Bewegungen der Himmelskörper, die Generationen von Astronomen peinlich genau aufgezeichnet hatten, wurden Modelle von absolut durchsichtigen Kristallsphären mit der Erde im Mittelpunkt entworfen, an denen Sonne, Mond, Sterne und Planeten befestigt waren.

Vom geozentrischen Weltbild, das mit einigen kleinen Änderungen bis zum sechzehnten Jahrhundert bestehenblieb, war es dann nur noch ein kleiner Schritt zu der noch grandioseren Behauptung, die Welt werde erst durch den Menschen komplett, wie Plato in seinem *Timaios* (um 340 v. Chr.) ausführt.

Und dennoch drehte sich die Erde all diese Jahrtausende hindurch – ungeachtet der gegenteiligen Meinung von Königen, Päpsten, Philosophen, Wissenschaftlern und Dichtern – immer um die Sonne. Man denke sich nur einen außerirdischen Beobachter, der die ganze Zeit auf uns herabblickte und unser aufgeregtes Geschnatter hörte: »Das All wurde für uns erschaffen. Wir sind in seinem Mittelpunkt. Alles verneigt sich vor uns!« Er müßte sich die Erde angesichts unserer lächerlichen Anmaßungen und unserer pathetischen Anwandlungen als Welt voller Narren vorstellen.

Man sollte allerdings nicht zu hart urteilen. Denn aufgrund einer unglücklichen Verquickung von täglichen Beobachtungen und geheimen Wünschen wußten wir es einfach nicht besser. Wir sind ja gewöhnlich nicht allzu kritisch, wenn sich unsere Vorurteile zu bestätigen scheinen – und fast alles deutete ja darauf hin.

Im Verlauf der Jahrhunderte konnte man jedoch auch einige leise Stimmen vernehmen, die das Gegenteil behaupteten, zu Demut und Bescheidenheit rieten und die Dinge ins rechte Licht zu rücken versuchten. In der Frühzeit der Wissenschaft vertraten die antiken Philosophen Demokrit, Epikur und ihre Schüler (sowie Lukrez, der Verfasser des ersten wissenschaftlichen Lehrgedichts) die damals unerhörte Vorstellung von vielen Welten und vielen fremden Lebensformen, die aus denselben Atomen bestehen wie wir. Sie postulierten die Unendlichkeit des Raumes und der Zeit. Doch in der westlichen Welt wurden diese Theorien geschmäht. Der Himmel sah, ganz im Gegenteil, überhaupt nicht aus wie unsere Welt. Er war »unveränderlich und vollkommen«, wogegen die Erde veränderlich und »korrupt« war. Für den römischen Staatsmann und Philosophen Cicero herrschten im Himmel weder Zufall noch Irrtum, sondern absolute Ordnung und Genauigkeit.

Philosophie und Religion warnten Abtrünnige vor der Macht, Eifersucht und Rachsucht der Götter (oder des Gottes). Doch Philosophie und Religion gaben ihre bloßen Ansichten – die durch Beobachtung und Experiment widerlegt werden konnten – als absolute Gewißheiten aus. Daß diese Ansichten sich eines Tages als falsch erweisen könnten, wurde gar nicht erst in Erwägung gezogen. Sie selbst waren unfehlbar. Demut war anderen vorbehalten. In Wirklichkeit hatten sie mehr Gründe zur Bescheidenheit, als ihnen bewußt war.

Mit Kopernikus kam es Mitte des sechzehnten Jahrhunderts zu einer ersten grundsätzlichen Auseinandersetzung. Das Bild von der Sonne im Zentrum des Universums wurde als gefährlich verstanden. Viele Gelehrte beeilten sich denn auch, dem Klerus zu versichern, daß diese neumodische Hypothese keine ernstzunehmende Bedrohung der angestammten Lehrmeinung darstelle. Man einigte sich auf einen absurden Kompromiß, in dem das heliozentrische Weltbild lediglich eine Rechengrundlage, aber keine astronomische Tatsache bildete. Die Erde befand sich nach wie vor im Zentrum des Universums, wie jedermann wußte. Wenn man jedoch vorausberechnen wollte, wo genau sich Jupiter am zweiten Dienstag im November des übernächsten Jahres befinden würde, durfte man die Sonne in die Mitte setzen. So konnte man rechnen, ohne die Obrigkeit zu beleidigen.★

Robert Kardinal Bellarmin, der bedeutendste Theologe des Vatikans im siebzehnten Jahrhundert, schrieb dazu:

★ Kopernikus' berühmtes Werk *De revolutionibus orbium coelestium libri VI* (dt. *Sechs Bücher über den Umschwung der himmlischen Kugelschalen*, 1543) wurde ohne Wissen des sterbenden Astronomen zunächst mit einer Einführung des Theologen Andreas Osiander veröffentlicht. Osianders wohlmeinender Versuch, Religion und kopernikanische Astronomie zu versöhnen, endete mit den

> Das enthält kein gefährliches Gedankengut ... und bildet eine gute Grundlage für Mathematiker. Die Behauptung jedoch, die Sonne befinde sich im Zentrum des Himmels und die Erde kreise um die Sonne, ist in der Tat gefährlich. Sie ist nicht nur eine Beleidigung aller Theologen und Philosophen, sondern vor allem ein Widerspruch zu unserem heiligen Glauben und unserer Heiligen Schrift.

»Glaubensfreiheit ist verderblich«, schrieb Bellarmin an anderer Stelle, »sie ist nichts als die Freiheit, im Irrtum zu verharren.«
Wenn die Erde denn nun wirklich um die Sonne kreist, dann müßten sich benachbarte Sterne optisch gegenüber dem Hintergrund von entfernteren Sternen verschieben, wie unsere Perspektive alle sechs Monate von einer Seite der Umlaufbahn auf die andere wechselt. So eine »jährliche Parallaxe« konnte jedoch nicht nachgewiesen werden. Kopernikus vermutete, dies habe mit der großen Entfernung der Sterne zu tun. Sie waren unter Umständen millionenmal weiter von der Erde entfernt als von der Sonne. Vielleicht konnte man mit besseren Teleskopen in der Zukunft eine Parallaxe entdecken. Die Geozentristen betrachteten Kopernikus' Mutmaßung als den verzweifelten Versuch, eine ebenso absurde wie fehlerhafte Theorie zu retten. Als Galilei sein erstes Teleskop zum Himmel richtete, begann sich das Blatt zu wenden. Er entdeckte, daß Jupiter von einer kleinen Schar Monde umkreist wird und die inneren Monde sich schneller bewegen als die äußeren. Diese Beobachtung entsprach genau den Erkenntnissen, die Kopernikus bereits aus der Bewegung der Planeten um die Sonne abgeleitet hatte. Galilei entdeckte außerdem bei Merkur und Venus wie beim Mond Phasen (und damit den Beweis, daß sie um die Sonne kreisen). Darüber hinaus stellten der Mond mit seinen Kratern und die Sonne mit ihren Flecken die Vollkommenheit des Himmels in Frage. Das erinnert teilweise an den Ausspruch Tertullians, der rund dreizehnhundert Jahre früher gelebt hatte: »Wenn

folgenden Worten: »Übrigens möge niemand in Betreff der Hypothesen Gewißheit von der Astronomie erwarten. Sie vermag diese nicht zu geben. Wer das, was zu einem andern Zwecke ersonnen ist, für Wahrheit nimmt, dürfte wohl unwissender von dieser Wissenschaft fortgehn, als er zu ihr gekommen ist. Hiemit lebe wohl, Leser!«[2] Nur der Glaube konnte Gewißheit schenken.

du nur etwas Verstand oder Bescheidenheit besitzt, dann brauchst du die Regionen des Himmels, das Schicksal und das Geheimnis des Universums nicht mehr zu erforschen.«

Galilei dagegen lehrte, daß die Natur durch Beobachtung und Experiment erforscht werden kann. Denn dann »werden Tatsachen, die zunächst unglaubhaft scheinen, den Mantel fallen lassen, der sie verborgen hielt, und selbst nach einer dürftigen Erklärung in ihrer bloßen und einfachen Schönheit dastehen«. Sind diese Tatsachen, die selbst von Skeptikern überprüft werden können, nicht eine viel bessere Einsicht in Gottes Universum als alle theologischen Spekulationen? Was geschieht, wenn diese Tatsachen den Glauben an eine unfehlbare Religion widerlegen? Die Kirchenfürsten drohten dem betagten Astronomen mit Folter, wenn er seine abscheuliche Lehre von der Erde, die sich bewegt, weiter verbreitete, und verurteilten ihn zu einer Art lebenslänglichem Hausarrest.

Als Isaac Newton dann 1687 bewies, daß die Physik alle bisher beobachteten Mond- und Planetenbewegungen einfach und elegant erklären und vorhersagen konnte (vorausgesetzt, die Sonne stand im Zentrum und die Erde kreiste um sie herum), verloren die Verfechter des geozentrischen Weltbilds weiter an Boden.

1725 stieß der gewissenhafte englische Hobbyastronom James Bradley bei seiner Suche nach einer Sternenparallaxe auf die Aberration von Licht. Der Begriff »Aberration«, das heißt »Abweichung«, gibt vermutlich das Unerwartete dieser Entdeckung wieder. Im Jahresverlauf beobachtet, bewegen sich Sterne in einer elliptischen Bahn. Da alle Sterne der Aberration unterliegen, konnte es sich nicht um eine Parallaxenverschiebung handeln, die bei nahen Sternen groß und bei entfernten Sternen kaum wahrnehmbar ausfällt. Statt dessen hat das Prinzip der Aberration große Ähnlichkeit mit Regentropfen, die auf einen fahrenden Wagen prasseln. Die Insassen haben den Eindruck, die Tropfen fallen schräg auf den Wagen, und je schneller der Wagen fährt, um so stärker neigen sich die Regenstrahlen. Wenn die Erde unbeweglich im Zentrum des Universums verharren würde, hätte Bradley die Aberration nicht entdecken können. Damit war zwingend bewiesen, daß die Erde um die Sonne kreist. Er konnte die meisten Astronomen und einige andere Wissenschaftler überzeugen, aber nicht, wie er meinte, die »Anti-Kopernikaner«.

Der Pferdekopfnebel und IC434. (Mit freundlicher Genehmigung des ROE/Anglo-Australian Observatory, Aufnahme von David Malin)

Erst 1837 bewiesen direkte Sternenbeobachtungen deutlich, daß die Erde tatsächlich um die Sonne kreist. Die lang diskutierte Parallaxe konnte dank besserer Instrumente endlich nachgewiesen werden. Da sie viel einfacher zu erklären ist als das Phänomen der Aberration, war ihre Entdeckung von großer Bedeutung. Damit war das Ende des Geozentrismus besiegelt. Man muß nur den Finger vor die Nase halten und zuerst mit dem linken und dann mit dem rechten Auge ansehen. Der Finger scheint sich zu bewegen. So einfach ist das Prinzip der Parallaxe.

Im Laufe des neunzehnten Jahrhunderts verschwand das geozentrische Weltbild aus der Welt der Wissenschaft. Langsam begann sich auch die öffentliche Meinung zu ändern. In einigen Ländern waren dazu nur drei oder vier Generationen notwendig.

Ende des zwanzigsten Jahrhunderts konnten durch direkte Betrachtung des Sonnensystems auch die allerletzten Zweifel beseitigt werden. Man konnte testen, ob die Menschheit in einem geozentrischen

System mit Planeten an Kristallsphären lebt oder aber in einem heliozentrischen System mit Planeten, die durch die Schwerkraft der Sonne in ihrer Bahn gehalten werden. Man untersuchte die Planeten mit Radar und empfing kein Echo von einer Kristallsphäre, an der sie aufgehängt sein könnten. Wenn diese Sonden zum Mars fliegen, so vernehmen sie auch keinen Klang von Kristall oder hinterlassen Scherben, wenn sie diese »Sphären« – jahrtausendelang die geltende Lehrmeinung – durchbrechen. Die Raumsonden erreichen ihr Ziel vielmehr mit einer erstaunlichen Präzision, die auf den Berechnungen der Newtonschen Gravitationskraft beruht.

Als *Voyager 1* das Sonnensystem von einer Position jenseits des äußersten Planeten aufnahm, kreisten die Planeten, genau wie Kopernikus und Galilei vorausgesagt hatten, in konzentrischen Bahnen um die Sonne in ihrer Mitte. Die Erde ist also keinesfalls das Zentrum des Universums, sondern auch nur einer von diesen kreisenden Punkten. Wir sind jedoch nicht mehr auf unsere Welt allein beschränkt, sondern können zu anderen Welten aufbrechen und unser Planetensystem untersuchen.

Jede andere Theorie, die den Menschen von der zentralen Bühne des Universums absetzen wollte – und es gab zahlreiche –, wurde ebenfalls verworfen. Der Mensch scheint Privilegien zu ersehnen, die er nicht aufgrund seiner Taten, sondern allein kraft seiner Geburt, seines irdischen Menschseins verdient. Nennen wir diese Irrlehre anthropozentrisch – der Mensch im Mittelpunkt.

Dieses Konzept kulminiert in der Behauptung, der Mensch sei nach Gottes Ebenbild erschaffen. Der Schöpfer und Lenker des gesamten Universums sieht gerade so aus wie du und ich. Welch ein Zufall! Wie praktisch! Der griechische Philosoph Xenophanes sah die unglaubliche Anmaßung, die aus dieser Theorie spricht:

> Die Äthiopier [malen] ihre Götter plattnasig und schwarz,
> die Thraker blauäugig und rötlich ...
> Doch wenn Ochsen oder Löwen Hände hätten
> oder vielmehr malen könnten mit ihren Händen und Kunstwerke herstellen wie die Menschen,
> dann würden Pferde pferdeähnlich, Ochsen ochsenähnlich

der Götter Gestalten malen und solche Körper bilden,
wie jeder selbst gestaltet ist.[3]

Eine derartige Haltung umschreibt man gerne mit »provinziell« – die naive Erwartung, daß politische Hierarchien und soziale Konventionen einer gottverlassenen Provinz in einem ganzen Imperium mit vielen verschiedenen Traditionen und Kulturen gelten könnten; daß die vertraute Provinz, die *eigene* Provinz der Nabel der Welt sei. Hinterwäldler wissen kaum etwas vom Rest der Welt. Sie verstehen nicht, wie unbedeutend ihre Provinz, wie groß und andersartig die Welt ist. Ganz unbekümmert übertragen sie ihre eigenen Maßstäbe auf den Rest der Welt. Wenn sie dann jedoch eines Tages in einer wirklich bedeutenden Stadt landen, müssen sie reuevoll erkennen, wie eng ihr eigenes Weltbild doch war. Sie werden »deprovinzialisiert«.

Die moderne Wissenschaft ist eine Reise ins Unbekannte, die vor allem Bescheidenheit lehrt. Viele Reisende wären wohl lieber zu Hause geblieben.

Kapitel 3

Die große Ernüchterung

[Ein philosophisches Tierchen] Es sagte, ihm sei das ganze Geheimnis bekannt ... Es sah die beiden Himmelsbewohner vom Kopf bis zu den Füßen an und erklärte ihnen, daß sie selber, ihre Monde, ihre Sonnen und ihre Sterne einzig und allein für den Menschen gemacht seien. Bei dieser Bemerkung fielen unsere beiden Reisenden einer auf den anderen. Sie erstickten beinah vor nicht zu unterdrückendem Lachen ...

Voltaire, *Mikromegas*, 1752[1]

Im siebzehnten Jahrhundert konnte man noch hoffen, daß die Erde, wenn sie schon nicht im Mittelpunkt des Universums lag, dann doch vielleicht die einzige »Welt« war. Galileis Teleskop zeigte jedoch, daß »der Mond keine glattpolierte Oberfläche« besitzt und daß andere Welten »geradeso wie die Erde« aussehen können. Der Mond und die Planeten zeigten unmißverständlich, daß sie genauso als Welten gelten konnten wie die Erde, mit Bergen, Kratern, Atmosphären, Polkappen, Wolken und – wie Saturn – mit einem leuchtenden Ring. Nach jahrtausendelangem philosophischem Streit stand nun endlich fest, daß es mehrere Welten gibt. Sie unterscheiden sich vielleicht stark von unserem Planeten und sind vielleicht nicht bewohnbar, aber die Erde war nicht länger die einzige Welt.

Das war der nächste Beweis für unsere eigene Bedeutungslosigkeit, eine weitere Wunde, die Galileis Fakten und damit die Wissenschaft dem menschlichen Stolz zufügten.

Gegenüberliegende Seite: *Diese spektakuläre Aufnahme des Hubble-Weltraumteleskops zeigt den Außenbereich des Coma-Galaxienhaufens, rund 370 Millionen Lichtjahre entfernt. Jedes Objekt auf diesem Bild ist eine Galaxie. Am deutlichsten ist die riesige elliptische Galaxie NGC 4881 in der Mitte zu erkennen. Die nächstgrößere links davon ist eine Spiralgalaxie wie die Milchstraße. Bei den Galaxien handelt es sich um Spiralen in Kantenstellung. Das orange-weißliche Objekt mit zwei Ausläufern ist ein kollidierendes Galaxienpaar.*

Viele der blassen Galaxien gehören nicht zum Coma-Haufen, sondern sind eigenständige Galaxien in weitaus größerer Entfernung. Das Sichtfeld dieser Aufnahme entspricht etwa einem Hundertmillionstel des Himmels. Die Gesamtzahl der Sterne in diesem Sichtfeld – von denen die meisten in anderen Galaxien liegen und von Hubble nicht gesehen werden können – liegt bei über hunderttausend Milliarden. Die Zahl der Planeten in diesem winzigen Stück Himmel ist entsprechend riesig.
Jede dieser Galaxien dreht sich einmal in mehreren hundert Millionen Jahren um ihre eigene Achse, und die Galaxien bewegen sich auch im Verhältnis zueinander. Alle Galaxien im Coma-Haufen entfernen sich von allen anderen Galaxienhaufen. Von der Lokalen Gruppe – zu der die Milchstraße gehört – entfernt sich der Coma-Haufen mit einer Geschwindigkeit von rund siebentausend Kilometern pro Sekunde. Diese Bewegung, die Ausdehnung des Universums, ist auf den Urknall zurückzuführen. (Aufnahme mit freundlicher Genehmigung von William A. Baum, Hubble-Weltraumteleskop WFPC1 Team und NASA)

Nun gut, lenkte man ein, *wenn die Erde schon nicht im Zentrum des Universums steht, dann zumindest die Sonne. Unsere Sonne. Somit befindet sich die Erde immerhin fast im Mittelpunkt des Universums.* Vielleicht konnte der Mensch seinen Stolz damit zumindest teilweise retten. Doch spätestens mit den Himmelsbeobachtungen des neunzehnten Jahrhunderts war klar bewiesen, daß die Sonne nur ein einzelner Stern unter einer Vielzahl von Sonnen in der Milchstraße ist. Die Sonne ist weit vom Kern der Galaxie entfernt und liegt mit ihren kleinen Planeten in einem nicht näher bestimmten Sektor eines seltsamen Spiralarms. Wir sind dreißigtausend Lichtjahre vom Zentrum der Milchstraße entfernt.
Nun gut, aber unsere Milchstraße ist die einzige Galaxie. Die Milchstraße ist allerdings nur eine Galaxie unter Milliarden, vielleicht Hunderten von Milliarden Galaxien, deren Masse, Strahlungsintensität oder Zusammensetzung wir nicht kennen. Einige moderne Aufnahmen zeigten mehr Galaxien jenseits der Milchstraße als Sterne innerhalb der Milchstraße. Jede einzelne von diesen Galaxien ist ein Universum für sich mit vielleicht hundert Milliarden Sonnen. Diese Bilder lehren Bescheidenheit.
Nun gut, dann ist aber wenigstens unsere Galaxie im Mittelpunkt des Universums. Nein, auch das stimmt nicht. Als man entdeckte, daß das Universum sich ausdehnt, dachten viele Menschen, die Milchstraße liege im Zentrum der Expansionsbewegung und alle anderen Galaxien entfernten sich von uns. Wir wissen heute, daß Astronomen in jeder anderen Galaxie wiederum den Eindruck hätten, alle anderen Galaxien bewegen sich von der jeweils eigenen weg. Wenn sie nicht vorsichtig sind, würden sie alle daraus folgern, daß *sie* sich im Zentrum des Universums befinden. In Wirklichkeit gibt es aber kein Zentrum, keinen Ausgangspunkt des Urknalls, jedenfalls nicht im normalen dreidimensionalen Raum.
Selbst wenn es Hunderte von Milliarden Galaxien mit jeweils Hunderten von Milliarden Sternen gibt, so besitzt doch kein anderer Stern Planeten. Wenn es keine anderen Planeten außer unserem Sonnensystem gibt, gibt es vielleicht auch kein Leben im Universum. Unsere Einzigartigkeit scheint damit gerettet. Da Planeten klein sind und durch das reflektierte Sonnenlicht nur schwach leuchten, sind sie schwer zu finden. Obwohl die Technik mit einer atemraubenden Geschwindigkeit fortschreitet, wäre sogar ein Riesenplanet wie Jupiter nur sehr schwer zu ent-

decken, selbst wenn er beispielsweise den *nächstgelegenen* Stern Alpha Centauri umkreisen würde. Unwissenheit war stets der beste Nährboden für geozentrische Weltbilder.

Einer weitverbreiteten wissenschaftlichen Hypothese zufolge entstand unser Sonnensystem durch den Beinahezusammenstoß der alten Sonne mit einem anderen Stern. Aufgrund der Schwerkraftverhältnisse schoß Sonnenmaterie hervor, die sich zu Planeten verdichtete. Da der Weltraum hauptsächlich leer ist und Beinahezusammenstöße von Sternen äußerst selten vorkommen, schloß man daraus, daß es nur wenige andere Planetensysteme gebe – vielleicht nur ein einziges, das jetzt um den anderen Stern kreist, der vor langer Zeit an der Entstehung unseres Sonnensystems beteiligt war. Schon zu Anfang meiner wissenschaftlichen Karriere war ich überrascht und enttäuscht zugleich, daß eine solche Theorie überhaupt ernstgenommen werden konnte und daß man die Existenz von anderen Planeten abstritt, nur weil man sie nicht sehen konnte.

Moderne Beobachtungen bestätigten Galileis Annahme, daß die Oberfläche des Mondes nicht glatt ist. (Aufgenommen durch Apollo 17*, mit freundlicher Genehmigung der NASA)*

Heute kennen wir mit Sicherheit drei weitere Planeten; sie umkreisen den Pulsar mit der Bezeichnung B1257+12, einen extrem dichten Stern, auf den ich später zurückkommen werde. Außerdem entdeckten wir bei über der Hälfte der Sterne mit einer sonnenähnlichen Masse, daß sie in ihrer Frühzeit von großen Gas- und Staubwolken umgeben sind, die sich dann vermutlich zu Planeten verdichten. Andere Planetensysteme, vielleicht sogar erdähnliche Welten, scheinen heute nichts Besonderes mehr zu sein. In den nächsten Jahrzehnten wird es möglich sein, zumindest die größeren Planeten – vorausgesetzt, es gibt sie – von Hunderten von benachbarten Sternen zu identifizieren.

Wenn unsere Stellung im Weltall nichts von unserer Bedeutung verrät, dann doch zumindest unsere Epoche: Wir waren (ein paar Tage hin oder her) von Anbeginn im Universum. Der Schöpfer dachte uns besondere Aufgaben zu. Diese Vorstellung schien lange Zeit gar nicht einmal so abwegig. Religionen, die den Anfang des Universums zu beschreiben vorgeben, nennen dabei oft – mehr oder weniger direkt – ein Datum, als ob die Welt Geburtstag hätte.

Wenn man etwa all die »Schöpfungen« in der Genesis zusammenzählt, kommt man auf das Alter der Erde: ungefähr sechstausend Jahre. Das Universum ist genauso alt wie die Erde. Diese Interpretation findet in der jüdischen Zeitrechnung ihren Niederschlag und wird auch von jüdischen, christlichen und moslemischen Fundamentalisten noch immer vertreten.

Ein solch junges Universum wirft jedoch eine schwierige Frage auf: Wieso können wir dann Himmelskörper sehen, die weiter als sechstausend Lichtjahre entfernt sind? Das Licht legt in einem Jahr ein Lichtjahr zurück, in zehntausend Jahren zehntausend Lichtjahre und so weiter. Das Licht, das wir heute im Zentrum der Milchstraße sehen, wurde vor dreißigtausend Jahren ausgesandt. Die nächstgelegene Spiralgalaxie, M31 im Sternbild Andromeda, ist zwei Millionen Lichtjahre entfernt. Wir sehen sie also heute in der Gestalt, in der sie ihr Licht vor zwei Millionen Jahren zur Erde schickte. Und wenn wir Quasare beobachten, die fünf Milliarden Lichtjahre entfernt liegen, sehen wir sie so, wie sie vor fünf Milliarden Jahren aussahen, bevor die Erde entstand (heute sehen sie mit ziemlicher Sicherheit völlig anders aus).

Wenn wir die religiösen Schriften dennoch wörtlich auffassen, ergibt sich die Frage, wie sich die wissenschaftlichen Daten damit in Einklang bringen lassen. Die einzig plausible Erklärung dafür wäre, daß Gott alle Photonen dergestalt auf die Erde treffen läßt, daß Generationen von Astronomen fälschlicherweise Galaxien und Quasare entdecken und daher annehmen, das Universum sei weit und alt. Ich kann mir einfach nicht vorstellen, daß jemand ernsthaft eine derartige Gottesauffassung vertritt.

Darüber hinaus beweisen die radioaktiven Datierungen von Gesteinsbrocken, die zahlreichen Einschlagkrater auf den verschiedensten Welten, die Entwicklung der Sterne und die Ausdehnung des Universums, daß unser Universum viele Jahrmilliarden alt ist – obwohl viele Theologen darin einen direkten Widerspruch zum Wort Gottes sehen und davon ausgehen, daß Auskunft über das Alter der Welt nur durch den Glauben zu erlangen sei.* Auch diese Beweisstücke müßten von einer übelmeinenden Gottheit geschaffen worden sein – oder aber die Welt ist viel älter, als die Buchstabengläubigen in der jüdischen, christlichen und islamischen Religion wahrhaben wollen. Solche Schwierigkeiten entstehen natürlich nicht für die vielen Gläubigen, die die Bibel und den

Die Milchstraße in einer Infrarotaufnahme, die außerhalb der Erdatmosphäre gemacht wurde. Die Spiralarme, in denen auch unsere Sonne liegt, sind hier in Kantenstellung zu sehen (weil die Sonne nahe der galaktischen Ebene liegt). Wir sind knapp dreißigtausend Lichtjahre vom Zentrum entfernt. (COBE-Aufnahme, mit freundlicher Genehmigung der NASA)

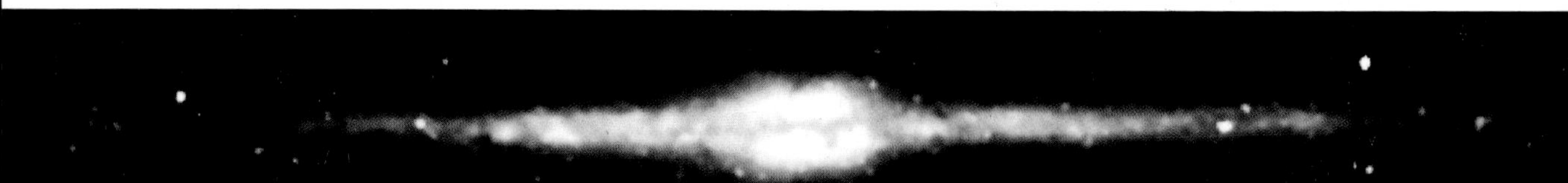

Koran als historischen und moralischen Leitfaden oder als großartige Literatur ansehen und erkennen, daß ihre heiligen Schriften den wissenschaftlichen Kenntnisstand ihrer Entstehungszeit wiedergeben.

Ganze Zeitalter vergingen, bevor die Erde entstand. Ganze Zeitalter werden vergehen, bevor sie wieder verschwindet. Man muß unterscheiden zwischen dem Alter der Erde (etwa viereinhalb Milliarden Jahre) und des Universums (rund fünfzehn Milliarden Jahre seit dem Urknall). Die Erde entstand also erst im letzten Drittel des gewaltigen Zeitabschnitts zwischen der Entstehung des Universums und unserer Gegenwart. Einige Sterne und Planetensysteme sind Jahrmilliarden jünger, andere wieder Jahrmilliarden älter. Doch laut Genesis, Kapitel 1, Vers 1 wurden Universum und Erde am selben Tag erschaffen. Hinduismus, Buddhismus und die indische Religion des Jainismus halten dagegen diese beiden Ereignisse sehr wohl auseinander.

Der Mensch schließlich entstand ganz zuletzt. 99,998 Prozent der Geschichte des Universums waren bereits vergangen, als unsere Spezies auf der Bildfläche erschien. Die meiste Zeit hätten wir nichts für unseren Planeten tun können, denn es gab uns einfach noch nicht.

Wenn unsere Stellung oder unsere Epoche schon nichts Besonderes ist, dann vielleicht unsere Bewegung. Newton und alle anderen großen Vertreter der klassischen Physik glaubten, daß die Geschwindigkeit der Erde im Weltraum einen »besonderen Bezugsrahmen« darstelle. Albert Einstein, der sein Leben lang Vorurteile und Privilegien verabscheute, betrachtete diese »absolute« Physik als das Überbleibsel eines mehr und mehr in Mißkredit geratenen »Erdchauvinismus«. Er war der Meinung, daß die Naturgesetze unabhängig vom Bezugsrahmen des Beobachters stets gleich sind. Diese Überlegung bildete den Ausgangspunkt für seine spezielle Relativitätstheorie. Die Konsequenzen, die sich daraus erge-

⋆ Augustinus sagt in seinem *Gottesstaat*: »Es liegt noch keine sechstausend Jahre zurück, seit der erste Mensch ... Sollten denn nicht alle die eher verlacht denn verdammt werden, die uns zu überzeugen suchen, daß es eine Zeit gebe, die zur versicherten Wahrheit im Gegensatz steht? ... Wir stützen uns auf die göttliche Macht in der Geschichte unserer Religion und hegen keinen Zweifel, daß alles, was im Gegensatz zu ihr steht, falsch sein muß.« Augustinus bezeichnet die alte ägyptische Auffassung, nach der die Welt hunderttausend Jahre alt ist, als »abscheuliche Lüge«. Thomas von Aquin stellt in seiner *Summa theologica* nüchtern fest, daß die »Neuheit der Welt durch die Welt selbst nicht bewiesen werden kann«. Sie waren sich ihrer Sache so *sicher*.

ben, sind bizarr, verblüffend und widersprechen dem gesunden Menschenverstand – jedoch nur bei sehr hohen Geschwindigkeiten. Sorgfältig und wiederholt durchgeführte Beobachtungen zeigen, daß diese mit Recht so gefeierte Theorie die Welt sehr genau beschreibt. Unsere Vermutungen, die auf Alltagserfahrungen beruhen, können falsch sein. Das, was uns gefällt, zählt hier nicht. Wir leben nun einmal nicht in einem besonderen Bezugsrahmen.

Eine Konsequenz der speziellen Relativität ist die Zeitdilatation – die Dehnung und damit Verlangsamung der Zeit, sobald sich der Beobachter mit annähernder Lichtgeschwindigkeit bewegt. Man hört immer wieder, daß die Zeitdilatation für Uhren und Elementarteilchen – und vermutlich für zirkadiane und andere Lebensrhythmen in Pflanzen, Tieren und Kleinstlebewesen – gilt, aber nicht für die innere Uhr des Menschen. Unsere Spezies ist gegen bestimmte Gesetze der Natur immun. (Einsteins Beweis für die spezielle Relativität läßt jedoch keine Unterschiede zu.) Die Vorstellung, der Mensch sei von der Relativität ausgenommen, scheint wieder aus dem Bewußtsein heraus entstanden zu sein, der Mensch sei etwas ganz Besonderes.

Wenn unsere Stellung, unser Zeitalter, unsere Bewegung und unsere Welt nicht einzigartig sind, dann sind wir es vielleicht. Wir unterscheiden uns von allen anderen Lebewesen. Wir sind eine besondere Art. Die besondere Hingabe des Schöpfers des Weltalls wird in uns sichtbar. Diese Ansicht wurde unter anderem von Theologen heftig verteidigt. Doch Mitte des neunzehnten Jahrhunderts legte Charles Darwin überzeugend dar, wie sich eine Art von Lebewesen aus einer anderen entwickeln kann. Bei diesem natürlichen Prozeß werden lediglich die sinnvollen Erbanlagen beibehalten und die nutzlosen ausgesondert. Er hielt den Glauben, wonach der Mensch so großartig sei, daß ein Gott ihn erschaffen habe, für eine Anmaßung und empfahl mehr Bescheidenheit. Darwin konnte zeigen, daß der Mensch von den Tieren abstammt. Die Molekularbiologie wies Ende des zwanzigsten Jahrhunderts zwingend nach, daß der Mensch eng mit den anderen Formen von Leben auf dieser Erde verwandt ist.

In jeder Epoche müssen sich selbstgefällige Chauvinismen gegenüber neuen wissenschaftlichen Disziplinen behaupten: Im zwanzigsten Jahrhundert waren dies beispielsweise Untersuchungen zum menschlichen

Sexualverhalten, die Entdeckung des Unterbewußtseins und der Ursachen für viele seelische Krankheiten und Persönlichkeitsstörungen.

Und dennoch: *Selbst wenn wir nun eng mit einigen Tieren verwandt sind, so besitzen doch nur wir bestimmte herausragende Eigenschaften, das heißt, wir unterscheiden uns in unserem Wesen von ihnen: durch Verstand, Bewußtsein, Handfertigkeit, Moral, Nächstenliebe, Religion, Sprache, Edelmut.* Während der Mensch wie alle Tiere besondere Merkmale besitzt – wie könnte man sonst die Arten voneinander unterscheiden? –, wurde die Einzigartigkeit des Menschen schon besonders strapaziert. Schimpansen denken, sind sich ihrer selbst bewußt, können Werkzeuge herstellen, zeigen Unterwürfigkeit und vieles mehr. Schimpansen und Menschen stimmen in 99,6 Prozent ihrer aktiven Gene überein (Ann Druyan und ich weisen dies in unserem Buch *Shadows of Forgotten Ancestors*[2] nach).

Im menschlichen Alltag stellt man das genaue Gegenteil fest, obwohl auch hier die Ursachen im menschlichen Überlegenheitsdenken (und in einem Mangel an Phantasie) zu suchen sind. In Kindermärchen und Comicheften tragen Tiere menschliche Kleidung, leben in Häusern, essen mit Messer und Gabel und können sprechen. Dinosauriermütter streicheln ihre Jungen, Pelikane tragen Post aus, Hunde fahren Auto. Haustiere haben menschliche Namen, Puppen, Nußknacker, Tassen und Untertassen können tanzen und denken. Womit wir uns auch beschäftigen, wir neigen dazu, allem – ob belebt oder unbelebt – menschliche Züge zu verleihen. Wir sind ja auch nur Menschen. Die Bilder entstehen sofort vor unseren Augen, und Kindern gefallen diese Geschichten besonders gut.

Wenn wir von einem »bedrohlichen« Himmel, einem »aufgewühlten« Meer, »widerstandsfähigen« Diamanten oder einem »erregten« Atom sprechen, verteilen wir ebenfalls menschliche Attribute. Etwas in uns versieht die unbelebte Natur mit Leben, Leidenschaft und Denkvermögen.

Die Vorstellung, die Erde sei sich ihrer selbst bewußt, kam im Zusammenhang mit der »Gaia«-Hypothese auf. Diese Idee ist allerdings nicht neu, war sie doch schon unter den Griechen der Antike und den frühen Christen verbreitet. Origenes etwa warf die Frage auf, ob die Erde kraft ihres Wesens auch sündigen kann, und eine Vielzahl von Gelehrten stellte sich die Sterne als lebende Materie vor. Dieser Auffassung waren ebenfalls Origenes, der heilige Ambrosius (der Mentor von Augustinus) und selbst – wenngleich in einer nicht ganz so simplen Form – Thomas von Aquin. Und Stoiker wie Cicero glaubten, im ersten Jahrhundert vor Christus, daß die Sonne belebt sein muß, da sie den Feuern ähnelt, die in den Körpern von lebenden Wesen brennen.

Animistische Tendenzen scheinen gerade in letzter Zeit wieder stark zuzunehmen. In einer Meinungsumfrage, die 1954 in den Vereinigten Staaten durchgeführt wurde, vertraten fünfundsiebzig Prozent der Befragten die Ansicht, die Sonne sei unbelebt. 1989 waren nur noch dreißig Prozent dieser Meinung. Auf die Frage, ob ein Autoreifen fühlen könne, antworteten 1954 neunzig von hundert Befragten mit nein, 1989 waren es nur noch dreiundsiebzig.

Unsere Fähigkeit, die Welt zu verstehen, ist demnach im Schwinden begriffen. Wir scheinen wohl oder übel unser eigenes Wesen auf die Natur zu übertragen und hineinzuprojizieren. Obwohl dieses Verhalten zu einem stark verzerrten Weltbild führen kann, besitzt es doch einen großen Vorteil: Diese Art der Projektion ist eine wesentliche Voraussetzung für Mitleid.

Nun gut, vielleicht sind wir ja nichts Besonderes, vielleicht sind wir tatsächlich mit so niederen Wesen wie den Affen verwandt. Aber wenigstens sind wir die Krone der Schöpfung. Neben Gott und den Engeln sind wir die einzigen intelligenten Wesen im Universum. Unter den Briefen, die ich von meinen Lesern bekomme, fand sich eines Tages einer, in dem der Absender sehr bestimmt seine Auffassung zur Frage, ob es außerirdisches Leben gibt, darlegte: »Einer Sache bin ich mir absolut sicher. Es gibt keine andere Form bewußten Lebens im Universum. Die Menschheit kehrt damit auf den für sie bestimmten Platz im Zentrum des Universums zurück.« Teils durch den Einfluß der Wissenschaft und durch Science-fiction-Romane sind heute jedoch die meisten Menschen (zumindest in den USA) anderer Ansicht.

Tatsache ist jedoch, daß wir noch kein außerirdisches Leben entdeckt haben. Wir haben ja erst begonnen, danach zu suchen. Die Frage ist einfach noch offen. Wenn ich raten müßte, so würde ich mir – vor allem angesichts unserer zahlreichen falschen Ansätze – vorstellen, daß das Universum voll von Wesen ist, die weitaus intelligenter und fortschrittlicher sind als wir. Ich kann mich natürlich auch täuschen. Eine derartige These stützt man am besten auf eine Wahrscheinlichkeitsüberlegung, die wiederum auf der Zahl der Planeten, der Verteilung organischer Materie oder den enormen Evolutionszeiträumen beruht. Das ist natürlich kein wissenschaftlicher Beweis. Die Frage gehört jedoch zu den faszinierendsten überhaupt in der ganzen Wissenschaft. Wir sind jedoch gerade erst dabei, die Werkzeuge für eine ernsthafte Beschäftigung damit zu bauen.

In diesem Zusammenhang wird auch die Frage aufgeworfen, ob wir Intelligenzen erschaffen können, die klüger sind als wir selbst. Computer berechnen heute schon Aufgaben, die kein Mensch allein bewältigen kann, werden Schachgroßmeister und Dameweltmeister, sprechen und verstehen Englisch und andere Sprachen, schreiben ordentliche Kurzgeschichten und können komponieren, lernen aus ihren Fehlern und lenken zuverlässig Schiffe, Flugzeuge und Raumschiffe. Sie werden ständig besser, kleiner, schneller und preiswerter. Jahr für Jahr rückt der wissenschaftliche Fortschritt der Vorstellung von der Einzigartigkeit des Menschen ein bißchen mehr zu Leibe. Wenn wir in der Frühzeit unserer technologischen Entwicklung bereits Intelligenz aus Silikon und Metall bauen können, was werden wir dann in den folgenden Jahrzehnten und Jahrhunderten konstruieren? Was wird passieren, wenn kluge Maschinen noch klügere Maschinen bauen können?

Der vermutlich beste Beweis dafür, daß die Suche nach einer unverdientermaßen privilegierten Stellung des Menschen niemals enden wird, ist das, was man in der Physik und Astronomie »anthropisches« Prinzip nennt. Treffender wäre die Bezeichnung anthropozentrisches Prinzip. Es tritt in verschiedenen Formen auf. Das schwache anthropische Prinzip stellt lediglich fest, daß bei veränderten Naturgesetzen und physikalischen Konstanten – etwa Lichtgeschwindigkeit, elektrische Ladung eines Elektrons, Newtonsche Gravitation, Plancks Quantenmechanik – die Entstehung des Menschen nicht nachvollziehbar wäre. Mit anderen Gesetzen und Konstanten würden Atome auseinanderfallen, würde die Entwicklung der Sterne Leben auf einem benachbarten Planeten nicht entstehen lassen, würde es die chemischen Elemente, die für die Entstehung von Leben notwendig sind, gar nicht geben. Andere Gesetze, keine Menschen.

Das schwache anthropische Prinzip ist unumstritten: Nach Änderung der Naturgesetze und Konstanten – vorausgesetzt, das wäre möglich –

würde vermutlich ein völlig anderes Universum entstehen, das kaum für Leben geeignet wäre.* Die bloße Tatsache, daß wir existieren, impliziert (aber nicht zwingend) gewisse Einschränkungen der Naturgesetze. Die verschiedenen starken anthropischen Prinzipien gehen dagegen viel weiter. Einige ihrer Vertreter behaupten beinahe, daß die Naturgesetze und physikalischen Konstanten so aufgestellt wurden (wie oder von wem?), daß menschliches Leben entstehen konnte. Fast alle anderen denkbaren Universen sind ihnen zufolge unbewohnbar. Auf diese Weise kommt die alte Irrlehre von einem Universum, das nur für den Menschen gemacht sei, wieder zum Vorschein. Das erinnert mich stark an Dr. Pangloss in Voltaires *Candide*, der davon überzeugt ist, daß diese Welt mit all ihren Unzulänglichkeiten doch die beste der Welten sei. Das erinnert mich auch an mein erstes Bridgespiel. Ich gewann mit meinen Karten und wußte dabei sehr wohl, daß ich auch $5{,}4 \times 10^{28}$, also vierundfünfzig Trillionen Milliarden andere Kartenkombinationen hätte bekommen können ... und dachte dennoch, daß es einen gütigen Bridge-Gott gibt, der mir hilft, der die Karten mischt und meinen Sieg von Anbeginn bestimmt hat. Wir wissen nicht, wie viele siegreiche Kombinationen es im großen kosmischen Spiel gibt, wie viele andere Universen, Naturgesetze und physikalische Konstanten ebenfalls Leben und Intelligenz und vielleicht sogar Bescheidenheit entstehen lassen können. Da wir so gut wie gar nichts über die Entstehung des Universums wissen (wir wissen nicht einmal, *ob* es überhaupt entstanden ist), können wir uns kaum Antwort auf unsere Fragen erwarten.

Voltaire fragte nach der Ursache des Seins. Einstein fragte, ob Gott bei der Erschaffung des Alls eine Wahl hatte. Wenn das Universum unendlich alt ist und der Big bang vor rund fünfzehn Milliarden Jahren nur der jüngste Richtungswechsel in einer unendlichen Reihe von kosmischen Kontraktionen und Expansionen war, dann wurde es nie erschaffen, und die Frage nach dem Wie und Warum hat keine Bedeutung mehr.

* Unser Universum ist *beinahe* ungeeignet für Leben oder zumindest für das, was wir darunter verstehen. Selbst wenn jeder Stern in hundert Milliarden Galaxien einen erdähnlichen Planeten besäße, könnte ohne entscheidende technologische Maßnahmen Leben gerade einmal in 10^{37} Fällen entstehen. Das heißt, nur ein Bruchteil, nämlich 0,0000000000000000000000000000000000001 unseres Universums ist bewohnbar. Sechsunddreißig Nullen vor der Eins. Der Rest ist ein kaltes, strahlendurchströmtes schwarzes Vakuum.

Wenn jedoch das All ein endliches Alter hat, stellt sich die Frage nach dem Wie und Warum. Warum sieht es so und nicht anders aus? Welche Naturgesetze gehören zusammen? Gibt es Über-Gesetze, die das Zusammenspiel regeln? Können wir sie entdecken? Welche Gravitationsgesetze können beispielsweise gleichzeitig mit welchen Gesetzen der Quantenphysik existieren? Sind alle Gesetze, die wir uns vorstellen können, auch möglich, oder kann es nur eine bestimmte Anzahl davon geben? Wir wissen nicht im mindesten, welche Naturgesetze »möglich« sind und welche nicht. Darüber hinaus haben wir nur äußerst rudimentäre Vorstellungen von »erlaubten« und »unerlaubten« Beziehungen zwischen den Naturgesetzen.

Das Newtonsche Gravitationsgesetz beispielsweise besagt, daß die Anziehungskraft zweier Körper umgekehrt proportional zum Quadrat ihrer Entfernung ist. Ein Mensch, der seine Entfernung zum Mittelpunkt der Erde verdoppelt, wiegt nur noch ein Viertel; in zehnfacher Entfernung wiegt er nur noch ein Hundertstel. Dieses Prinzip ermöglicht die wunderbar kreis- und ellipsenförmigen Umlaufbahnen der Planeten um die Sonne, der Monde um die Planeten – und die präzisen Flugbahnen unserer Raumsonden. Wenn r die Entfernung zwischen dem jeweiligen Mittelpunkt zweier Körper ist, dann verschiebt sich die Gravitationskraft mit einem Faktor von $1/r^2$. Wenn der Exponent von r jedoch nicht 2, sondern 4 hieße, also $1/r^4$, dann würden sich die Umlaufbahnen nicht zu einem Ring schließen. In Abermilliarden von Revolutionen würden die Planeten in einer Spiralbewegung auf ihren Stern zurasen, von dem Stern verschlungen werden oder in einer Spiralbewegung wieder in den Weiten des Weltalls verschwinden. Wenn das Universum also mit einem Gravitationsgesetz in der vierten Potenz anstatt im Quadrat konstruiert wäre, gäbe es keine bewohnbaren Planeten.

Warum haben wir das Glück, gerade in einem Universum zu leben, das – bei allen überhaupt möglichen Gravitationsgesetzen – genau nach dem einen funktioniert, das Leben ermöglicht? Erstens haben wir natürlich so viel »Glück«, weil es uns andernfalls gar nicht gäbe und wir diese Frage überhaupt nicht stellen könnten. Logischerweise können wißbegierige Individuen auf Planeten nur in Universen gefunden werden, in denen es auch Planeten gibt. Zweitens ist das geltende Gravitationsgesetz *nicht* das einzige, das über Jahrmilliarden seine Gültigkeit behalten hat. Jedes andere Gravitationsgesetz unter $1/r^3$ (beispielsweise

$1/r^{2,99}$ oder $1/r$) kann einen Planeten in einer *annähernd* runden Umlaufbahn halten. Wir übersehen gerne, daß auch andere denkbare Naturgesetze mit Leben vereinbar sind.

Aber das ist nicht alles: Es ist ja kein Zufall, daß unser Gravitationsgesetz genau $1/r^2$ lautet. Wenn Newtons Theorie im weiteren Kontext der allgemeinen Relativitätstheorie verstanden wird, erkennen wir, daß der Exponent die Zahl 2 ist, weil wir in einer dreidimensionalen Welt leben. Man kann also nicht einfach frei irgendein Gravitationsgesetz auswählen. Selbst wenn ein Gott mit einer unendlichen Zahl von dreidimensionalen Universen herumspielen könnte, müßte das Gesetz der Gravitation dennoch auf dem umgekehrt proportionalen Quadrat der Entfernung beruhen. Das Newtonsche Gravitationsgesetz ist also nicht schmückendes Beiwerk, sondern ein wesentlicher Aspekt für das Funktionieren unseres Universums.

In der allgemeinen Relativitätstheorie ist die Schwerkraft durch die Dimensionalität und die Krümmung des Raumes *bedingt.* Wenn wir über Gravitation sprechen, sprechen wir über örtliche Dellen im Raum-Zeit-Gefüge. Diese Erkenntnis ist alles andere als selbstverständlich und widerspricht sogar dem gesunden Menschenverstand. Doch bei einer genaueren Untersuchung erscheinen Schwerkraft und Masse nicht als zwei getrennte Phänomene, sondern als Verzweigungen der zugrundeliegenden Geometrie von Raum und Zeit.

Ich frage mich, ob dies nicht ganz allgemein auf alle anthropischen Hypothesen zutrifft. Die Gesetze oder physikalischen Konstanten, auf denen unser Leben beruht, gehören plötzlich zu einer Klasse, vielleicht sogar zu einer großen Klasse anderer Gesetze und anderer Konstanten – und einige davon ermöglichen ebenfalls eine Art von Leben. Oft wollen (oder können) wir nicht weiter ausarbeiten, was diese anderen Universen erlauben. Darüber hinaus kann vielleicht nicht einmal der Schöpfer von Universen frei aus den vorhandenen Naturgesetzen und Konstanten auswählen. Unser Verständnis von der Verfügbarkeit von Naturgesetzen und Konstanten ist bestenfalls lückenhaft.

Mehr noch, wir haben keinerlei Zugang zu den rechnerischen Alternativen unseres Universums. Wir besitzen keine Methode zur Überprüfung anthropischer Hypothesen. Selbst wenn wir die Existenz solcher Universen aus erwiesenen Theorien – etwa der Quantenmechanik oder der Gravitation – ableiten könnten, wüßten wir dennoch nicht, ob es

Die Balkenspiralgalaxie NGC 1365. (Mit freundlicher Genehmigung des Anglo-Australian Observatory, Aufnahme von David Malin)

nicht bessere Theorien gibt, die keine anderen Universen zulassen. Bevor wir Genaueres wissen – ob und wann immer das sein mag –, ist es meiner Ansicht nach zu früh, das anthropische Prinzip als ein Argument für die Bedeutung oder Einzigartigkeit des Menschen anzuführen. Selbst wenn das Universum tatsächlich *in der Absicht* erschaffen worden wäre, Leben oder Intelligenz entstehen zu lassen, mag es andere Lebewesen auf zahllosen anderen Welten geben. Für die Anthropozentristen gäbe es dann noch den schwachen Trost, daß wir in einem der wenigen Universen leben, die Leben und Intelligenz ermöglichen.

Das anthropische Prinzip ist erstaunlich eng gefaßt. Gewiß, nur ganz bestimmte Naturgesetze und Konstanten sind mit unserem Leben ver-

Kapitel 4

Ein Universum nicht nur für uns

Die See des Glaubens
Stand einst hoch und umhüllte der Erde Gestade
Mit ihrem dichten Faltenwurf.
Doch nun vernehme ich nur
Die Melancholie ihres verebbenden Tosens,
Ihres Rückzugs im Gesäusel
Des Nachtwinds, hinab die finsteren Klippen,
Und bloß liegen die Kiesel der Welt.

Matthew Arnold, *Dover Beach*, 1867

Was für ein schöner Sonnenuntergang«, sagen wir, oder: »Ich stehe vor Sonnenaufgang auf.« In unseren alltäglichen Redensarten ignorieren wir schlichtweg die Entdeckungen der Wissenschaft. Wir reden nicht von einer die Sonne umkreisenden Erde, sondern von einer auf- und untergehenden Sonne. Versuchen Sie einmal, im Sinne Kopernikus' zu sprechen: »Billy, komm bitte nach Hause, sobald die Sonne infolge der Erdrotation unter den Horizont sinkt.« Billy wäre längst über alle Berge, bevor Sie überhaupt mit ihrer Bitte fertig sind. Wir haben bis heute noch keine elegante Formulierung gefunden, die unser astronomisches Wissen wiedergibt. Daß wir im Mittelpunkt stehen und alles andere um uns herumkreist, ist fest in unserer Sprache verwurzelt. Hinter dem kopernikanischen Feigenblatt sind wir immer noch die alten Geozentristen.

1633 verurteilte die katholische Kirche Galileo Galilei wegen seiner Lehre von der Erde, die um die Sonne kreist. Betrachten wir diesen berühmten Streit einmal genauer. Im Vorwort zu seinem *Dialog*, in dem Galilei das ptolemäische mit dem kopernikanischen System vergleicht, schreibt er:

Gegenüberliegende Seite: »The Fabric of Space« (»Der Weltraumstoff«). Aquarell von Greg Mort. Das Universum als Überraschungsgabe

> Zweitens werden die Himmelserscheinungen einer Prüfung unterzogen werden, welche so sehr zu Gunsten der kopernikanischen Annahme ausfällt, als ob diese durchaus siegreich daraus hervorgehen sollte.[1]

An anderer Stelle gesteht er seine unumwundene Bewunderung für Kopernikus und seine Anhänger ein, die entgegen ihren alltäglichen Beobachtungen der Vernunft und mathematischen Berechnungen glauben. Die Kirche erklärte jedoch in ihrer Anklage gegen Galilei:

> Die Lehre, daß die Sonne im Mittelpunkt der Welt stehe und die Erde sich um die Sonne und um ihre eigene Achse bewege, ist absurd, philosophisch falsch und theologisch irrig, da sie der Heiligen Schrift zuwiderläuft.

Galilei erwiderte:

> Die Lehre von der Bewegung der Erde und der ruhenden Sonne ist zu verurteilen, da die Heilige Schrift an vielen Stellen von der kreisenden Sonne und der ruhenden Erde spricht ... Und die Heilige Schrift kann nicht lügen, doch niemand wird leugnen, daß sie häufig schwierig zu verstehen ist und über die Bedeutung des bloßen Wortes hinausgeht. Ich glaube, daß wir in der Diskussion natürlicher Phänomene nicht bei der Heiligen Schrift, sondern bei Versuchen und Beweisen beginnen sollten.

Am 22. Juni 1633 wurde Galilei gezwungen, seiner Theorie abzuschwören:

> Auf Geheiß des Heiligen Stuhls schwöre ich der falschen Lehre ab, daß die Sonne im Mittelpunkt des Universums ruht und die Erde nicht in seinem Mittelpunkt liegt und sich bewegt ... Ich schwöre ab, verwünsche und verfluche mit redlichem Herzen und nicht erheucheltem Glauben alle diese Irrtümer und Ketzereien sowie überhaupt jeden anderen Irrtum und jede Meinung, welche der heiligen katholischen Kirche ... zuwiderläuft.

Erst im Jahre 1832 nahm die katholische Kirche Galileis Werk vom Index. Das päpstliche Unbehagen angesichts der modernen Wissenschaft wuchs und schwand gleichermaßen. Den Höhepunkt in der jüngeren Geschichte markiert 1864 der *Syllabus,* das »Verzeichnis der modernen Irrlehren« von Papst Pius IX. (der auch das Vatikanische Konzil einberief, auf dem auf sein Betreiben hin das Dogma von der Unfehlbarkeit des Papstes erstmals verkündet wurde). Hier einige Auszüge:

> Die göttliche Offenbarung ist unvollkommen und deshalb einem beständigen und unbegrenzten Fortschritt unterworfen, der dem Fortschritt der menschlichen Vernunft entspricht.
> Es steht jedem Menschen frei, diejenige Religion anzunehmen und zu bekennen, die man, vom Lichte der Vernunft geführt, für wahr erachtet.
> Die Kirche hat nicht die Vollmacht, dogmatisch zu definieren, daß die Religion der katholischen Kirche die einzig wahre Religion sei.
> In dieser unserer Zeit ist es nicht weiter dienlich, die katholische Religion als die einzige Staatsreligion zu haben und alle übrigen Formen der Gottesverehrung auszuschließen.
> Es ist nämlich falsch, daß die bürgerliche Freiheit für jeden Kult und desgleichen die allen zugestandene volle Vollmacht, alle beliebigen Meinungen und Gedanken in aller Öffentlichkeit kundzutun, dazu beitrage, die Sitten und Herzen der Völker leichter zu verderben und die Pest des Indifferentismus zu verbreiten.[2]

Es soll nicht verschwiegen werden, daß die Kirche – reichlich spät zwar und äußerst widerstrebend – Galilei 1992 rehabilitierte. Dennoch fällt es der Kirche schwer, die Tragweite ihres Widerstandes einzusehen. Papst Johannes Paul II. sagte 1992 in einer Ansprache:

> Vom Beginn der Aufklärung bis zum heutigen Tage wurde der Fall Galilei hochstilisiert und nicht sehr wahrheitsgetreu wiedergegeben. Der Fall Galilei war Sinnbild für den angeblichen Widerstand der katholischen Kirche gegen wissenschaftlichen Fortschritt und Sinnbild für die »dogmatische« Vereitelung der freien Suche nach Wahrheit.

Daß jedoch das Inquisitionsgericht den durch Alter und Krankheit geschwächten Galilei im Angesicht der Folterwerkzeuge in den Verliesen des Vatikans verhörte, legt ein solches Bild der Kirche nahe. Hier ging es nicht nur um wissenschaftliche Behutsamkeit, um die zögernde Aufgabe eines Paradigmas, bis ein unumstößlicher Beweis, wie etwa die Parallaxenverschiebung, gefunden war. Hier ging es um die Angst vor der freien Meinungsäußerung. Anderslautende Ansichten zu zensieren und ihren Verfechtern mit Folter zu drohen zeigt genaugenommen einen Mangel an Glauben in die heilige Doktrin selbst. Warum war es notwendig, Andersdenkenden zu drohen und Galilei zu Hausarrest zu verurteilen? Kann denn die Wahrheit gegenüber dem Irrtum nicht selbst zu ihrer Verteidigung antreten? Der Papst führt dazu in seiner Rede aus:

> Der Irrtum der damaligen Theologen, die darauf beharrten, die Erde befinde sich im Mittelpunkt, bestand darin, daß sie die physikalische Beschaffenheit der Erde direkt aus der Heiligen Schrift ableiteten.

Hier läßt sich tatsächlich ein beachtlicher Fortschritt verzeichnen – obwohl Fundamentalisten nicht gerne aus dem Munde eines Papstes hören, daß die Heilige Schrift nicht immer wörtlich zu verstehen sei. Wenn jedoch die Bibel nicht an allen Stellen wörtlich zu verstehen ist, welche Stellen sind dann göttlichen Ursprungs und welche sind von Menschenhand geschrieben und daher fehlbar? Sobald eingeräumt wird, daß die Heilige Schrift Fehler aufweist (die auf dem damaligen Kenntnisstand beruhten), wie kann die Bibel dann ein unfehlbarer Wegweiser zu Wohlverhalten und Moral sein? Könnten Sekten und Gläubige dann nicht einfach die Stellen der Bibel, die ihnen gefallen, befolgen und die unbequemeren Stellen ignorieren? Gebote und Verbote, wie etwa das Verbot zu töten, sind wichtig für das Funktionieren einer Gesellschaft. Wenn jedoch göttliche Vergeltung unwahrscheinlich ist, werden dann nicht mehr Menschen glauben, das Verbot sei nicht so ernst zu nehmen? Viele Zeitgenossen waren der Ansicht, Kopernikus und Galilei könnten dem sozialen Frieden schaden. In der Tat könnte jedwede Herausforderung der wörtlichen Wahrheit der Bibel derartige Konsequenzen haben. Dieser Fall zeigt nur allzu deutlich, wie die Wissenschaft das Establishment nervös machte. Anstelle diejenigen zu kritisieren, die an Mythen festhielten, verurteilte die Öffentlichkeit diejenigen, die diese Mythen diskreditierten.

Gegenüberliegende Seite: *Eine neue Perspektive – die Erde geht über dem alten Einschlagbecken Mare Smythii auf dem Mond auf. Wenn wir auf dem Mond leben würden, wäre dann der Mond für uns das Zentrum des Universums – und würde die Erde uns dann ihre Reverenz erweisen, indem sie um uns herum auf- und untergeht? (Aufnahmen von* Apollo 11*, mit freundlicher Genehmigung der NASA)*

Unsere Vorfahren leiteten Entstehungsprozesse von ihren eigenen Erfahrungen ab. Das Universum schlüpfte demnach aus einem kosmischen Ei, wurde von einer Mutter- und Vatergottheit gezeugt oder in einer göttlichen Werkstatt erschaffen. Das Universum war nicht viel weiter, als das Auge reicht, nicht viel älter als schriftliche oder mündliche Überlieferungen und sah im großen und ganzen so aus wie die vertraute Umgebung.

Der Mensch versuchte seinen Kosmos immer nach einem vertrauten Bild einzurichten. Trotz vieler Anstrengungen war er in dieser Hinsicht nicht sehr erfindungsreich. In den westlichen Religionen ist der Himmel ein lieblicher Ort, die Hölle sieht aus wie das Innere eines Vulkans. In vielen Darstellungen werden Himmel und Hölle durch hierarchische Systeme regiert, an deren Spitze Götter beziehungsweise Teufel stehen. Monotheisten sprechen vom König der Könige. Jede Kultur übertrug ihr eigenes politisches System auf das Universum, und nur wenige fanden diese Ähnlichkeit verdächtig. Dann kam die Wissenschaft und lehrte, daß der Mensch nicht das Maß aller Dinge sei, daß es Unvorstellbares zu entdecken gebe und schließlich daß das Universum nicht unseren Vorstellungen entsprechen müsse. Der Mensch lernte etwas über das Wesen seines Verstandes. Wissenschaft hob das menschliche Bewußtsein auf ein höheres, reiferes Niveau, das in krassem Gegensatz zu der kindisch-narzißtischen Attitüde der vorkopernikanischen Zeit steht.

Was ist denn eigentlich so verlockend an der Vorstellung, daß das Universum für uns gemacht sei? Ist die menschliche Selbstachtung so gering, daß ihr nur ein maßgeschneidertes Universum helfen kann? Eine derartige Vorstellung schmeichelt natürlich unserer Eitelkeit. Was der Mensch sich wünscht, erachtet er gerne als wahr, wußte schon Demosthenes. Und daß die Gnade uns schauen läßt, was wir glauben, gab auch Thomas von Aquin zu. Meiner Meinung nach ist da jedoch noch etwas anderes im Spiel. Unter Primaten herrscht eine Art Ethnozentrismus. Sie sind der Gruppe, in die sie hineingeboren werden, in leidenschaftlicher Liebe und Loyalität verbunden. Mitglieder anderer Gruppen werden nicht beachtet, ja sogar feindlich abgewiesen. Daß beide Gruppen derselben Art angehören, daß sie für einen außenstehenden Betrachter praktisch nicht zu unterscheiden sind, zählt nicht. Dieses Verhaltensmuster gilt besonders für Schimpansen, die nächsten Verwandten des Menschen im Tierreich. Ann Druyan und ich zeigten, wie wichtig dieses Verhalten vor einigen Jahrmillionen gewesen sein mag; heute ist es jedoch gefährlich. Selbst die Mitglieder von Jäger-Sammler-Gruppen, die am weitesten von unserer hochtechnisierten Welt entfernt leben, beschreiben ihre kleine Gruppe als »die Menschen«. Jeder andere ist auch etwas anderes, etwas weniger als ein Mensch.

Wenn dies jedoch die natürliche Sichtweise des Menschen ist, dann nimmt es nicht wunder, daß die Überlegungen zum Platz des Menschen im Universum – sofern sie nicht sorgfältiger wissenschaftlicher Prüfung unterliegen – fast immer die Zentralität der jeweiligen Gruppe und Umstände postulieren. Der Mensch neigt dazu, diese Vorurteile als objektive Tatsachen hinzustellen.

Wissenschaftler mit ihren ständigen Mahnungen: »Du bist ganz gewöhnlich, unwichtig, du verdienst keine Privilegien, du bist nichts Besonderes« sind also eher lästig. Selbst bescheidene Menschen werden sich irgendwann einmal darüber ärgern. Wissenschaftler scheinen fast ein seltsames Vergnügen daran zu finden, dem Menschen ständig seine eigene Ohnmacht vor Augen zu führen. Warum können sie keine Erklärung für die Sonderstellung des Menschen finden? Ermuntert uns, begeistert uns! In derartigen Debatten erscheint die Wissenschaft mit ihrer Ernüchterung kalt und abweisend, emotionslos und unmenschlich.

Wenn der Mensch also keine zentrale Stellung besitzt, nicht der Augapfel Gottes ist, was bedeutet das dann für die theologisch fundierte Moral? Die Entdeckung der wirklichen Stellung des Menschen im Kosmos wurde so lange und so heftig bekämpft, daß viele Schriftstücke zum Thema existieren. Manche von ihnen verdeutlichen die Ansichten der Geozentristen. Im Folgenden ein erhellender, nicht signierter Artikel in der britischen Zeitschrift *The Spectator* aus dem Jahre 1892:

> Es ist hinreichend bewiesen, daß die Entdeckung der heliozentrischen Planetenbewegungen, welche unsere Erde auf ihren unbedeutenden Rang verwies, die moralischen Prinzipien, die bis dato das Zusammenleben der herrschenden Rassen der Erde regelten, in eine ebensolche, aber nicht im geringsten gerechtfertigte unbedeutende Stellung rückte. Dies beruht zum Teil auf der Tatsache, daß die Physik verschiedener inspirierter Autoren [der Heiligen Schrift] fehlerhaft und nicht unfehlbar war – was ungerechtfertigterweise auch ihre moralischen und religiösen Lehren in Zweifel zog. Zum Großteil

> beruht dies jedoch auf der »Unbedeutsamkeit«, mit der der Mensch sich selbst betrachtet, seit er entdeckte, daß er nichts als eine finstere Ecke des Weltalls anstelle einer zentralen Welt, um die Sonne, Mond und Sterne kreisen, bewohnt. Es besteht kein Zweifel, daß der Mensch sich selbst als viel zu unbedeutend empfindet und empfand, um Gegenstand irgendwelcher göttlicher Erziehung oder Betreuung zu sein. Wenn die Erde als eine Art Ameisenhaufen betrachtet und Leben und Tod des Menschen mit dem Leben und Tod zahlloser Ameisen verglichen wird, die auf der Suche nach Licht und Nahrung aus ihren Erdöffnungen kriechen, dann kann es nicht verwundern, daß die menschlichen Pflichten an Bedeutung verlieren und tiefe Hoffnungslosigkeit anstelle von Hoffnung den Menschen ergreifen wird ...
>
> Für unsere gegenwärtigen Bedürfnisse ist unser Horizont weit genug...; bis wir uns an die unendlichen Horizonte gewöhnen und bei ihrer Betrachtung die Balance halten können, ist eine Suche nach noch weiteren Horizonten verfrüht.

Was erwartet der Mensch von Philosophie und Religion wirklich? Linderung? Heilung? Trost? Will er Märchen, die ihn in Sicherheit wiegen, oder eine Erklärung der wirklichen Umstände? Die Bestürzung darüber, daß das Universum nicht den menschlichen Vorstellungen entspricht, erscheint kindisch. Man möchte glauben, daß erwachsene Menschen sich schämen, ihre Enttäuschung auch noch schwarz auf weiß zu drucken. Der übliche Weg, es doch zu tun, ist, sich nicht über das Universum zu beschweren – was ja nun tatsächlich wenig Sinn hätte –, sondern über die Mittel, mit denen wir das Universum zu verstehen suchen, also über die Wissenschaft.

George Bernard Shaw beschreibt 1923 im Vorwort zu seinem Geschichtsdrama *Saint Joan* (dt. *Die heilige Johanna*), wie die Wissenschaft den Menschen in seinem Glauben verunsichert, indem sie ihn zu einer völlig neuen Sichtweise zwingt:

> Im Mittelalter glaubten die Menschen, die Erde sei flach, wofür sie wenigstens den Nachweis ihrer Sinne hatten: Wir glauben, daß sie rund ist. Nicht etwa, weil auch nur ein Prozent von uns die physikalischen Gründe für einen so eigentümlichen Glauben angeben kön-

> ne, sondern weil uns die moderne Wissenschaft davon überzeugt hat, daß nichts auf der Hand Liegendes wahr ist und daß alles, was zauberhaft, unwahrscheinlich, außergewöhnlich, riesenhaft, mikroskopisch, herzlos oder empörend ist, wissenschaftlich sei.[3]

Ein jüngeres und sehr lehrreiches Beispiel dafür ist das Buch des britischen Journalisten Bryan Appleyard *Understanding the Present: Science and the Soul of Modern Man* (1992). Das Buch verdeutlicht, was viele Menschen in der ganzen Welt empfinden, aber nicht zu sagen wagen. Appleyards Offenheit ist erfrischend. Er glaubt aufrichtig und läßt seine Leser nicht verzweifeln über den Widersprüchen zwischen moderner Wissenschaft und traditionellem Glauben:

»Die Wissenschaft hat uns ... unsere Religion genommen«[4], klagt er, und er wünscht sich jene Religion zurück, in der »das Menschengeschlecht Mittelpunkt, Herz und Zweck des ganzen Systems [war]. Es wies uns selbst ganz deutlich einen Platz in der Karte des Universums zu.«[5] Und: »Wir Menschen waren letztendlich der Endzweck, die vernünftige Achse, um die sich die riesigen ätherischen Hüllen drehten.«[6] Er verlangt »ein Universum katholischer Strenggläubigkeit«[7], in dem »der Kosmos als eine Maschine dargestellt [wird], die um das Schauspiel der Erlösung herum konstruiert wurde«[8] – damit meint Appleyard, daß eine Frau und ein Mann einst trotz des ausdrücklichen Verbots von einem Apfel aßen und daß dieser Akt des Ungehorsams das Universum der Willkür ihrer entfernten Nachkommen anheimstellte.

In der modernen Wissenschaft dagegen werden wir »als Zufallsprodukt der Evolution betrachtet. Unsere Ursache liegt im Kosmos, aber wir sind nicht seine Ursache. Der moderne Mensch ist letztlich gar nichts. Er hat keine Rolle in der Schöpfung.«[9] Wissenschaft »wirkt vielmehr zersetzend, bewirkt die Auflösung alter Autoritäten und Traditionen. Sie kann nicht wirklich mit irgend etwas anderem koexistieren.«[10] »Die Naturwissenschaften bringen uns ganz unbemerkt und unausgesprochen dahin, uns und unser wahres Selbst aufzugeben.«[11] Sie offenbart »das stumme, uns völlig fremde Naturgeschehen«.[12] »Den Menschen ist es unmöglich, mit solch einer Offenbarung zu leben. Eine tröstende Lüge ist die einzig übriggebliebene Moral.«[13] Alles ist besser, als sich mit der unerträglichen Vorstellung herumzuschlagen, klein und unbedeutend zu sein.

In einem Abschnitt über Papst Pius IX. verurteilt Appleyard sogar die Tatsache, daß »man also von einer modernen Demokratie erwarten [kann], daß sie eine ganze Reihe von einander widersprechenden religiösen Überzeugungen toleriert, deren Anhänger dazu verpflichtet sind, sich an eine bestimmte Anzahl allgemeiner Richtlinien zu halten, darüber hinaus jedoch keinen Restriktionen unterliegen. Sie dürfen nicht die Stätten der Gottesdienste der anderen anzünden, dürfen aber sehr wohl den Gott der anderen ablehnen oder ihn sogar beleidigen. Dies ist die effektive, wissenschaftliche Vorgehensweise«.[14]

Doch welche Alternative gibt es dazu? Gewißheit in einer ungewissen Welt vortäuschen? Einen trostreichen Glauben annehmen, selbst wenn er nicht mit den Tatsachen übereinstimmt? Wenn wir die Wirklichkeit nicht kennen, wie sollen wir dann mit ihr umgehen? Schon aus rein praktischen Gründen können wir nicht in einer Märchenwelt leben. Sollen wir fremde Religionen zensieren und fremde Gotteshäuser niederbrennen? Wie können wir jemals mit Gewißheit feststellen, welches der abertausend menschlichen Glaubenssysteme unangefochten und allgemeingültig bleibt?

Appleyards Zitate verraten Angst vor dem Universum – vor seiner Größe und Großartigkeit, vor allem aber vor seiner Gleichgültigkeit. Die Wissenschaft lehrt uns, daß aufgrund unseres Talents zur Selbsttäuschung Subjektivität nicht uneingeschränkt herrschen darf. Dies ist einer der Gründe, warum Appleyard der Wissenschaft so sehr mißtraut: Sie scheint zu vernunftbegründet, maßvoll und unpersönlich. Ihre Erkenntnisse beruhen auf der Untersuchung der Natur und sind nicht immer auf die Befriedigung unserer Wünsche ausgerichtet. Appleyard mißbilligt Mäßigung. Er wünscht sich eine unfehlbare Doktrin, die Entbindung von Entscheidungen und eine Verpflichtung zum bedingungslosen Glauben. Er bezieht jedoch die Fehlbarkeit des Menschen nicht mit ein. Er sieht keine Notwendigkeit, ein korrigierendes System in unserer Gesellschaft oder in unserem Verständnis vom Universum einzuführen.

Seine Ausführungen klingen nach dem angstvollen Schreien eines kleinen Kindes nach seinen Eltern. Fast jeder muß sich irgendwann einmal mit der Wirklichkeit auseinandersetzen. Und dann sind meist keine Eltern da, die dafür sorgen, daß dem Kleinen nichts passiert. Fast jeder findet sich irgendwann einmal mit dem Universum zurecht, vor allem wenn er richtig zu denken gelernt hat.

»Alles, was wir« im Zeitalter der Wissenschaft »an unsere Kinder weitergeben, ist die Überzeugung, daß nichts wahr, endgültig oder dauerhaft ist, auch nicht die Kultur, in der sie aufgewachsen sind«,[15] beklagt Appleyard. Er beschreibt unser kulturelles Erbe zu Recht als ungenügend. Würde es jedoch besser, wenn man aus der Luft gegriffene Gewißheiten hinzufügte? Er wettert gegen »die fromme Hoffnung, Wissenschaft und Religion seien unabhängige Bereiche, die leicht voneinander getrennt werden können«.[16] Statt dessen muß er feststellen, »daß unsere Wissenschaft, so wie sie jetzt ist, unter keinen Umständen mit Religion vereinbar ist«.[17]

Doch sagt Appleyard nicht eigentlich, daß einige Religionen heute Schwierigkeiten damit haben, Behauptungen über die Natur aufzustellen, die schlichtweg falsch sind? Wir erkennen, daß selbst verehrte religiöse Führer als Kinder ihrer Zeit Fehler gemacht haben könnten. Religionen widersprechen sich einander – angefangen bei weniger wichtigen Aspekten wie Kleidervorschriften oder dem Verzicht auf bestimmte Fleischsorten bis zu ganz zentralen Fragen über Gott oder die Götter selbst.

Die Wissenschaft versetzte den Menschen in einen Zustand, in dem er, wie es Nathaniel Hawthorne einmal beschrieb, weder glauben noch in seinem Unglauben sich wohl fühlen kann. Auch Jean-Jacques Rousseau wußte, daß es schwer ist, nicht genau das zu glauben, was man ersehnt. Da die etablierten Glaubenssysteme an Boden verlieren, schwindet vermutlich auch allgemein der Respekt vor Obrigkeiten. Die Botschaft ist klar: Selbst politische Führer müssen mit ihren Lehren vorsichtig sein. Hier erweist sich die Wissenschaft nicht als schädlich, sondern als äußerst sinnvoll.

Die eigene Weltanschauung mit anderen zu teilen ist natürlich angenehm, wogegen Meinungsverschiedenheiten beunruhigen und dem einzelnen mehr abverlangen. Sofern wir nicht wider jede bessere Einsicht darauf bestehen, daß unsere Vorfahren vollkommen waren, müssen wir angesichts der neu gewonnenen Erkenntnisse ihre alte Weltanschauung neu überdenken.

In mancher Hinsicht flößt Wissenschaft inzwischen weitaus mehr Ehrfurcht ein als Religion. Wie kommt es, daß kaum eine der großen Weltreligionen jemals die wissenschaftlichen Erkenntnisse betrachtete und dann daraus folgerte: »Das ist besser, als wir dachten! Das Universum ist viel größer, als unsere Propheten sagten, viel gewaltiger, subtiler und eleganter. Gott muß größer sein, als wir uns träumen ließen«? Statt dessen sagen sie: »Nein, nein, nein! Mein Gott ist ein kleiner Gott, und ich will, daß er klein bleibt.« Eine Religion, die die Größe des Universums im Sinne der modernen Wissenschaft betont, könnte wahrscheinlich auf wesentlich mehr Ehrfurcht und Ehrerbietung hoffen als die herkömmlichen Glaubensrichtungen. Früher oder später wird eine derartige Religion entstehen.

Vor zwei oder drei Jahrtausenden war es keine Schande zu behaupten, das Universum sei für den Menschen gemacht. Diese These war verführerisch, stimmte zudem mit allem überein, was der Mensch damals wußte, und wurde unterschiedslos überall gelehrt. Inzwischen allerdings weiß der Mensch mehr. Wer heute eine solche Position vertritt, setzt sich willentlich über Tatsachen hinweg und flieht vor der Selbsterkenntnis.

Doch diese »Deprovinzialisierungen« nagen immer noch an vielen Menschen. Sie zerstören das Vertrauen des Menschen und sind so ganz anders als die schönen anthropozentrischen Gewißheiten, die in früheren Epochen verkündet wurden. Der Mensch sehnt sich nach einem Zweck seines Daseins, selbst wenn er keinen erkennen kann. Die bedeutungslose Absurdität des Lebens, schrieb Leo Tolstoi, ist die einzige unbestreitbare Erkenntnis, zu der der Mensch gelangen kann. Wir tragen heute schwer an der Aufklärung unserer Irrlehren. Wir sind wieder einmal zu spät gekommen. Wir leben in einem finsteren Winkel des Kosmos. Wir sind aus Mikroben und Mist entstanden und mit den Affen verwandt. Wir haben unser Denken und Fühlen nicht unter Kontrolle. Vielleicht gibt es anderswo andersartige und viel gescheitere Wesen. Außerdem richten wir unseren Planeten zugrunde und werden uns selbst gefährlich.

Die Falltür unter unseren Füßen öffnet sich, und wir finden uns in einem bodenlosen freien Fall wieder. Wir sind verloren in der großen Finsternis, und niemand wird nach uns suchen. Vor einer so harten Wirklichkeit verschließen wir natürlich gern die Augen und tun so, als würden wir gemütlich zu Hause sitzen und der Sturz sei nur ein böser Traum. Wir sind uns nicht darüber einig, wo unser Platz im Universum ist und welches Ziel unsere Spezies abgesehen von der Sicherung des Überlebens verfolgen soll. Besonders wenn wir harten Zeiten entgegensehen, werden wir mutlos und wollen unsere Hoffnungen nicht enttäuscht sehen, sondern vielmehr hören, daß wir entgegen aller Erkenntnisse etwas Besonderes seien. Wohl ein jeder hat Verständnis dafür, daß wir auf unserer Reise durch die unendliche Finsternis auf Märchen und Riten bauen.

Wenn wir uns jedoch tiefere Erkenntnis statt seichte Versprechungen zum Ziel setzen, dann haben wir mit unseren neuen Erkenntnissen sehr viel mehr gewonnen als verloren. Sobald wir die Angst vor unserer Bedeutungslosigkeit überwunden haben, stehen wir an der Schwelle eines großen und ehrfurchtgebietenden Universums, das das anthropozentrische Weltbild unserer Ahnen zusammenschrumpfen läßt. Wir schauen durch einen Milliarden von Lichtjahren weiten Raum, um zu sehen, wie das Universum kurz nach dem Urknall beschaffen war, und erforschen die feine Struktur der Materie. Wir dringen in den Kern unseres Planeten und in das glühende Innere unserer Sonne vor. Wir entschlüsseln den genetischen Code, der die Neigungen und Fähigkeiten eines jeden Lebewesens auf Erden enthält. Wir erforschen unsere eigene Geschichte und lernen unser eigenes Wesen und unsere eigenen Perspektiven besser verstehen. Wir erfinden und verbessern den Ackerbau, ohne den wir fast alle verhungern müßten. Wir erfinden Heilmittel und Impfstoffe, die das Leben von Milliarden Menschen retten. Wir kommunizieren mit Lichtgeschwindigkeit und fliegen in Windeseile um den Erdball. Wir haben Dutzende von Raumfahrzeugen zu über siebzig verschiedenen Planeten, Monden und Sternen geschickt. Wir dürfen unsere Erfolge feiern, stolz auf unsere Errungenschaften sein und der Wissenschaft, die uns vordem so ernüchtert hat, dankbar sein.

Unsere Vorfahren hatten vor vielen Naturerscheinungen Angst: vor Blitzen, Stürmen, Erdbeben, Vulkanausbrüchen, Epidemien, Trockenheit oder Kälte. Religionen entstanden teilweise, um diese bedrohlichen Naturerscheinungen zu beeinflussen oder sogar zu verstehen. Die wissenschaftliche Revolution erlaubte uns einen flüchtigen Blick auf die Ordnung im Universum, einen Blick – um mit Kepler zu sprechen – auf die Weltharmonik.

Viele »deprovinzialisierende« Debatten wurden begonnen, ohne an ihre praktischen Auswirkungen zu denken. Engagierte und neugierige Menschen wollten einfach wissen, wie einzigartig oder gewöhnlich sie und ihre Welt, ihr Anfang und ihr Ende sind und wie das Universum funk-

Ordnung in der Natur. Ist die wunderbare Ebenmäßigkeit eines planetaren Ringsystems (links) oder einer Spiralgalaxie (rechts) auf die Intervention einer ordnungsliebenden Gottheit zurückzuführen? (Saturn, von hinten angestrahlt; aufgenommen von Voyager 2 *im Vorbeiflug auf dem Weg zu Uranus; mit freundlicher Genehmigung des JPL/NASA)*

tioniert. Erstaunlicherweise brachten uns einige dieser Untersuchungen praktischen Nutzen von unschätzbarem Wert. Die von Isaac Newton eingeführte mathematische Methode zur Erklärung der Planetenbewegungen ließ die Technologien unserer modernen Welt entstehen. Die industrielle Revolution ist trotz aller Mißstände immer noch das Weltmodell für den Aufstieg einer Agrargesellschaft. Diese wissenschaftlichen Untersuchungen haben Einfluß auf unser alltägliches Leben.

Es hätte jedoch auch anders kommen können. Es hätte sein können, daß die Menschen gar nichts über das Universum wissen wollten und die geltende Ansicht nicht hätte hinterfragt werden dürfen. Trotz erbitterten

Messier 100 liegt im Virgo-Haufen und ist rund zweiundsechzig Millionen Lichtjahre entfernt. (Mit freundlicher Genehmigung des Anglo-Australian Observatory, Aufnahme von David Malin)

Widerstands in jeder Epoche ist es doch sehr positiv, daß wir den Tatsachen ins Auge blickten und Schlüsse daraus zogen, die zunächst einmal beängstigend erschienen: ein Universum, das so groß und alt ist, daß unsere eigene Erfahrung und Geschichte daneben nicht bestehen können, ein Universum, in dem jeden Tag neue Sonnen entstehen und ganze Welten ausgelöscht werden, ein Universum, in dem die Menschheit auf einem finsteren Materieklumpen hockt.

Wieviel schöner wäre es doch gewesen, wenn wir in einen maßgeschneiderten Garten gesetzt worden wären, in dem wir uns die anderen Lebewesen hätten untertan machen können. Diese Vorstellung ist in der

Kapitel 5

Gibt es Intelligenz auf der Erde?

Sie fuhren längere Zeit weiter und fanden nichts. Endlich erspähten sie einen schwachen Schimmer ... die Erde ... und so machten sie nicht die leiseste Wahrnehmung, die sie vermuten lassen konnte, daß wir und unsere Mitbrüder, die anderen Erdbewohner, die Ehre haben zu existieren.

Voltaire, *Mikromégas,* 1752[1]

In unseren Großstädten und ihrem Umland ist die Natur bereits fast völlig verschwunden. Man sieht Straßen und Gehsteige, Autos, Parkhäuser, Reklametafeln, Glas- und Stahlbauten, aber keinen Baum, keinen Grashalm und kein Lebewesen – außer natürlich den Menschen. Viele Menschen. Nur wenn man aus den Häuserschluchten senkrecht nach oben blickt, kann man einen Stern oder ein Fleckchen blauen Himmels sehen – sie erinnern uns an das, was bereits lange vor den Menschen existierte. Aber das helle Licht der Großstadt überstrahlt die Sterne, und selbst das Fleckchen blauer Himmel verschwindet bisweilen hinter dem braunen Dunst der Industriegesellschaft. Wenn man in solch einer Umgebung jeden Tag zur Arbeit geht, ist man leicht von den Leistungen der Menschheit beeindruckt. Doch ein paar hundert Kilometer weiter oben oder unten gibt es schon keine Menschen mehr. Abgesehen von einer dünnen Schicht Leben auf der Erdoberfläche, dem einen oder anderen mutigen Raumschiff und statischen Störungen hat der Mensch auf das Universum keinen Einfluß. Es weiß nichts vom Menschen.

Gegenüberliegende Seite: *Gibt es Leben auf der Erde? Die Bahamainsel Eleuthera in einer Falschfarbenaufnahme des Satelliten SPOTC © 1994 by CNES, zur Verfügung gestellt von der SPOT Image Corporation)*

Angenommen, Sie sind ein außerirdischer Forscher, der nach einer langen Reise durch den schwarzen Weltraum das Sonnensystem erreicht. Sie betrachten die Planeten dieses langweiligen Sterns erst einmal aus der Ferne – sie sind grau, blau, rot, gelb. Sie möchten wissen, welche

Die Erde, gesehen von der Raumsonde Galileo. *Kein Anzeichen von Leben ist hier zu erkennen. (Mit freundlicher Genehmigung des JPL/NASA)*

Die Erde in reflektiertem sichtbarem Sonnenlicht vom Weltraum aus gesehen. Ostafrika, wo menschliches Leben entstand, ist deutlich zu sehen, aber bei dieser Auflösung lassen sich keine Anzeichen von Leben erkennen. (METEOSAT-Aufnahme, mit freundlicher Genehmigung der Europäischen Weltraumorganisation ESA)

Die Infrarotstrahlung der Erde, vom Weltraum aus gesehen. Diese Aufnahme wurde zeitgleich mit dem linken Bild gemacht. Die heißesten Gebiete sind gelb, dann folgen Rot, Grau und Blau. An jenem Tag war es in der westlichen Sahara sehr heiß. Dichte Wolken liegen über Zaire, über Europa ist Dunst zu erkennen. (METEOSAT-Aufnahme, mit freundlicher Genehmigung der ESA)

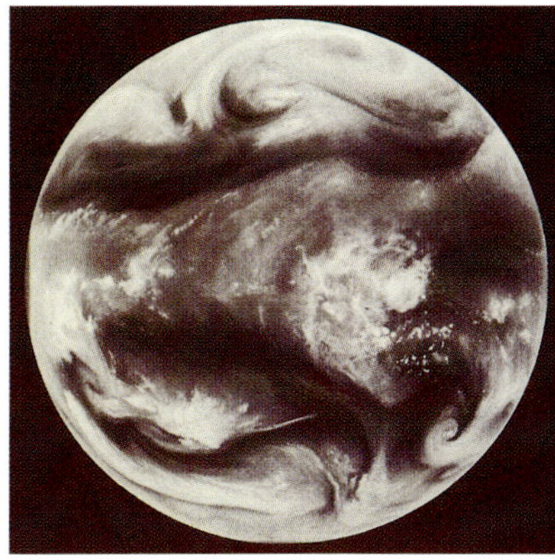

Die Erde in reflektiertem Nah-Infrarotlicht – dem Bereich, in dem Kohlendioxid und Wasserdampf Licht absorbieren. Dieses Bild gibt den Zustand der oberen Erdatmosphäre wieder. Die Oberfläche kann man nicht erkennen. Allein der Unterschied zwischen diesem und den beiden nebenstehenden Bildern läßt bereits auf den gewaltigen Treibhauseffekt auf der Erde schließen. (METEOSAT-Aufnahme, mit freundlicher Genehmigung der ESA)

Welten sich dahinter verbergen, wie ihre Umgebung aussieht, und vor allem möchten Sie wissen, ob es im Sonnensystem Leben und Intelligenz gibt. Sie wissen nichts über die Erde. Sie haben sie gerade erst entdeckt. Nehmen wir an, es gibt folgende galaktische Verhaltensregel: Anschauen ja, anfassen nein. Sie können also um die Planeten herumfliegen, dürfen aber unter keinen Umständen landen. Könnten Sie unter solchen Voraussetzungen herausfinden, wie die Erde aussieht und ob dort jemand lebt?

Bei Ihrer Annäherung an die Erde sehen Sie zunächst weiße Wolken, weiße Polkappen, braune Kontinente und eine bläuliche Substanz, die zwei Drittel der Oberfläche ausmacht. Wenn Sie mit Hilfe der Infrarotstrahlen, die die Erde aussendet, die Temperatur des Planeten bestimmen, werden Sie feststellen, daß die Temperatur in den meisten Regionen über dem Gefrierpunkt von Wasser, an den Polkappen jedoch darunter liegt. Wasser ist im Universum reichlich vorhanden, es wäre

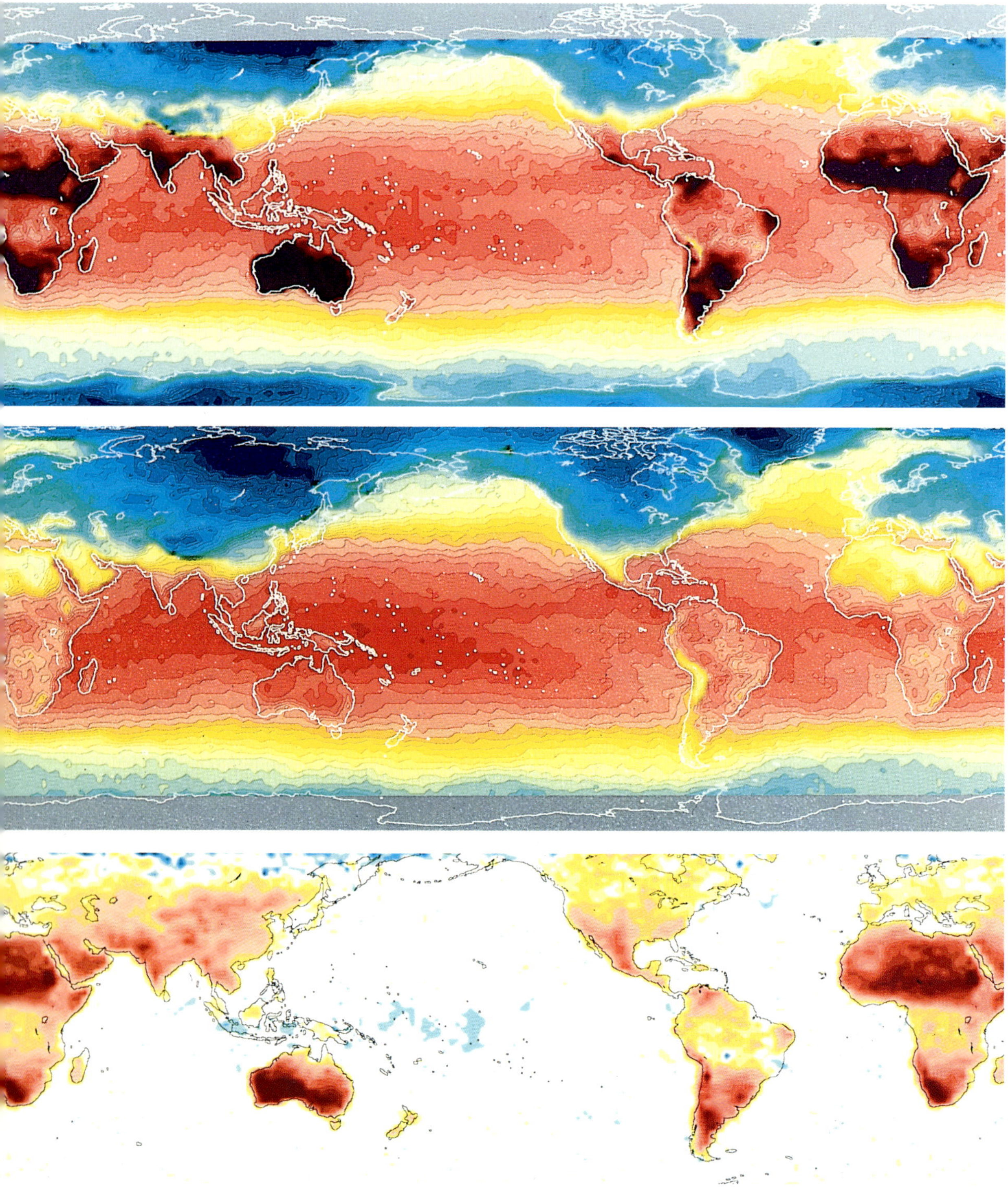

also vernünftig anzunehmen, daß es sich um Polkappen aus festem Wasser handelt und die Wolken aus festem und flüssigem Wasser bestehen.

Sie könnten auch versucht sein anzunehmen, daß die blaue Materie gewaltige – kilometertiefe – Mengen flüssiges Wasser darstellt, was Sie jedoch wiederum überrascht, denn in *diesem* Sonnensystem gibt es nirgendwo sonst Ozeane aus flüssigem Wasser. Wenn Sie das Nah-Infrarot-Spektrum nach Hinweisen auf die chemische Zusammensetzung untersuchen, entdecken Sie Wassereis an den Polkappen und genügend Wasserdampf in der Atmosphäre, um die Wolken erklären zu können. Sie müssen durch Verdunstung entstehen, wenn die Ozeane tatsächlich flüssiges Wasser enthalten. Sie können Ihre zunächst überraschende Hypothese also untermauern.

Die Spektrometer zeigen außerdem, daß die Atmosphäre auf dieser Welt zu einem Fünftel aus dem Sauerstoff O_2 besteht. Kein anderer Planet besitzt auch nur annähernd soviel Sauerstoff. Woher aber kommt das Gas? Das starke ultraviolette Sonnenlicht spaltet Wasser (H_2O) zu Sauerstoff und Wasserstoff; Wasserstoff ist das leichteste Gas und entweicht daher schnell. Übrig bleibt O_2; damit ist aber nicht erklärt, warum es *so viel* Sauerstoff gibt.

Eine weitere Erklärung besteht darin, daß das gewöhnliche, sichtbare Licht, das die Sonne in großen Mengen ausstrahlt, das Wasser auf der Erde spaltet – was aber bekanntlich ohne lebende Organismen nicht funktioniert. Dazu braucht man Pflanzen – Lebensformen, die mit einem Pigment gefärbt sind, das sichtbares Licht stark absorbiert, das ein Wassermolekül mit der gespeicherten Energie von zwei Photonen spalten kann, das den Wasserstoff bindet und den Sauerstoff abgibt und den dann frei gewordenen Wasserstoff zur Bildung organischer Moleküle verwendet. Die Pflanzen müßten also über einen Großteil des Planeten verteilt sein. Das wirft wiederum viele Fragen auf. Wenn Sie ein guter und skeptischer Wissenschaftler sind, dann wäre O_2 noch nicht der Beweis für Leben, aber immerhin ein Indiz dafür.

Bei soviel Sauerstoff überrascht Sie auch das Ozon (O_3) in der Atmosphäre nicht weiter, weil ultraviolettes Licht aus dem zweiwertigen Sauerstoff O_2 Ozon bildet, das die gefährliche Ultraviolettstrahlung absorbiert – ein interessanter Selbstschutzmechanismus. Es muß also so etwas wie Leben auf der Erde geben, beispielsweise einfache Photo-

Gegenüberliegende Seite: *Woraus bestehen die Ozeane der Erde? Die Durchschnittstemperatur der Erde (im Januar 1979). In der oberen Abbildung sind die Tagestemperaturen festgehalten: Braun ist am wärmsten, dann folgen Rot, Hellblau und Dunkelblau. In dieser* Mercator*-Projektion ist Afrika zweimal zu sehen. Auf der Südhalbkugel der Erde herrscht Sommer. Australien, die südliche Hälfte Südamerikas und Südafrika gehören zu den heißesten Gebieten der Erde.*

In der Mitte sieht man die durchschnittlichen Monatstemperaturen bei Nacht. Die Gebiete, die tagsüber heiß sind, kühlen ab.

In der unteren Abbildung sieht man den Unterschied zwischen Tages- und Nachttemperaturen. In der Sahara und in Australien sind die größten Schwankungen zu verzeichnen, was typisch für Wüstengebiete ist. Die Ozeane dagegen zeigen überhaupt keine Temperaturunterschiede zwischen Tag und Nacht. Diese Tatsache allein läßt darauf schließen, daß die Ozeane aus flüssigem Wasser bestehen, da Wasser seine Temperatur nur sehr langsam ändert. (NASA-Satellitendaten, mit freundlicher Genehmigung von Moustafa Chahine, JPL)

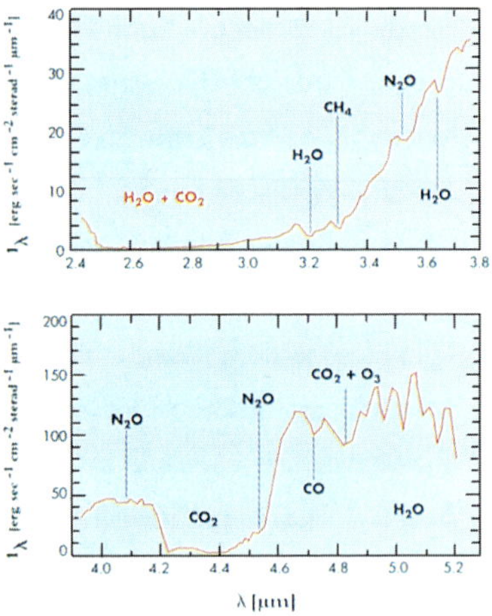

Die Infrarotspektren der Erde weisen Wasserdampf, Methan, Kohlendioxid, Kohlenmonoxid und Stickoxid nach.

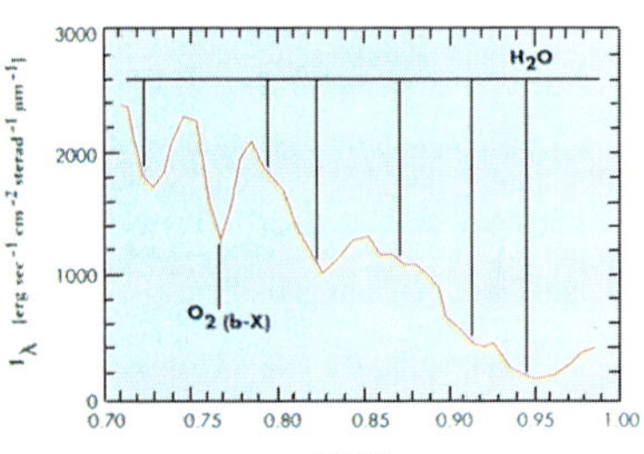

Sichtbare und Nah-Infrarotspektren der Erde weisen Wasserdampf und große Mengen molekularen Sauerstoffs nach.

synthese-Pflanzen. Auf ein hohes Intelligenzniveau kann man deshalb jedoch noch nicht schließen.

Wenn Sie dann die Kontinente der Erde etwas genauer untersuchen, werden Sie feststellen, daß es, grob gesagt, zweierlei Formationen gibt. Die eine zeigt das Spektrum von gewöhnlichem Gestein und Mineralien, wie es sie auch auf vielen anderen Planeten gibt. Die andere dagegen scheint ungewöhnlich zu sein: Eine Materie erstreckt sich über weite Flächen und absorbiert den Rotanteil des Sonnenlichts besonders stark. Dieses Pigment ist vielleicht genau der Stoff, der mit Hilfe von Licht Wasser spaltet und für den Sauerstoff in der Luft verantwortlich ist. Ein weiteres, bereits ein wenig deutlicheres Indiz für Leben auf der Erde – nicht nur für einen kleinen Käfer hier und dort, sondern für einen Planeten voller Leben. Das Pigment heißt Chlorophyll. Es absorbiert blaues und rotes Licht und ist für die grüne Farbe der Pflanzen verantwortlich. Sie sehen von Ihrem Raumschiff aus einen Planeten, der mit Vegetation bedeckt ist.

Die Erde besitzt demnach drei Merkmale, die zumindest in diesem Sonnensystem einzigartig sind: Ozeane, Sauerstoff und Leben. Es ist schwer vorstellbar, daß diese Merkmale keine Beziehung zueinander haben, denn Wasser ist der Ursprung allen Lebens auf der Erde und Sauerstoff sein Produkt.

Wenn Sie sich das Infrarotspektrum der Erde genau ansehen, entdecken Sie die übrigen Bestandteile der Luft. Neben Wasserdampf sehen Sie Kohlendioxid (CO_2), Methan (CH_4) und andere Gase, die die Wärme absorbieren, die die Erde nachts in den Weltraum abstrahlt. Diese Gase heizen den Planeten auf. Ohne sie läge die Temperatur überall auf der Erde unter dem Gefrierpunkt von Wasser. Sie haben damit auch den Treibhauseffekt entdeckt.

Methan und Sauerstoff kommen in einer Atmosphäre nur selten gemeinsam vor. Die Gesetze der Chemie sind einfach: Bei einem Überhang an O_2 müßte CH_4 zu H_2O und CO_2 umgewandelt werden, ohne daß ein einziges Methanmolekül in der Erdatmosphäre bestehen kann. Statt dessen findet sich ein Methanmolekül in einer Million Moleküle. Was hat diese enorme Diskrepanz zu bedeuten?

Es gibt nur eine einzige mögliche Erklärung für dieses Phänomen: Methan wird so schnell in die Erdatmosphäre geschleudert, daß die chemische Reaktion nicht Schritt halten kann. Jetzt müssen Sie noch her-

Die Erde, gesehen von der Raumsonde Galileo. *Die Bilder wurden in eigens gewählten Wellenlängen im extremen Rot- und Nah-Infrarotbereich aufgenommen und zu Falschfarbenbildern zusammengesetzt. Sauerstoff in der Atmosphäre ist blau eingefärbt. In der Nähe der Pole scheint es mehr Sauerstoff zu geben, weil wir die Pole durch die Atmosphäre hindurch in stärkerer Schrägsicht sehen. Wasserdampf ist an der rötlichen Färbung der Wolken zu erkennen. Gewöhnliche Silikatminerale erscheinen grau. Die Kontinente des Planeten sind mit einem Pigment gefärbt, das auf diesem Falschfarbenbild orange aussieht. Auf keinem anderen Planeten des Sonnensystems ist dieses Pigment zu sehen. In der Tat handelt es sich um Chlorophyll und damit um einen deutlichen Hinweis auf Leben auf der Erde. Ausgehend von oben links sind Südamerika, der Pazifik, Australien und Indonesien sowie Afrika zu sehen. Auf ihrem Vorbeiflug im Dezember 1990 kam die Raumsonde* Galileo *auf nur 900 Kilometer an Australien und die Antarktis heran. (Falschfarbenkomposition von W. Reid Thompson, Cornell University)*

Westeuropa in einer Auflösung von weniger als hundert Kilometern, die immer noch keine Hinweise auf Leben verrät. (METEOSAT-Aufnahme, mit freundlicher Genehmigung der ESA)

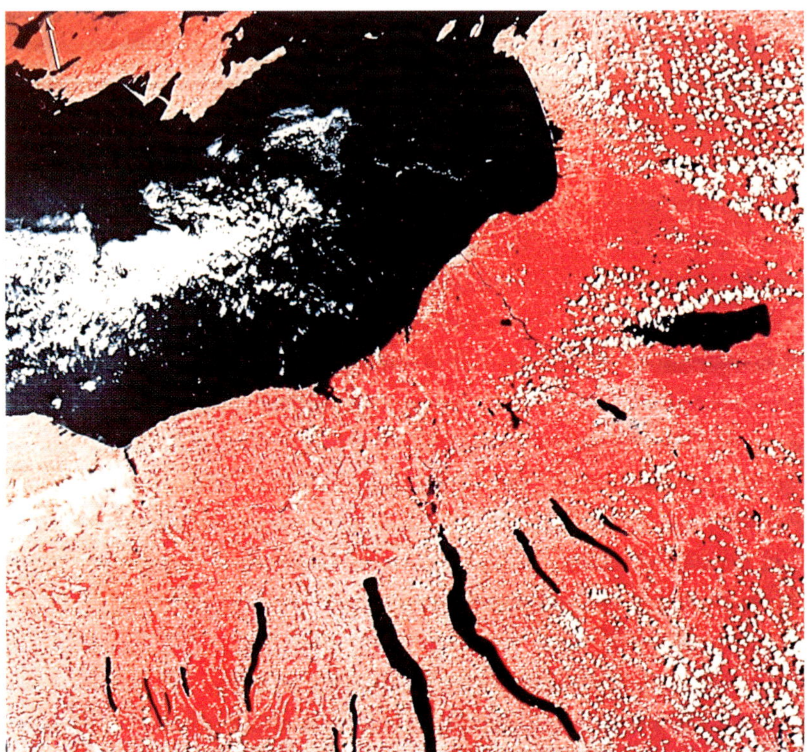

Upstate New York in einer frühen Landsat-Falschfarbenaufnahme. Wasser ist schwarz, Vegetation rot, und Wolken sind weiß. Der Ontariosee ist als große schwarze Fläche in der oberen Bildhälfte zu sehen. In dieser Aufnahme ist ebenfalls kein Hinweis auf Leben oder Intelligenz zu erkennen. (Mit freundlicher Genehmigung der NASA)

Falschfarbenaufnahme von New York City und Umgebung. Die Auflösung beträgt ungefähr hundert Meter, und New York sieht – wie alle Städte der Erde – wie ein dunkler Fleck aus. (Mit freundlicher Genehmigung der NASA)

Der Rand der Wüste Gobi in China in einer Landsat-6-*Falschfarbenaufnahme. Sanddünen sind unten rechts in Braun zu sehen; Schnee erscheint blau, Schwemmkegel lila und gesunde Vegetation grün. (Abdruck mit Genehmigung der Earth Observation Satellite Company, Lanham, Maryland, USA)*

Das Bild der Erde verändert sich völlig, sobald Sie den Planeten in einer Hundert-Meter-Auflösung betrachten. Die Erde ist auf einmal überzogen von geraden Linien, Quadraten, Rechtecken, Kreisen, die sich manchmal an Flußufern drängen, manchmal an den Fuß eines Berges ducken, manchmal sich über die Ebenen ausdehnen, aber nur selten in Wüsten oder Hochgebirgen und nie inmitten der Ozeane auszumachen sind. Ihre Regelmäßigkeit, Komplexität und Verteilung könnte man ohne das Zutun intelligenter Wesen kaum erklären, obwohl Funktion und Zweck vom Weltraum aus schwer zu verstehen sind. Vielleicht denken Sie sich, daß die herrschenden Lebewesen ein ausgeprägtes Gefühl für Grenzen und Geometrie besitzen. Bei dieser Auflösung können Sie diese Lebewesen ja nicht sehen, geschweige denn verstehen.

Viele dieser vegetationslosen Flecken sind im Schachbrettmuster angelegt. Es handelt sich um die Städte auf dem Planeten. Ein Großteil der Landschaft ist von Geraden, Quadraten, Rechtecken und Kreisen bedeckt. Die dunklen Stadt-Flecken besitzen ein geometrisches Muster und nur wenige, klar umgrenzte Vegetationszonen. Ab und zu entdecken Sie auch Dreiecke und einmal sogar ein Fünfeck.

Gegenüberliegende Seite: *Eine Spur von Leben auf der Erde: In dieser Falschfarbenabbildung ist der Saltonsee in Südkalifornien als länglicher schwarzer Fleck zu sehen. Das grüne Schachbrettmuster zeugt von Vegetation – Felder aus fein säuberlich gezogenen Rechtecken und Quadraten. Die parallel zum unteren Bildrand verlaufende Linie ist die Grenze zwischen den USA (oben) und Mexiko (unten).* (Landsat-6-*Aufnahme. Abdruck mit Genehmigung der Earth Observation Satellite Company, Lanham, Maryland, USA)*

Gletschereis im antarktischen Weddellmeer bei einer Auflösung von rund zehn Metern. Auch hier sind gerade Linien, aber keine Spuren von Leben zu erkennen. (© 1994 by CNES. Zur Verfügung gestellt von der SPOT Image Corporation)

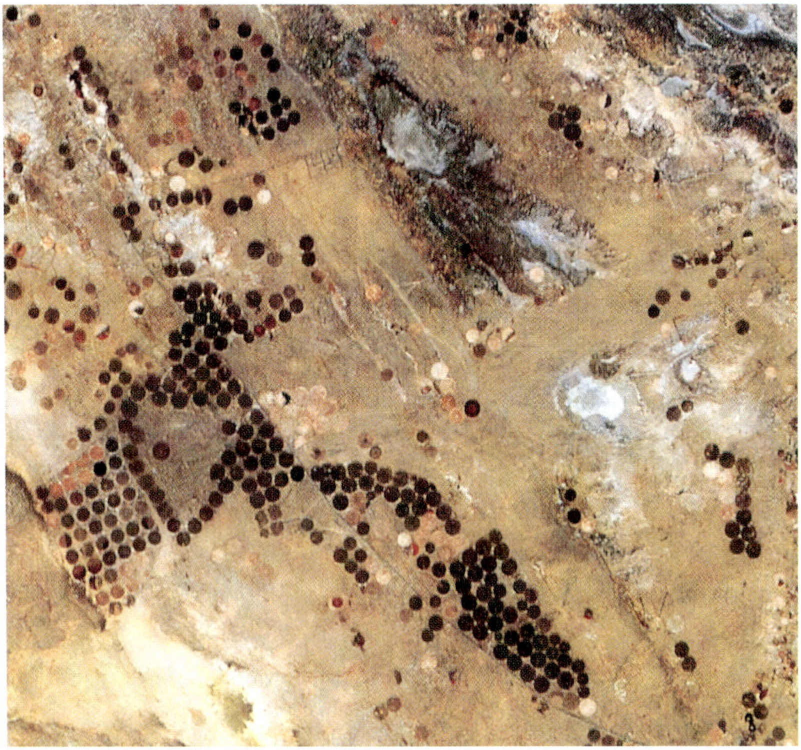

Saudi-Arabien in einer Landsat-6-*Falschfarbenaufnahme: Vegetation in der Wüste. Bewässerte Felder sind als Kreise zu erkennen – frisch bestellte Felder erscheinen schwarz, gesunde Vegetation rot. (Abdruck mit Genehmigung der Earth Observation Satellite Company, Lanham, Maryland, USA)*

Gegenüberliegende Seite: *New York City und Umgebung, gesehen vom Satelliten* SPOT *in einer Auflösung von ungefähr zehn Metern. Die regelmäßige Geometrie der Straßen, Highways, Brücken und Werften ist deutlich zu erkennen. Auffallend das ebenmäßige Rechteck inmitten von Manhattan: der Central Park. (© 1994 by CNES. Zur Verfügung gestellt von der SPOT Image Corporation)*

Wenn Sie Aufnahmen mit einer Auflösung von einem Meter und mehr machen, sehen Sie auf den Geraden in den Städten und den Geraden, die die einzelnen Städte miteinander verbinden, längliche bunte Gegenstände von wenigen Metern Länge, die in einer steten Prozession hintereinander herfahren. Sie sind sehr geduldig. Eine Prozession hält an der Schnittstelle von zwei Geraden an, damit die andere Prozession auf der anderen Geraden weiterfahren kann. Dann hält die andere an, und die erste darf fahren. Nachts schalten die bunten Gegenstände helle Lichter an, damit sie sehen, wohin sie fahren. Einige von ihnen verschwinden abends in kleinen Häuschen. Die meisten jedoch haben kein Zuhause und übernachten auf der Straße.

Endlich! Sie haben den Ursprung aller Technologie und die herrschende Lebensform auf dem Planeten Erde entdeckt! Die Straßen in den Städten und die Landstraßen sind zum Nutzen dieser Lebewesen angelegt. Sie glauben, daß Sie nun wirklich dabei sind, das Leben auf der Erde zu verstehen. Und vielleicht haben Sie mit Ihren Vermutungen sogar recht.

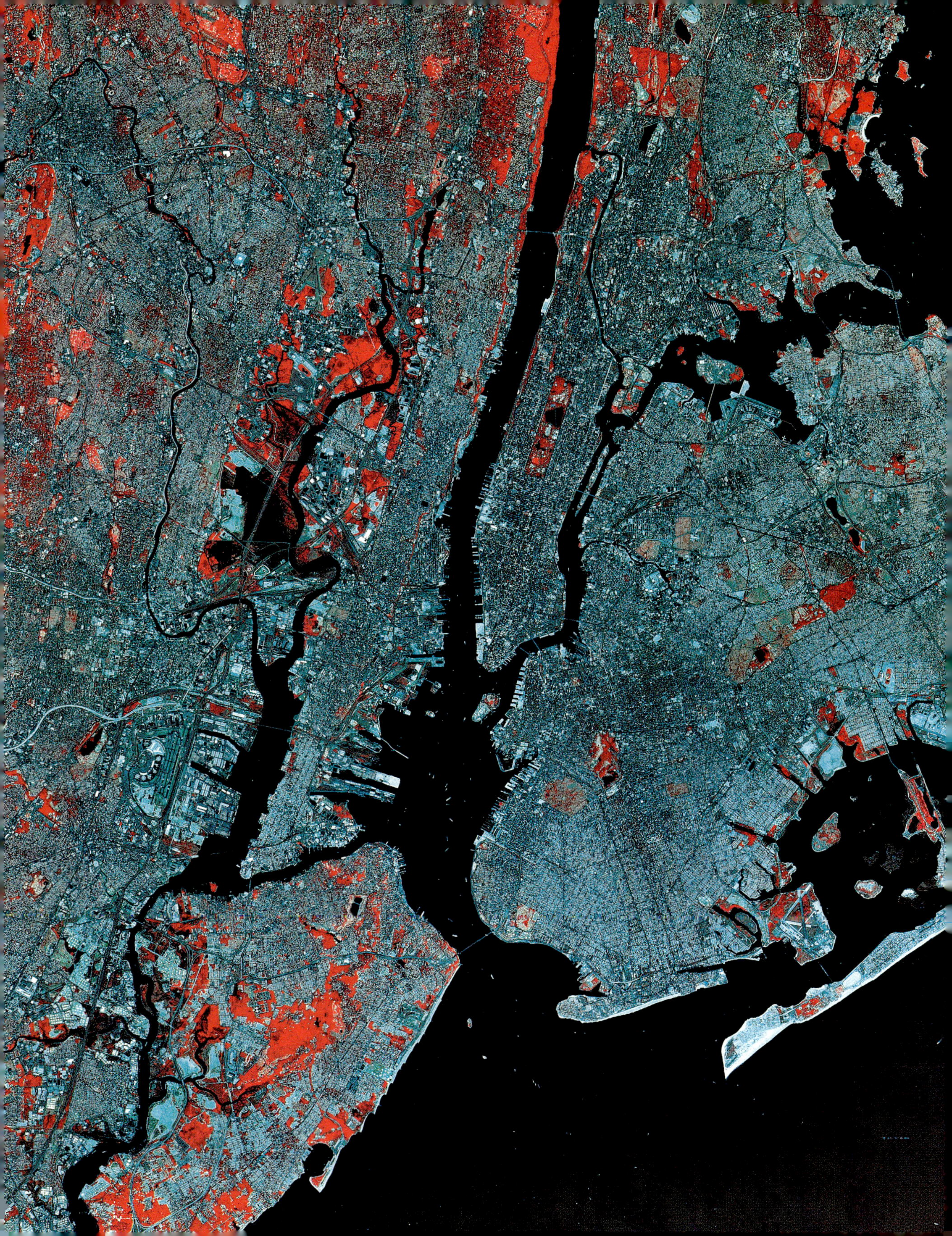

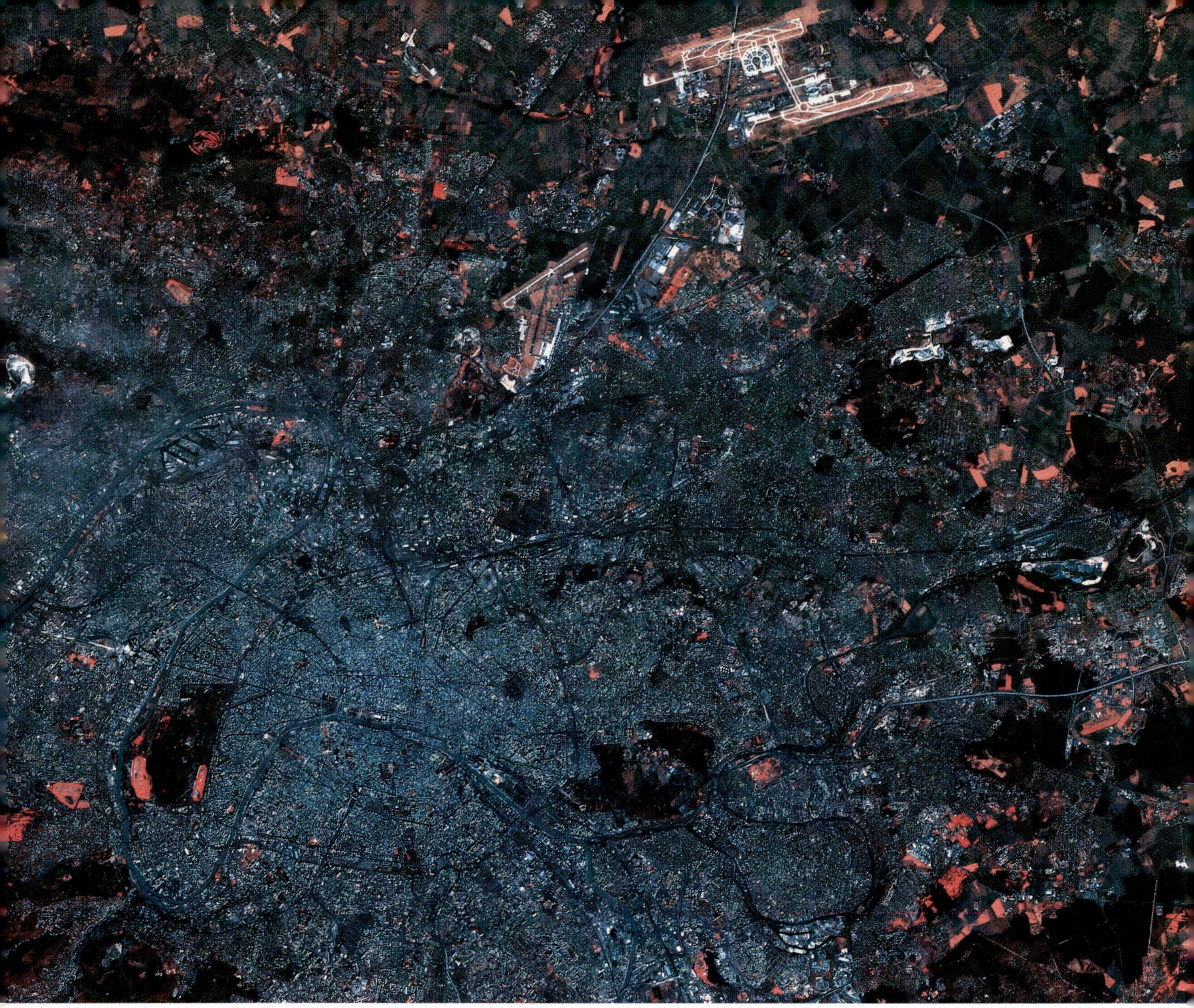

Paris. Der gewundene Lauf der Seine teilt das Bild in zwei ungleiche Hälften. Bei genauerer Betrachtung erkennt man die vielen Brücken über die Seine und die großen Straßenzüge der Stadt. Der Arc de Triomphe ist links von der Bildmitte im Mittelpunkt kranzförmig auseinanderstrebender Straßen zu erkennen. (© 1994 by CNES. Zur Verfügung gestellt von der SPOT Image Corporation)

Wenn die Auflösung Ihrer optischen Instrumente noch ein bißchen besser wäre, dann könnten Sie kleine Parasiten entdecken, die von Zeit zu Zeit in die herrschenden Organismen hineinschlüpfen und später wieder austreten. Sie spielen wohl eine größere Rolle, denn die herrschenden Organismen beginnen sich in der Regel erst dann zu bewegen, wenn sie von einem Parasiten heimgesucht werden, und kommen wieder zur Ruhe, nachdem der Parasit ausgestoßen wurde. Das Leben auf der Erde ist eben doch nicht so einfach zu verstehen – aber das hat auch niemand behauptet.

Bis jetzt haben Sie nur Aufnahmen in reflektiertem Sonnenlicht, also auf der Tagseite der Erde gemacht. Interessant wird es jedoch bei Nacht, denn dann ist der Planet erleuchtet. Die hellste Region liegt in der Nähe des nördlichen Polarkreises und wird von der Aurora borealis, vom Polarlicht, erhellt. Dieses Licht entsteht nicht durch lebende Organismen, sondern durch Elektronen und Protonen, die von der Sonne kommen und vom Magnetfeld der Erde eingefangen werden. Alle anderen Lichter auf der Erde hängen mit Leben zusammen. Die Lichter zeigen dieselben Umrisse der Kontinente, die Sie auch bei Tage erkennen können; viele Lichter entsprechen außerdem den Städten, die Sie bereits notiert haben. Städte konzentrieren sich auf Küstenregionen, im Innern der Kontinente gibt es sie weniger. Vielleicht brauchen die herrschenden Organismen Meerwasser zum Leben (vielleicht waren aber auch einst Schiffe wichtig für Handel und Fortbewegung).

Einige Lichter haben jedoch nichts mit Städten zu tun. In Nordafrika, im

Die amerikanische Hauptstadt Washington in hoher Auflösung. Das Capitol ist im oberen rechten Bildviertel zu sehen und von etwas Grün (hier rot eingefärbt) umgeben. Man erkennt die Brücken, die über den Potomac führen, sowie, inmitten von Geraden, Quadraten und Rechtecken, ein Fünfeck, das Pentagon. (© 1994 by CNES. Zur Verfügung gestellt von der SPOT Image Corporation)

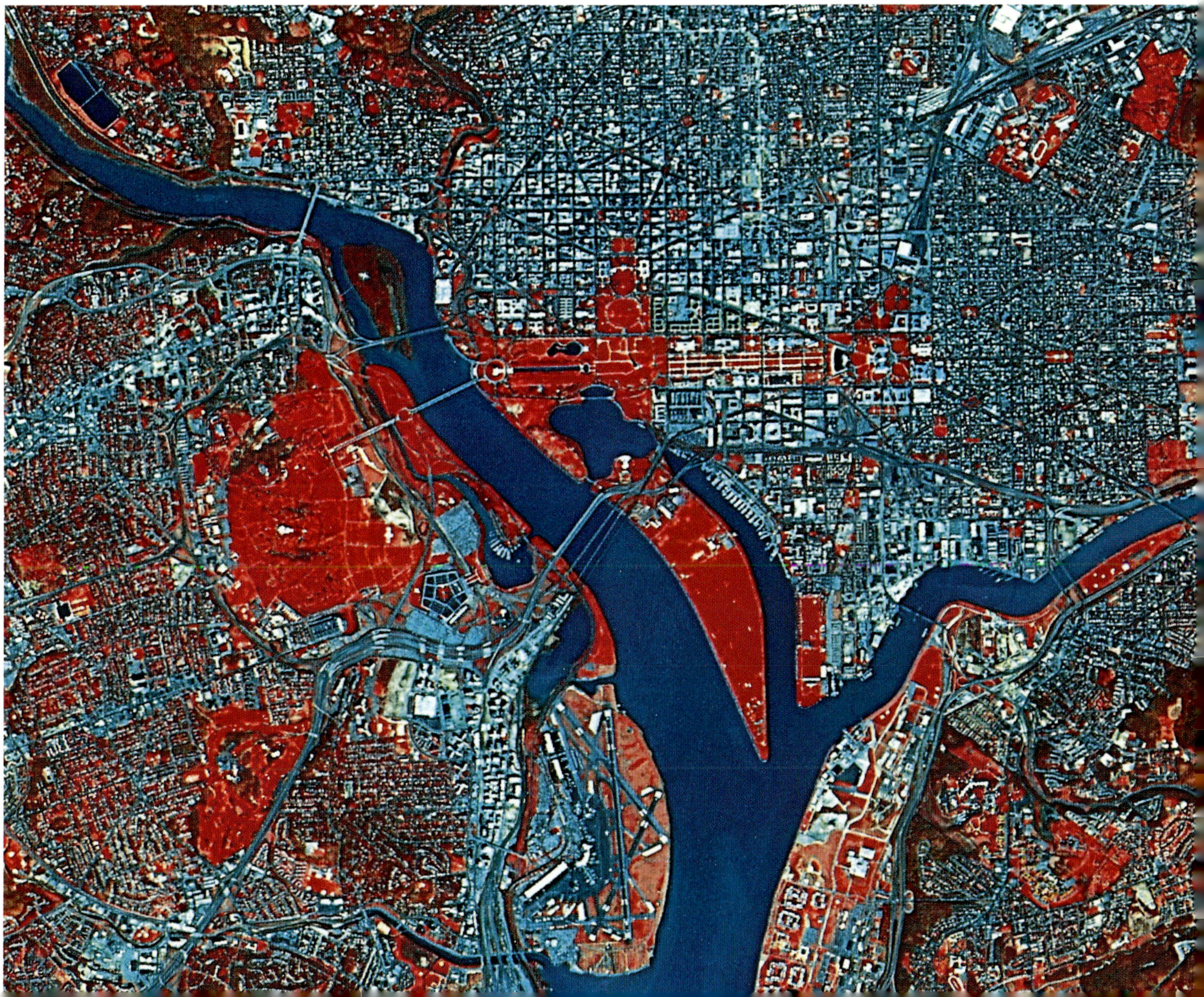

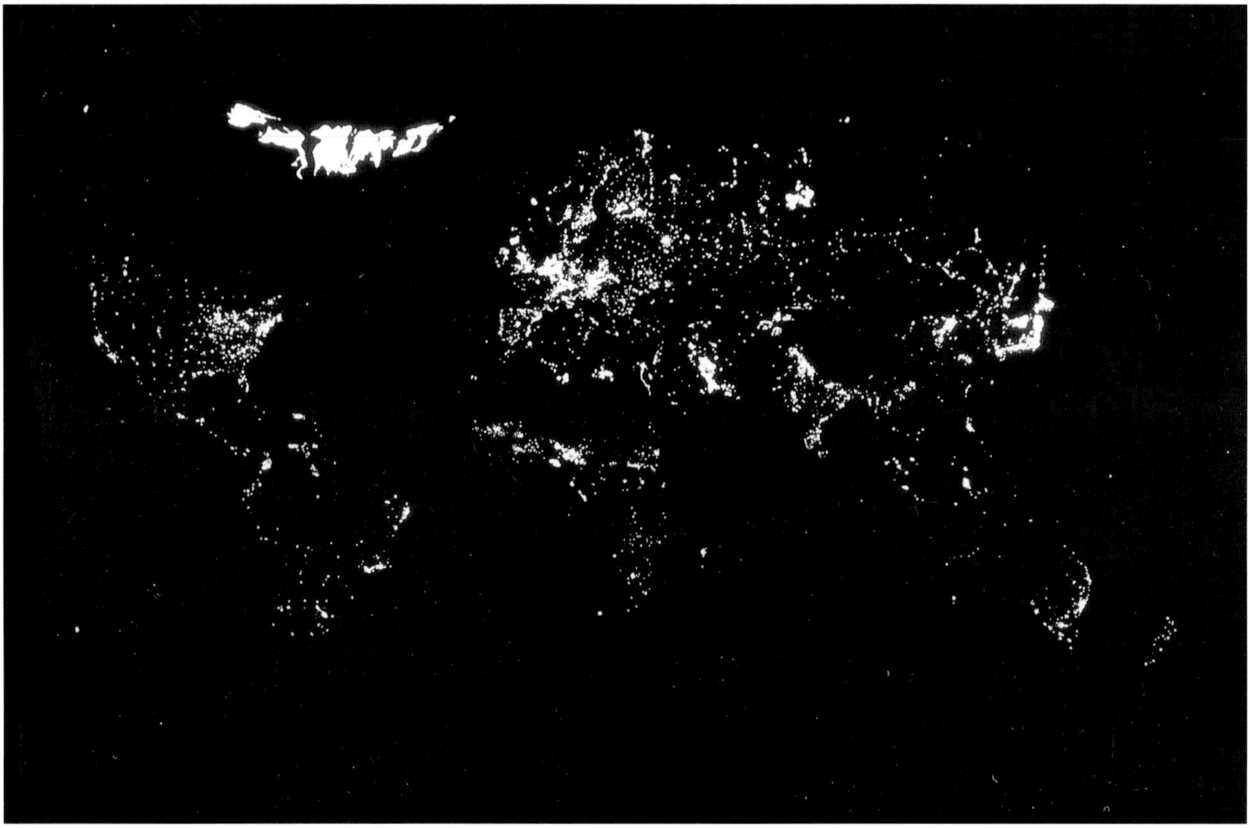

Die Erde bei Nacht in einer Mercator-*Projektion. (Aufnahme des Defense Meteorological Satellite. Mit freundlicher Genehmigung von Woodruff Sullivan, University of Washington und US-Verteidigungsministerium)*

Mittleren Osten und in Sibirien sieht man sehr helle Lichtquellen in einer weitgehend unbewohnten Landschaft – hier werden Öl und Gas abgefackelt. Im Japanischen Meer entdecken Sie auf einmal eine seltsame, dreiecksförmige Lichtfläche. Tagsüber sehen Sie dort nur offenes Meer. Es kann also keine Stadt sein. Aber was dann? Es ist die japanische Fischereiflotte, die Tintenfische fängt. Sie lockt mit ihrem hellen Licht ganze Schulen von Tintenfischen in ihre tödlichen Fallen. An anderen Tagen wandert dieses Lichtmuster auf seinen Beutezügen über den ganzen Pazifik – Sie haben die Quelle für japanisches Sushi entdeckt.

Es ist schon ernüchternd, daß man vom Weltraum aus so einfach unser Alltagsleben untersuchen kann – die Verdauungsgewohnheiten von Wiederkäuern, die Anstrengungen für japanische Spezialitäten, die Kommunikation mit todbringenden U-Booten –, während ein Großteil unserer Architektur, unserer Ingenieurleistungen und unser Bemühen um einander bezeichnenderweise fast unsichtbar bleiben.

Angesichts so vieler Informationen muß Ihre Expedition zur Erde als sehr erfolgreich eingestuft werden. Sie haben die Atmosphäre analysiert und Leben entdeckt, Sie haben Spuren intelligenter Lebewesen registriert und sogar die herrschende Art identifiziert, die sich durch ihre Vorliebe zu Geometrie und Geradlinigkeit auszeichnet. Dieser Planet ist eine längere und genauere Untersuchung wert. Deswegen werden Sie jetzt die Erde mit Ihrem Raumschiff umkreisen.

Doch der Planet gibt neue Rätsel auf, sobald Sie auf ihn hinabschauen. Schornsteine und die herrschenden Lebewesen auf den Straßen blasen Kohlendioxid und giftige Chemikalien in die Luft. Kohlendioxid ist aber

Der Amazonas-Regenwald in der Dämmerung. Jeder Lichtpunkt stellt einen Waldbrand dar. Die weißen Wolken sind der dadurch entstehende Rauch. (© 1994 by CNES. Zur Verfügung gestellt von der SPOT Image Corporation)

Auf der Suche nach Leben: eine Frage der Einstellung

Raumschiffe von der Erde sind mittlerweile an Dutzenden von Planeten, Monden, Kometen und Asteroiden vorbeigeflogen. Sie waren ausgerüstet mit Kameras, Instrumenten zur Messung von Wärmestrahlung und Radiowellen, Spektrometern zur Bestimmung der Zusammensetzung dieser Himmelskörper und einer Vielzahl von anderen Apparaten. Wir konnten nirgendwo im Sonnensystem Anzeichen von Leben entdecken. Man mag natürlich an unserer Fähigkeit, anderswo Leben zu entdecken, zweifeln, vor allem wenn es sich um Leben handelt, das anders aussieht als das, das wir kennen. Erst am 8. Dezember 1990 führten wir einen Test durch, der eigentlich naheliegend war: Wir ließen eine moderne Raumsonde an der Erde vorbeifliegen, um herauszufinden, ob wir uns gewissermaßen selbst entdecken könnten.

Die NASA-Raumsonde *Galileo* wurde für die Untersuchung des Riesenplaneten Jupiter, seiner Monde und Ringe konstruiert. Sie wurde nach dem herausragenden italienischen Wissenschaftler benannt, der entscheidend zum Untergang des ptolemäischen Weltbilds beitrug, Jupiter erstmals als eine Welt sah und seine vier großen Monde entdeckte. Auf dem Weg zu Jupiter mußte die Sonde einmal nahe an Venus und zweimal nahe an der Erde vorbeifliegen; durch die Gravitationseinflüsse der beiden Planeten wurde die Sonde beschleunigt und nahm somit genügend Geschwindigkeit für ihre lange Reise auf. *Galileos* Flugbahn ermöglichte die systematische Untersuchung der Erde aus einer völlig neuen Perspektive.

Galileo flog in nur neunhundertsechzig Kilometern Entfernung an der Erde vorbei. Mit einigen Ausnahmen – Bilder mit einer höheren Auflösung als ein Kilometer und Nachtaufnahmen – stammen die meisten Daten in diesem Kapitel von *Galileo*. Mit der Sonde konnten wir Sauerstoff in der Atmosphäre, Wasser, Wolken, Ozeane, Polareis, Leben und Intelligenz feststellen. Der Versuch, Instrumente und Verfahren, die zur Planetenforschung entwickelt wurden, zur Untersuchung unserer eigenen Umwelt einzusetzen – derzeit eines der wichtigsten Anliegen der NASA –, wurde von der Astronautin Sally Ride als »Mission to Planet Earth« beschrieben.

W. Reid Thompson, Cornell University, Robert Carlsson, JPL, Donald Gurnett, University of Iowa, und Charles Hord, University of Colorado, arbeiteten mit mir zusammen an dem *Galileo*-Projekt zur Erforschung der Erde.

Die erfolgreiche Entdeckung von Leben auf der Erde läßt uns annehmen, daß es wirklich kein Leben auf anderen Planeten gibt, wenn wir es nicht entdecken können. Ich denke nicht, daß diese Annahme anthropozentrisch, geozentrisch oder gar »provinziell« ist. Wir suchen ja nicht nur nach unserer Art von Leben. Jedes weitverbreitete Photosynthesepigment, jedes außergewöhnlich große Gasvorkommen, jede geometrische Oberflächenformation, jede dauerhafte nächtliche Lichtquelle, jede nicht astrophysikalisch bedingte Aussendung von Radiowellen könnte als Hinweis auf Leben dienen. Auf der Erde fanden wir natürlich nur unsere Art, doch anderswo könnte man viele andere Arten von Leben entdecken. Bisher fanden wir allerdings nichts. Die Erforschung des dritten Planeten bestärkt uns in unserer Vermutung, daß innerhalb des Sonnensystems allein unsere Welt mit Leben gesegnet ist. Wir haben außerdem gerade erst mit der Suche begonnen. Vielleicht gibt es ja Leben auf Mars oder Jupiter, Europa oder Titan. Vielleicht ist die Galaxie voll von belebten Welten. Vielleicht stehen wir ja kurz vor einer solchen Entdeckung. Nach unserem heutigen Wissensstand ist die Erde jedoch einzigartig. Auf keiner anderen Welt existiert nach unseren Kenntnissen eine Mikrobe, geschweige denn eine hochentwickelte Kultur.

für den Treibhauseffekt verantwortlich. Die Menge an Kohlendioxid, Methan und anderen Treibhausgasen in der Atmosphäre wird Jahr für Jahr zusehends größer und läßt die Temperatur auf dem Planeten ansteigen. Mit dem Spektroskop können Sie außerdem erkennen, daß eine neue Klasse von Molekülen in die Luft geblasen wird: Fluorchlorkohlenwasserstoffe. Sie sind nicht nur für den Treibhauseffekt verantwortlich, sondern zerstören auch die schützende Ozonschicht der Erde.

Dann sehen Sie sich den südamerikanischen Kontinent etwas genauer an, der zum Großteil aus Regenwald besteht. Jede Nacht brennen dort abertausend Feuer, tagsüber ist die Region rauchverhüllt. Im Lauf der Jahre finden Sie immer weniger Wald und dafür mehr verwüstete Gebiete.

Sie schauen auf die Insel Madagaskar hinab. Ihre Flüsse sind so braun, daß sie den Ozean verfärben. Der Boden der Insel wird mit einer solchen Geschwindigkeit ausgewaschen, daß in wenigen Jahrzehnten nichts mehr davon übrig sein wird. Ähnliche Phänomene können Sie an allen Flußmündungen der Erde feststellen.

Wenn aber der Boden weggeschwemmt wird, dann gibt es dort keinen Ackerbau mehr. Was werden die Lebewesen im nächsten Jahrhundert essen? Welche Luft werden sie atmen? Wie werden sie mit einer sich ständig wandelnden und immer gefährlicheren Umwelt zurechtkommen?

Von Ihrer hohen Warte aus können Sie erkennen, daß auf Erden etwas schiefgelaufen ist. Die herrschenden Lebewesen – welche auch immer das sein mögen – haben die Erdoberfläche unter großen Mühen neu gestaltet, doch jetzt zerstören sie ihre Ozonschicht, ihre Wälder, ihren Boden und stellen mit dem Klima des Planeten Experimente an, die sie selber nicht mehr kontrollieren können. Haben sie denn nicht gemerkt, was los ist? Kümmern sie sich nicht um ihre Zukunft? Können sie nicht zusammenarbeiten, um die Umwelt, die sie alle brauchen, zu retten?

Vielleicht gibt es doch keine Intelligenz auf Erden, werden Sie sich denken.

Die Raumsonde Galileo *taucht aus dem Frachtraum des Spaceshuttle* Atlantis *auf. Die Sonde ist auf ihrem Weg zu den Asteroiden Gaspra und Ida im Hauptgürtel sowie zu Jupiter und umrundet dabei auch die Venus und die Erde. (Mit freundlicher Genehmigung des JPL/NASA)*

Kapitel 6

Voyagers Triumph

Sie, die mit Schiffen das Meer befuhren
und Handel trieben auf den großen Wassern,
Die dort die Werke des Herrn bestaunten,
seine Wunder in der Tiefe des Meeres

Psalm 107, um 150 v. Chr.[1]

Die Visionen, die wir unseren Kindern vermitteln, gestalten die Zukunft. Es ist daher *wesentlich,* um welche es sich handelt. Oft sind es sich selbst bewahrheitende Voraussagen. Träume sind Landkarten.

Wenn wir die Gefahren einer düsteren Zukunft meistern wollen, müssen wir uns mit ihnen auseinandersetzen. Wo gibt es Alternativen für eine bessere Zukunft? Wo sind die Träume und Visionen, die uns motivieren und inspirieren? Wir wünschen uns wirklichkeitsgetreue Karten von einer Welt, die wir unseren Kindern mit Stolz hinterlassen können. Wo sind die Kartographen der Menschheit? Wo sind die Visionen einer hoffnungsvollen Zukunft, wo zeigt sich die Technologie als ein Instrument zum Wohle der Menschheit und nicht als Damoklesschwert?

Aufgabe der NASA ist es unter anderem, solche Visionen zu entwickeln. Anfang der achtziger und neunziger Jahre sahen viele Menschen hauptsächlich die Mißerfolge und Katastrophen im Raumfahrtprogramm der USA: Sieben Amerikaner starben bei einer Mission, die hauptsächlich dazu diente, einen Nachrichtensatelliten in den Weltraum zu bringen. Der Satellit hätte viel billiger und ungefährlicher von der Erde direkt ins

Gegenüberliegende Seite: *Saturn, aufgenommen am 3. November 1980 von der Raumsonde* Voyager 1 *aus dreizehn Millionen Kilometer Entfernung. Die größere Teilung der Ringe wird nach dem italo-französischen Astronomen Cassini-Teilung genannt. Das Bild zeigt außerdem die beiden Saturn-Monde Tethys (oben) und Dione (unten). Auf den Wolken des Planeten kann man die Schatten der Saturn-Ringe und des Mondes Tethys erkennen. (Mit freundlicher Genehmigung des JPL/NASA)*

All geschossen werden können. Ein Teleskop, das Milliarden von Dollar kostete, ist mit Kurzsichtigkeit geschlagen. Eine Jupiter-Sonde konnte ihre Hauptantenne, über die sie die gesammelten Daten zur Erde funken sollte, nicht ausfahren. Ein Forschungssatellit ging verloren, kurz bevor er in die Umlaufbahn von Mars gelangte. Man winkt ab, wenn die NASA die Aussendung einer Handvoll Astronauten in einer kleinen Kapsel, die in dreihundert Kilometer Höhe endlos und ohne Ziel um die Erde kreist, als Forschungsreise deklariert. Verglichen mit den erfolgreichen Satellitenmissionen bringen die bemannten Missionen nur selten grundlegende wissenschaftliche Erkenntnisse. Mit Ausnahme der Reparatur defekter Satelliten und der Plazierung von Satelliten, die genausogut von einer unbemannten Rakete in den Weltraum geschickt werden könnten, scheint das bemannte Raumfahrtprogramm seit den siebziger Jahren keine Ergebnisse zu liefern, die in einem sinnvollen Verhältnis zu den Kosten stehen. Andere sahen in der NASA einen Jäger auf der Pirsch, der Waffen in den Weltraum schickte, obwohl eine Waffe im Weltraum meist nicht viel ausrichtet und eher einer Zielscheibe gleichkommt. Die NASA zeigte viele Symptome einer alternden, verkalkten, übervorsichtigen und langweiligen Bürokratie. Vielleicht zeichnet sich jetzt eine Wende ab.

Diese kritischen Stimmen – die in vielen Fällen ihre Berechtigung haben – sollten uns jedoch die hervorragenden Leistungen der NASA nicht vergessen lassen: die erste Erkundung von Uranus und Neptun, die Reparatur des Hubble-Teleskops im Weltraum, der Beweis, daß die Existenz von Galaxien mit dem Urknall vereinbar ist, die ersten genaueren Untersuchungen von Asteroiden, die kartographische Erfassung der Venus von Pol zu Pol, die Überwachung des Ozonlochs, der Existenznachweis eines schwarzen Lochs mit einer Million Sonnenmassen im Zentrum einer benachbarten Galaxie und schließlich das historische Abkommen über gemeinsame Weltraumprojekte zwischen den USA und Rußland.

Das Raumfahrtprogramm kann weitreichende, visionäre, ja sogar revolutionäre Konsequenzen haben. Nachrichtensatelliten vernetzen den Planeten, sind von elementarer Bedeutung für die Weltwirtschaft und machen uns durch das Fernsehen bewußt, daß wir in einer weltweiten Gemeinschaft leben. Meteorologische Satelliten sagen das Wetter voraus, retten Menschenleben bei Wirbelstürmen und schützen jedes Jahr vor Ernteverlusten in Milliardenhöhe. Militärische Aufklärungs- und Überwachungssatelliten schaffen unter den Nationen der Erde mehr Sicherheit. In einer Welt voller Atomwaffen beruhigen sie Hitzköpfe und Paranoide auf allen Seiten. Sie sind das notwendige Werkzeug, um auf diesem Planeten zu überleben.

Erdbeobachtungssatelliten – vor allem der neuen Generation, die bald zum Einsatz kommt – überwachen den Zustand unserer Umwelt. Treibhauseffekt, Bodenerosion, Ozonloch, Meeresströmungen, saurer Regen, Überschwemmungen, Dürre und neue Gefahren, die wir selbst noch nicht kennen, können damit ausgemacht werden. Diese Satelliten dienen gleichsam der Hygiene unseres Planeten.

Satelliten ermöglichen weltweit die genaue Positionsbestimmung. Mit einem Instrument, das nicht größer als ein modernes Kurzwellenradio ist, kann man mit hoher Genauigkeit die Koordinaten festlegen. Kein Flugzeug, kein Schiff im Nebel, kein Autofahrer in einer fremden Stadt braucht sich mehr zu verirren.

Astronomische Satelliten liefern unerreicht klare Bilder aus ihrer Erdumlaufbahn. Mit ihrer Hilfe versucht man die Existenz von Planeten benachbarter Sterne oder etwa die Entstehung und weitere Entwicklung des Universums zu ergründen. Raumsonden erforschen die faszinierenden Planeten in unserem Sonnensystem und vergleichen sie mit der Erde. Diese Projekte haben allesamt ihren Blick hoffnungsvoll auf die Zukunft gerichtet, sind aufregend – und teuer. Keines von diesen Projekten sieht jedoch bemannte Raumflüge vor.

Die Raumsonden *Voyager 1* und *Voyager 2* gewährten dem Menschen Einblick in das Sonnensystem und bahnten zukünftigen Generationen den Weg. Vor ihrem Start im August und September 1977 wußten wir nur sehr wenig über die Planeten in unserem Sonnensystem. In den folgenden zwölf Jahren lieferten diese Sonden uns die ersten detaillierten Informationen über viele neue Welten. Manche von ihnen kannten wir nur als verschwommene Scheiben in unseren Teleskopen, manche gerade einmal als Lichtpunkte, und von manch anderen wußten wir nicht einmal, daß es sie gibt. Die beiden Sonden funken immer noch Ströme von Daten an die Erde.

Diese Raumschiffe führten uns die Wunder anderer Welten vor, aber auch die Einzigartigkeit und Zerbrechlichkeit unserer eigenen Welt. Sie machten uns einen Großteil des Sonnensystems zugänglich – seine Ausdehnung und seine Masse. Diese Raumschiffe untersuchten erstmals Regionen, die eines Tages vielleicht unseren fernen Nachkommen eine Heimat sein werden.

Die Leistung der US-amerikanischen Abschußvorrichtungen reicht heute nicht aus, um ein derartiges Raumschiff mit Raketenantrieb in wenigen Jahren zu Jupiter und weiter hinaus zu schicken. Mit genügend Erfindungsgabe (Glück allein reicht nicht) können wir noch etwas anderes unternehmen. Wir können (wie in einigen Jahren die Sonde *Galileo*) nahe an einer Welt vorbeifliegen und uns durch ihre Gravitationswirkung zur nächsten katapultieren lassen. Gezeitenbeschleunigung nennt man diese Technik. Sie kostet nichts außer Erfindungsgabe und läßt sich mit Karussellfahren vergleichen: Man hält sich an einem Pfosten fest, sobald das Karussell daran vorbeikommt, und läßt sich mit größerer Geschwindigkeit in eine andere Richtung weiterschleudern. Die Beschleunigung des Raumschiffes bewirkt konsequenterweise eine Verlangsamung der Planetenbewegung um die Sonne. Da der Planet im Vergleich zum Raumschiff jedoch eine ungeheure Masse besitzt, wird er kaum abgebremst. Die beiden *Voyager*-Sonden wurden durch Jupiters Gravitation um jeweils rund sechzigtausend Stundenkilometer beschleunigt. Jupiter dagegen wurde in seiner Bewegung um die Sonne gebremst. Um wieviel? Wenn die Sonne in fünf Milliarden Jahren zu einem Roten Riesen anschwillt, wird Jupiter einen Millimeter weiter von der Sonne entfernt sein als ohne den Vorbeiflug von *Voyager* Ende des zwanzigsten Jahrhunderts.

Voyager 2 konnte von einer seltenen Planetenkonstellation profitieren. Durch den Vorbeiflug an Jupiter wurde die Sonde zu Saturn geschleudert, von dort zu Uranus, dann zu Neptun und von dort schließlich zu den Sternen. Man kann natürlich nicht einfach nach Belieben Karussell fahren. Zuvor bot sich die letzte Gelegenheit für dieses himmlische Billardspiel zu Beginn des neunzehnten Jahrhunderts. Damals legten wir unsere Forschungsreisen noch in der Postkutsche zurück.

Da es an Geld fehlte, konnte das Jet Propulsion Laboratory der NASA (JPL) nur Raumschiffe bauen, deren Funktionieren bis zu Saturn gesichert war. Was danach passieren würde, stand buchstäblich in den Sternen. Dank dem hervorragenden technischen Design – und dank der Tatsache, daß die JPL-Ingenieure, die die Sonde per Funk steuerten, schnel-

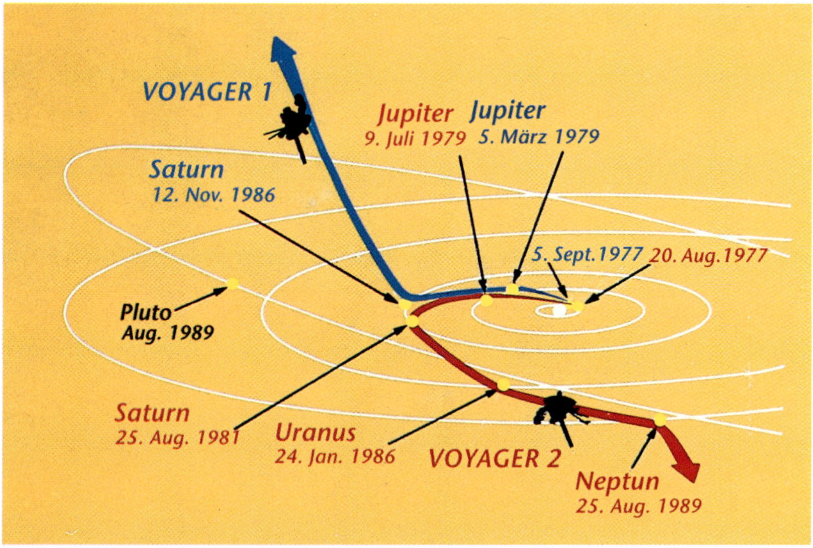

Die Flugbahnen der beiden Voyager*-Sonden. (Mit freundlicher Genehmigung des JPL/NASA)*

ler dazulernten, als die Sonde an Gedächtnis verlor – konnten beide Sonden auch Uranus und Neptun erforschen. Derzeit senden sie ihre Entdeckungen von jenseits des äußersten Planeten zur Erde.

Wir hören gewöhnlich viel mehr über ihre Entdeckungen als über sie selbst oder über ihre Erbauer. Das war schon immer so. Die Geschichte erzählt uns alles über Christoph Kolumbus, aber nur wenig über die Erbauer der *Nina, Pinta* und *Santa Maria* oder über die Besonderheiten einer Karavelle. Die *Voyager*-Sonden, ihre Entwickler und Erbauer, ihre Steuerungs- und Kontrollingenieure sind ein eindrucksvolles Beispiel dafür, was Wissenschaft und Ingenieurskunst in friedlicher Absicht erreichen können.

Die vier Riesenplaneten Jupiter, Saturn, Uranus und Neptun, ihre Ringe und Monde wurden von den Raumsonden untersucht. 1979 überstanden die Sonden eine Dosis geladener Teilchenströme, die so stark waren, daß ein Tausendstel davon ausgereicht hätte, einen Menschen zu töten. Inmitten dieser Strahlung entdeckten sie die Ringe des größten Planeten unseres Sonnensystems, die ersten aktiven Vulkane außerhalb der Erde, Anzeichen für einen Ozean unter der Oberfläche eines atmosphärelosen Planeten sowie eine ganze Reihe weiterer überraschender Phänomene. 1980 und 1981 überlebten sie einen Eissturm auf Saturn und entdeckten nicht nur ein paar, sondern gleich Tausende von neuen Ringen. Sie untersuchten Eismonde, die vor verhältnismäßig kurzer Zeit

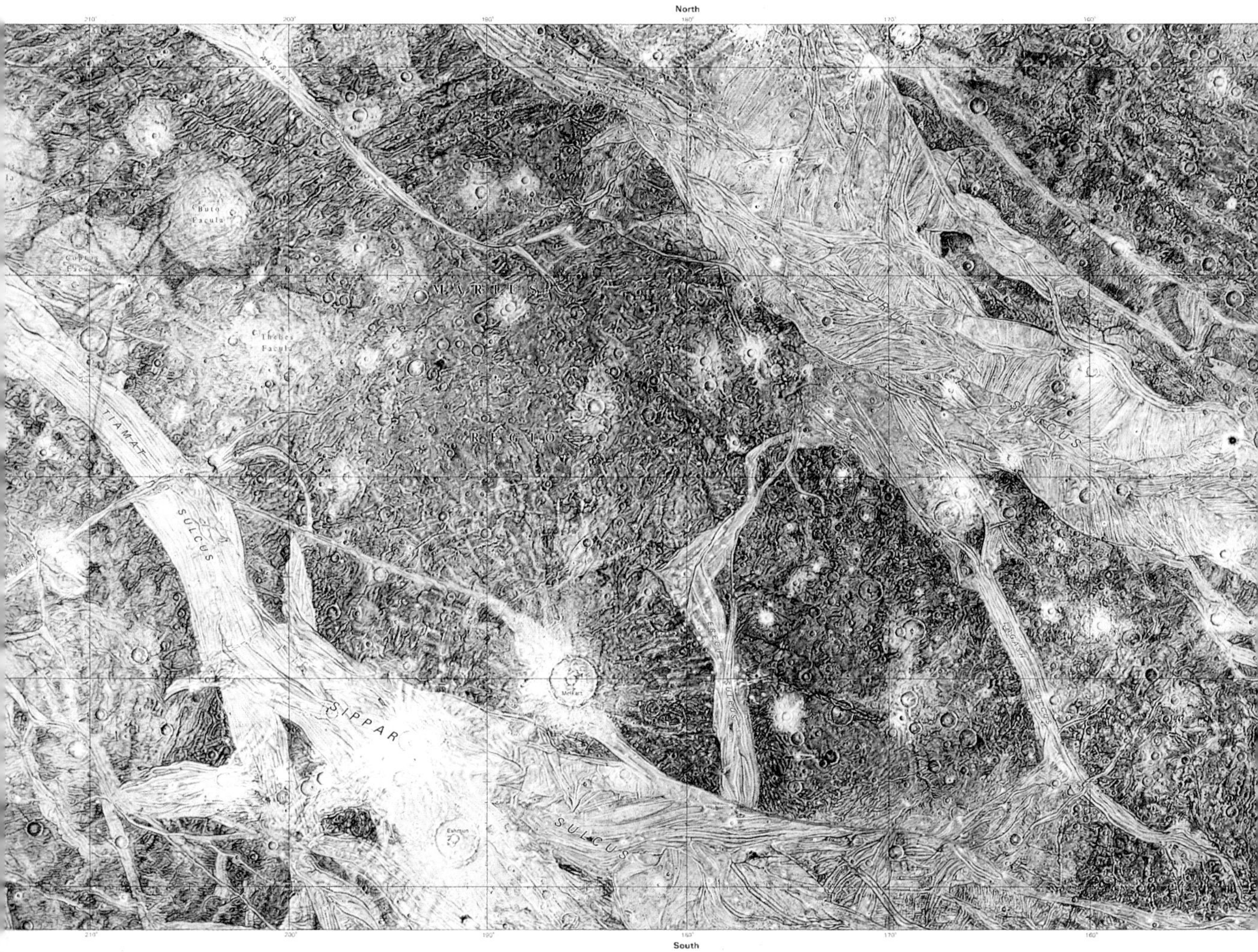

Das Äquatorgebiet des Jupiter-Mondes Ganymed nach Erhebungen der Raumsonden Voyager 1 *und* 2. *Viele Oberflächenformationen wurden nach alten sumerischen Städten und Gottheiten benannt. (Schattierte Reliefkarte der USGS)*

plötzlich geschmolzen waren, und eine Riesenwelt, die von Wolken aus organischer Materie umhüllt ist und vermutlich einen Ozean aus flüssigem Kohlenwasserstoff besitzt.

Am 25. Januar 1986 trat *Voyager 2* in das Uranus-System ein und entdeckte eine Reihe von neuen Wundern. Der Vorbeiflug dauerte nur wenige Stunden, doch die zuverlässig zur Erde gefunkten Daten revolutionierten unser Wissen über den aquamarinblauen Planeten, über seine fünfzehn Monde, seine pechschwarzen Ringe und über seinen Gürtel aus geladenen, energiereichen Teilchen. Am 25. August 1989 schwebte *Voyager 2* durch das Neptun-System und beobachtete im fahlen

Sonnenlicht kaleidoskopartige Wolkenformationen und einen bizarren Mond, auf dem zarte Schleier aus feinen organischen Teilchen durch die erstaunlich dünne Atmosphäre schwebten. Und 1992 registrierten beide Sonden, bereits jenseits des äußersten bekannten Planeten, Radiosignale, die vermutlich von der immer noch weit entfernten Heliopause stammen – der Region, in der der Sonnenwind dem Sternenwind weicht. Da wir auf der Erde festgenagelt sind, können wir weit entfernte Welten nur durch ein Meer von verzerrender Luft untersuchen. Viele ihrer Ultraviolett-, Infrarot- und Radiostrahlen können unsere Atmosphäre nicht durchdringen. Es liegt also auf der Hand, warum unsere Forschungssonden das Wissen über das Sonnensystem revolutioniert haben: Im luftleeren Weltraum erhalten wir plötzlich absolut klare Bilder, können uns unseren Forschungsobjekten nähern, wie *Voyager* an ihnen vorbeifliegen, sie umkreisen oder gar auf ihnen landen.

Unsere Sonden sandten vier Billionen Bits an Informationen zur Erde, was in etwa dem Umfang eines hunderttausendbändigen Lexikons

Wunderschöne Wolkenmuster auf Jupiter, gesehen von den Voyager-*Sonden. (Mit freundlicher Genehmigung des JPL/NASA)*

Rechts: *Jupiter, von seinem Mond Europa aus gesehen. Manche Wissenschaftler vermuten unter der Oberfläche von Europa einen Ozean aus Wasser. Der Mond Io rechts oben im Bild ist von einem Kranz aus entweichenden Gasen umgeben. (Darstellung von Don Davis)*

Nahaufnahme von Jupiters Großem Rotem Fleck in einer Falschfarbenaufnahme, daneben die Erde zum Vergleich. (Mit freundlicher Genehmigung von S.P. Meszaros und NASA)

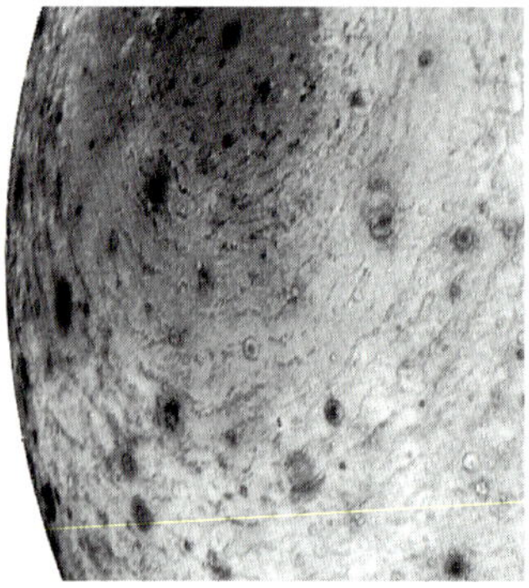

Die Ringe des Einschlagbeckens Walhalla auf Kallisto, hier in einer Negativaufnahme. (Mit freundlicher Genehmigung der USGS/NASA)

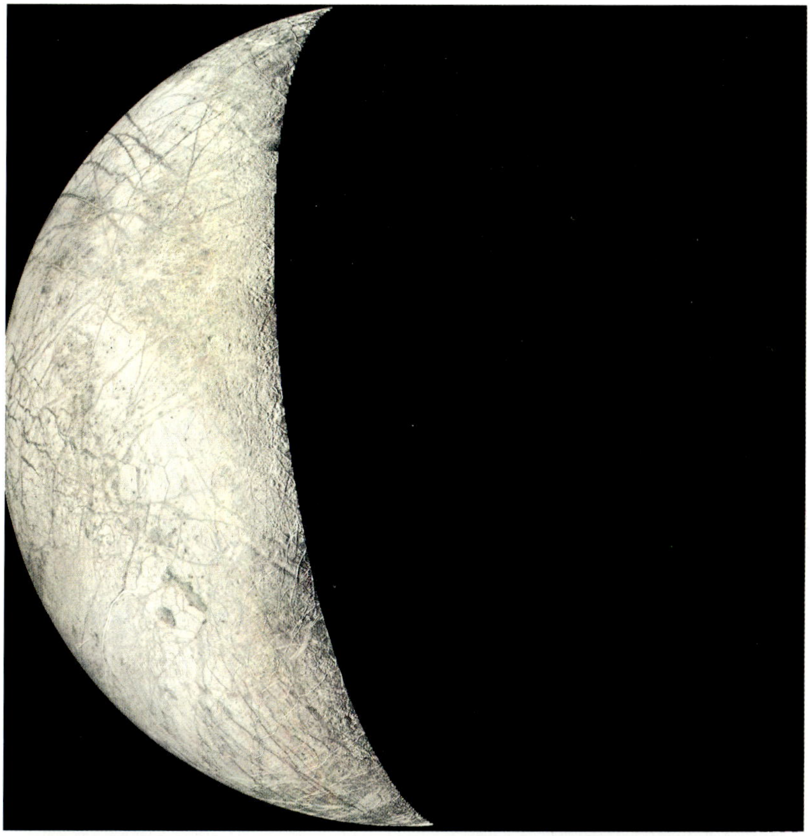

Links: *Photomosaik der Mondsichel Europa, gesehen von einer Voyager-Sonde. (Mit freundlicher Genehmigung der USGS/NASA)*

Der vulkanische Mond Io, Voyager-*Photomosaik. (Mit freundlicher Genehmigung der USGS/NASA)*

Der Mond Europa in einem Voyager-Photomosaik mit hoher Auflösung. (Mit freundlicher Genehmigung der USGS/NASA)

Die Saturn-Ringe in stark verfälschten Farben, darüber die Erde zum Vergleich. (Voyager-Aufnahme, mit freundlicher Genehmigung von S.P. Meszaros und NASA)

Saturn in stark verfälschten Farben, gesehen von einer Voyager*-Sonde. (Mit freundlicher Genehmigung des JPL/NASA)*

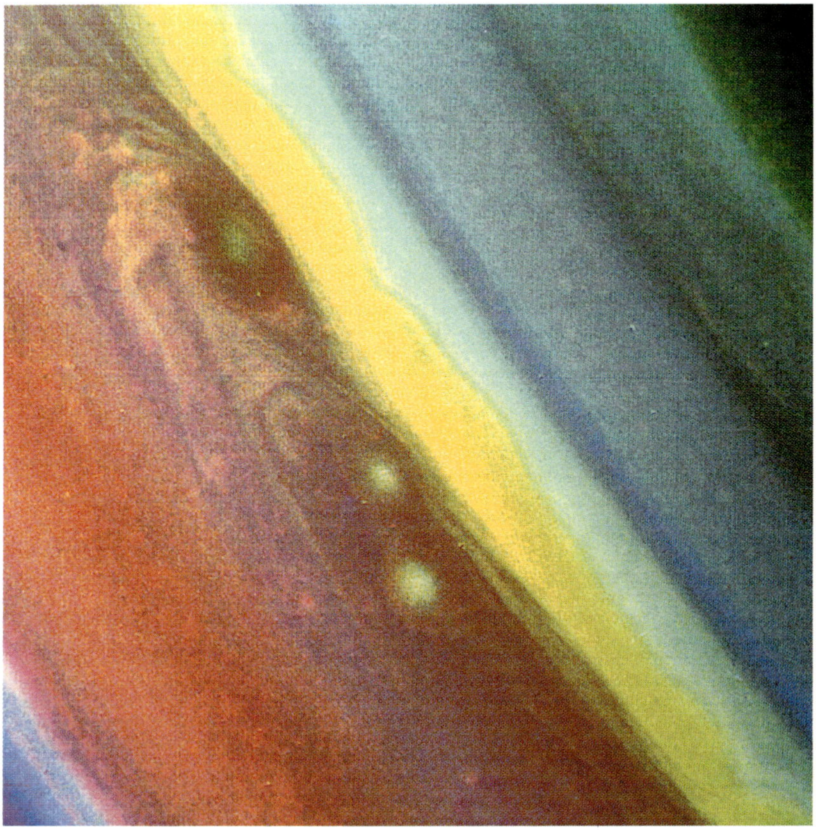

Saturn-Wolken in stark verfälschten Farben. (Voyager-Aufnahme, mit freundlicher Genehmigung des JPL/NASA)

entspricht. Ich habe die Ergebnisse aus der Untersuchung des Jupiter-Systems bereits in *Cosmos* (1980; dt. *Unser Kosmos*) beschrieben. Auf den folgenden Seiten werde ich mich daher auf Saturn, Uranus und Neptun konzentrieren.

Kurz vor Erreichen des Uranus-Systems war für *Voyager 2* ein letztes Manöver vorgesehen, das die Sonde auf den richtigen Weg durch die wild umhersausenden Monde bringen sollte. Dieses Manöver stellte sich als überflüssig heraus, denn die Sonde hatte sich weniger als zweihundert Kilometer von ihrer vorgesehenen Flugbahn entfernt – und das nach einem fünf Milliarden Kilometer langen Flug! Das ist so genau, als wenn man einen Faden durch ein fünfzig Kilometer entferntes Nadelöhr ziehen könnte!

Ströme von wertvollen Daten wurden zur Erde gefunkt. Doch die Erde war so weit weg, daß die Signale, die die erdgebundenen Radioteleskope empfangen konnten, nur noch eine Leistung von 10^{-16} Watt (0,0000000000000001 Watt) besaßen. Diese Signale verhalten sich zur Leuchtkraft einer Leselampe wie der Durchmesser eines Atoms zur Strecke zwischen Erde und Mond. Es ist, als ob man den Schritt einer Amöbe hören könnte.

Die *Voyager*-Mission wurde Ende der sechziger Jahre geplant und ab 1972 finanziert. Der endgültige Inhalt der Mission (einschließlich der Untersuchungen von Uranus und Neptun) wurde jedoch erst nach dem Abschluß der Jupiter-Expedition festgelegt. Die beiden Sonden wurden von einer *Titan-/Centaur*-Raketenkonfiguration in den Weltraum geschossen. Die *Voyager*-Sonden wiegen jeweils etwa eine Tonne und besitzen die Ausmaße eines kleinen Einfamilienhauses. Ihren Energiebedarf von vierhundert Watt (sehr viel weniger als bei einem Einfamilienhaus) decken die Sonden mit einem Generator, der radioaktives Plutonium in Elektrizität verwandelt. (Würden die Sonden mit Sonnenenergie gespeist, würde die verfügbare Energie mit wachsender Entfernung von der Sonne rasch abnehmen. Ohne Atomenergie hätten die Sonden mit Ausnahme einiger Informationen über Jupiter keine Daten aus dem äußeren Sonnensystem an die Erde funken können.)

Der Elektrizitätsfluß im Innern der Raumsonde baut ein so starkes Magnetfeld auf, daß die empfindlichen Instrumente zur Messung der interplanetaren Magnetfelder gestört werden. Deshalb setzt man das Magnetometer an das Ende eines langen Arms, weit weg vom störenden Elektrizitätsfluß. Dieser Arm und andere Ausleger lassen *Voyager* fast wie ein Stachelschwein aussehen. Kameras, Infrarot- und Ultraviolett-Spektrometer sowie ein Instrument namens Photopolarimeter sind auf eine bewegliche Plattform montiert, damit sie ein bestimmtes Objekt anvisieren können. Die Sonden müssen zudem immer genau wissen, wo sich die Erde befindet, damit sie ihre Antennen korrekt justieren und ihre Daten zur Erde funken können. Sie müssen außerdem wissen, wo die Sonne und mindestens ein weiterer heller Stern liegen, so daß sie sich in drei Dimensionen orientieren und korrekt auf jeden Planeten ausrichten können.

Jede Raumsonde kostete ungefähr soviel wie ein modernes Bombenflugzeug. Anders als ein Bomber können die Sonden jedoch nicht in einen Hangar zurückkehren und überholt werden. Die Computer und Elektronik an Bord wurden deshalb mit äußerster Sorgfalt entwickelt. Für

Die Raumsonde Voyager. *Die Aufnahmeplattform mit ihren Kameras und Spektrometern befindet sich ganz links außen. Teilchen- und Felddetektoren sind an den anderen Armen angebracht. Die Antenne, über die Befehle von der Erde empfangen und Daten an die Erde zurückgefunkt werden, ist als weiße Schüssel zu erkennen. Computer, Speicherbänder, Temperaturmeßgeräte und andere Instrumente sind in der achteckigen Konstruktion in der Mitte der Raumsonde untergebracht. An der Außenseite des achteckigen Körpers ist die goldene Ton-Bild-Platte zu sehen. (Mit freundlicher Genehmigung des JPL/NASA)*

die wichtigsten Instrumente, einschließlich der Funkempfänger, ist mindestens ein Ersatzgerät an Bord, das im Notfall einspringt. Wenn die Sonden Schwierigkeiten haben, entscheiden die Bordcomputer nach der Ja/Nein-Methode, welche Maßnahmen ergriffen werden müssen. Wenn auch das nichts hilft, bitten die Sonden die Bodenstation um Hilfe.

Je größer die Entfernung der Sonden von der Erde, um so länger dauert die Übertragung der Radiosignale. Als *Voyager 2* Neptun erreichte, benötigten die Signale elf Stunden zur Erde. In einem Notfall muß die Sonde daher in einem sicheren Stand-by-Modus verharren können, bis entsprechende Anweisungen von der Erde eintreffen. Man rechnete natürlich auch mit Ermüdungserscheinungen in der Mechanik und in den Computern. Doch selbst jetzt können noch keine ernsten Speicherausfälle, also eine Art Computer-Alzheimer, entdeckt werden.

Das heißt allerdings nicht, die *Voyager*-Sonden seien vollkommen. Ernsthafte Störungen, die die ganze Mission in Frage stellten, wurden auch bei den *Voyager*-Sonden registriert. Jedesmal kamen Spezialteams von Ingenieuren zusammen, einige Ingenieure kannten die *Voyager*-Sonden bereits aus der Planungsphase, um die Probleme zu lösen. Dazu untersuchte man die zugrundeliegenden Prinzipien und verglich sie mit den Erfahrungen aus früheren Störungen. Man experimentierte mit einem identischen Nachbau von *Voyager* auf der Bodenstation und baute sogar mehrere fehlerhafte Bauteile nach, um die Fehler besser zu verstehen.

Im April 1978, knapp acht Monate nach dem Abflug, schaltete der Bordcomputer von *Voyager 2* wegen eines falsch erteilten Befehls – also infolge menschlichen Versagens – vom Hauptempfänger auf den Ersatzempfänger um. Während der folgenden Übertragung von der Bodenstation zur Sonde ließ sich der Ersatzempfänger nicht auf das Bodensignal einstellen. Ein bestimmter Kondensator hatte versagt.

Nach einer Woche, in der *Voyager 2* keinerlei Kontakt mit der Bodenstation hatte, schaltete die Bordsoftware den Ersatzempfänger aus und den Hauptempfänger wieder ein. Seltsamerweise – niemand weiß bis heute, warum – versagte der Hauptempfänger nur wenige Augenblicke später für immer. Zu allem Überfluß bestand der Bordcomputer aber darauf, den kaputten Hauptempfänger weiter zu benutzen. Durch eine unglückliche Verkettung von menschlichen Irrtümern und Computerfehlern war das Funktionieren der Raumsonde ernsthaft gefährdet. Niemand wußte, wie man *Voyager 2* dazu bringen könnte, doch wieder auf den Ersatzempfänger zu schalten. Und selbst wenn – das Gerät konnte wegen des defekten Kondensators keine Signale von der Bodenstation empfangen. Viele Projektmanager hatten schon alle Hoffnung aufgegeben.

Doch nach einer weiteren Woche jeglicher Befehlsverweigerung wurde auf einmal die Anweisung, automatisch von einem Empfänger auf den anderen zu schalten, angenommen und in den launischen Computer einprogrammiert. In derselben Woche entwarfen die Ingenieure vom JPL ein neues Verfahren, das die Befehlsfrequenz kontrollierte und sicherstellte, daß der beschädigte Ersatzempfänger wesentliche Befehle empfangen und verstehen konnte.

Die Ingenieure konnten nun wieder – zumindest auf primitive Weise – mit ihrer Sonde Kontakt aufnehmen. Leider reagierte der Ersatzempfänger äußerst empfindlich auf die Wärme, die beim Betrieb der einzelnen Bordgeräte entstand, und wurde dadurch entsprechend unberechenbar. In den darauffolgenden Monaten führten die JPL-Ingenieure zahlreiche Tests durch, um die Wärmeentwicklung der meisten Bordgeräte zu untersuchen und herauszufinden, was den Empfang von Befehlen verhinderte beziehungsweise ermöglichte. Mit den daraus gewonnenen Informationen konnte man schließlich das Empfängerproblem umgehen. Das Gerät empfing sämtliche Anweisungen von der Erde, die zum Sammeln von Daten in der Jupiter-, Saturn-, Uranus- und Neptun-Region notwendig waren. Die Ingenieure hatten die Mission gerettet. (Für den Fall einer erneuten Befehlsverweigerung speicherte man auf dem Bordcomputer zusätzlich eine Befehlssequenz, die die Untersuchung der nächsten Planeten sicherstellte.)

Eine weitere Störung, kurz nachdem *Voyager 2* im August 1981 hinter Saturn wieder zum Vorschein kam, ließ die Wissenschaftler erneut den Atem anhalten. Die Videoplattform bewegte sich während der viel zu kurzen Annäherungsphase wie wild hin und her, schwenkte von den Ringen zu den Monden und zum Planeten und blockierte schließlich ganz. Eine unbewegliche Videoplattform kann einen zur Verzweiflung treiben: Man weiß, daß die Sonde an wunderbaren Planeten vorbeifliegt, die noch kein menschliches Auge so nahe gesehen hat und in den nächsten Jahren oder Jahrzehnten auch nicht wieder sehen wird, und die Kamera starrt einfach nur in den Weltraum hinaus!

Die Plattform wird über Verstellgetriebe bewegt. Also simulierten die Ingenieure die Arbeit dieser Verstellvorrichtung mit einem identischen Nachbau in ihrem Forschungslabor. Ihr Verstellgetriebe versagte nach 348 Richtungswechseln, während jenes der Sonde 352 vollzogen hatte. Das Gerät war schlicht und einfach nicht richtig geschmiert worden. Schön und gut, doch was sollte man tun? Man konnte ja schlecht eine Dose Schmieröl in den Weltraum schicken.

Vielleicht konnte man das Verstellgetriebe durch den Wechsel von Hitze und Kälte wieder in Bewegung setzen. Durch die Temperaturschwankungen dehnen sich die Bauteile des Verstellgetriebes unterschiedlich stark aus und ziehen sich wieder zusammen. Dadurch könnten sie den Mechanismus wieder lockern. Die Techniker testeten diese Vermutung mit speziell gefertigten Verstellern und erkannten zu ihrer Freude, daß diese Methode Erfolg versprach. Die Projektmanager erfanden Verfahren, mit denen man bereits erste Anzeichen von Funktionsfehlern im Verstellmechanismus bemerken und entsprechend früh reagieren kann. Seither arbeitet die Videotechnik der *Voyager 2* perfekt. Alle Bilder aus der Uranus- und Neptun-Region sind diesen Bemühungen zu verdanken. Die Ingenieure hatten das Projekt wieder einmal gerettet.

Ursprünglich waren *Voyager 1* und *2* nur zur Erforschung von Jupiter und Saturn gedacht. Man wußte zwar, daß sie auf ihrer Reise auch an Uranus und Neptun vorbeifliegen würden, doch offiziell waren diese beiden Planeten nie Gegenstand der *Voyager*-Mission gewesen. Man dachte nicht, daß die Sonden so lange arbeiten würden. Da wir den geheimnisvollen Titan näher untersuchen wollten, wurde *Voyager 1* von Saturn auf eine Flugbahn gebracht, die die Erforschung anderer bekannter Welten unmöglich machte. So flog allein *Voyager 2* zu ihrer äußerst erfolgreichen Mission ins Uranus- und Neptun-System. Hier wird das Sonnenlicht immer schwächer, und auch die Funksignale an die Erde werden immer leiser. Diese Probleme waren zwar vorherzusehen, doch deswegen nicht gerade einfach zu lösen.

Wegen der geringen Lichtintensität auf Uranus und Neptun mußten die *Voyager*-Kameras mit langen Belichtungszeiten arbeiten. Die Sonde flog jedoch so schnell (an Uranus bewegte sie sich mit rund sechsundfünfzigtausend Stundenkilometern vorbei), daß die Aufnahmen verwackelt oder unscharf wurden. Die Sonde mußte sich während der Aufnahmen also gegenläufig bewegen, um die Auswirkungen der Fluggeschwindigkeit wieder auszugleichen. Das klingt recht einfach, ist es aber nicht, denn man muß selbst die geringste Bewegung neutralisieren. Bei einer Schwerkraft gleich Null kann selbst das Ein- und Ausschalten

Die Kommandozentrale der Voyager-*Mission am JPL nach dem Vorbeiflug an Saturn. (Mit freundlicher Genehmigung des JPL/NASA)*

des Speicherbands die Sonde so stark erschüttern, daß die Bilder verwackeln.

Man schickte daher Befehle zu den kleinen und hochempfindlichen Korrekturtriebwerken der Sonde. Mit einer kurzen Zündung zu Beginn und am Ende der Aufnahmen kompensierten die Triebwerke durch eine winzige Drehung der Sonde die Erschütterung des Speicherbandes. Für die immer schwächer werdenden Radiosignale entwickelten die Ingenieure eine neue und bessere Methode zur Aufnahme und Übertragung von Daten. Außerdem wurden die Radioteleskope auf der Erde zusammengeschaltet, um ihre Sensibilität zu erhöhen. Insgesamt betrachtet, arbeitete das Videosystem beim Vorbeiflug an Uranus und Neptun in vieler Hinsicht besser als im Falle von Saturn oder gar Jupiter.

Voyager 2 hat ihre Forschungsreise vielleicht noch gar nicht beendet. Natürlich kann schon morgen irgendein lebenswichtiges System zusammenbrechen, doch die Sonde hat noch genügend Energiereserven, um etwa bis zum Jahr 2015 Daten an die Erde zu übertragen.

Voyager ist fast schon ein intelligentes Wesen – halb Roboter, halb Mensch. Die Sonde verlängert die menschlichen Sinne bis in weit entfernte Welten. Bei einfachen Aufgaben und Problemen verläßt sie sich auf ihre eigene Intelligenz. Bei schwierigeren Aufgaben und Problemen wendet sie sich jedoch an die kollektive Intelligenz und Erfahrung der JPL-Ingenieure. Dieser Trend verstärkt sich immer mehr. Die *Voyager*-Sonden befinden sich auf dem technischen Stand der frühen siebziger Jahre. Wenn heute Sonden für eine derartige Mission gebaut würden, dann wären sie auf dem Gebiet der künstlichen Intelligenz bereits erstaunlich weit entwickelt, sie wären kleiner, könnten Daten schneller übertragen, besäßen bessere Methoden zur Selbstdiagnose und Reparatur und könnten aus ihren Erfahrungen lernen. Sie wären außerdem sehr viel billiger.

In den vielen Welten, die für den Menschen auf Erden und im All zu gefährlich sind, gehört die Zukunft den Roboter-Menschen, deren Vorfahren und Pioniere die beiden *Voyager*-Sonden waren. Bei atomaren Unfällen und bei Grubenunglücken, in der Meeresforschung und Archäologie, in der Industrie, Vulkanologie und auch im Haushalt, um nur einige mögliche Anwendungsgebiete zu nennen, könnten diese intelligenten, beweglichen, kompakten und steuerbaren Roboter, die ihre Fehler selbst diagnostizieren und reparieren, herkömmliche Vorgehensweisen revolutionieren. Wahrscheinlich gibt es schon in naher Zukunft sehr viel mehr davon.

Es ist beinahe schon eine feste Regel geworden, daß Projekte der öffentlichen Hand in einem Desaster enden. Die beiden *Voyager*-Sonden wurden noch dazu von einer Regierung im Verbund mit dem anderen bürokratischen Schreckgespenst, einer Universität, gebaut. Dennoch blieb das Projekt in einem finanzierbaren Rahmen, und die Sonden waren pünktlich fertig und leisteten weitaus mehr, als selbst ihre Erbauer erwartet hatten. Diese eleganten Maschinen, die in friedlicher Absicht gebaut wurden und in friedlicher Mission unterwegs sind, zeigen den Drang in uns Menschen, das Sonnensystem und das Weltall zu erkunden. Diese Technologie, die Schätze, die sie entdecken, sind allen Menschen zugänglich. Das *Voyager*-Programm kostete vom Start bis zum Erreichen des Neptun jeden Amerikaner weniger als einen Penny pro Jahr. Planeten waren immer schon – und damit meine ich nicht ausschließlich die USA, sondern alle Menschen – unsere Spezialität.

Die letzte Nahaufnahme. Voyager 2 fotografierte auf ihrem Weg zu den Sternen Neptun und seinen außergewöhnlichen Mond Triton. Beide Himmelskörper sind als zunehmende Sicheln zu sehen. (Mit freundlicher Genehmigung des JPL/NASA)

Kapitel 7

Zwischen den Monden des Saturn

Wer zwischen den Monden des Saturn thronte

Herman Melville, *Moby Dick,* 1851[1]

Ein Himmelskörper in unserem Sonnensystem ist größer als der Mond, aber kleiner als Mars und besitzt eine Atmosphäre, die in ihren oberen Schichten vor Elektrizität geradezu surrt – sie strömt herbei von dem benachbarten Planeten mit seinen typischen Ringen. Die ewig braunen Wolken dieses Himmelskörpers besitzen eine eigenartige Orangetönung, und auf seine uns unbekannte Oberfläche regnet es genau den Stoff, aus dem Leben entsteht. Dieser Himmelskörper ist so weit von der Sonne entfernt, daß ihr Licht eine Stunde zu ihm unterwegs ist. Raumschiffe brauchen dazu Jahre. Wir wissen nur sehr wenig von diesem Himmelskörper – nicht einmal, ob es dort große Ozeane gibt. Wir wissen gerade genug, um zu erkennen, daß in unserer Reichweite dieselben Prozesse ablaufen könnten, die vor Urzeiten Leben auf der Erde entstehen ließen.

Auf der Erde wurde vor langer Zeit ein in mancher Hinsicht vielversprechendes Experiment zur Erforschung unserer Frühgeschichte gestartet. Die ältesten uns bekannten Fossilien sind etwa 3,6 Milliarden Jahre alt. Leben muß also schon lange vorher entstanden sein. Doch vor 4,2 oder

Gegenüberliegende Seite: *Anfang des nächsten Jahrhunderts wird die Raumsonde* Huygens *der Europäischen Weltraumorganisation ESA durch die Wolkenschichten bis zur unerforschten Oberfläche Titans vordringen. (Darstellung mit freundlicher Genehmigung von Hamid Hassan, ESA)*

Photomontage mit Saturn und einigen seiner Monde. Titan ist ganz oben zu sehen. (Mit freundlicher Genehmigung des JPL/NASA)

4,3 Milliarden Jahren war die Erde von den Nachwirkungen ihrer eigenen Entstehung noch so verwüstet, daß kein Leben entstehen konnte: Gewaltige Kollisionen mit Himmelskörpern ließen die Oberfläche schmelzen, verwandelten Ozeane in Dampf und trieben die Atmosphäre, die allmählich entstanden war, in den Weltraum hinaus. Unsere entferntesten Vorfahren konnten also nur innerhalb einer sehr kurzen Zeitspanne vor rund vier Milliarden Jahren entstanden sein. Unter günstigen Umständen entwickelte sich das Leben sehr schnell. Irgendwie.

Die ersten Lebewesen waren höchstwahrscheinlich sehr primitiv – noch viel primitiver als die einfachste heute lebende Mikrobe – und konnten sich vermutlich gerade einmal reproduzieren. Doch die natürliche Auslese – der Schlüsselprozeß, den Charles Darwin als erster konsequent beschrieb – ist so mächtig, daß aus den bescheidensten Anfängen der ganze Reichtum und die ganze Schönheit unserer Flora und Fauna entstehen konnten.

Diese ersten Lebewesen bestanden aus einzelnen Elementen, Bauteilen und Blöcken, die von selbst entstanden sein mußten – das heißt durch die Gesetze der Physik und Chemie auf einer unbelebten Erde. Die Bausteine allen irdischen Lebens nennt man organische Moleküle, Moleküle auf Kohlenstoffbasis. Aus der überwältigenden Anzahl möglicher organischer Moleküle bilden nur sehr wenige den Grundstein für Leben. Die beiden wichtigsten Gruppen sind Aminosäuren als Eiweißbausteine und Nukleotid-Basen als Bausteine für die Nukleinsäuren.

Doch woher kamen diese Moleküle? Dafür gibt es nur zwei Erklärungen: entweder aus dem Weltraum oder von der Erde. Wir wissen, daß damals weitaus mehr Kometen und Asteroiden als heute auf der Erde aufprallten und daß diese kleinen Himmelskörper gewaltige Speicher von komplexen organischen Molekülen darstellten; einige dieser Moleküle konnten durch die enorme Hitzeentwicklung beim Aufprall entweichen. Wir wollen uns aber auf die hier entstandenen und nicht auf die importierten Bausteine konzentrieren: die organischen Moleküle, die sich in der Luft und im Wasser des jungen Planeten bildeten.

Leider wissen wir nur wenig über die Zusammensetzung der Atmosphäre in jenem frühen Stadium. Zudem können organische Moleküle nur unter besonderen atmosphärischen Bedingungen entstehen. Es kann nicht sehr viel Sauerstoff gegeben haben, weil Sauerstoff von grünen Pflanzen gebildet wird, und die existierten damals noch nicht. Es gab vermutlich mehr Wasserstoff, weil dieses Gas im Universum sehr häufig vorkommt und von der oberen Atmosphäre der Erde besser in den Weltraum entweicht als jedes andere Atom (weil es so leicht ist). Wir können heute im Labor verschiedene Formen der frühen Erdatmosphäre simulieren, Energie zuführen und beobachten, welche organischen Moleküle in welchen Mengen entstehen. Derartige Experimente führten im Lauf der Jahre zu ebenso überraschenden wie vielversprechenden Ergebnissen. Doch unser Unwissen über die Anfänge der Erde hindert uns daran, noch mehr Erkenntnisse aus diesen Experimenten zu ziehen.

Wir brauchen eine wirkliche Welt, deren Atmosphäre noch immer wasserstoffreiche Gase besitzt. Mit anderen Worten, eine Welt, die der Erde

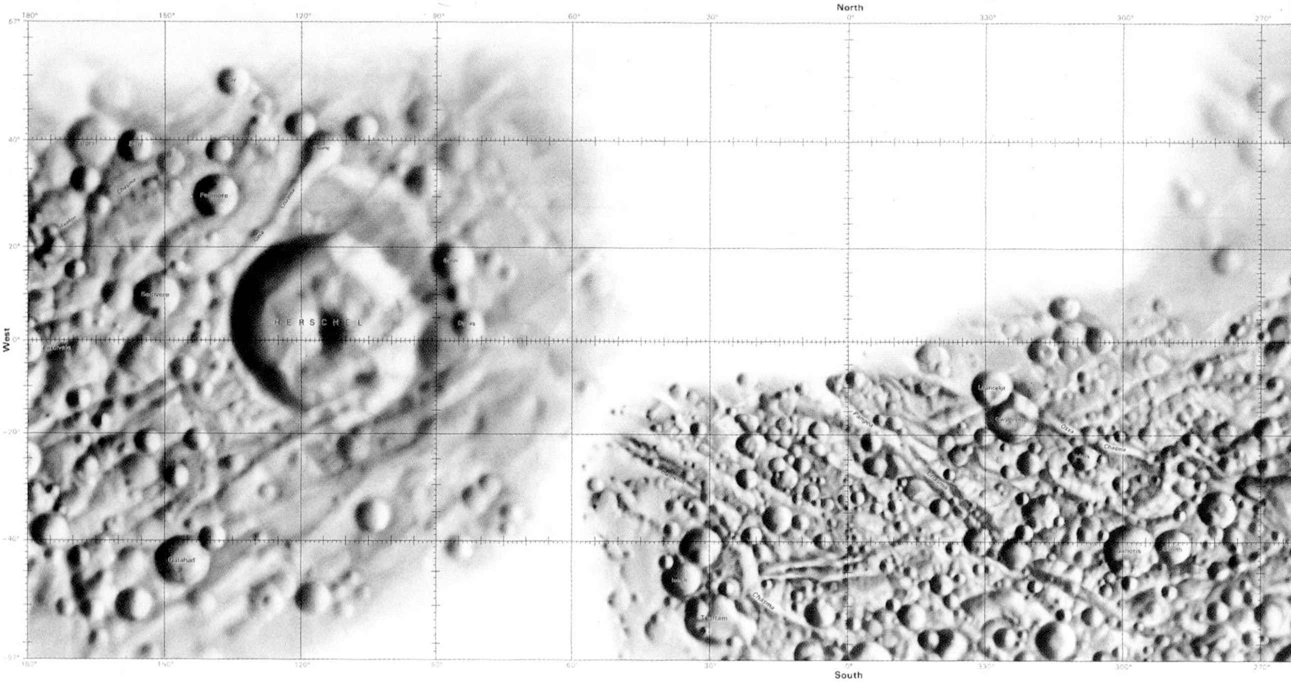

Mimas, der innerste Saturn-Mond, vor der Erforschung durch Voyager. Auf den hochauflösenden Voyager-Aufnahmen rechts sind feinere Einzelheiten erkennbar. Die verschwommenen Details, wie der Herschel-Krater, stammen von Voyager-Daten mit geringerer Auflösung. Die weißen Flächen wurden bis jetzt noch nicht erforscht und sind daher noch unbekannt. (Schattierte Reliefkarte mit freundlicher Genehmigung der USGS)

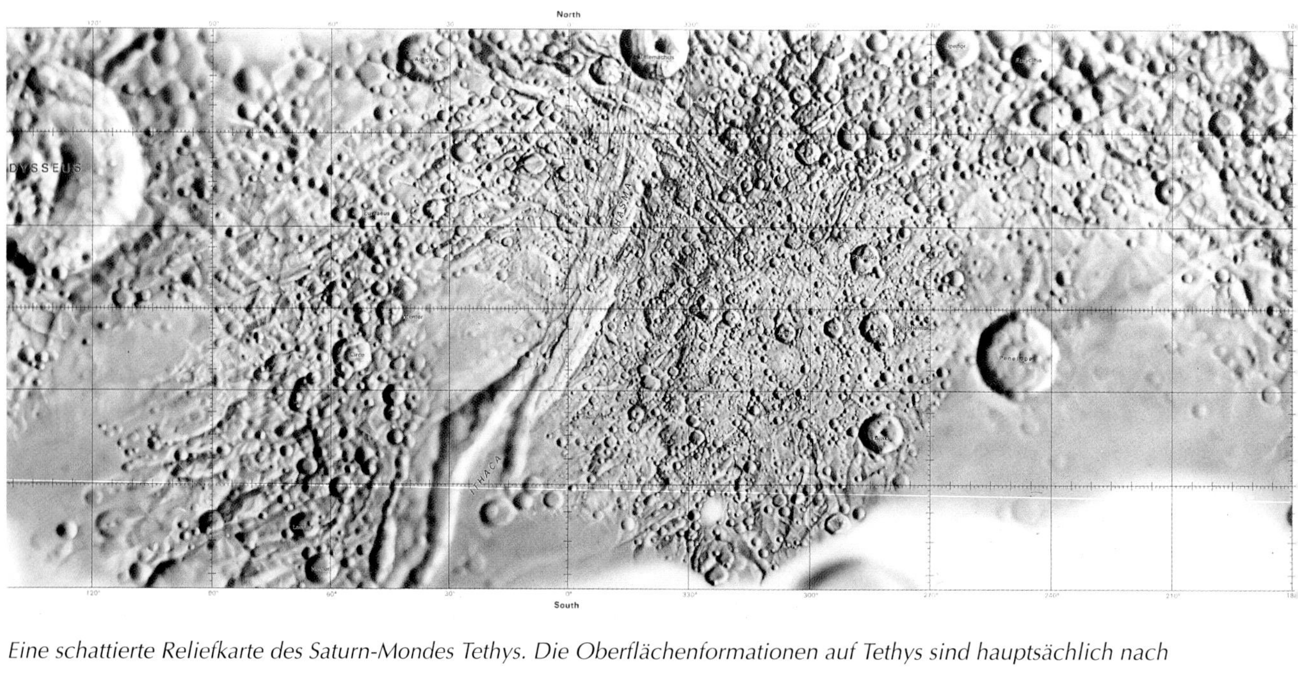

Eine schattierte Reliefkarte des Saturn-Mondes Tethys. Die Oberflächenformationen auf Tethys sind hauptsächlich nach Personen und Schauplätzen aus Homers Odyssee benannt. Der größte Einschlagkrater heißt Odysseus, der Graben namens Ithaka-Chasma erstreckt sich fast über den gesamten Mond. (Mit freundlicher Genehmigung der USGS)

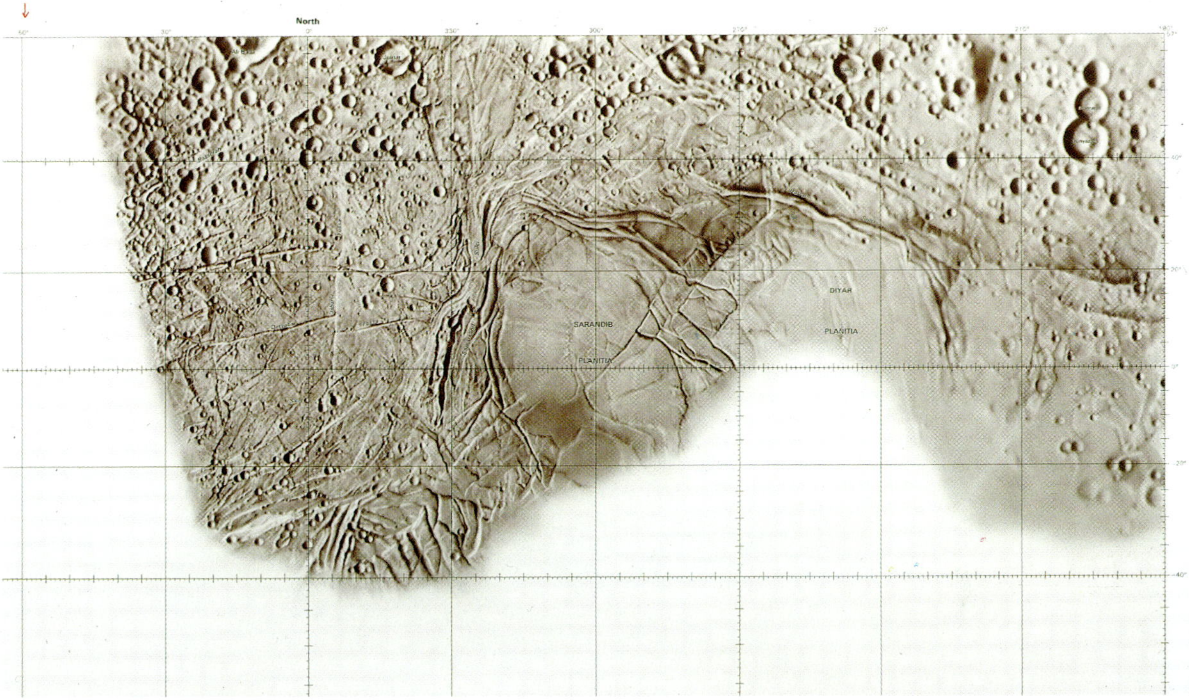

Der Eismond Enceladus liegt in einem Saturn-Ring eingebettet. In den südlichen Regionen befinden sich keine Einschlagkrater, was darauf hindeutet, daß die Oberfläche des Mondes vor kurzem geschmolzen ist. Niemand weiß jedoch, warum. (Schattierte Reliefkarte der USGS)

ähnelt, eine Welt, in der die organischen Bausteine für Leben heute in großen Mengen gebildet werden, eine Welt, in der wir unsere eigene Entstehung verfolgen können. Im Sonnensystem gibt es nur eine solche Welt.* Diese Welt heißt Titan, der große Saturn-Mond. Titan mißt etwa fünftausend Kilometer im Durchmesser und ist damit knapp halb so groß wie die Erde. Titan benötigt zur Umrundung seines Planeten Saturn sechzehn Tage unserer Zeitrechnung.

Eine Welt ist niemals eine perfekte Kopie einer anderen Welt, und zumindest in einem wesentlichen Aspekt unterscheidet sich Titan von der jungen Erde: Aufgrund der großen Entfernung von der Sonne ist Titans Oberfläche extrem kalt; ihre Temperatur liegt mit –180 °Celsius weit unter dem Gefrierpunkt von Wasser. Während die Erde zu dem Zeitpunkt, als Leben entstand, genau wie heute hauptsächlich von Ozeanen bedeckt war, kann es auf Titan keine Ozeane aus flüssigem Wasser geben. (Es gibt zwar noch Ozeane aus anderen Flüssigkeiten, aber darauf werden wir später zurückkommen.) Diese niedrigen Temperaturen besitzen jedoch einen Vorteil: Sobald sich die Moleküle auf Titan einmal geformt haben, bleiben sie länger bestehen. Je höher die Tempe-

* Es könnte auch gar keine geben. Wir können uns äußerst glücklich preisen, daß es eine solche Welt überhaupt gibt und wir sie erforschen können. Alle anderen Himmelskörper besitzen zuviel oder zuwenig Wasserstoff oder gar keine Atmosphäre.

ratur, um so schneller zerfallen Moleküle. Die Moleküle, die während der letzten vier Milliarden Jahre wie Manna von Titans Himmel regneten, sind vielleicht noch da, großenteils unverändert, tiefgefroren, und warten darauf, von den Chemikern der Erde entdeckt zu werden.

Die Erfindung des Teleskops im siebzehnten Jahrhundert führte zur Entdeckung zahlreicher neuer Welten. Galilei erblickte 1610 als erster die vier großen Jupiter-Monde. Das Bild ähnelte einer Miniaturausgabe des Sonnensystems: Die kleinen Monde sausten um Jupiter herum, genau so wie die Planeten Kopernikus zufolge um die Sonne kreisten. Das gab den Anhängern des ptolemäischen Weltbilds einen erneuten Dämpfer. Fünfundvierzig Jahre später entdeckte der berühmte holländische Physiker Christiaan Huygens den ersten Saturn-Mond und nannte ihn Titan.* Der Lichtpunkt lag Milliarden von Kilometern entfernt und leuchtete in reflektiertem Sonnenlicht. Bis heute weiß man nicht viel mehr über Titan. Einzig seine seltsame, gelblich-braune Farbe konnte man noch ausmachen. Zu Beginn des zwanzigsten Jahrhunderts berichtete der spanische Astronom J. Comas Solá vom schwachen und indirekten Nachweis einer Titan-Atmosphäre.

In gewisser Hinsicht wurde ich mit Titan groß. Ich schrieb meine Doktorarbeit an der University of Chicago bei Gerard P. Kuiper, der definitiv zeigen konnte, daß Titan eine Atmosphäre besitzt. Kuiper war Holländer und gewissermaßen im Geiste Huygens' aufgewachsen. 1944 entdeckte er im Rahmen einer Titan-Spektroskopie das typische Spektrum von Methan.** Als er sein Teleskop auf eine andere Quelle richtete, war das Methan verschwunden. Doch Monde, so dachte man, konnten keine meßbare Atmosphäre halten, wie auch der Mond der Erde keine Atmosphäre besitzt. Titan konnte Kuiper zufolge jedoch trotz der geringeren Anziehungskraft eine Atmosphäre halten, weil die oberen Schichten seiner Atmosphäre sehr kalt sind. Die Moleküle bewegen sich einfach nicht schnell genug, so daß keine nennenswerte Anzahl von

* Er benannte den Mond nach dem griechischen Göttergeschlecht der Titanen, zu dem auch Kronos beziehungsweise Saturn, seine Geschwister und Kinder gehörten.
** Sauerstoff ist in Titans Atmosphäre nicht nachzuweisen, so daß Methan, anders als auf der Erde, nicht in übermäßigen Mengen vorkommt und damit nicht als Zeichen für Leben gedeutet werden kann.

Molekülen die nötige Geschwindigkeit erreicht, um in den Weltraum zu entweichen.

Kuipers Student Daniel Harris wies später nach, daß Titan rot ist. Vielleicht blicken wir ja auf eine rostige Oberfläche, wie wir sie vom Mars kennen. Wenn man mehr über Titan wissen will, kann man auch die Polarisierung des Sonnenlichts messen, das er reflektiert. Sonnenlicht ist normalerweise nicht polarisiert. Joseph Veverka, heute Professor an der Cornell University, war mein Doktorand in Harvard. Im Rahmen seiner Dissertation führte er Messungen an Titans Polarisierung durch und fand heraus, daß sie sich mit der Stellung von Titan, Sonne und Erde zueinander verändert. Diese Veränderung unterscheidet sich jedoch gewaltig von der des Mondes. Veverka schloß daraus, daß sie mit den großen Dunst- oder Wolkenmassen auf Titan zusammenhängen muß. Als wir dann Titan durch das Teleskop betrachteten, konnten wir seine Oberfläche nicht sehen. Wir wußten nicht, wie sie aussieht. Wir hatten keine Vorstellung davon, wie hoch die Wolken über dieser Oberfläche schweben.

Anfang der siebziger Jahre, lange nach Huygens, wußten wir zumindest, daß Titan eine dichte, mit Methan angereicherte Atmosphäre besitzt und vermutlich von einem rötlichen Wolkenschleier oder Aerosol-Dunst eingehüllt ist. Welche Wolken aber sind rot? Anfang der siebziger Jahre hatten mein Kollege Bishun Khare und ich an der Cornell University Versuche mit verschiedenen methanreichen Atmosphären durchgeführt. Wir bestrahlten sie mit ultraviolettem Licht oder mit Elektronen und ließen rötliche oder bräunliche Festkörper entstehen. Diese Materie setzte sich an den Innenwänden unserer Reagenzröhren ab. Ich vermutete, daß die Wolken auf Titan denen, die wir im Labor erzeugten, durchaus ähneln könnten. Wir nannten diesen Stoff Tholin, in Anklang an das griechische Wort für »schlammig«. Anfangs wußten wir wenig damit anzufangen. Es handelt sich dabei um einen organischen Eintopf aus den Zerfallsprodukten unserer Ausgangsmoleküle und den neu entstandenen Gebilden aus Kohlenstoff, Wasserstoff und Stickstoff sowie molekularen Fragmenten.

Das Wort »organisch« steht nicht unbedingt für Moleküle biologischen Ursprungs. Traditionsgemäß werden damit in der Chemie Kohlenstoffmoleküle bezeichnet (mit Ausnahme einiger sehr einfacher Moleküle wie Kohlenmonoxid CO und Kohlendioxid CO_2). Da das Leben auf der

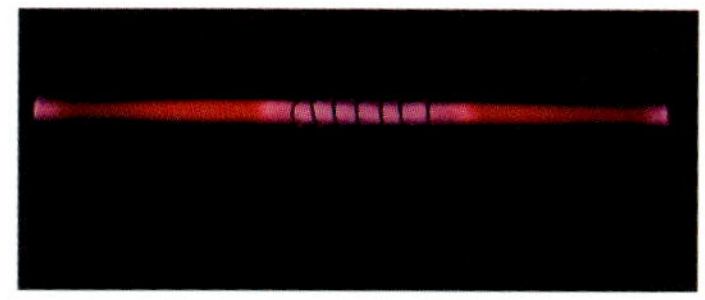

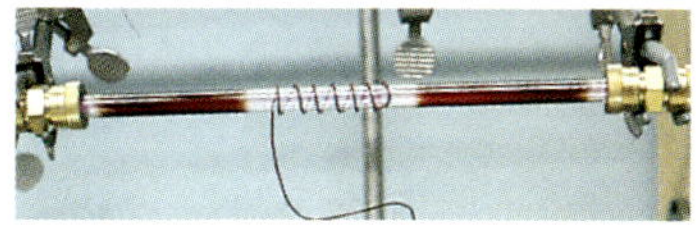

Die einfachste Methode zur Herstellung von Titan-Tholin: Im oberen Bild fließt elektrischer Strom durch einen Kupferdraht, der um eine Glasröhre gewickelt wurde. In der Glasröhre befinden sich Stickstoff und Methan. Die elektrische Entladung spaltet die Gase auf. Die molekularen Fragmente setzen sich anschließend zu komplexeren Substanzen zusammen. Im unteren Bild, das nach dem Experiment aufgenommen wurde, sieht man, daß die Bereiche mit der stärksten Elektrisierung auch die stärksten Ablagerungen der bräunlichen Materie aufweisen, die wir Titan-Tholin nennen. Ähnliche Ergebnisse erhielt man auch mit aufwendigeren Elektronenquellen.
(Versuch von Bishun N. Khare und Carl Sagan, Laboratory for Planetary Studies, Cornell University)

Erde auf organischen Molekülen basiert und es auch eine Erde *ohne* Leben gab, müssen durch irgendeinen Prozeß bereits vor dem ersten lebenden Organismus organische Moleküle entstanden sein. Meiner Ansicht nach könnte derzeit auf Titan ein ähnlicher Prozeß ablaufen.

Die Titan-Forschung machte einen gewaltigen Sprung nach vorne, als die Raumsonden *Voyager 1* und *2* 1980 und 1981 das Saturn-System erreichten. Die Ultraviolett-, Infrarot- und Radioinstrumente konnten durch die Atmosphäre hindurchsehen und Auskunft über Druck und Temperatur geben. Wir erfuhren, wie hoch die Wolken über der Titan-Oberfläche schweben. Wir fanden heraus, daß die Atmosphäre auf Titan hauptsächlich aus Stickstoff (N_2) besteht – ganz wie heute auf der Erde. Der zweitwichtigste Bestandteil ist nach Kuiper Methan (CH_4), der Grundstoff, aus dem die organischen Kohlenstoffmoleküle entstehen. Man fand verschiedene einfache organische Moleküle in Form von Gas, hauptsächlich Kohlenwasserstoffe und Nitrile. Die komplexesten unter ihnen besitzen vier »schwere« (Kohlen- und/oder Stickstoff-)Atome. Kohlenwasserstoffe bestehen nur aus Kohlenstoff- und Wasserstoffatomen und sind uns als natürliches Gas, Petroleum und Wachs bekannt. Nitrile sind Moleküle, an denen ein Kohlenstoff- und ein Stickstoffatom in besonderer Weise gebunden sind. Das bekannteste Nitril ist die Blausäure (HCN). Für den Menschen hochgiftig, war sie doch an der Entstehung von Leben auf der Erde beteiligt.

Die Entdeckung dieser einfachen Moleküle in Titans oberer Atmosphäre ist – selbst wenn sie nur einmal in einer Million oder Milliarde von Molekülen vorkommen – einfach aufregend. Sah so oder ähnlich vielleicht die Atmosphäre der jungen Erde aus? Auf Titan gibt es eine etwa zehnmal dichtere Atmosphäre wie heute auf der Erde, doch der junge Planet kann durchaus eine ebenso dichte Atmosphäre besessen haben. Zudem entdeckte *Voyager* eine weiträumige Region von energiegeladenen Elektronen und Protonen, die Saturn umkreisen, weil sie von seinem Magnetfeld gefangengehalten werden. Auf seiner Umlaufbahn um Saturn kommt Titan immer wieder mit dieser Magnetosphäre in Berührung. Elektronenstrahlen (plus UV-Licht) stürzen genau so auf seine oberen Luftschichten, wie damals geladene Teilchen (plus UV-Licht) von der Atmosphäre der jungen Erde aufgefangen wurden.

Es ist also ein ganz natürlicher Gedanke, die passende Mischung aus Stickstoff und Methan bei sehr niedrigem Druck mit UV-Licht oder

Elektronen zu bestrahlen und zu beobachten, welche komplexeren Moleküle dabei entstehen. Können wir simulieren, was in Titans höherer Atmosphäre passiert? Mit meinem Kollegen W. Reid Thompson wiederholten wir die Bildung einiger organischer Gase. Die einfachsten Kohlenwasserstoffe auf Titan entstehen durch das UV-Licht der Sonne. Die Verteilung der häufigsten Gase im Laborversuch entspricht genau den Aufzeichnungen der *Voyager*-Sonde. Nach den nächsthäufigen Gasen, die wir im Labor entdeckten, werden wir auf zukünftigen Titan-Missionen suchen. Die komplexesten organischen Gase, die wir herstellten, besaßen sechs oder sieben Kohlenstoff- und/oder Stickstoffatome. Diese Moleküle bilden aber Tholine.

Eine versunkene Welt: Titan in einer Nahaufnahme der Raumsonde Voyager. *Der hochgelegene Dunstschleier umhüllt den Mond lückenlos, so daß Titans Oberfläche immer noch ein Geheimnis ist. (Mit freundlicher Genehmigung des JPL/NASA)*

Wir hofften auf eine Wetterbesserung, als sich *Voyager 1* Titan näherte. Der Mond sah aus dieser riesigen Entfernung aus wie eine kleine Scheibe. Die Raumsonde kam so nahe an ihn heran, daß eine kleine Region Titans das Sichtfeld unserer Kameras ausfüllte. Wenn sich der Dunst- und Wolkenschleier während der Aufnahmen nur ein klein wenig gelichtet hätte, hätten wir etwas von Titans sonst ständig verhüllter Oberfläche sehen können. Aber es gab nicht einmal Anzeichen für eine Wetterbesserung. Diese Welt ist einfach verschlossen. Niemand auf der Erde weiß, was auf Titans Oberfläche passiert. Und auch dort wüßte niemand, daß sich hinter dem Dunstschleier Saturn mit seinen faszinierenden Ringen und weitere Wunderwelten verbergen. Aus Messungen von *Voyager*, von der *International-Ultraviolet-Explorer*-Raumstation in der Erdumlaufbahn und von erdgebundenen Teleskopen wissen wir relativ viel über die orangebräunlichen Dunstteilchen, die Titans Oberfläche verhüllen. Wir wissen, welche Farben sie absorbieren, welche Farben fast vollständig passieren, wie stark sie das Licht, das sie passiert, ablenken und wie groß sie sind. (Sie haben fast alle die Größe der Teilchen in Zigarettenrauch.) Ihre »optischen Eigenschaften« hängen natürlich von der Zusammensetzung der Dunstteilchen ab.

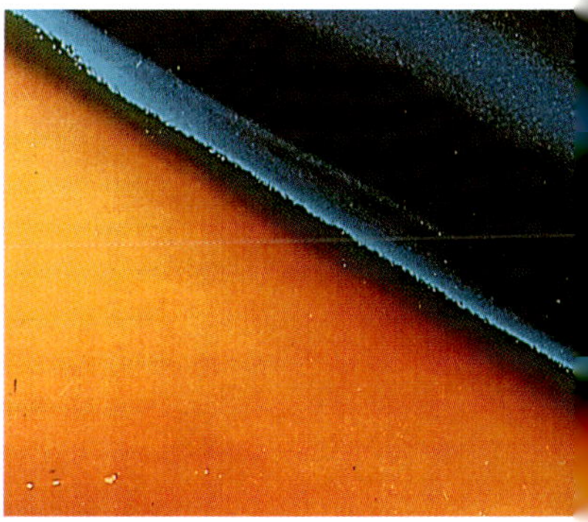

Vereinzelte Dunstschleier (hier blau zu sehen) oberhalb der dicksten Dunstschicht auf Titan. Ihre Zusammensetzung ist nicht bekannt. (Mit freundlicher Genehmigung des JPL/NASA)

In Zusammenarbeit mit Edward Arakawa vom Oak Ridge National Laboratory in Tennessee untersuchten Khare und ich die optischen Eigenschaften von Titan-Tholin. Sie glichen exakt dem echten Titan-Dunst. Kein anderer Stoff mineralischen oder organischen Ursprungs stimmt mit den optischen Konstanten von Titan überein. So können wir mit ziemlicher Gewißheit behaupten, daß wir den Titan-Dunst auf

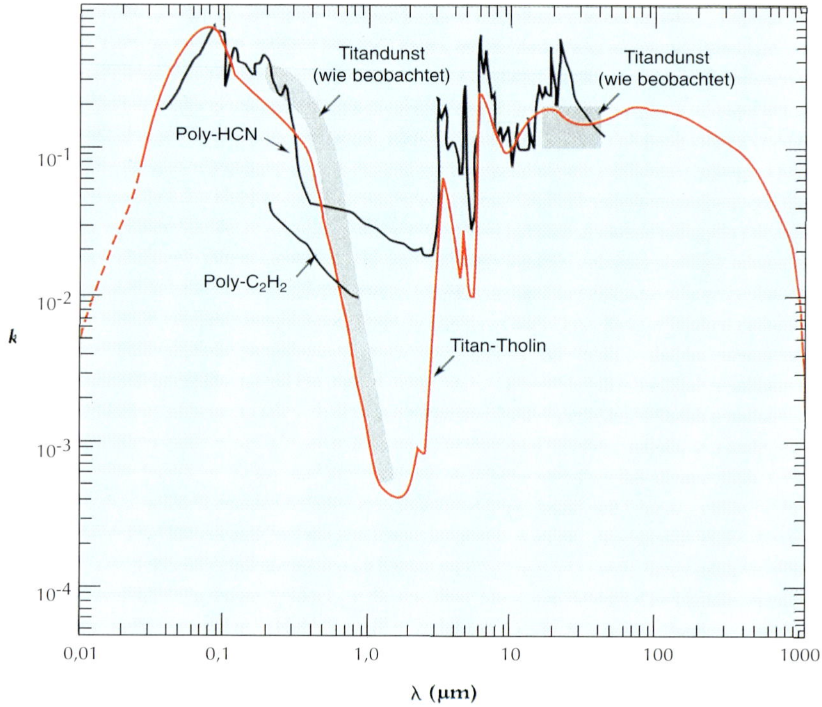

Übereinstimmende Kurven von Titan-Tholin und Titan-Dunst. In diesem Diagramm steht k für die Absorptionsfähigkeit einer Substanz (senkrechte Achse). Die Wellenlänge von Licht ist in Mikrometern angegeben (waagrechte Achse). Sichtbares Licht liegt im Bereich zwischen 0,4 und 0,7 Mikrometern. Die Wellenlängen von ultravioletten Strahlen und Röntgenstrahlen sind kürzer, Infrarot- und Radiowellen sind länger. Die Eigenschaften des Titan-Dunsts, die durch erdgebundene optische Teleskope, etwa durch den International Ultraviolet Explorer, *in der Erdumlaufbahn und durch* Voyager *nahe Titan ermittelt wurden, sind grau dargestellt. Die rote Linie zeigt die k-Werte des Titan-Tholins, das wir im Laborversuch herstellten. Die Grauflächen und die rote Linie stimmen unter Berücksichtigung einer wahrscheinlichen Meßfehlerquote überein. Die Kurven von zwei weiteren organischen Feststoffen, polymerisiertes Wasserstoffzyanid und ein Acetylenpolymer, erhielt man nur im Laborversuch, sie stimmen nicht mit den auf Titan gemachten Beobachtungen überein. (Aus den Arbeiten von Bishun N. Khare und Carl Sagan, Cornell University, sowie Edward Arakawa am Oak Ridge National Laboratory)*

Flaschen gezogen haben, den Dunst, der sich hoch oben in Titans Atmosphäre bildet, langsam herunterfällt und sich in gewaltigen Mengen auf seiner Oberfläche sammelt. Und woraus besteht nun dieser Stoff? Die genaue Zusammensetzung eines komplexen organischen Festkörpers festzustellen ist sehr schwierig. So ist zum Beispiel die Chemie der Kohle immer noch nicht vollständig geklärt, obwohl man sie schon allein aus wirtschaftlichen Gründen lange Jahre aufs intensivste untersucht hat. Wir fanden jedoch ein paar Dinge über Titan-Tholin heraus. Es enthält zahlreiche wesentliche Bausteine für Leben auf der Erde. Wenn man Titan-Tholin in Wasser taucht, entstehen eine Vielzahl von Aminosäuren, also Eiweißbausteinen, sowie Nukleotidbasen, die zur Bildung von DNA und RNA★ gebraucht werden. Einige der auf diese Weise entstandenen Aminosäuren kommen in vielen lebenden Organismen auf der Erde vor. Andere wieder sehen vollkommen anders aus.

★ Abkürzungen für *deoxyribonucleic acid* (Desoxyribonucleinsäure) und für *ribonucleic acid* (Ribonucleinsäure). DNA und RNA sind die molekularen Träger der genetischen Information.

Außerdem fanden wir viele weitere organische Moleküle, die zum Teil für die Entstehung von Leben notwendig sind. Während der letzten vier Milliarden Jahre regneten gewaltige Mengen organischer Moleküle aus der Atmosphäre auf Titans Oberfläche. Wenn sie alle tiefgefroren sind und sich in der ganzen Zeit nicht verändert haben, müßten sie sich viele Meter hoch auftürmen. Manche Wissenschaftler schätzen, daß diese Schicht einen Kilometer dick ist.

Man kann natürlich dagegenhalten, daß bei Temperaturen von –180 °Celsius Aminosäuren gar nicht erst entstehen. Der Kontakt von Tholin mit Wasser mag für die junge Erde von Bedeutung sein, nicht aber, so scheint es, für Titan. Doch Kometen und Asteroiden müssen von Zeit zu Zeit auch auf Titan einschlagen. (Die anderen benachbarten Saturn-Monde weisen zahlreiche Einschlagkrater auf, und die Atmosphäre Titans ist nicht dick genug, um große und rasend schnelle Objekte von der Oberfläche abzuhalten.) Obwohl wir Titans Oberfläche nie gesehen haben, wissen Planetenforscher dennoch etwas über ihre Zusammensetzung. Titans durchschnittliche Dichte liegt zwischen der Dichte von Eis und der von Gestein. Es ist anzunehmen, daß die Oberfläche beides enthält. Eis und Gestein kommen auf benachbarten Himmelskörpern in großen Mengen vor. Einige Himmelskörper bestehen nahezu ganz aus Eis. Wenn Titans Oberfläche vereist ist, dann läßt der Einschlag eines mit hoher Geschwindigkeit rasenden Kometen das Eis für kurze Zeit schmelzen. Thompson und ich vermuten, daß jeder Punkt auf Titans Oberfläche mit einer größeren Wahrscheinlichkeit als 1:1 einmal geschmolzen wurde, wobei der Zeitraum vom Einschlag bis zum Schmelzen und wieder Anfrieren ungefähr tausend Jahre dauert.

Auf Titan sind die Dinge demnach völlig anders gelagert. Auf der Erde scheint das Leben in Ozeanen und Pfützen entstanden zu sein. Leben auf der Erde besteht hauptsächlich aus Wasser, das auch sonst eine wesentliche Rolle in der Physik und Chemie unseres Planeten spielt. Wir können uns ein Leben ohne Wasser kaum vorstellen. Wenn die Entstehung von Leben auf unserem Planeten weniger als hundert Millionen Jahre dauerte, kann sie dann auf Titan in nur tausend Jahren vonstatten gehen? Vielleicht ist die Oberfläche von Titan mit ihrem Tholin und flüssigen Wasser (selbst binnen eines einzigen Jahrtausends) viel näher an der Entstehung von Leben, als wir ahnen.

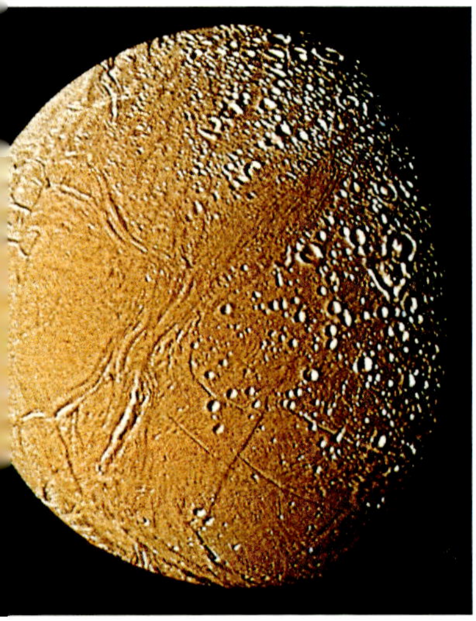

Noch ein Saturn-Mond: der eigentlich weiße und eisbedeckte Mond Enceladus in einer Falschfarbenaufnahme. Eine Reihe von alten Einschlagkratern ist auf der rechten Mondhälfte zu sehen; die Krater auf der linken Hälfte wurden durch einen Schmelzprozeß ausgelöscht. (Voyager-*Aufnahme, mit freundlicher Genehmigung des JPL/NASA)*

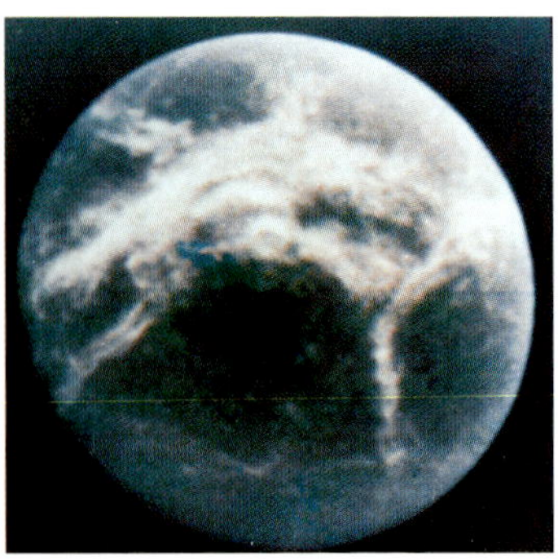

Die verschleierte Hemisphäre des Saturn-Monds Dione. (Voyager-*Aufnahme, mit freundlicher Genehmigung des JPL/NASA)*

Trotzdem wissen wir noch herzlich wenig über Titan. Dieser Erkenntnis mußte ich mich beugen, als ich an einem wissenschaftlichen Symposium über Titan teilnahm, zu dem die Europäische Weltraumorganisation ESA nach Toulouse geladen hatte. Während *Ozeane* aus flüssigem Wasser auf Titan unmöglich existieren können, gilt das nicht für Ozeane aus flüssigen Kohlenwasserstoffen. Man vermutet Wolken aus Methan (CH_4), dem häufigsten Kohlenwasserstoff, in Oberflächennähe. Äthan (C_2H_6), der zweithäufigste Kohlenwasserstoff, muß an der Oberfläche kondensieren, genauso wie Wasserdampf in der Nähe der Erdoberfläche, wo die Temperatur zwischen dem Gefrier- und Siedepunkt liegt, kondensiert. Im Laufe der Zeit müssen auf Titan riesige Ozeane aus flüssigem Kohlenwasserstoff entstanden sein. Sie befinden sich tief unter dem Dunst und den Wolken. Aber das heißt nicht, daß sie für uns unerreichbar wären, denn Radiowellen können die Atmosphäre von Titan und ihre schwebenden, langsam sinkenden Teilchen leicht durchdringen.

Duane O. Muhleman vom California Institute of Technology beschrieb auf dem Symposium in Toulouse ein Experiment, bei dem man eine Reihe von Signalen von einem Radioteleskop in der kalifornischen Mojavewüste aussandte. Sie erreichten Titan, drangen durch seinen Dunst- und Wolkenschleier bis zur Oberfläche vor und wurden dann von der Oberfläche in den Weltraum reflektiert und zur Erde zurückgesandt. Das stark geschwächte Signal wurde von einem Netz von Radioteleskopen in New Mexico empfangen. Großartig. Wenn Titan eine Oberfläche aus Gestein oder Eis besitzt, dann müßte das reflektierte Radiosignal auf der Erde zu vernehmen sein. Wenn jedoch Titan von Ozeanen aus flüssigem Kohlenwasserstoff überzogen ist, dann dürfte Muhleman eigentlich nichts sehen. Denn flüssige Kohlenwasserstoffe sind für diese Radiowellen schwarz, und kein Echo dürfte auf der Erde zu vernehmen sein. In der Tat empfängt Muhlemans gigantisches Radarsystem nur dann ein Echo, wenn Titan ganz bestimmte Längengrade der Erde zugewandt hat. Man mag nun annehmen, daß Titan Ozeane und Kontinente besitzt und eben gerade ein Kontinent das Signal wieder zur Erde zurückschickte. Doch wenn Titan in dieser Hinsicht wie die Erde gebaut ist und an bestimmten Längengraden hauptsächlich feste Masse (Kontinente wie Europa oder Afrika) besitzt und an anderen hauptsächlich Ozeane, dann müssen wir ein ganz anderes Problem erörtern.

Die Umlaufbahn Titans um Saturn ist kein ebenmäßiger Kreis, sondern eine Ellipse. Wenn Titan gewaltige Ozeane besitzt, dann verursacht der riesige Planet Saturn auf seinem Mond gewaltige Gezeiten. Die dadurch entstehende Gezeitenwirkung hätte jedoch Titans Umlaufbahn längst abgerundet. 1982 vermuteten Stanley Dermott, heute an der University of Florida, und ich im Rahmen einer wissenschaftlichen Veröffentlichung, daß Titan deswegen ganz aus flüssigen Ozeanen oder ganz aus Festland bestehen muß. Ansonsten hätten die Gezeiten an flachen Stellen bereits ihren Tribut verlangt. Seen und Inseln sind vorstellbar, doch alles andere hätte Titan eine ganz andere Umlaufbahn beschert als die, die wir sehen.

Wir haben somit drei wissenschaftliche Thesen: Die eine postuliert, daß Titan fast vollständig von Ozeanen aus flüssigem Kohlenwasserstoff überzogen ist, die zweite besagt, daß es Festland als auch Ozeane gibt, und der dritten zufolge kann Titan nicht beides gleichzeitig besitzen. Man darf gespannt sein, welche der drei Thesen sich als richtig erweist. Ich habe hiermit gewissermaßen einen Bericht über den Stand der wissenschaftlichen Forschung geliefert. Schon morgen kann eine ganz neue Entdeckung diese Rätsel und Widersprüche lösen. Vielleicht stimmen

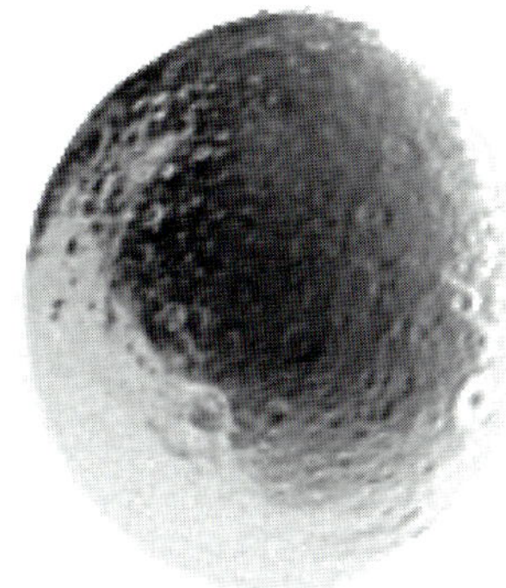

Iapetus, gesehen von Voyager. (Negativbild mit freundlicher Genehmigung der USGS/NASA)

Eine fiktive Darstellung der Oberfläche von Iapetus; die bizarre Welt aus Eis und komplexer organischer Materie ist noch weiter als Titan von Saturn, der hier am Himmel schwebt, entfernt. (Darstellung von Ron Miller)

Die Sonde Huygens *durchdringt den Dunstschleier Titans an einem Fallschirm, während der Hitzeschild abgekoppelt wird. (Darstellung mit freundlicher Genehmigung von Hamid Hassan, ESA)*

Muhlemans Radarexperimente nicht ganz, obwohl man sich kaum vorstellen kann, was daran falsch sein soll. Sein System erklärt ihm, daß er Titan dann sieht, wenn er ihn auch sehen sollte. Vielleicht stimmt ja auch die Berechnung von Dermott und mir über Titans Umlaufbahn und ihre Entwicklung mit den Gezeiten nicht ganz, doch niemand fand bis jetzt einen Fehler. Außerdem ist schwer vorstellbar, wie die Kondensation von Äthan auf der Oberfläche von Titan umgangen werden könnte. Vielleicht änderte sich ja trotz der niedrigen Temperaturen im Laufe von Jahrmilliarden die chemische Zusammensetzung. Vielleicht kann eine Kombination von Kometeneinschlägen, Vulkanausbrüchen und anderen tektonischen Ereignissen zusammen mit kosmischen Strahlen flüssigen Kohlenwasserstoff zu einem komplexen organischen Festkörper erstarren lassen, der die Radiowellen in den Weltraum reflektiert. Vielleicht treibt aber auch auf der Oberfläche der Ozeane ein Stoff, der die Radiowellen reflektieren kann. Flüssige Kohlenwasserstoffe besitzen je-

Die Sonde Huygens *auf der Titan-Oberfläche. Die Oberflächenformation entspringt hier allein der Phantasie des Künstlers, da niemand weiß, wie sie aussieht. Wenn wir Glück haben, überträgt die Sonde auch noch Daten von der Oberfläche. Aufgrund des Nebels ist Saturn in normalem sichtbarem Licht von der Titan-Oberfläche aus nicht zu erkennen. Der Künstler hat hier wohl eher an eine Darstellung im Nah-Infrarotbereich gedacht. (Darstellung mit freundlicher Genehmigung von Hamid Hassan, ESA)*

Huygens *kurz vor der Landung auf Titan. Die Oberfläche scheint mit dunklen, komplexen organischen Molekülen bedeckt zu sein. (Darstellung mit freundlicher Genehmigung von Hamid Hassan, ESA)*

doch eine sehr geringe Dichte. Jeder bekannte organische Festkörper, der nicht extrem leicht und schaumig ist, würde wie ein Stein in den Fluten Titans versinken.

Dermott und ich fragen uns nun, ob wir uns mit unserem Bild von den Kontinenten und Ozeanen zu sehr von unserer eigenen Welt haben beeindrucken lassen.

Zerfurchtes Terrain, Krater und zahlreiche Einschlagbecken bedecken die anderen Saturn-Monde. Wenn wir uns vorstellen, daß auf einem dieser Monde flüssige Kohlenwasserstoffe langsam anwachsen, dann würden sie keinen gewaltigen Ozean bilden, sondern die Krater bis zu einem bestimmten Punkt füllen. Viele runde Petroleummeere, teilweise sogar mit einem Durchmesser von mehr als hundert Kilometern, wären über die Oberfläche verstreut. Saturn könnte dann jedoch keine spürbaren Gezeiten verursachen. Die Gezeitenwirkung könnte man in einem solchen Fall vernachlässigen, und Titans Umlaufbahn bliebe eine Ellipse. Solange wir keine Radar- oder Nah-Infrarot-Aufnahmen von der Oberfläche besitzen, können wir das nicht mit Sicherheit sagen. Aber vielleicht steckt hier die Lösung unseres Dilemmas: Titan ist eine Welt mit großen, runden Seen aus flüssigem Kohlenwasserstoff, die auf manchen Längengraden häufiger anzutreffen sind als auf anderen.

Was sollen wir uns vorstellen: eine vereiste Oberfläche mit dicken Tholin-Ablagerungen, ein Kohlenwasserstoffmeer mit ein paar Inseln hier und dort, die mit organischer Materie verkrustet sind, eine Welt voller Kraterseen oder vielleicht etwas viel Raffinierteres, das wir bis jetzt noch nicht herausgefunden haben? Dahinter verbirgt sich nicht nur eine rein akademische Frage, denn zur Zeit wird eine Raumsonde entwickelt, die Titan aus der Nähe untersuchen soll. Wenn alles gutgeht, soll im Oktober 1997 im Rahmen eines von NASA und ESA gemeinsam finanzierten Projekts die Raumsonde *Cassini* ihre Reise zu Titan antreten. Mit zwei Umrundungen von Venus, einer Erd- und einer Jupiterumkreisung wird die Sonde soviel Geschwindigkeit aufnehmen, daß sie nach sieben Jahren in eine Saturn-Umlaufbahn gelenkt werden kann. Jedesmal, wenn die Sonde an Titan vorbeifliegt, wird der Mond mit einer Reihe von Instrumenten (einschließlich Radar) untersucht. Da *Cassini* sehr nahe an Titan herankommt, wird sie viele Details auf der Oberfläche des Mondes erkennen können, die Muhlemans Pionierversuchen verborgen blieben. Wahrscheinlich kann die Oberfläche auch im Nah-Infrarotbereich untersucht werden. Vielleicht halten wir im Sommer 2004 schon Karten von der heute verborgenen Titan-Oberfläche in Händen.

Cassini wird auch eine weitere Sonde mit sich führen, die passenderweise *Huygens* getauft wurde. *Huygens* wird sich von der Hauptsonde lösen und in Titans Atmosphäre eintauchen. Das Instrumentenpaket wird an einem Fallschirm langsam durch den organischen Dunst in die tiefere Atmosphäre und durch die Methanwolken sinken. Bei ihrem Sinkflug wird die Sonde die organischen Stoffe in der Atmosphäre analysieren. Falls sie die Landung übersteht, wird sie sich auch die Oberfläche des Mondes vornehmen.

Nichts ist garantiert, doch technisch ist diese Mission durchführbar. Eine beeindruckende Schar von Spezialisten, darunter auch viele junge europäische Wissenschaftler, arbeiten daran.

Die Raumsonde Cassini, *im Vordergrund, ist auf ihrem Weg zu einer gründlichen Erforschung von Saturn, seinen Ringen, seiner Magnetosphäre und seiner Monde; sie koppelt die Sonde* Huygens *über Titan ab. (Darstellung mit freundlicher Genehmigung des JPL/NASA)*

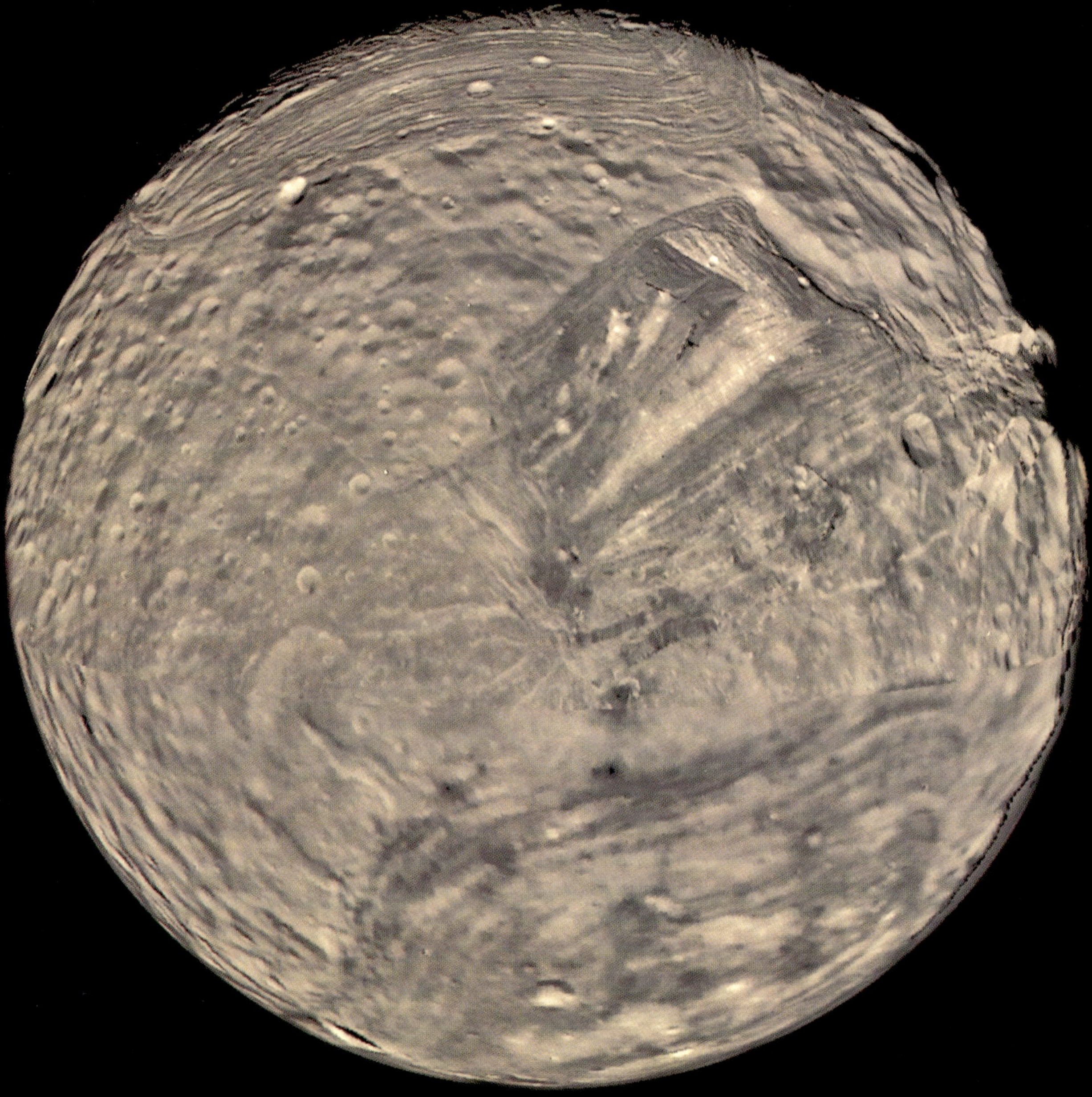

Kapitel 8

Der erste Planet der Neuzeit

Ich flehe Euch an, Ihr werdet doch nicht hoffen, die Zahl der Planeten erklären zu können?
Dieses Problem haben wir längst gelöst ...

Johannes Kepler, *Abriß der kopernikanischen Astronomie,* Buch 4, 1620[1]

Gegenüberliegende Seite: *Der Uranus-Satellit Miranda ist vielleicht der ungewöhnlichste Mond im ganzen Sonnensystem.* (Voyager-*Photomosaik, mit freundlicher Genehmigung der USGS/NASA)*

Vor der Erfindung der Zivilisation lebten wir hauptsächlich unter freiem Himmel. Vor der Erfindung von künstlichem Licht, vor der globalen Umweltverschmutzung und vor dem Aufkommen moderner Formen nächtlicher Unterhaltung beobachteten wir die Sterne. Wir taten das aus praktischen Gründen, denn wir brauchten ja eine Art Kalender. Aber da war noch mehr. Heute ist auch der abgebrühteste Städter noch gerührt, wenn er in einer klaren Nacht einen sternenübersäten Himmel erblickt. Auch mir nimmt dieser Anblick noch den Atem.

In jeder Kultur sind Himmel und Religion eng miteinander verflochten. Ich liege auf dem Rücken in einem offenen Feld, und der Himmel umgibt mich. Seine Größe ist überwältigend. Er ist so weit, daß ich förmlich spüre, wie unwichtig ich bin. Und dennoch fühle ich mich als Teil des Himmels. Nur ein winziger Teil freilich, aber alles ist winzig im Vergleich zu dieser überwältigenden Weite. Und wenn ich mich auf die Sterne, auf die Planeten und ihre Bewegungen konzentriere, spüre ich die Maschinerie, die dahintersteckt, die elegante Präzision eines gewaltigen Uhrwerks, das uns auf unser rechtes Maß zurechtrückt.

Fast alle revolutionären Erfindungen der Menschheitsgeschichte – von Steinwerkzeugen über die Beherrschung des Feuers bis zur Schrift – haben unbekannte Wurzeln. Denn unser Gedächtnis für sehr weit zurückliegende Ereignisse ist schwach. Wir kennen den Namen unseres Vorfahren nicht, der als erster die Planeten von den Sternen zu unterscheiden wußte. Sie oder er muß vor vielen Jahrtausenden gelebt haben. Doch mit der Zeit fanden Menschen auf der ganzen Welt heraus, daß fünf von diesen hellen Lichtpunkten am nächtlichen Himmel im Verlauf von einigen Monaten aus dem himmlischen Gleichschritt ausbrechen und seltsame Bahnen beschreiben – ganz so, als hätten sie etwas Eigenes im Sinn.

Auch die Sonne und der Mond vollzogen diese seltsam anmutenden Bewegungen, so daß insgesamt sieben wandernde Himmelskörper mit bloßem Auge sichtbar waren. Diese sieben waren für unsere Vorfahren von großer Bedeutung, und so benannten sie sie nach ihren wichtigsten Göttern. Ein Planet, der besonders hell leuchtete und sich nur langsam bewegte, wurde von den Babyloniern Marduk, von den nordischen Völkern Odin, von den Griechen Zeus und von den Römern Jupiter getauft, denn so hieß jeweils ihr oberster Gott. Den blassen und schnellen Planeten, der sich nie weit von der Sonne entfernte, nannten die Römer nach ihrem Götterboten Merkur. Der strahlendste Planet wurde nach der Göttin der Liebe und Schönheit Venus genannt, der blutrote Planet nach dem Kriegsgott Mars, und der langsamste von allen hieß nach dem Zeitgott Saturn. Diese bildhaften Anspielungen waren alles, was unsere Vorfahren tun konnten. Sie besaßen keine wissenschaftlichen Instrumente, sahen die Planeten nur mit bloßem Auge und saßen auf der Erde fest, von der sie nicht ahnten, daß sie auch zu den Planeten gehört.*

Als die Woche eingeführt wurde, die anders als der Tag, der Monat und das Jahr an sich keine astronomische Bedeutung hat, teilte man ihr sieben Tage zu, die jeweils nach einem dieser seltsamen Lichter am Nacht-

* Einmal in den letzten viertausend Jahren befanden sich alle sieben Himmelskörper nahe beieinander. Am 4. März 1953 v. Chr. stand der zunehmende Mond kurz vor Tagesanbruch am Horizont. Venus, Merkur, Mars, Saturn und Jupiter waren wie auf eine Perlenschnur aufgereiht in der Nähe des großen Vierecks im Sternbild Pegasus zu sehen. Selbst Betrachter, die dieses Bild zufällig sahen, müssen von ihm beeindruckt gewesen sein. War das eine Zusammenkunft der Götter? Kevin Pang vom JPL zufolge war diese Kon-

himmel benannt wurden. Selbst in unserem heutigen Sprachgebrauch sind diese Namen noch relativ leicht zu identifizieren. In den romanischen Sprachen ist die Verwandtschaft besonders deutlich zu erkennen, da sie in direkter Linie aus dem Lateinischen entstanden: Die Tage wurden nach Sonne, Mond, Mars, Merkur, Jupiter, Venus und Saturn benannt (der »Tag der Sonne« wurde später zum »Tag des Herrn«). In der deutschen Sprache handelt es sich bei fast allen Wochentagen um Übertragungen und Lehnübersetzungen aus dem Lateinischen. Sonntag und Mon(d)tag sprechen für sich. Dienstag ist auf den germanischen Gott Ziu bzw. Tyr zurückzuführen, der mit dem römischen Kriegsgott Mars gleichgesetzt wurde. Die Bezeichnung »Mittwoch« wurde von der Kirche eingeführt, um die Erinnerung an den heidnischen Gott Wotan auszulöschen, nach dem der Tag im germanischen Sprachraum lange benannt wurde. Donnerstag wurde nach dem Donnergott Donar benannt, der mit dem Jupiter tonans der Römer vergleichbar ist. »Freitag« geht auf die Göttin Frija zurück, die der römischen Venus entspricht. Im englischen »Saturday« kann man noch den Namen »Saturns Tag« erkennen, während im englischen »Wednesday« »Wotans Tag« durchscheint. Wenn die Römer die Wochentage in der Reihenfolge der Helligkeit ihrer Himmelskörper benannt hätten, wäre Sonne, Mond, Venus, Jupiter, Mars, Saturn, Merkur und damit Sonntag, Montag, Freitag, Donnerstag, Dienstag, Saturnstag, Wotanstag herausgekommen. Hätten sie die Wochentage nach der Entfernung zur Sonne benannt, würden wir heute von Sonntag, Wotanstag, Freitag, Montag, Dienstag, Donnerstag, Saturnstag sprechen. Aus astronomischer Sicht erscheint die Reihenfolge der Wochentage heute als willkürlich; wahrscheinlich sollte damit die Sonderstellung der Sonne untermauert werden.

Diese Ansammlung von sieben Göttern, sieben Tagen und sieben Welten – die Sonne, der Mond und die fünf wandernden Planeten – hatte immense Auswirkungen. Die Sieben bekam übernatürliche Kräfte. Es

Von links nach rechts sind hier Merkur, Mars und Saturn als Lichtpunkte zu sehen, während die Sonne gerade hinter der Nachthalbkugel des Mondes hervortritt. Aufnahme der Raumsonde Clementine *aus dem Mondorbit. (Mit freundlicher Genehmigung des Naval Research Laboratory)*

stellation der Ausgangspunkt für die Planetenzyklen der alten chinesischen Astronomie. Nicht ein einziges Mal in den letzten (und nächsten) viertausend Jahren waren die Planeten von der Erde aus so nahe beieinander zu sehen. Am 25. Mai 2000 jedoch werden alle sieben im selben Teil des Himmels zu sehen sein – einige bei Tagesanbruch, einige in der Abenddämmerung und zehnmal weiter voneinander entfernt als an jenem Frühlingsmorgen im Jahre 1953 vor Christi Geburt. Dennoch gibt es Grund zum Feiern ...

Uranus und seine fünf größten Monde, Photomontage vom Vorbeiflug der Voyager 2 im Januar 1986. Von rechts nach links Titania, Miranda, Oberon, Umbriel und (links, im Vordergrund) Ariel. (Mit freundlicher Genehmigung des JPL/NASA)

gab sieben Himmel – die transparenten Sphären, die wie Zwiebelschalen die Erde umhüllten und für die Bewegung der Himmelskörper verantwortlich waren. Im äußersten, siebten Himmel, so glaubte man, saßen die Fixsterne. Die Erde wurde in sieben Tagen erschaffen (wenn man den Tag, an dem der Herr ruhte, mit einschließt), der menschliche Kopf hat sieben Öffnungen, man spricht von sieben Tugenden und sieben Todsünden, die sumerische Mythologie kennt sieben böse Geister, das griechische Alphabet sieben Vokale (die jeweils einem Planetengott beigeordnet sind), man zählt sieben Schicksalsgötter, sieben Große Bücher des Manichäismus, sieben Sakramente, sieben Weise, sieben alchemistische »Elemente« (Gold, Silber, Eisen, Quecksilber, Blei, Zinn und Kupfer, wobei Gold mit der Sonne, Silber mit dem Mond, Eisen mit Mars und so weiter gleichgesetzt werden). Der siebte Sohn eines siebten Sohnes besitzt übernatürliche Kräfte. Sieben ist eine Glückszahl. Im Buch der Offenbarung im Neuen Testament werden die sieben Siegel einer Schriftrolle gebrochen, ertönen sieben Trompeten und werden sieben Schüsseln gefüllt. Augustinus begründete die mystische Bedeutung der Zahl Sieben damit, daß »Drei die erste ganze ungerade Zahl« (und Eins?) und »Vier die erste ganze gerade Zahl« (abgesehen von Zwei!) sei, und »sieben sich aus diesen beiden Zahlen« zusammensetze. Man könnte noch unzählige andere Beispiele anführen, ja selbst heute noch scheint die Zahl Sieben etwas Besonderes zu sein.

Galileis Entdeckung der vier Jupiter-Monde wurde nicht geglaubt, weil sie die Ordnung der Zahl Sieben durcheinanderbrachte. Als jedoch das kopernikanische Weltbild an Bedeutung gewann, wurde die Erde in die Liste der Planeten aufgenommen, Sonne und Mond dagegen gestrichen. Also gab es auf einmal nur noch sechs Planeten (Merkur, Venus, Erde, Mars, Jupiter und Saturn). Und auch hierfür dachte man sich eine Begründung aus. Sechs ist beispielsweise die erste »perfekte« Zahl, die der Summe ihrer Teiler (1+2+3) entspricht. *Quod erat demonstrandum.* Außerdem wurde die Erde ja strenggenommen in sechs und nicht in sie-

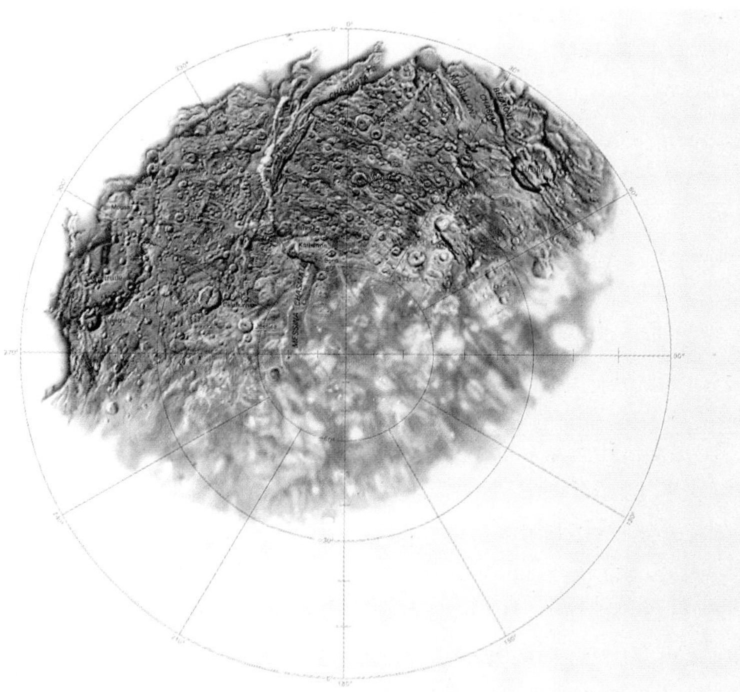

Der Südpol (Kartenprojektion) des Uranus-Mondes Titania. (Schattierte Reliefkarte der USGS)

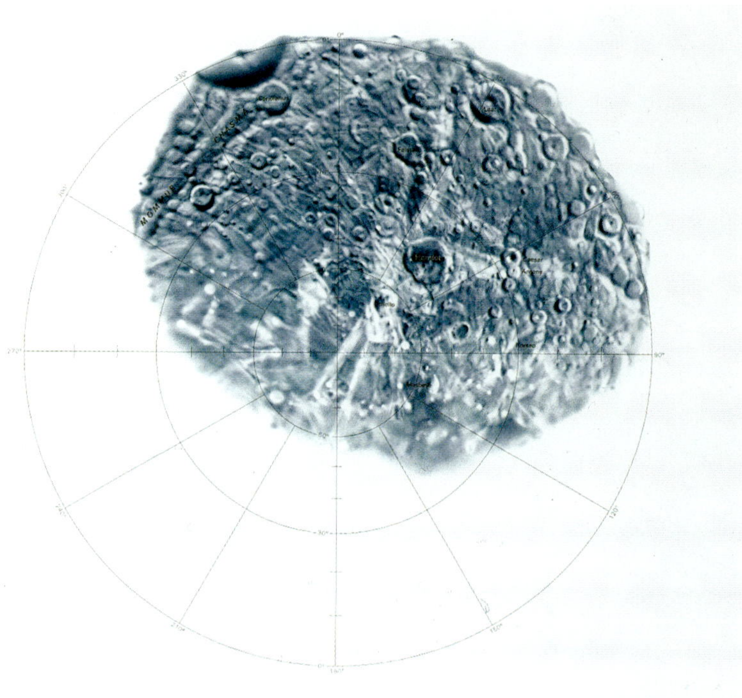

Der Südpol (Kartenprojektion) des Uranus-Mondes Oberon. Die Krater auf Oberon sind nach Figuren aus Shakespeare-Dramen benannt. (Schattierte Reliefkarte der USGS)

ben Tagen erschaffen. Man ersann jede Menge Gründe zur Rechtfertigung der Planeten.

Mit zunehmender Gewöhnung an das kopernikanische System übertrugen die Anhänger der Zahlenmystik ihre Theorien von Planeten auf Monde. Die Erde besitzt einen Mond. Jupiter besaß die vier galileischen Monde. Das waren fünf. Es fehlte also noch einer (Sechs ist schließlich die erste perfekte Zahl). Als Huygens 1655 Titan entdeckte, waren er selbst und viele andere davon überzeugt, daß es sich um den letzten Mond handeln mußte: sechs Planeten, sechs Monde und Gott im Himmel.

Der Wissenschaftshistoriker I. Bernard Cohen von der Harvard University legt dar, daß Huygens die Suche nach weiteren Monden aufgab, da es seiner Überzeugung zufolge keine weiteren Monde mehr geben konnte. Sechzehn Jahre später entdeckte G.D.Cassini* von der Pariser Sternwarte aus – ironischerweise im Beisein von Huygens – einen sieb-

* Nach Cassini wurde die europäisch-amerikanische Saturn-Mission benannt.

ten Mond: Iapetus, eine bizarre Welt mit einer schwarzen und einer weißen Hemisphäre, die außerhalb der Titan-Bahn um Saturn kreist. Wenig später entdeckte Cassini den Mond Rhea, der sich innerhalb der Titan-Bahn um Saturn bewegt.

Und schon hatte man das nächste wunderbare Zahlenspiel entdeckt, mit dem man außerdem seinen Gönnern schmeicheln konnte. Cassini addierte die Zahl der Planeten (sechs) mit der Zahl ihrer Trabanten (acht) und erhielt vierzehn. Nun war aber der Mann, der für Cassini die Sternwarte eingerichtet hatte und auch sein Salär bezahlte, niemand anders als Ludwig XIV., der Sonnenkönig. Der Astronom präsentierte diese beiden neuen Monde seinem Herrscher und verkündete, daß Ludwigs »Eroberungen« bis an die Grenzen des Sonnensystems reichten. Cassini zog es vor, nicht nach weiteren Monden zu suchen. Cohen vermutet, Cassini fürchtete den Zorn des Königs. Mit Ludwig XIV. war schließlich nicht zu spaßen. Zwölf Jahre später nahm Cassini seine Suche jedoch wieder auf und fand – zweifelsohne mit einer gewissen Beklommenheit – zwei weitere Monde.

Ende des achtzehnten Jahrhunderts spielte die Zahlenmystik bei der Entdeckung von neuen Welten keine große Rolle mehr. Man war jedoch wirklich überrascht, als man 1781 von der Entdeckung eines neuen Planeten erfuhr. Neue Monde waren schon nichts Besonderes mehr, vor allem nach den ersten sechs oder acht. Ein neuer *Planet*, der mit einem Teleskop gesichtet wurde, war jedoch etwas anderes. Daß man neue Planeten entdecken konnte und daß es Menschen gab, die Instrumente zu ihrer Entdeckung bauen konnten, war wirklich erstaunlich. Wenn man aber einen bis dato unbekannten Planeten entdeckt, dann gibt es vielleicht noch viel mehr davon – in diesem und in anderen Sonnensystemen.

Den neuen Planeten hatte nicht einmal ein ausgebildeter Astronom, sondern Wilhelm Herschel entdeckt. Die Familie des Musikers war mit der Familie eines anderen Deutschen, des damals herrschenden Königs George III., nach England gekommen. Herschel wollte den Planeten seinem Monarchen widmen und »George's Star« taufen. Man verlegte sich jedoch auf den Namen Uranus. Uranus war der Himmelsgott der griechischen Mythologie, Vater von Saturn und damit Großvater der Götter des Olymp.

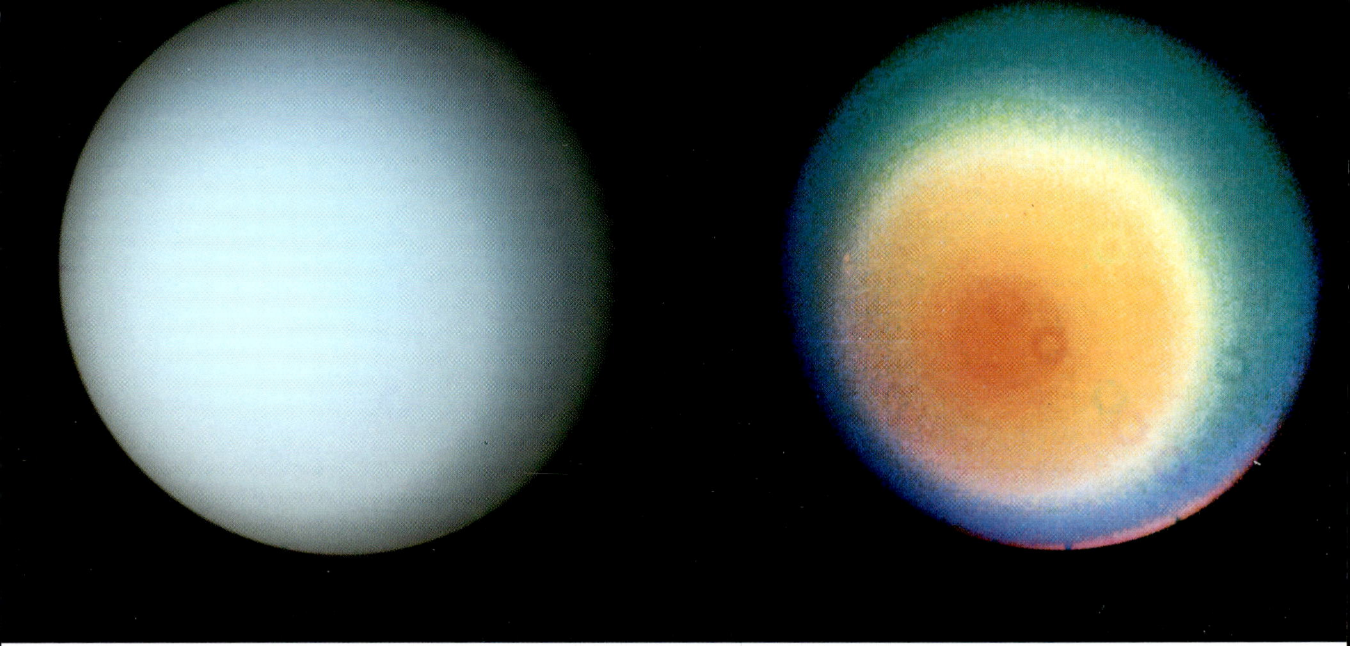

Ochsenaugen am Himmel: Uranus in einer Voyager 2-Aufnahme vom 17. Januar 1986 (links eine normale Aufnahme des Planeten, rechts eine UV-Falschfarbenaufnahme mit stark überzeichneten Kontrasten). Der Südpol des Planeten zeigt in etwa in Richtung Erde. Die dunkle Polkappe, die hier orange erscheint, besteht vermutlich aus Kohlenwasserstoffen; sie entstehen, wenn die Elektronen aus dem Magnetfeld des Planeten in die Polaratmosphäre strömen. Die schwachen bunten Kreise auf dem rechten Bild sind auf Staubpartikel auf der Linse der Voyager-Kamera zurückzuführen. (Mit freundlicher Genehmigung des JPL/NASA)

Wir betrachten Sonne und Mond nicht länger als Planeten und reihen Uranus – abgesehen von den vergleichsweise unbedeutenden Asteroiden und Kometen – aufgrund seiner Entfernung von der Sonne als siebten Planeten in unser Sonnensystem ein (Merkur, Venus, Erde, Mars, Jupiter, Saturn, Uranus, Neptun, Pluto). Uranus ist der erste Planet der Neuzeit. Die vier äußeren, auch iovianische oder jupiterähnliche Planeten genannt, unterscheiden sich stark von den vier inneren bzw. terrestrischen oder erdähnlichen Planeten. Pluto ist ein Sonderfall.

Mit der Zeit wurden die astronomischen Instrumente immer besser, so daß man mehr über den fernen Uranus in Erfahrung bringen konnte. Das schwache Sonnenlicht wird nicht von einer festen Oberfläche, sondern von Atmosphäre und Wolken reflektiert – genau wie bei Titan, Venus, Jupiter, Saturn und Neptun. Die Atmosphäre auf Uranus besteht aus Wasserstoff und Helium, den beiden einfachsten Gasen. Methan und andere Kohlenwasserstoffe können ebenfalls nachgewiesen werden. Unterhalb der Wolken, die man von der Erde aus erkennen kann, liegt eine massive Atmosphäre mit hohen Anteilen an Ammoniak, Schwefelwasserstoff und vor allem Wasser.

Auf Jupiter und Saturn herrscht in tieferen Schichten ein so starker Druck, daß die Atome Elektronen ausstoßen und die Luft zu Metall wird. Auf Uranus, der weniger Masse besitzt, ist der Druck in tiefen Schichten weniger stark, so daß dieses Phänomen nicht auftritt. Noch weiter unten, unter dem gewaltigen Gewicht der Atmosphäre, liegt unsichtbar für den Betrachter eine Oberfläche aus Gestein. Ein großer erdähnlicher Planet ist dort versteckt.

Die Temperatur auf der Erdoberfläche ist vom Sonnenlicht abhängig. Ohne Sonnenschein würde unser Planet sehr schnell auskühlen. Die Erde wäre nicht so kalt wie die Antarktis, auch nicht so kalt, daß die Ozeane gerade gefrieren, sondern so kalt, daß die Luft die Erde mit einer zehn Meter dicken Schicht aus Sauerstoff- und Stickstoffschnee bedecken würde. Das bißchen Energie, das vom Erdinnern heraufsteigt, könnte diese Schneeschicht nicht zum Schmelzen bringen. Jupiter, Saturn und Neptun unterscheiden sich von der Erde. Aus ihrem Innern entweicht ungefähr genauso viel Hitze, wie von der Sonne kommt. Sie werden nur sehr wenig von der Sonnenenergie beeinflußt.

Auf Uranus sieht die Sache jedoch anders aus. Uranus ist ein Sonderling unter den äußeren Planeten. Er besitzt wie die Erde nur sehr wenig eigene Hitzequellen. Wir wissen nicht, warum Uranus – der in vieler Hinsicht Neptun ähnelt – keine starke Energiequelle besitzt. Aus diesem und aus anderen Gründen sind wir noch weit davon entfernt zu verstehen, was im tiefen Inneren dieser wunderbaren Welten geschieht.

Uranus ist stark gegen die Ebene seiner Umlaufbahn geneigt. In den neunziger Jahren unseres Jahrhunderts wird sein Südpol von der Sonne erwärmt. Diesen Südpol sieht man auch, wenn man Ende des zwanzigsten Jahrhunderts den Planeten von der Erde aus betrachtet. Uranus braucht ungefähr vierundachtzig Jahre Zeit, um die Sonne einmal zu umrunden. In den dreißiger Jahren des nächsten Jahrhunderts wird also der Nordpol der Sonne (und der Erde) zugewandt sein. In den siebziger Jahren ist es dann wieder der Südpol, der auf die Sonne gerichtet ist. In der Zwischenzeit kann man von der Erde aus hauptsächlich die Breitengrade um den Uranus-Äquator betrachten.

Alle anderen Planeten sind weitaus weniger stark gegen ihre Umlaufbahn geneigt. Sie scheinen zu stehen, während Uranus förmlich in seiner Umlaufbahn liegt. Niemand kennt jedoch die Gründe dafür. Am glaubwürdigsten ist derzeit die Annahme, daß Uranus in seiner frühesten Jugend, vor mehreren Jahrmilliarden, von einem vagabundierenden Planeten, der etwa die Größe der Erde besaß, in einer stark exzentrischen Umlaufbahn getroffen wurde. Falls eine derartige Kollision jemals stattfand, dann brachte sie das Uranus-System ziemlich durcheinander.

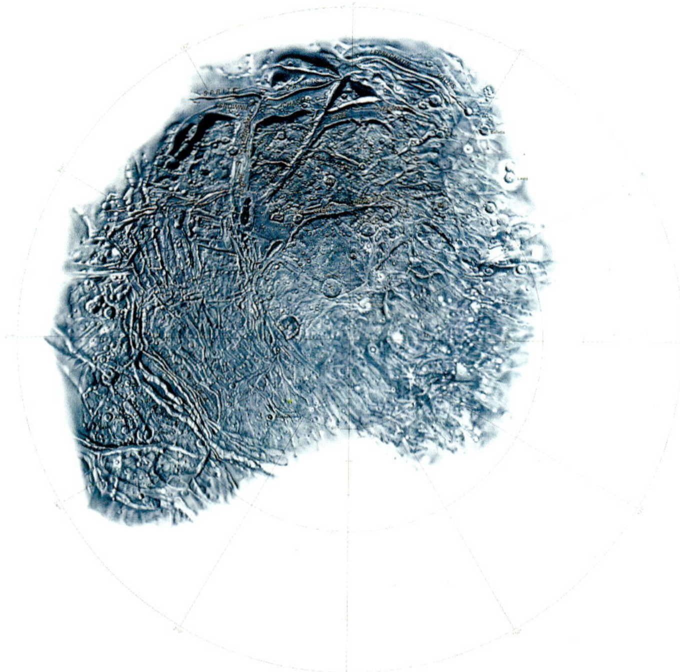

Der Südpol (Kartenprojektion) des Uranus-Mondes Ariel. (Schattierte Reliefkarte der USGS)

Vielleicht entdecken wir ja eines Tages Spuren dieser Katastrophe. Doch Uranus ist so weit entfernt, daß er seine Geheimnisse noch lange für sich behalten wird.

1977 entdeckte ein Team von Wissenschaftlern um James Elliot (damals an der Cornell University) durch Zufall, daß Uranus wie Saturn von Ringen umgeben ist. Die Wissenschaftler flogen in einem NASA-Flugzeug – dem Kuiper Airborne Observatory – über den Indischen Ozean, um zu beobachten, wie Uranus an einem Stern vorüberzog. (Diese Finsternisse treten von Zeit zu Zeit auf, weil sich Uranus im Vergleich zu den weit entfernten Sternen langsam bewegt.) Die Wissenschaftler stellten zu ihrem Erstaunen fest, daß der Stern mehrmals blinkte, bevor er hinter Uranus und seiner Atmosphäre verschwand, und dann wieder blinkte, als er wieder auftauchte. Da das Blinken beide Male nach demselben Muster erfolgte, schloß man auf die Existenz von Ringen. Nachfolgende Forschungsarbeiten führten schließlich zur Entdekkung von neun sehr dünnen und sehr dunklen Ringen, die den Planeten umgeben und ihn wie ein himmlisches Ochsenauge aussehen lassen.

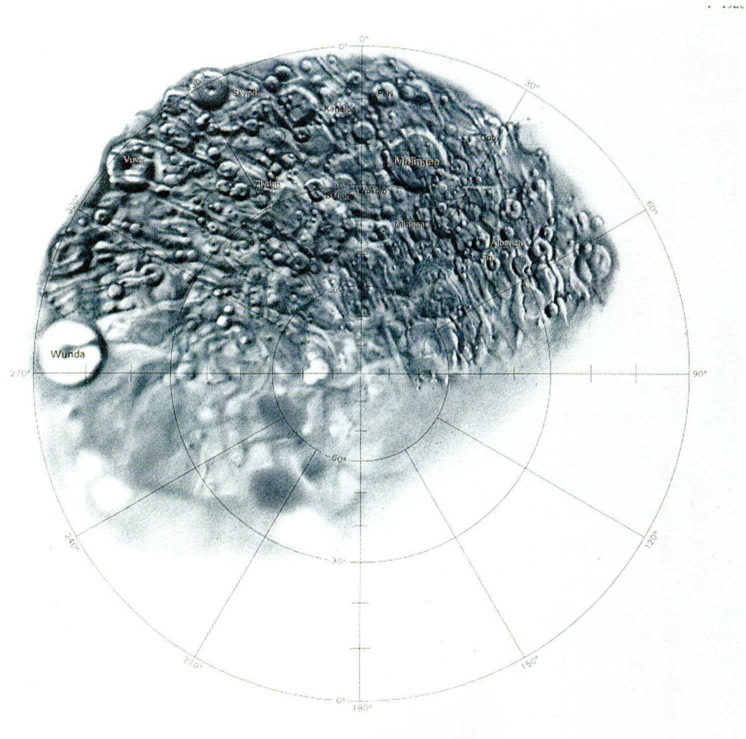

Der Südpol (Kartenprojektion) des Uranus-Mondes Umbriel. (Schattierte Reliefkarte der USGS)

Um diese Ringe – so schloß man aus erdgebundenen Beobachtungen – kreisen in konzentrischen Bahnen die fünf damals bekannten Monde. Miranda, Ariel, Umbriel, Titania und Oberon sind nach Figuren in den Shakespeare-Dramen *Ein Sommernachtstraum* und *Der Sturm* sowie Alexander Popes *Der Lockenraub* benannt. Zwei dieser Monde hatte Herschel selbst entdeckt. Der innerste der fünf Monde, Miranda, wurde erst 1948 von Professor G.P. Kuiper entdeckt.* Ich erinnere mich noch, wie die Entdeckung des neuen Uranus-Mondes damals gefeiert wurde. Das Nah-Infrarot-Spektrum von allen fünf Monden zeigte später, daß ihre Oberfläche mit gewöhnlichem Eis überzogen ist. Was auch nicht weiter überrascht, denn Uranus ist so weit von der Sonne entfernt, daß es an einem sonnigen Uranus-Mittag nicht heller ist als bei uns gerade

* Miranda, die weibliche Hauptfigur in Shakespeares *Der Sturm,* sagt an einer Stelle: »Wackre neue Welt ...« worauf Prospero antwortet: »Es ist dir neu«.[2] Wie alle anderen Welten des Sonnensystems ist auch Miranda rund viereinhalb Milliarden Jahre alt.

Die Uranus-Ringe in einer Falschfarben-Nahaufnahme. Die neun hellsten Linien (von rechts in Dreier-, Zweier-, Dreiergruppen sowie ein einzelner Ring) entsprechen den neun bekannten Ringen. Die pastellfarbenen Linien im Hintergrund entstanden durch die Computerverarbeitung. Der hellste oder Epsilonring auf der linken Seite besitzt eine neutrale Farbe, während die acht anderen Ringe echte Farbunterschiede aufweisen (die in dieser Abbildung stark überzeichnet wurden). Im Gegensatz zu den Saturn-Ringen sind die Uranus-Ringe sehr dunkel und bestehen vermutlich aus bestrahlter organischer Materie. (Mit freundlicher Genehmigung des JPL/NASA)

nach Sonnenuntergang. Die Temperaturen sind entsprechend tief. Wasser gefriert dort sofort.

Unser Verständnis des Uranus-Systems – des Planeten, seiner Ringe und Monde – wurde am 24. Januar 1986 völlig revolutioniert. An jenem Tag flog *Voyager 2* nach einer Reisedauer von achteinhalb Jahren sehr nahe an Miranda vorbei und stieß auf das himmlische Ochsenauge. Die Gravitation des Uranus katapultierte die Sonde in Richtung Neptun. Bei dieser Gelegenheit schickte die Sonde 4300 Nahaufnahmen vom Uranus-System und eine Fülle von Datenmaterial zur Erde.

Uranus ist diesen Erkenntnissen zufolge von einem starken Strahlungsgürtel aus Elektronen und Protonen umgeben, die im Magnetfeld des Planeten gefangen sind. *Voyager* flog durch diesen Strahlungsgürtel und führte bei ihrem Vorbeiflug Messungen am Magnetfeld und an den geladenen Teilchen durch. Sie entdeckte außerdem eine Kakophonie von Radiowellen – in verschiedenen Stimmlagen, Tonarten und Nuancen, doch meistens im Fortissimo –, die von den schnellen, gefangenen Teilchen hervorgerufen wurden. Etwas Ähnliches entdeckte man auch auf Jupiter, Saturn und später auch auf Neptun – doch jedesmal konnte man ein ganz bestimmtes Thema, das für den jeweiligen Planeten typisch war, heraushören.

Auf der Erde liegen der magnetische und der geographische Pol sehr nahe beieinander. Die Magnetachse und die Rotationsachse von Uranus sind in einem Winkel von rund 60° zueinander geneigt. Niemand weiß bis jetzt, warum. Einige Wissenschaftler vermuten, daß wir den Nord- und Südpol von Uranus vertauscht empfangen, wie auch die beiden Pole der Erde bisweilen vertauscht werden. Andere wieder nehmen an, daß dies eine weitere Auswirkung jener gewaltigen Kollision sei, die den Planeten seinerzeit in Schräglage brachte. Aber auch das ist nicht sicher.

Uranus sendet sehr viel mehr UV-Licht aus, als er von der Sonne empfängt. Es wird wahrscheinlich von den geladenen Teilchen gebildet, die aus der Magnetosphäre austreten und die obere Atmosphäre erreichen.

Von einem Punkt innerhalb des Uranus-Systems untersuchte die Raumsonde einen hellen Stern, der von den Uranusringen verdeckt wurde und dann wieder aufleuchtete. Die Sonde entdeckte außerdem neue schwache Staubstreifen. Von der Erde aus betrachtet war *Voyager* hinter Uranus verschwunden. Somit passierten die Radiosignale, die die Sonde an die Erde sandte, die Uranus-Atmosphäre tangential und drangen bis unter die Methanwolken in sie ein. Manche Wissenschaftler vermuten deshalb einen weiten und tiefen Ozean aus supererhitztem Wasserdampf mit einer mutmaßlichen Dicke von achttausend Kilometern.

Zu den spektakulärsten Ergebnissen der Uranus-Erkundung gehören die Photos. Mit *Voyagers* Fernsehkameras entdeckten wir zehn neue Monde, bestimmten die Länge eines Tages in den Uranus-Wolken (rund siebzehn Stunden) und untersuchten etwa ein Dutzend Ringe. Die besten Aufnahmen erhielten wir von den fünf größeren, bereits vorher bekannten Uranus-Monden und vor allem von Kuipers Mond Miranda. Seine Oberfläche ist ein wilder Reigen von tiefen Gräben, parallelen Gebirgszügen, Steilfelsen, flacheren Hügeln, Einschlagkratern und erstarrten Fluten von einst geschmolzener Oberflächenmaterie. Eine derart wilde Landschaft ist für eine so kleine, kalte und eisige Welt in großer Entfernung von der Sonne recht ungewöhnlich. Vielleicht wurde die Oberfläche in einer weit zurückliegenden Epoche geschmolzen und neu geformt, als die gravitationalen Wechselwirkungen zwischen Uranus, Miranda und Ariel Energie vom benachbarten Planeten in Mirandas Inneres pumpten. Vielleicht sehen wir ja auch das, was die Kollision, die Uranus angeblich in Schräglage brachte, übrigließ. Vielleicht wurde Miranda ja auch von einem wilden Vagabunden zerstört, auseinandergenommen und in tausend Stücke zersplittert. Diese Scherben und Überbleibsel zogen sich infolge ihrer Schwerkraft an und formten dann diese Flickenwelt, als die uns Miranda heute erscheint.

Mich machen die Aufnahmen von diesem dunklen Mond schaudern, denn ich erinnere mich noch gut an die Zeit, als er für uns nur ein schwacher Lichtpunkt in Uranus' Glanz und gerade erst durch einen fähigen Astronomen entdeckt worden war. In einem halben Menschenalter verwandelte Miranda sich von einer unentdeckten Welt in einen Himmelskörper, dessen alte Geheimnisse und Besonderheiten zumindest teilweise enthüllt wurden.

Eine weitere Ansicht der Uranus-Ringe. Der Epsilonring am oberen Bildrand ist mit knapp hundert Kilometern der breiteste Ring. Andere Ringe sind etwas über zehn Kilometer breit. (Mit freundlicher Genehmigung des JPL/NASA)

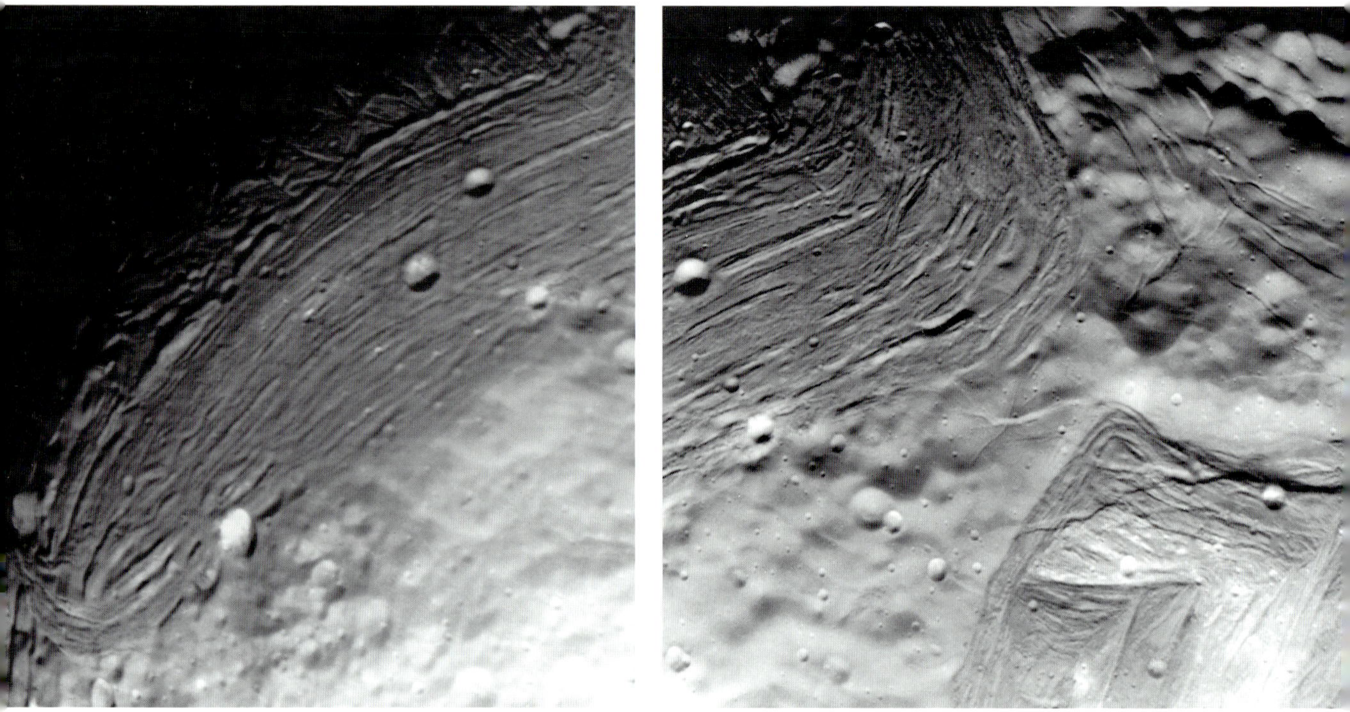

Zwei Nahaufnahmen von Miranda, aufgenommen von Voyager 2 am 24. Januar 1986. Man kann sich die bizarre Oberfläche nicht erklären, doch die Krater legen nahe, daß sie sehr alt sein muß und vielleicht seit der Entstehung des Uranus-Systems in dieser Form existiert. (Mit freundlicher Genehmigung des JPL/NASA)

Der Südpol (Kartenprojektion) des Uranus-Mondes Miranda. Die abrupten Wechsel in den Oberflächenformationen sind wirklichkeitsgetreu wiedergegeben. (Schattierte Reliefkarte der USGS)

Voyager 2 *sah sich noch einmal um und photographierte die Uranus-Sichel. (Mit freundlicher Genehmigung der USGS/NASA)*

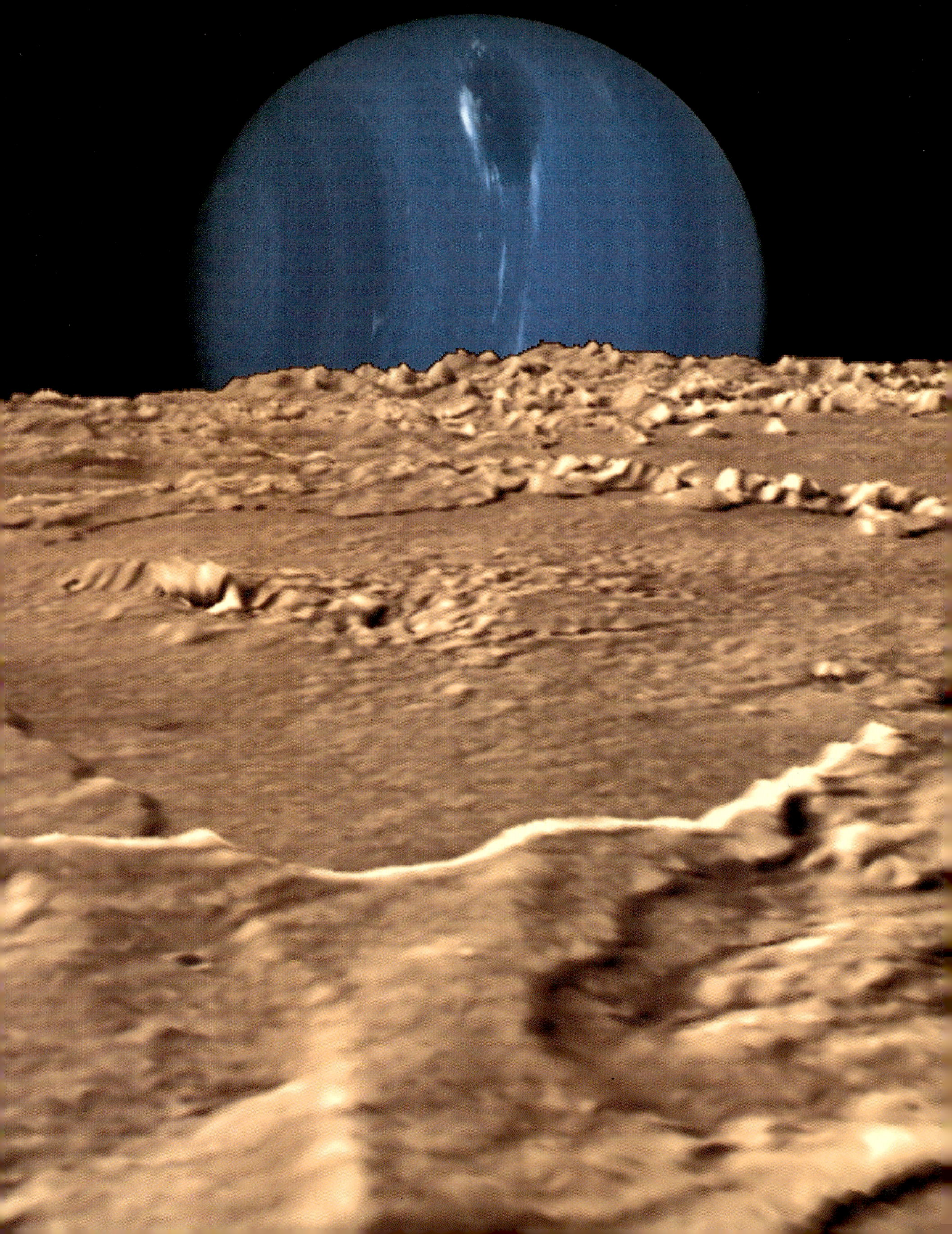

Kapitel 9

Eine amerikanische Raumsonde an der Grenze des Sonnensystems

...bei des wasserreichen tritonischen Sees
geheiligtem Strand,
ich verschweige nicht mehr das Lager, damit
es mir leichter wird, frei von der Last auf der Brust.

Euripides, *Ion,* um 413 v. Chr.[1]

Neptun war die letzte Anlaufstation auf *Voyagers 2* großer Reise durch das Sonnensystem. Neptun gilt gewöhnlich als vorletzter Planet, denn nur Pluto ist weiter von der Sonne entfernt. Da Pluto aber eine langgestreckte, elliptische Umlaufbahn beschreibt, war Neptun in letzter Zeit der äußerste Planet und wird es bis 1999 auch bleiben. Aufgrund der großen Entfernung von den wärmenden Sonnenstrahlen beträgt die Durchschnittstemperatur in Neptuns oberen Wolkenschichten in etwa –240 °Celsius. Wenn der Planet in seinem Inneren nicht selbst soviel Wärme entwickeln würde, läge die Temperatur sogar noch niedriger. Neptun gleitet gewissermaßen am Saum des interstellaren Raums dahin. Er ist so weit von der Sonne entfernt, daß sie an seinem Himmel nur als extrem heller Stern zu erkennen ist.

Wie weit? Der Planet ist so weit weg, daß er seit seiner Entdeckung im Jahre 1846 die Sonne noch nicht ganz umrundet hat.* Neptun ist so weit

Gegenüberliegende Seite: *Neptun, gesehen von einem Punkt oberhalb der Oberfläche seines Mondes Triton. Die Wolken in Neptuns Atmosphäre verlaufen in diesem Bild von oben nach unten, weil Neptun so stark gegen seine Umlaufbahn geneigt ist.* (Voyager-Photomontage, mit freundlicher Genehmigung der USGS/NASA)

* Ein Neptun-Jahr (der Zeitraum, in dem der Planet die Sonne einmal umkreist) dauert so .

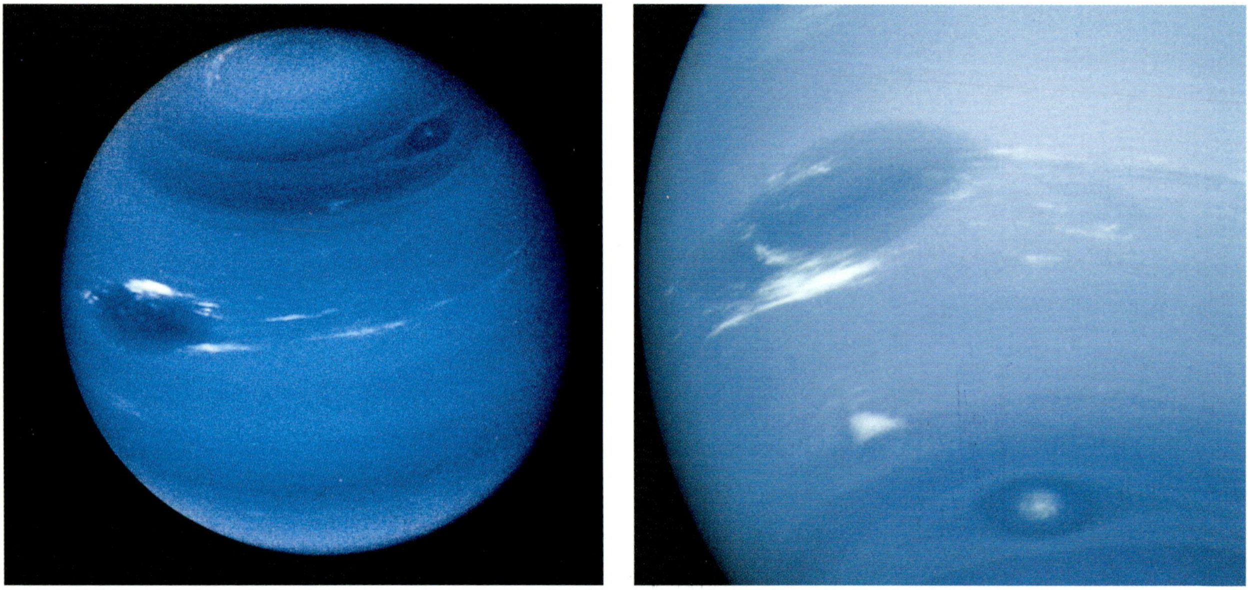

Neptun in Nahaufnahme. Die drei größten Wolkenformationen heißen, im rechten Bild von oben nach unten, »Great Dark Spot« »Scooter« und »Dark Spot 2« (mit einem halben Kern). Sie rotieren mit unterschiedlicher Geschwindigkeit, weshalb »Scooter« nur auf dem rechten Bild zu sehen ist. Sie ziehen von Westen nach Osten und schweben über einer tiefer gelegenen Atmosphäre. Darunter liegt ein Kern aus Gestein. (Mit freundlicher Genehmigung des JPL/NASA)

weg, daß man ihn mit bloßem Auge nicht erkennen kann. Er ist so weit weg, daß von dort selbst Licht mehr als fünf Stunden bis zur Erde unterwegs ist.

Als *Voyager 2* 1989 durch das Neptun-System raste, untersuchten die Kameras, Spektrometer, Teilchen- und Felddetektoren und andere Instrumente fieberhaft den Planeten, seine Monde und Ringe. Der Planet selbst ist wie seine Vettern Jupiter, Saturn und Uranus ein Riese. Jeder Planet ähnelt im Prinzip der Erde, aber diese vier Riesen tragen eine ebenso aufwendige wie wuchtige Verkleidung. Jupiter und Saturn sind riesige Gaswelten mit einem relativ kleinen Kern aus Gestein und Eis. Uranus und Neptun sind dagegen Gesteins- und Eiswelten, die von einer dichten Atmosphäre umhüllt sind und sich so den Blicken ihrer Betrachter entziehen.

Neptun ist viermal so groß wie die Erde. Wenn wir auf seine kühle und strenge Bläue blicken, sehen wir nur Atmosphäre und Wolken, aber keine feste Oberfläche. Auch Neptuns Atmosphäre besteht hauptsächlich

lange, weil seine Umlaufbahn mit rund siebenunddreißig Milliarden Kilometer extrem lang und die Anziehungskraft der Sonne (die verhindert, daß Neptun ins Weltall hinausfliegt) wegen dieser Entfernung verhältnismäßig schwach ist (nur ein Tausendstel dessen, was sie in Erdnähe beträgt).

aus Wasserstoff und Helium, etwas Methan und Spuren von anderen Kohlenwasserstoffen. Man vermutet auch einen geringen Stickstoffanteil. Die hellen Wolken – wahrscheinlich Methankristalle – schweben über einer dicken Wolkenschicht, deren Zusammensetzung unbekannt ist. Durch die Wolkenbewegung schlossen wir auf heftige Stürme, die annähernd mit der dortigen Schallgeschwindigkeit wehen. Außerdem fanden wir kurioserweise fast am selben Breitengrad wie Jupiters Großem Roten Flecken einen Großen Dunklen Flecken. Die azurblaue Farbe paßt schließlich zu einem Planeten, der nach dem römischen Meeresgott benannt ist.

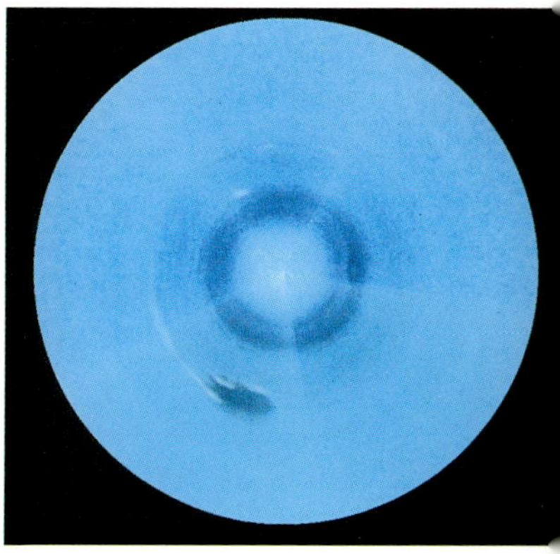

Eine Projektion des Neptun-Südpols. (Mit freundlicher Genehmigung des JPL/NASA)

Diese schwach beleuchtete, kalte, stürmische und entfernte Welt ist ebenfalls von einem Ringsystem umgeben. Jeder Ring besteht aus unzähligen, ständig um den Planeten kreisenden Objekten. Die kleinsten unter ihnen sind so groß wie Rauchpartikel, die größten unter ihnen besitzen die Ausmaße eines Lastwagens. Man nimmt an, daß auch Neptuns Ringe sich auflösen werden. Man hat berechnet, daß Schwerkraft und Sonnenstrahlung sie in weniger als fünf Milliarden Jahren zerstören werden. Wenn sie aber so relativ schnell vergehen, dann können wir sie nur deshalb sehen, weil sie erst vor kurzem entstanden sind. Wie können diese Ringe aber entstehen?

Triton, gesehen von Voyager 2 *in einer Entfernung von vier Millionen Kilometern. (Mit freundlicher Genehmigung des JPL/NASA)*

Der größte Mond im Neptun-System heißt Triton.* Er braucht knapp sechs Tage unserer Zeitrechnung, um den Planeten zu umrunden. Als einziger unter allen großen Monden des Sonnensystems dreht er sich jedoch entgegengesetzt zum Drehsinn seines Planeten (er dreht sich also im Uhrzeigersinn, während sich Neptun gegen den Uhrzeigersinn bewegt). Triton besitzt ähnlich wie Titan eine stickstoffreiche Atmosphäre. Die Dunstschleier in seiner Atmosphäre sind allerdings sehr viel dünner, so daß wir seine Oberfläche sehen können. Die Landschaft sieht vielgestaltig und wunderbar aus. Eine Welt aus Eis, Stickstoff- und Methaneis, überdeckt vermutlich das uns vertrautere Wassereis und Gestein. Man

* Robert Goddard, der Erfinder der modernen Flüssigkeitsrakete, glaubte, daß Triton einst als Ausgangspunkt für Sternenexpeditionen dienen werde. Er fügte diese Gedanken 1927 in ein Manuskript ein, das er 1918 handschriftlich verfaßt und *The Last Migration* genannt hatte. Er hielt dieses Manuskript jedoch für viel zu gewagt, um es veröffentlichen zu lassen, und hinterlegte es deshalb im Safe eines Freundes. Auf der Titelseite hatte er die Warnung angebracht: »Nur für Optimisten«.

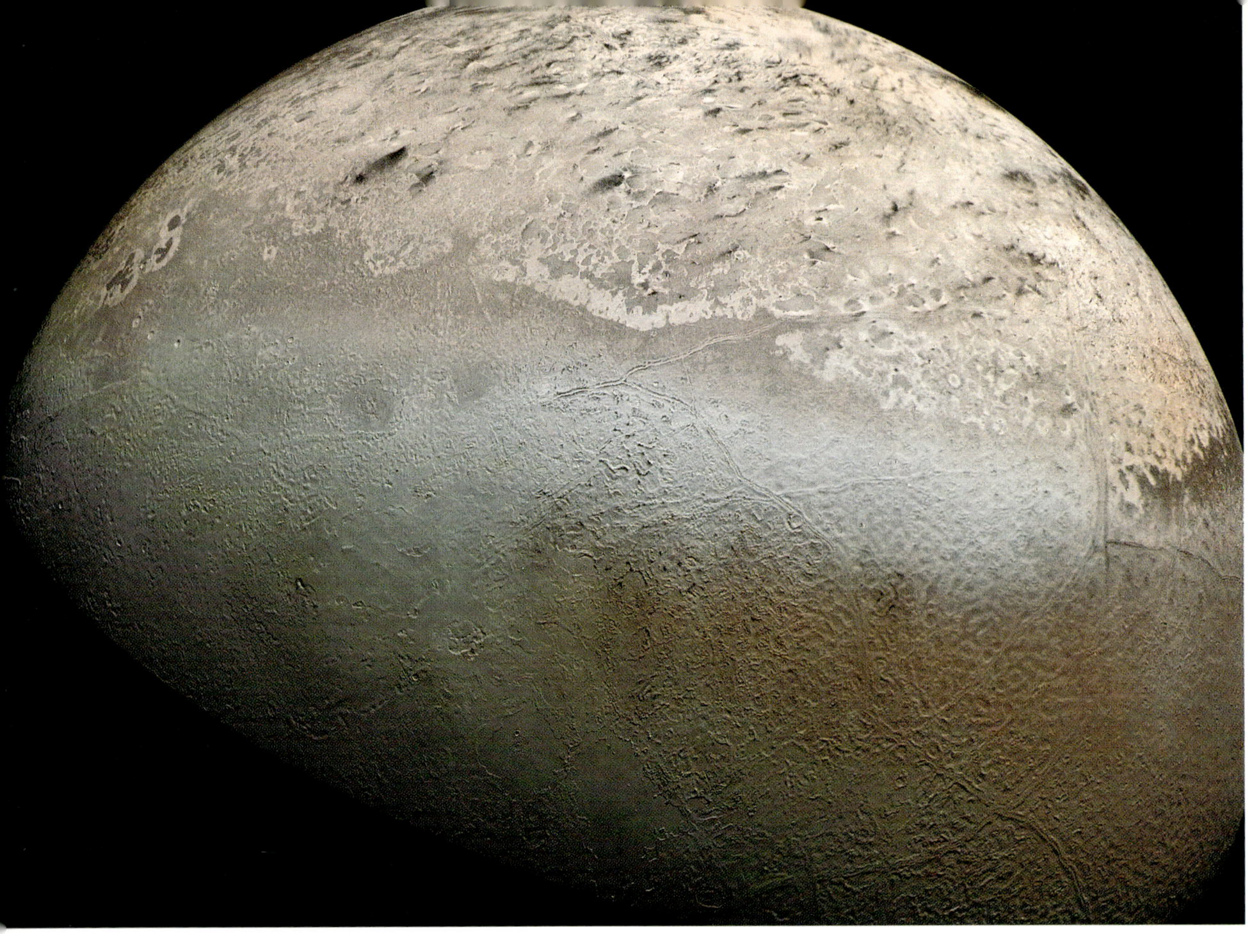

Triton in einer Voyager-Aufnahme. Dieses Bild lohnt eine eingehende Untersuchung. Wo nur wenige Einschlagkrater zu sehen sind, muß die Oberfläche (wie die Erdoberfläche) jung sein – das heißt, die Krater wurden aufgefüllt oder überdeckt. Man nimmt an, daß auf Triton gefrorene Meere aus Methan oder Stickstoff sowie die jahreszeitlich bedingten Methan- und Stickstoff-Schneefälle dafür verantwortlich sind. An der oberen Bildkante sieht man mehrere dunkle Streifen, die Verwehungen von West nach Ost darstellen. (Voyager-Photomosaik, mit freundlicher Genehmigung der USGS/NASA)

kann Einschlagbecken erkennen; sie müssen mit einer Flüssigkeit gefüllt gewesen sein, die inzwischen wieder erstarrt ist (es muß also einmal Seen auf Triton gegeben haben). Ferner erkennt man Einschlagkrater, ein Gewirr aus Tälern, weite Ebenen, die mit frisch gefallenem Stickstoffschnee bedeckt sind, faltiges Terrain, das aussieht wie die Schale einer Netzmelone, mehr oder weniger parallele lange, dunkle Streifen, die vom Wind aufgewirbelt wurden und dann ungeachtet der dünnen Atmosphäre (etwa zehntausendmal dünner als die Erdatmosphäre) auf die eisige Oberfläche niedersanken.

Alle Krater auf Triton sind in ihrer ursprünglichen Form erhalten, gerade als ob sie von einer gewaltigen Maschine ausgestanzt worden wären. Es gibt keine eingestürzten Wände oder andere Oberflächenveränderungen. Selbst mit dem periodischen Schneefall und dem Verdampfen der Niederschläge scheint in all den Jahrmilliarden nichts auf Tritons Oberfläche verwittert zu sein. Die Krater, die sich bei Tritons Entstehung bildeten, müssen demnach bei einer frühen Neugestaltung der Oberfläche gefüllt und bedeckt worden sein. Triton umkreist Neptun gegenläufig zum Drehsinn des Planeten – anders als der Mond und die Erde und die meisten anderen Monde im Sonnensystem. Wenn Triton aus derselben rotierenden Verdichtungsscheibe wie Neptun entstanden wäre, müßte er Neptun in derselben Drehrichtung umkreisen. Triton ist demnach nicht aus dem Verdichtungsnebel um Neptun entstanden, sondern kam von anderswo her – vielleicht von weit hinter Pluto – und wurde von der Schwerkraft des Planeten eingefangen, als er zu nahe daran vorbeiflog. Ein derartiges Ereignis hätte auf Triton gewaltige Festkörperfluten hervorrufen müssen, seine Oberfläche schmelzen lassen und alles verwischt haben, was es bisher dort gab.

An manchen Stellen ist Tritons Oberfläche so hell und weiß wie frisch gefallener Schnee in der Antarktis. An anderen Stellen ist sie rosa bis bräunlich gefärbt. Es ist denkbar, daß der frisch gefallene Schnee aus Stickstoff, Methan und anderen Kohlenwasserstoffen vom UV-Licht der Sonne und von Elektronen in Neptuns Magnetfeld – das Triton durchpflügt – bestrahlt wird. Wir wissen, daß diese Bestrahlung den Schnee (und die entsprechenden Gase) in komplexes, dunkles und rötliches organisches Sediment, in Eis-Tholin, verwandelt. Es gibt also kein Leben, doch einige Moleküle, die die Entstehung von Leben auf der Erde vor vier Milliarden Jahren ermöglichten.

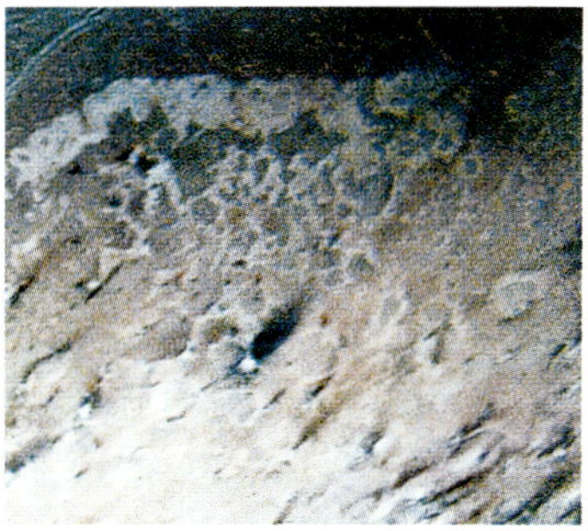

Einige Eruptionswolken auf Triton in Nahaufnahme. (Mit freundlicher Genehmigung des JPL/NASA)

Fiktive Darstellung einer Tritonschen Rauchwolke. Mit großem Druck bahnt sich ein Geysir aus dunkler organischer Materie seinen Weg an die Oberfläche und durch die dünne Atmosphäre. Hinten ist eine weitere Rauchwolke zu sehen. (Darstellung von Ron Miller)

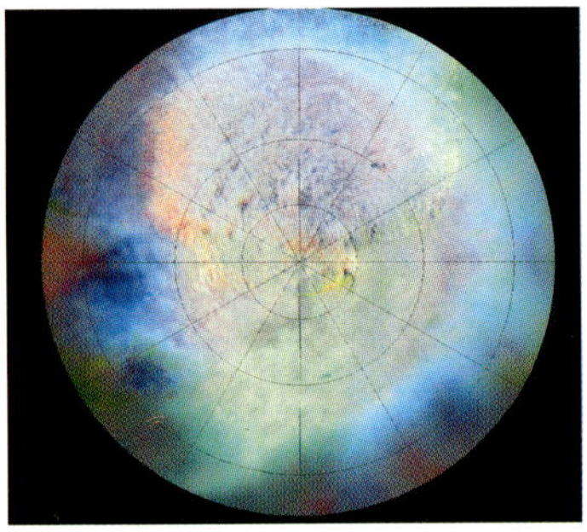

Blick auf den Pol Tritons mit stark überzeichneten Farbkontrasten. (Mit freundlicher Genehmigung der USGS/NASA)

Wenn es auf Triton Winter wird (er dauert fünfundzwanzigmal länger als auf der Erde), türmen sich Eis- und Schneeschichten auf seiner Oberfläche. Im Frühling schmelzen sie langsam und bilden immer mehr rötliche organische Moleküle. Im Sommer sind Eis und Schnee verdampft. Die dadurch freigesetzten Gase wandern auf die Winterhalbkugel und gehen dort wieder als Eis und Schnee auf die Oberfläche nieder. Aber die rötlichen organischen Moleküle verdampfen diesmal nicht und werden auch nicht verweht. Sie bleiben als Ablagerung zurück und werden im folgenden Winter von neuem Schnee bedeckt. Dieser Schnee wird dann wieder bestrahlt, und im darauffolgenden Sommer ist die rötliche Schicht dicker. Im Laufe der Zeit bilden sich auf Tritons Oberfläche also gewaltige Ablagerungen organischer Materie, die vermutlich für seine zarte Färbung verantwortlich sind.

Die Streifen haben in engumgrenzten Dunkelregionen ihren Ursprung und entstehen vermutlich dann, wenn die Wärme des Frühlings und Sommers flüchtigen Schnee unter der Oberfläche erhitzt. Beim Verdampfen spritzt das Gas wie aus einem Geysir empor und schleudert weniger flüchtigen Oberflächenschnee sowie dunkle organische Materie mit in die Höhe. Sanfte Winde verwehen die dunklen organischen Stoffe,

Neptun mit seinen zarten Ringen schwebt am Triton-Himmel. (Darstellung von Don Davis)

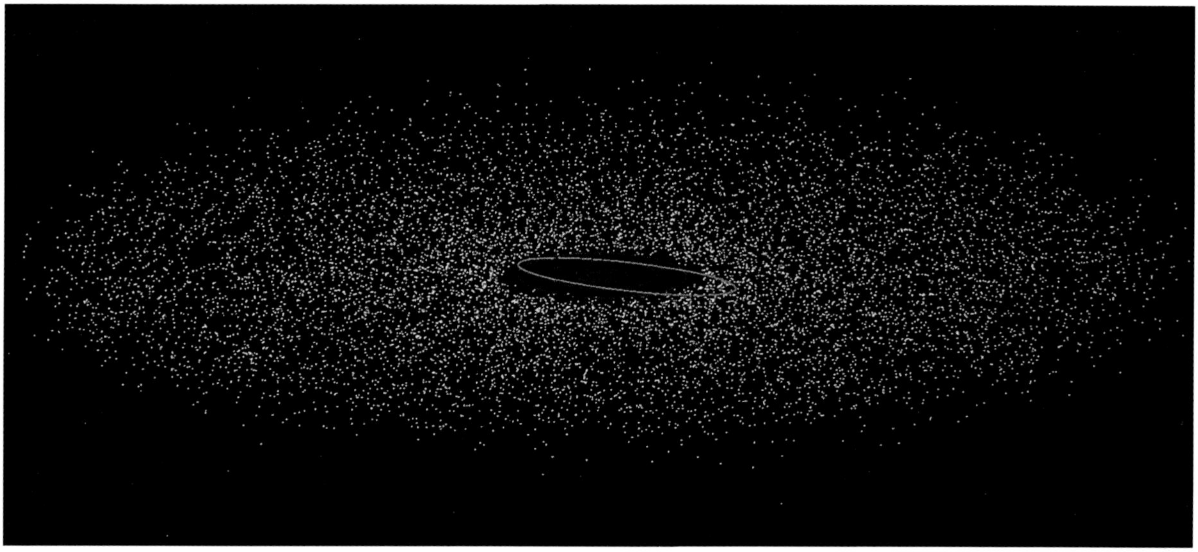

Schematische Darstellung des Kuiper-Gürtels: Man nimmt an, daß Millionen von kleinen Eiswelten die Sonne jenseits des Neptun- und Pluto-Orbits umkreisen. Die Umlaufbahnen von Jupiter, Saturn, Uranus und Neptun sind hier lila, die Umlaufbahn Plutos ist grün dargestellt. Plutos Orbit ist gegen die Bahn der anderen Planeten geneigt. (Deswegen kommt Pluto manchmal näher an die Sonne heran als Neptun.) Jenseits der Planeten und jenseits des Kuiper-Gürtels liegt die Oortsche Wolke, eine gewaltige kugelförmige Ansammlung von Eiswelten, die um die Sonne kreisen. (Graphik von Harold Levison, Southwest Research Institute)

die sich langsam wieder am Boden absetzen und das erwähnte Streifenmuster entstehen lassen. Soweit zumindest eine Rekonstruktion der jüngeren Triton-Geschichte.

Triton besitzt vermutlich große, jahreszeitlich bedingte Polkappen aus glattem Stickstoffeis unter mehreren Schichten dunkler, organischer Materie. Vor kurzem scheint am Äquator Stickstoffschnee gefallen zu sein. Schnee, Geysire, Winddrift von organischem Staub und Dunst in großen Höhen hatte man in einer Welt mit einer so dünnen Atmosphäre nicht erwartet.

Warum ist die Luft so dünn? Weil Triton so weit von der Sonne entfernt ist. Wenn man diesen Trabanten in eine Umlaufbahn um Saturn hieven könnte, dann würde das Stickstoff- und Methaneis schnell verdampfen, würde sich eine viel dichtere Atmosphäre aus gasförmigem Stickstoff und Methan bilden, und die Strahlung würde einen matten Tholin-Schleier entstehen lassen. Triton würde dann bald so aussehen wie Titan. Wenn man umgekehrt Titan in eine Neptun-Umlaufbahn brächte, würde fast seine gesamte Atmosphäre zu Schnee und Eis gefrieren, Tholin würde entweichen und nicht ersetzt werden, die Luft würde aufklaren, und die Oberfläche wäre in normalem Licht zu sehen. Titan sähe dann fast so aus wie Triton.

Diese beiden Trabanten sind jedoch nicht identisch. Das Innere von Titan scheint sehr viel mehr Eis und sehr viel weniger Gestein zu ber-

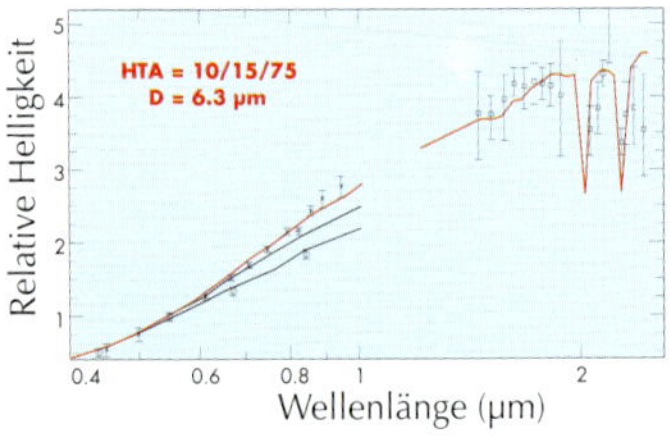

Pholus ist eine kleine Eiswelt, die erst kürzlich in den abgelegenen Provinzen des planetaren Bereichs unseres Sonnensystems entdeckt wurde. Die Kreuzchen, Kästchen und anderen geometrischen Figuren mit ihren Fehlerstreifen stehen für die Helligkeit von Pholus in verschiedenen Farben. Vom UV- bis Nah-Infrarotbereich zeigt sich, daß die Helligkeit Pholus' mit der Wellenlänge zunimmt. Das bedeutet, daß Pholus sehr rot ist. Die rötesten Welten im Sonnensystem liegen in der Nähe und jenseits von Uranus und Neptun. Die obere durchgehende Linie zeigt die Übereinstimmungen mit dem Pholus-Spektrum: eine Mischung aus komplexen organischen Feststoffen, einschließlich Tholinen wie auf Titan, sowie Ammoniakeis. (Aus den Arbeiten von Peter Wilson und Carl Sagan, veröffentlicht in der Zeitschrift Icarus, *Februar 1994)*

gen, als das bei Triton der Fall ist. Titans Durchmesser ist beinahe doppelt so groß wie der von Triton. Wenn sie jedoch gleich weit von der Sonne entfernt wären, könnte man sie für Brüder halten. Alan Stern vom Southwest Research Institute vermutet, daß die beiden zu einer großen Familie von kleinen Welten gehören, die reich an Stickstoff und Methan aus der Frühzeit des Sonnensystems sind. Pluto muß erst noch genauer untersucht werden, doch auch er scheint zu dieser Gruppe zu gehören. Und nach Pluto warten vielleicht noch viele andere Himmelskörper auf ihre Entdeckung. Die dünne Atmosphäre und die eisige Oberfläche dieser Welten werden zumindest kosmischer Strahlung ausgesetzt, wodurch stickstoffreiche organische Materie entsteht. Es sieht so aus, als gäbe es nicht nur auf Titan, sondern überall am äußeren Rand unseres Planetensystems Stoffe, aus denen Leben hervorgehen kann.

Eine weitere Kategorie von kleinen Objekten wurde vor kurzem entdeckt. Auf ihrer Bahn reisen sie – zumindest teilweise – sogar über Neptun und Pluto hinaus. Man nennt sie Kleinplaneten oder Asteroiden, obwohl es sich mit größerer Wahrscheinlichkeit um inaktive Kometen handelt (natürlich ohne Schweif, denn sie sind so weit von der Sonne entfernt, daß ihr Eis nicht verdampfen kann). Sie sind jedoch viel größer als die Allerweltskometen, die wir sonst kennen. Sie sind vielleicht die Vorhut einer ganzen Ansammlung von kleinen Welten, die sich zwischen der Pluto-Umlaufbahn und der halben Strecke zum nächstgelegenen Stern erstreckt. Die innerste Provinz der Oortschen Wolke, zu der diese neuen Objekte vielleicht gehören, wurde nach meinem Mentor Gerard Kuiper »Kuiper-Gürtel« genannt, weil er als erster dessen Existenz vermutete. Kurzperiodische Kometen – wie der Halleysche Komet – entstehen im Kuiper-Gürtel, reagieren auf die Gravitationseinflüsse, gleiten in das Innere des Sonnensystems, bilden ihren Schweif und schmücken unseren Himmel.

Ende des neunzehnten Jahrhunderts nannte man die mutmaßlichen Bauelemente dieser Welten »Planetesimale«. Das Wort sollte mit seinem Klang wahrscheinlich an »Infinitesimale« erinnern. Denn man braucht eine unendlich (infinitum) große Anzahl von diesen Bauelementen, um etwas daraus zu konstruieren. Um die Planetesimale ist es nicht ganz so schlecht bestellt, obwohl man immer noch eine recht ansehnliche Anzahl bräuchte, um aus ihnen einen Planeten zu bilden. Man müßte beispielsweise Billionen von Körpern mit einem Kilometer Durchmesser miteinander verschmelzen, bis ein Planet mit der Masse der Erde entsteht. Es gab jedoch einmal sehr viel mehr von diesen Miniwelten im planetaren Bereich des Sonnensystems. Viele von ihnen sind heute verschwunden – sie wurden in den Weltraum geschleudert, stürzten in die Sonne oder dienten als Bauteile für Monde und Planeten. Doch jenseits von Neptun und Pluto warten vielleicht die Überreste, die nicht zu Welten verklumpten, und sprenkeln das äußere Sonnensystem bis hinaus zur Oortschen Wolke; sie können bis zu hundert Kilometer Durchmesser besitzen.

Pluto und sein Mond Charon in einer Aufnahme des Hubble-Weltraumteleskops. Ein besseres Foto der beiden Objekte gibt es derzeit nicht. Pluto ist röter als Charon und kleiner als der Mond der Erde; Charon besitzt einen Durchmesser von rund 1270 Kilometern. (Mit freundlicher Genehmigung von R. Albrecht, ESA/ESO, und NASA)

Eine Raumsonde wird eines Tages Pluto und seinen Mond Charon besuchen. Man weiß heute noch nicht, wie die Oberfläche der beiden Welten aussieht, aber der Künstler nimmt aus gutem Grund an, daß Pluto mit Triton verglichen werden kann. (NASA-Darstellung von Pat Rawlings/SAIC)

So gesehen gibt es auch jenseits von Neptun und Pluto Planeten. Sie sind jedoch bei weitem nicht so groß wie die iovianischen Planeten oder selbst Pluto. Größere Welten, richtige Planeten existieren vielleicht sogar in der Finsternis jenseits von Pluto. Doch je weiter sie von uns entfernt sind, um so schwieriger ist es, sie zu entdecken. Sie können allerdings nicht gleich hinter Neptun liegen, denn dann hätte ihre Gravitation die Umlaufbahnen von Neptun und Pluto sowie die Route der Raumsonden *Pioneer 10* und *11* sowie *Voyager 1* und *2* merklich verändert.
Die jüngst entdeckten Kometenkörper (mit Namen wie 1992QB und 1993FW) sind keine Planeten in diesem Sinne. Wenn unsere Instrumente jetzt gerade gut genug sind, um sie zu entdecken, gibt es wahrscheinlich noch viel mehr davon im äußeren Sonnensystem – so weit entfernt, daß man sie von der Erde aus kaum erkennen kann, und so weit weg, daß man sie erst nach einer langen Reise erreicht. Kleine und schnelle Raumschiffe mit einer Reichweite bis zu Pluto und darüber hinaus liegen jedoch bereits heute im Bereich des Möglichen. Es wäre sinnvoll, ein solches Raumschiff zu Pluto und seinem Mond Charon und dann weiter zu einem der Himmelskörper im Kuiper-Gürtel zu schicken.
Der erdähnliche Kern von Uranus und Neptun scheint gewaltige Mengen gasförmigen Stickstoffs und Heliums aus dem Urnebel, aus dem sich die Planeten bildeten, zunächst angehäuft und dann mit Hilfe der Schwerkraft an sich gebunden zu haben. Ursprünglich war der Gesteinskern einem permanenten Hagelschauer ausgesetzt. Seine Gravitation genügte gerade, Miniwelten aus Eis, die zu nahe herankamen, weit hinaus, jenseits des Planetenreichs, zu schleudern, wo sie die Oortsche Wolke bevölkern. Eiswelten, die sehr nahe an sie herankamen, wurden mit Hilfe der Gravitation ganz aus dem Sonnensystem hinausgeschleudert und treiben nun zwischen den Sternen durch das dunkle Weltall.
Diese wunderbaren Kometen, die die Menschheit immer wieder in Staunen versetzten, die die Oberflächen von inneren Planeten und äußeren Monden mit Einschlagkratern übersäen, die ab und an das Leben auf der Erde bedrohen, wären völlig unbekannt und ungefährlich, wenn Uranus und Neptun vor viereinhalb Milliarden Jahren nicht zu Riesenplaneten angewachsen wären.

Begeben wir uns nun auf einen kurzen Exkurs über Planeten, die *weit* von Neptun und Pluto entfernt sind und zu anderen Sternen gehören.

Links: *Die Verdichtungsscheibe um den Stern Beta Pictoris. Der Stern liegt direkt im Fadenkreuz und wurde ausgeblendet (damit das Licht des Sterns die Scheibe, die hier in Kantenstellung zu sehen ist, nicht überstrahlen kann).* Rechts *die künstlerische Darstellung der Verdichtungsscheibe aus einem anderen Blickwinkel. Planeten entstehen im Innern der Scheibe, indem sie Scheibenmaterie in ihre »Futterzonen« schaufeln. (Aufnahme links von Bradford Smith und Rich Terrile, mit freundlicher Genehmigung der Astronomical Society of the Pacific)*

Viele unserer Nachbarsterne werden von dünnen Scheiben aus Gas und Staub umkreist. Diese Scheiben sind oft Hunderte von Astronomischen Einheiten (AE)* von ihrem Stern entfernt (die äußersten Planeten unseres Sonnensystems sind etwa 40 AE von der Sonne entfernt). Jüngere, sonnenähnliche Sterne besitzen solche Scheiben mit größerer Wahrscheinlichkeit als ältere Sterne. In manchen Fällen hat die Scheibe wie eine Schallplatte in der Mitte ein Loch. Das Loch kann einen Radius von ungefähr 30 bis 40 AE haben (so zum Beispiel die Verdichtungsscheiben um die Sterne Vega und Epsilon Eridani). Das Loch in der Scheibe um Beta Pictoris mißt nur 15 AE von seinem Stern bis zu seinem Rand. Es ist durchaus wahrscheinlich, daß die inneren staubfreien Zonen von jüngst geborenen Planeten gereinigt wurden. In der Tat kann man dieses Reinemachen anhand der Frühgeschichte unseres Planetensystems vorhersagen. Mit besseren technischen Möglichkeiten können wir eines Tages vielleicht Details in der Staubzusammensetzung oder in den staubfreien Zonen entdecken, die uns die Existenz von Planeten, die andernfalls für uns zu klein und zu dunkel sind, verraten. Mit dem Spektroskop gewonnene Daten deuten darauf hin, daß diese Scheiben wie wild rotie-

* 1 AE (Astronomische Einheit) entspricht dem mittleren Abstand von Erde und Sonne; 1 AE = 149,5658 Millionen Kilometer.

ren und die Sterne in ihrer Mitte Materie an sich ziehen – vielleicht von Kometen, die in der Scheibe entstehen, von den unsichtbaren Planeten abgelenkt werden und verglühen, sobald sie zu nahe an ihre Sonne herankommen.

Da Planeten klein sind und nur durch reflektiertes Licht leuchten, gehen sie im Glanz ihrer Sonnen oft unter. Dennoch sucht man derzeit fieberhaft nach voll ausgeformten Planeten benachbarter Sterne. Als Anzeichen genügt bereits eine leichte Verdunklung des Sternenlichts, wenn sich ein dunkler Planet zwischen den Stern und den Beobachter auf der Erde schiebt, oder ein leichtes Wanken in der Bewegung des Sterns, wenn er von einem sonst unsichtbaren Gesellen zuerst in die eine und dann in die andere Richtung geschoben wird. Mit Beobachtungen, die vom Weltraum aus gemacht werden, wird man eines Tages noch sehr viel mehr erkennen können. Ein iovianischer Planet, der einen benachbarten Stern umkreist, leuchtet ungefähr einemilliardemal schwächer als seine Sonne. Aber vielleicht kann schon bald eine neue Generation von Teleskopen die Brechungen der Erdatmosphäre kompensieren und solche Planeten in nur wenigen Stunden Beobachtungszeit aufspüren. Der erdähnliche Planet eines Nachbarsterns ist dann noch einmal hundertmal schwächer. Eine vergleichsweise kostengünstige Raumsonde könnte von einer Position oberhalb der Erdatmosphäre jedoch weitere Erden entdecken. Die Suche war bis jetzt nicht erfolgreich, doch wir sind mit Sicherheit kurz davor, zumindest Planeten von der Größe Jupiters bei unseren Nachbarsternen zu entdecken – vorausgesetzt, daß es überhaupt welche gibt.

Man war höchst überrascht, als man mit einem ungewöhnlichen Verfahren bei einem Stern in rund eintausenddreihundert Lichtjahren Entfernung ein echtes Planetensystem entdeckte. Der Pulsar mit der Bezeichnung B1257+12 ist ein schnell rotierender Neutronenstern, eine unglaublich dichte Sonne, das Überbleibsel eines massereichen Sterns, der Opfer einer Supernova-Explosion wurde. Der Pulsar dreht sich, wie die Astronauten mit beeindruckender Genauigkeit berechnen konnten, alle 0,0062185319388187 Sekunden um die eigene Achse; er bewältigt zehntausend Umdrehungen pro Minute.

Geladene Teilchen, die in seinem gewaltigen Magnetfeld gefangen sind, erzeugen Radiowellen, die hundertsechzigmal pro Sekunde über die Erde geschickt werden. Kleine, aber deutliche Veränderungen in der Puls-

Die Reste der Supernova Vela. Können Planeten die Explosion einer Supernova überleben? Die diagonale Linie ist ein rotierender künstlicher Erdsatellit, der das Sichtfeld des Teleskops während der Belichtungszeit kreuzte. (Mit freundlicher Genehmigung des Anglo-Australian Observatory, Aufnahme von David Malin)

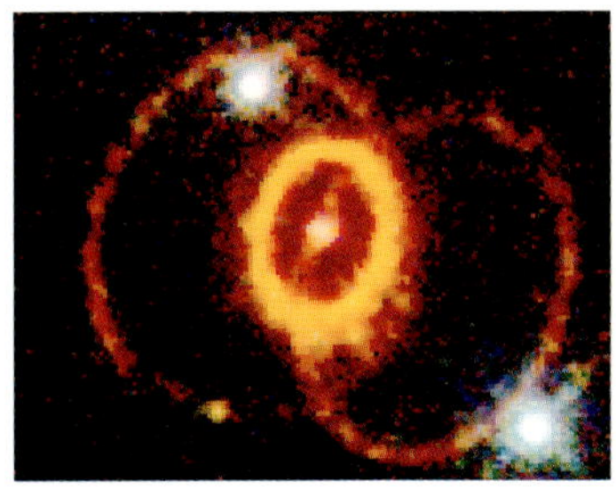

Drei Ringe aus glühendem Gas umgeben den Schauplatz der Supernova 1987A. Sie liegt in der Großen Magellanschen Wolke, einer kleinen Satellitengalaxie der Milchstraße, ungefähr 169 000 Lichtjahre von der Erde entfernt. Astronomen beobachteten von der Erde aus die Explosion im Februar 1987, doch sie fand natürlich vor 169 000 Jahren statt. Können aus den Ringen, den Überbleibseln einer Supernova-Explosion, neue Planeten entstehen? (Aufnahme des Hubble-Weltraumteleskops, mit freundlicher Genehmigung von Christopher Burrows. ESA/Space Telescope Science Institute und NASA)

rate wurden von Alexander Wolszczan, heute an der Pennsylvania State University, 1991 versuchsweise als eine Reaktion des Pulsars auf seine Planeten interpretiert. 1994 bestätigte Wolszczan die Gravitationseinflüsse dieser Planeten mit Hilfe einer Studie über die Abweichungen, die sich im Lauf der Jahre im Mikrosekundenbereich ergeben hatten. Der Beweis, daß es sich hierbei tatsächlich um neue Planeten und nicht um Beben auf der Oberfläche des Neutronensterns handelt, hat etwas Überwältigendes oder, um mit Wolszczan zu sprechen, etwas »Unausweichliches« an sich. Ein neues Sonnensystem ist »absolut zweifelsfrei« nachgewiesen. Im Gegensatz zu allen anderen Verfahren können mit der

Pulsar-Timing-Methode nahe gelegene erdähnliche Planeten vergleichsweise leicht und weiter entfernte jupiterähnliche Planeten vergleichsweise schwer entdeckt werden. Planet C besitzt ungefähr die 2,8fache Masse der Erde und umrundet den Pulsar alle 98 Tage in einer Entfernung von 0,47 AE. Planet B umkreist mit seiner 3,4fachen Erdmasse den Pulsar alle 67 Tage in 0,36 AE Entfernung. Planet A ist eine kleinere Welt, befindet sich mit 0,19 AE noch näher an seinem Stern und besitzt 0,015 Erdmassen. Überträgt man die Verhältnisse auf unser Sonnensystem, so ist B so weit von seinem Stern entfernt wie Merkur von der Sonne, C liegt zwischen Merkur und Venus, und Planet A befindet sich mit einer Masse, die der unseres Mondes entspricht, auf halbem Wege zwischen Sonne und Merkur. Ob diese Planeten die Überreste eines früheren Planetensystems sind, das die Supernova-Explosion überlebte, oder ob sie aus der Akkretionsscheibe entstanden, die sich nach der Supernova-Explosion bildete, ist ungewiß. Doch wissen wir jetzt in jedem Fall, daß es draußen im Weltall auch noch andere Welten gibt. B1257+12 gibt ungefähr 4,7mal mehr Energie als die Sonne ab. Anders als bei der Sonne handelt es sich hier jedoch nicht um sichtbares Licht, sondern um einen Sturm aus elektrisch geladenen Teilchen. Wenn man annimmt, daß diese Teilchen auf die Planeten auftreffen und sie dadurch aufheizen, dann ist die Oberfläche eines Planeten in 1 AE Entfernung 380 °Celsius heiß und erreicht damit fast die Temperatur auf Venus.

Diese dunklen und glühendheißen Planeten scheinen für Leben nicht geeignet zu sein. Aber vielleicht gibt es ja andere Planeten, die weiter von B1257+12 entfernt sind. Es gibt Anzeichen für mindestens eine kühlere Welt im B1257+12-System. Wir wissen natürlich nicht einmal, ob diese Welten genügend Anziehungskraft haben, um ihre Atmosphäre zu halten. Vielleicht fegte aber auch die Supernova-Explosion jegliche Form von Atmosphäre weg – wenn die Planeten damals schon existierten. Alle Anzeichen sprechen jedoch dafür, daß wir dabei sind, ein Planetensystem zu entdecken. In den folgenden Jahrzehnten werden wir vermutlich noch viele Planetensysteme aufspüren, die um ihre Sonnen, weißen Zwerge, Pulsare und andere Endstadien der Sternentwicklung kreisen.

Wir werden schließlich eine Liste von Planetensystemen besitzen, mit erdähnlichen, jupiterähnlichen oder vielleicht ganz anderen Formen von Planeten. Wir werden diese Welten mit dem Spektroskop und anderen Instrumenten untersuchen. Wir werden nach einer neuen Erde und nach Leben suchen.

Auf keiner Welt im äußeren Sonnensystem fand *Voyager* Spuren von Leben, geschweige denn von Intelligenz. Organische Materie – aus der Leben entstehen kann – gibt es in rauhen Mengen, aber nach unserer Erkenntnis kein Leben. Wir fanden weder Sauerstoff noch überproportionierte Gasvorkommen, vergleichsweise etwa dem Methan in der Erdatmosphäre. Viele dieser Welten leuchten in zarten Farben, doch keine von ihnen zeigt eine so deutliche Absorption wie Chlorophyll auf einem Großteil der Erdoberfläche. Nur auf sehr wenigen Welten konnte *Voyager* Details, die einen Durchmesser von nur einem Kilometer besitzen, ausmachen. Mit dieser Auflösung hätte die Sonde nicht einmal unsere eigene Kultur entdecken können, wenn sie vom Rand des Sonnensystems auf die Erde geblickt hätte. Aber auch so entdeckten wir keine regelmäßigen geometrischen Muster, keine kleinen Kreise, Dreiecke, Quadrate oder Rechtecke. Wir sahen keine unbeweglichen Lichtpunkte auf der Nachtseite, keine Anzeichen für eine technische Zivilisation, die die Oberfläche dieser Welten neu gestaltet.

Die iovianischen Planeten senden stetig Radiowellen aus. Sie werden zum Teil von den Unmengen von geladenen Teilchen in ihren Magnetfeldern, zum Teil durch Blitze und zum Teil durch ihren heißen Kern erzeugt. Doch keine dieser Radiowellen läßt nach Ansicht der Experten auf Intelligenz schließen.

Unsere Vorstellungskraft reicht vielleicht nicht aus, alles zu erfassen. So bringt zum Beispiel etwas Kohlendioxid in der Atmosphäre von Titan die Stickstoff-Methan-Atmosphäre des Mondes aus dem Gleichgewicht. Meiner Ansicht nach stammt das CO_2 von dem Kometenschauer, der ständig auf den Mond niedergeht. Vielleicht aber auch nicht. Vielleicht sitzt da ja etwas auf Titans Oberfläche, das trotz der Methanvorkommen CO_2 erzeugt.

Die Oberflächen von Miranda und Triton unterscheiden sich von allen anderen uns bekannten Planeten und Monden. Sie sind mit einem riesigen Zickzackmuster überzogen, das selbst sehr nüchterne Geologen bereits als »Autobahnen« bezeichneten. Wir glauben diese Formationen als die Folgeerscheinungen von Aufwürfen und Kollisionen erklären zu können, aber wir können uns auch irren.

Die Flecken von organischer Materie auf der Oberfläche – manchmal wie auf Triton leicht getönt – werden geladenen Teilchen zugeschrieben, die chemische Reaktionen in einfachem Kohlenwasserstoffeis hervorrufen und komplexere organische Moleküle entstehen lassen. Wir glauben, daß das alles von selbst geschieht. Aber auch hier können wir uns irren.

Das komplexe Muster von kosmischem Rauschen, Ausbrüchen und Pfeifen, das wir von allen jupiterähnlichen Planeten empfangen, kann durch Plasmaphysik und Wärmeemission erklärt werden (obwohl viele Details noch unklar sind). Aber auch hier können wir uns irren.

Auf keiner Welt, die wir untersuchten, konnten wir so deutliche und überzeugende Anzeichen von Leben finden, wie sie die Raumsonde *Galileo* bei ihrem Vorbeiflug auf der Erde entdeckte. Leben ist die unwahrscheinlichste aller Hypothesen. Man postuliert erst dann Leben, wenn man das, was man sieht, auf andere Weise nicht mehr erklären kann. Ich würde sogar behaupten, daß keine Welt, die wir untersuchten, Leben birgt – mit Ausnahme unserer eigenen Welt. Ich kann mich natürlich täuschen, und selbst wenn ich recht hätte, wäre meine Behauptung ohnehin nur auf unser Sonnensystem beschränkt. Vielleicht

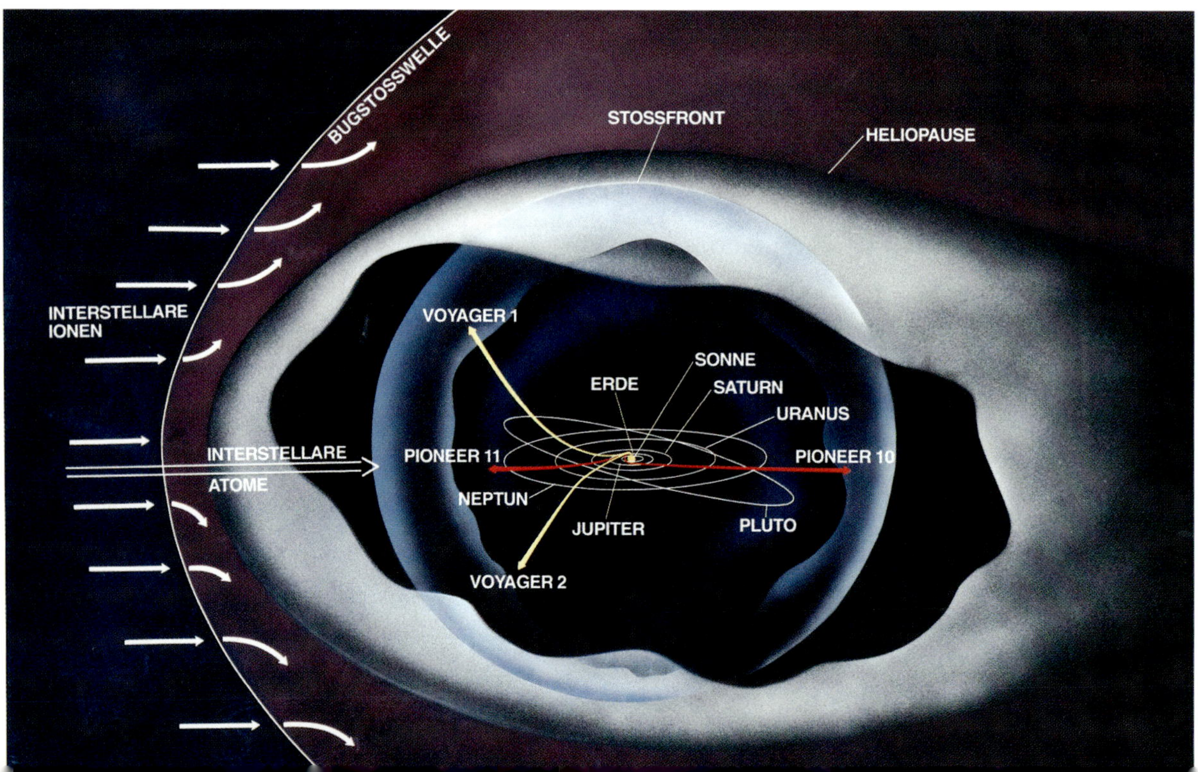

finden wir auf einer neuen Mission ja auch etwas Neues, etwas Überraschendes, etwas, das wir mit unserer Astrophysik nicht erklären können – und dann werden wir ganz langsam auch die Biologie zu Rate ziehen. Heute sehe ich dafür jedoch noch keine zwingende Notwendigkeit. Heute ist einzig auf der Erde Leben nachgewiesen. In den Systemen von Uranus und Neptun war *Voyager* die einzige Spur von Leben.

Mit der Entdeckung von Planeten anderer Sterne und der Entdeckung von Welten, die in ihrer Größe und Masse unserer Erde entsprechen, werden wir auch *sie* nach Spuren von Leben untersuchen. Vielleicht entdecken wir ja eine dichte Sauerstoffatmosphäre auf einer Welt, von deren Existenz wir heute noch nichts wissen. Denn diese Sauerstoffatmosphäre kann wie bei unserer Erde an sich schon ein Zeichen für Leben sein. Eine Sauerstoffatmosphäre mit großen Mengen Methan und modulierte Radiosignale wären dann schon fast ein sicheres Zeichen für Leben. Eines Tages werden wir vielleicht am Frühstückstisch sitzen und in den Morgennachrichten von der Entdeckung neuen Lebens in unserem oder einem anderen Planetensystem erfahren.

Die *Voyager*-Raumsonden sind inzwischen auf ihrem Weg zu den Sternen. Sie entfernen sich von unserem Sonnensystem mit einer Geschwindigkeit von rund eineinhalb Millionen Kilometern pro Tag. Das Schwerefeld von Jupiter, Saturn, Uranus und Neptun beschleunigte sie so stark, daß sie die Anziehungskraft der Sonne überwinden konnten.

Haben sie das Sonnensystem bereits verlassen? Die Antwort hängt davon ab, wie man das Reich unserer Sonne definiert. Wenn die Umlaufbahn des äußersten, relativ großen Planeten als Grenze gilt, dann sind die beiden *Voyager*-Sonden längst aus dem Sonnensystem verschwunden. Denn es gibt sehr wahrscheinlich keinen zweiten Neptun zu entdecken. Wenn man die Grenze jedoch beim äußersten Planeten ziehen will, dann gibt es vielleicht noch andere – vielleicht tritonähnliche – Planeten weit jenseits von Neptun und Pluto. Dann befinden sich *Voyager 1* und *Voyager 2* noch innerhalb des Sonnensystems. Wenn man die äußere Grenze des Sonnensystems mit der Heliopause gleichsetzt (wo die interplanetarischen Teilchen und Magnetfelder in interstellare Teilchen und Magnetfelder übergehen), dann hat bis jetzt keine der beiden *Voyager*-Sonden das Sonnensystem verlassen, sondern wird dies vielleicht erst in einigen Jahrzehnten tun. Wenn man jedoch die Grenze des Sonnen-

Gegenüberliegende Seite: *Graphische Darstellung des Sonnensystems, eingebettet in den Sonnenwind: Darunter versteht man die weitere Sonnenatmosphäre, die in den interstellaren Raum hinausweht. Vier Raumsonden sind dabei, das Sonnensystem zu verlassen, und können möglicherweise die Grenze zwischen dem Sonnenwind und dem Sternenwind aufspüren, bevor ihre Stromversorgung zusammenbricht. Die Sonden* Pioneer 10 *und* 11 *sind als rote Pfeile,* Voyager 1 *und* 2 *als gelbe Pfeile dargestellt. Die* Voyager-*Sonden fliegen schneller und besitzen größere Energiereserven. (Aus EOS Transactions, 19. April 1994, mit freundlicher Genehmigung der American Geophysical Union)*

systems dort setzt, wo die Gravitation der Sonne nachläßt und keine Planeten mehr in ihre Umlaufbahn zwingen kann, dann werden die *Voyager*-Sonden erst nach über zehntausend Jahren diese Grenze erreichen.* Die Gravitationskraft der Sonne reicht gerade aus, um die gewaltige Horde von Abermilliarden Kometen, die die Oortsche Wolke formen, in ihrem Bann zu halten. Unsere beiden Raumsonden werden diese Wolke in etwa zwanzigtausend Jahren erreichen.

Wenn die Funkgeräte schon lange nicht mehr funktionieren, werden die Sonden endlos durch die ruhige und kalte Finsternis treiben – denn fast nichts kann sie dort draußen zerstören. Wenn sie das Sonnensystem einmal verlassen haben, werden sie noch eine Jahrmilliarde oder länger das Zentrum unserer Milchstraße umkreisen.

Wir wissen nicht, ob es noch andere Kulturen in der Milchstraße gibt, die Raumschiffe aussenden. Aber es besteht immerhin die Chance, daß eine *Voyager*-Sonde eines Tages von einem fremden Raumschiff entdeckt und untersucht wird. Deshalb wurde jede *Voyager*-Sonde vor ihrem Abflug von der Erde mit einer goldenen Ton-Bild-Platte in einer goldenen und verspiegelten Hülle ausgestattet, die unter anderem folgende Aufnahmen enthält: Grußworte in neunundfünfzig menschlichen Sprachen und die Rufe der Wale, einen zwölfminütigen Essay mit dem Lautmuster eines Kusses, dem Weinen eines Babys, dem EEG einer jungen verliebten Frau, außerdem hundertsechzehn codierte Bilder von unseren wissenschaftlichen Leistungen, unserer Kultur und von uns selbst. Es folgen neunzig Minuten mit den größten Hits aus der östlichen und westlichen Welt, aus Klassik und Volksmusik; dazu gehören ein Nachtlied der Navajo-Indianer, ein japanisches Shakuhachi-Stück, ein Initiationslied für Pygmäen-Mädchen, ein peruanisches Hochzeitslied,

* Beide *Voyager*-Sonden vernahmen 1992 Radiosignale, die vermutlich durch die Kollision zwischen mächtigen Sonnenwinden und dem dünnen Gas, das zwischen den Sternen liegt, entstanden. Die gewaltige Intensität der Signale (über zehn Billionen Watt) läßt auf die Entfernung der Heliopause schließen: ungefähr der hundertfache Abstand zwischen Erde und Sonne. Wenn *Voyager 1* ihre Geschwindigkeit beibehält, wird sie vermutlich um das Jahr 2010 die Heliopause erreichen und in den Weltraum vordringen. Wenn ihre Atomenergiequelle dann noch funktioniert, wird sie dieses Ereignis zur Erde funken. Die Kollision dieser Stoßwelle mit der Heliopause ist die mächtigste Quelle von Radiowellen im Sonnensystem. Vielleicht können unsere Radioteleskope dann auch stärkere Stoßwellen in anderen Planetensystemen entdecken.

eine dreitausend Jahre alte Ch'in-Komposition mit dem Titel »Fließende Wasser«, Kompositionen von Bach, Beethoven, Mozart, Strawinsky, Louis Armstrong, Blind Willie Johnson sowie Chuck Berrys »Johnny B. Goode«.

Der Weltraum ist nahezu leer. Es besteht so gut wie keine Chance, daß eine der beiden *Voyager*-Sonden jemals zu einem anderen Sonnensystem gelangt. Das gälte selbst dann, wenn jeder Stern am Himmel von einem Planetensystem umgeben wäre. Die Abspielanleitungen auf der Plattenhülle sind in – unserer Ansicht nach – leicht verständlichen Hieroglyphen aufgezeichnet. Dennoch können wir nicht vorhersehen, wieviel vom Inhalt dieser Platten fremde Lebewesen verstehen können. Die Laute der Grußworte sind mit großer Wahrscheinlichkeit unverständlich, ihre Absicht vielleicht nicht. (Wir dachten, es gehört sich einfach, »Guten Tag!« zu sagen.) Wenn es diese fremden Wesen gibt, dann sind sie sicher ganz anders als wir. Sie haben sich unabhängig von uns in einer ganz anderen Welt entwickelt. Jede Besatzung eines fremden Raumschiffes wird unsere Aufnahme nach ihrem eigenen Maßstab beurteilen. Die *Voyager*-Sonde selbst ist ja schon eine Botschaft. Ihr Forscherdrang, ihre hochfliegenden Ziele, ihre friedliche Absicht, ihr durchdachtes Design und ihre beeindruckenden Leistungen legen ausreichend Zeugnis über uns ab. Wenn diese fremden Lebewesen aber viel weiter entwickelt sind als wir können sie den Code auf unseren Platten ohne Schwierigkeiten entschlüsseln. Vielleicht erkennen sie dann, auf welch wackligen Füßen unsere Gesellschaft steht, welche Diskrepanz zwischen technischer und sozialer Kompetenz auf Erden herrscht. Sie werden sich fragen, ob wir, uns inzwischen selbst ausgerottet oder ob wir noch weitere Heldentaten vollbracht haben.

Vielleicht wird aber auch niemand von diesen Aufnahmen Notiz nehmen. Vielleicht bleiben sie die nächsten fünf Milliarden Jahre unentdeckt. Fünf Milliarden Jahre sind eine lange Zeit. In fünf Milliarden Jahren wird die Spezies Mensch ausgestorben sein oder sich zu einer anderen biologischen Form weiterentwickelt haben. Keine unserer Errungenschaften wird überlebt haben, die Kontinente werden sich bis zur Unkenntlichkeit verwandelt haben oder zerstört sein, und die sterbende Sonne wird die Erde verbrannt oder in einzelne Atome aufgelöst haben. *Voyager* aber wird weiter durch das Weltall fliegen und Zeugnis ablegen von einer Welt, die es nicht mehr gibt.

Kapitel 10

Schwarzer Himmel

Der Anblick des weiten Himmels kommt als einzige visuelle Wahrnehmung einem Gefühl am nächsten.

Samuel Taylor Coleridge, *Notebooks,* 1805

Das Blau eines wolkenlosen Maienmorgens, das Rot und Orange eines Sonnenuntergangs am Meer haben den Menschen schon immer beeindruckt und ihn zu Dichtung und Wissenschaft inspiriert. Wo wir auch leben, welche Sprache wir auch sprechen, welche Bräuche oder Riten wir unser eigen nennen – wir alle leben unter einem Himmel. Viele von uns *erwarten* einen blauen Himmel und wären verständlicherweise höchst überrascht, wenn sie eines Morgens aufwachten und einen wolkenlosen, aber schwarzen, gelben oder grünen Himmel entdeckten. (Die Bewohner von Los Angeles und Mexico City haben sich inzwischen an ihren braunen und die Bewohner von London und Hamburg an ihren grauen Himmel gewöhnt, aber auch sie bezeichnen Blau als die eigentliche Farbe des Himmels.)

Und dabei gibt es wirklich Welten mit einem schwarzen oder gelben, vielleicht sogar mit einem grünen Himmel. Die Farbe des Himmels charakterisiert die Welt. Wenn Sie mich auf irgendeinem Planeten des Sonnensystems aussetzen, kann ich ohne Schwerkraft und ohne Bodenproben nur mit einem raschen Blick auf die Sonne und den Himmel mit

Gegenüberliegende Seite: *Der blaue Streifen ist die Erdatmosphäre, hier vom Spaceshuttle* Discovery *auf seiner Mission 41-D vor der Küste von Rio de Janeiro in Kantenstellung aufgenommen. Die Sonne geht gerade unter, Gewitterwolken türmen sich bis in die Stratosphäre hinauf. Jenseits des blauen Streifens befindet sich der schwarze Weltraum. (Mit freundlicher Genehmigung des Johnson Space Center/NASA)*

Alle Aufnahmen der Erde aus einem niedrigen Orbit zeigen einen blauen Streifen über dem Horizont. Hier ein Shuttle-Photo von einem tropischen Tiefdruckgebiet. (Mit freundlicher Genehmigung des Johnson Space Center/NASA)

ziemlicher Sicherheit sagen, wo ich bin. Das vertraute Blau, das hier und dort von weißen Wolken unterbrochen wird, ist das Erkennungszeichen unserer Welt. Im Französischen gibt es den Ausdruck *sacrebleu!*, was man in etwa mit »Du lieber Himmel!« übersetzen kann. Wörtlich übersetzt bedeutet der Ausdruck »heiliges Blau«*. Das ist wohl wahr. Hätte die Erde eine Flagge, müßte ihre Farbe Himmelblau sein.

Vögel fliegen durch den Himmel, Wolken schweben am Himmel, Menschen bewundern und kreuzen den Himmel, Licht von der Sonne und den Sternen dringt durch ihn hindurch. Doch was ist der Himmel eigentlich? Woraus besteht er? Wo hört er auf? Wieviel Himmel gibt es? Woher kommt all das Blau?

Im August 1957 stieg ein Mensch zum ersten Mal über das Blau hinaus und sah sich um: David Simons, ehemaliger Air-Force-Offizier und Arzt. Er stieg mit seinem Ballon in eine Höhe von über dreißig Kilometern, so hoch wie kein Mensch vor ihm, und sah durch die dicken Fenster seiner Gondel einen ganz anderen Himmel. Simons, der heute an einer kalifornischen Universität lehrt, erinnert sich an eine dunkle, tiefviolette

* »Sacrebleu« war ursprünglich als Euphemismus für den als zu heftig empfundenen Ausdruck »sacredieu« zu verstehen.

Farbe. Er war bis zu der Region aufgestiegen, in der das Blau, das wir am Boden sehen, langsam in das vollkommene Schwarz des Weltalls übergeht.
Seit der heute fast vergessenen Ballonfahrt von Dr. Simons sind Menschen vieler Nationen über die Grenzen der Atmosphäre hinausgeflogen. Es ist inzwischen nachgewiesen, daß der Taghimmel des Weltraums schwarz ist. Die Sonne scheint hell auf das Raumschiff. Die Erde ist hell erleuchtet. Aber der Himmel ist schwarz wie die Nacht.
Jurij Gagarin, der erste Mensch im Weltall an Bord der *Wostok 1*, lieferte am 12. April 1961 folgenden denkwürdigen Bericht:

> Der Himmel ist vollkommen schwarz. Und vor dem schwarzen Hintergrund sind die Sterne heller und deutlicher zu sehen. Die Erde ist von einem einzigartigen und wunderschönen blauen Schimmer umgeben, den man am Horizont gut erkennen kann. Die Farbe geht sanft von Hellblau zu Blau, dann zu Dunkelblau und Violett und schließlich in das Schwarz des Himmels über. Diese Abtönung ist wunderschön anzusehen.

Die Erde und der Mond im dunklen Weltraum. Der Himmel wird schwarz, sobald wir uns von unserer Welt entfernen.
(Galileo-*Aufnahme, mit freundlicher Genehmigung des JPL/NASA)*

Das Blau des Taghimmels hat etwas mit der Luft zu tun. Wenn Sie jedoch am Frühstückstisch Ihren Partner anschauen, läßt ihn die Luft nicht blau aussehen. Die Farbe des Himmels muß also mit viel und nicht nur mit ein bißchen Luft zusammenhängen. Wenn man die Erde vom Weltraum aus genau betrachtet, dann erkennt man, daß sie von einem schmalen blauen Band umgeben ist, das genauso dick ist wie die untere Atmosphäre. Und wirklich, das Blau *ist* die untere Atmosphäre. Am oberen Rand des Bandes sieht man den Übergang zur Schwärze des Weltraums. Simons drang als erster in diesen Übergangsbereich vor, und Gagarin beobachtete ihn als erster von außen. In einem Routine-Weltraumflug startet man unterhalb des Blaus, durchquert es wenige Minuten nach dem Start und taucht dann ein in die grenzenlosen Weiten, in denen selbst das Atmen nur mit Hilfe von komplizierten Geräten möglich ist. Der blaue Himmel ist für den Menschen lebensnotwendig.

Tagsüber ist der Himmel blau, weil das Sonnenlicht durch die Luft um und über uns reflektiert wird. In einer wolkenlosen Nacht ist der Himmel schwarz, weil die Luft keine ausreichend große Lichtquelle reflektieren kann. Warum aber wirft die Luft ausgerechnet blaues Licht zu uns herab?

Das sichtbare Sonnenlicht hat viele Farben, Violett, Blau, Grün, Gelb, Orange oder Rot, die den unterschiedlichen Wellenlängen des Lichts entsprechen. (Wellenlänge nennt man den Abstand zwischen zwei Wellenbergen, wenn die Welle sich durch Luft oder Raum ausbreitet.) Violettes und blaues Licht besitzen die kürzesten Wellenlängen, Orange und Rot die längsten. Was wir als Farbe sehen, ist die Umsetzung dieser Wellenlängen des Lichts durch unsere Augen und unser Gehirn. (Wir könnten Wellenlängen von Licht genausogut in Töne anstatt in Farbe umsetzen – unsere Sinnesorgane haben sich aber nun einmal so entwickelt.)

Alle Regenbogenfarben des Spektrums gemeinsam erscheinen – wie im Sonnenlicht – fast weiß. Diese Wellen legen die 150 Millionen Kilometer von der Sonne bis zur Erde in acht Minuten zurück. Auf ihrem Weg zur Erde prallen sie auf der Atmosphäre auf, die hauptsächlich aus Stickstoff- und Sauerstoffmolekülen besteht. Einige Wellen werden von der Luft wieder in den Weltraum reflektiert. Andere werden hin und her geworfen, bevor das Licht ein menschliches Auge erreicht. (Einige werden auch von Wolken oder von der Erdoberfläche wieder in den Weltraum reflektiert.) Dieses »Hin-und-her-geworfen-Werden« der Lichtwellen in der Atmosphäre nennt man Streuung.

Aber nicht alle Wellen werden von den Molekülen der Luft gleich gut gestreut. Wellenlängen, die größer sind als die Moleküle, sind weniger betroffen. Sie sausen einfach über die Moleküle hinweg und werden kaum von ihnen beeinflußt. Wellenlängen, die näher an die Größe der Moleküle herankommen, werden stärker gestreut. Wellen können Hindernisse, die so groß sind wie sie selbst, nicht einfach ignorieren. (Man denke nur an Wasser, das an eine Hafenmauer schlägt, oder an Wellen in der Badewanne, die auf die sprichwörtliche Plastikente treffen.) Die kürzeren Wellenlängen, die wir als violettes und blaues Licht sehen, werden demnach stärker gestreut als die längeren Wellenlängen, die wir als orangefarbenes und rotes Licht sehen. Wenn wir an einem wolkenlosen Tag den blauen Himmel bewundern, dann sehen wir hauptsächlich die kurzen Wellen des Sonnenlichts, die am stärksten gestreut werden. Nach dem englischen Physiker J.W. Rayleigh, der dieses Phänomen als erster erklären konnte, nennt man diesen Effekt Rayleigh- Streuung. Zigarettenrauch ist aus demselben Grund blau. Seine Partikel erreichen ungefähr die Größe der Wellenlänge von blauem Licht.

Und warum ist der Sonnenuntergang dann rot? Das Rot eines Sonnenuntergangs ist das Licht, das übrigbleibt, wenn die Luft das Blau verstreut hat. Da die Atmosphäre praktisch eine dünne Gashülle ist, die durch die Gravitationskraft an die Erde gebunden ist, muß das Sonnenlicht bei Sonnenuntergang (oder -aufgang) eine längere und stärker geneigte Strecke durchmessen als mittags. Da violette und blaue Wellen auf ihrem jetzt längeren Weg durch die Luft noch stärker gestreut werden als bei höherem Sonnenstand, sehen wir bei Sonnenuntergang (oder -aufgang) nur noch das, was übrigbleibt. Und das sind die Wellen im Orange- und Rotbereich, die kaum gestreut werden. Der blaue Himmel ist für unseren roten Sonnenuntergang verantwortlich. (Die Mittagssonne erscheint deshalb gelblich, weil sie etwas mehr gelbes Licht aussendet und teilweise auch, weil die Erdatmosphäre sogar mittags etwas blaues Licht aus den Sonnenstrahlen herausfiltert.)

Es heißt manchmal, Wissenschaftler seien unromantisch und ihr Forscherdrang nehme der Welt ihre Schönheit und ihre Rätselhaftigkeit. Aber ist es denn nicht aufregend zu verstehen, wie die Welt eigentlich funktioniert, daß weißes Licht aus Farben besteht, daß wir die Wellenlängen des Lichts in Farben umsetzen, daß durchsichtige Luft Licht reflektiert, daß es das Licht nach seinen Wellenlängen streut und daß der Sonnenuntergang rot ist, weil der Himmel blau ist? Ein glutroter Sonnenuntergang ist nicht weniger romantisch, nur weil wir wissen, wie er zustande kommt.

Da die meisten einfachen Moleküle ungefähr gleich groß sind (ca. ein hundertmillionstel Zentimeter), ist es für das Blau des Himmels unerheblich, woraus die Atmosphäre besteht – solange sie das Licht nicht *absorbiert.* Sauerstoff- und Stickstoffmoleküle absorbieren sichtbares Licht nicht. Sie lenken es nur in eine andere Richtung. Andere Moleküle können Licht jedoch schlucken. Stickoxide – die in Motoren und Fabriken entstehen - sind für die schlammbraune Farbe des Smogs verantwortlich. Stickoxide (aus Sauerstoff und Stickstoff) absorbieren tatsächlich Licht. Absorption und Streuung können einen Himmel färben.

Andere Welten, andere Himmel. Merkur, unser Mond und die meisten Trabanten der übrigen Planeten sind kleine Welten. Wegen ihrer geringen Anziehungskraft können sie ihre Atmosphäre nicht an sich binden, sondern lassen sie in den Weltraum entweichen. Das Beinahevakuum des Weltraums reicht dann bis an die Oberfläche dieser Himmelskörper. Sonnenlicht dringt ungehindert bis auf ihre Oberfläche vor und wird auf seinem Weg weder gestreut noch absorbiert. Die Himmel dieser Welten sind selbst mittags schwarz. Nur zwölf Menschen haben dieses Phänomen bisher mit eigenen Augen gesehen: die Besatzungen von *Apollo 11, 12, 14 und 17,* die auf dem Mond landeten.

Alle Trabanten, die zum Zeitpunkt der Veröffentlichung dieses Buches bekannt waren, sind in der nebenstehenden Tabelle aufgelistet. (Rund die Hälfte davon wurde von den *Voyager*-Sonden entdeckt.) Alle Trabanten und Asteroiden haben einen schwarzen Himmel – mit Ausnahme des Saturn-Mondes Titan und vielleicht des Neptun-Mondes Triton, die groß genug sind, um eine eigene Atmosphäre zu besitzen.

Venus hat eine ungefähr neunzigmal dichtere Atmosphäre als die Erde. Sie besteht jedoch nicht wie auf der Erde hauptsächlich aus Sauerstoff und Stickstoff, sondern aus Kohlendioxid. Auch Kohlendioxid absorbiert kein sichtbares Licht. Wie würde der Himmel über Venus aussehen, wenn der Planet nicht von Wolken verhüllt wäre? Bei einer derart dichten Atmosphäre werden nicht nur violette und blaue Wellen gestreut,

Zweiundsechzig Welten für das dritte Jahrtausend: Bekannte Monde der Planeten (Und ein Asteroid) - Hier in der Reihenfolge ihrer Entfernung zum Planeten aufgeführt

Erde, 1	**Mars, 2**	**Ida, 1**	**Jupiter, 16**	**Saturn, 18**	**Uranus, 15**	**Neptun, 8**	**Pluto, 1**
Mond	Phobos	Noch namenlos	Metis	Pan	Cordelia	Naiad	Charon
	Deimos		Adrastea	Atlas	Ophelia	Thalassa	
			Amalthea	Prometheus	Bianca	Despina	
			Thebe	Pandora	Cressida	Galatea	
			Io	Epimetheus	Desdemona	Larissa	
			Europa	Janus	Julia	Proteus	
			Ganymed	Mimas	Portia	Triton	
			Kallisto	Enceladus	Rosalind	Nereid	
			Leda	Tethys	Belinda		
			Himalia	Telesto	Puck		
			Lysithea	Calypso	Miranda		
			Elara	Dione	Ariel		
			Ananke	Helene	Umbriel		
			Carme	Rhea	Titania		
			Pasiphae	Titan	Oberon		
			Sinope	Hyperion			
				Iapetus			
				Phoebe			

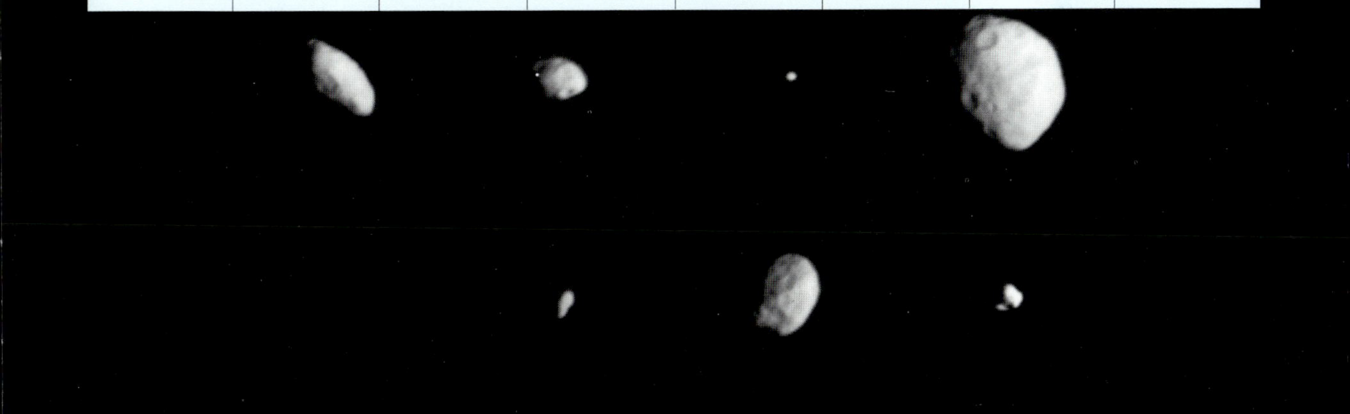

sondern auch alle anderen Farben. Die Lufthülle ist so dicht, daß kaum blaues Licht bis zum Boden gelangt. Es wird bereits auf seinem Weg zur Oberfläche wieder in den Weltraum reflektiert. Das Licht, das bis zum Boden vordringt, wäre demnach sehr rötlich – wie ein himmelweiter Sonnenuntergang. Außerdem wird der Schwefel in den höheren Wolkenschichten den Himmel gelb färben. Aufnahmen der sowjetischen

Das erste Farbphoto von der Mars-Oberfläche zeigte fälschlicherweise einen blauen Himmel (oben). Mit der richtigen Farbeinstellung der Raumsonden-Kameras erhielt man jedoch rötlichen Himmel (unten). (Mit freundlicher Genehmigung des JPL/NASA)

Raumsonde *Venera* bestätigten, daß der Himmel der Venus gelblich-orange ist.

Bei Mars ist die Sache wieder anders gelagert. Er ist kleiner als die Erde und besitzt eine wesentlich dünnere Atmosphäre. Der Druck auf der Mars-Oberfläche ist so schwach wie in der Stratosphäre der Erde. Es war also anzunehmen, daß der Mars-Himmel schwarz oder violettschwarz aussieht. Die erste Farbaufnahme der Mars-Oberfläche kam 1976 von der amerikanischen Raumsonde *Viking 1*, die auf dem roten Planeten landete. Die Sonde funkte ihre Daten an die Erde, und das Foto wurde von einem Computer zusammengesetzt. Zur Verblüffung sämtlicher Wissenschaftler zeigte die Aufnahme jedoch ein vertrautes Blau. Für einen Planeten mit einer so dünnen Atmosphäre ganz unmöglich! Irgend etwas war schiefgelaufen.

Unser Fernsehbild setzt sich aus drei monochromatischen Bildern in den Farben Rot, Grün und Blau zusammen. Diese Farbmischung wird auch bei Videoprojektoren angewandt, die getrennte Strahlen aus rotem, grü-

Die Himmel der vier terrestrischen Planeten Merkur, Venus, Erde und Mars in Darstellungen des Künstlers Don Davis.

Die Farbe des Mars-Himmels verändert sich. Die Aufnahmen von Viking Lander 1 *zeigen den Mars-Himmel an drei aufeinanderfolgenden Tagen. Am 1742. Tag der Viking-Lander-1-Mission kam ein gewaltiger Staubsturm auf und färbte den Himmel rot.* (Viking-*Aufnahmen, mit freundlicher Genehmigung des JPL/NASA)*

nem und blauem Licht aussenden, um ein buntes Bild (einschließlich Gelb) entstehen zu lassen. Diese drei monochromatischen Bilder müssen natürlich richtig gemischt werden. Wenn das Blau zu stark gerät, dann bekommt das Bild einen Blaustich. Natürlich müssen auch Aufnahmen aus dem Weltraum richtig gemischt werden. Manchmal entscheiden Computertechniker das richtige Mischungsverhältnis. Die *Viking*-Computertechniker waren keine Astrophysiker, und so mischten sie so lange an der Aufnahme herum, bis sie für ihr Empfinden »richtig« aussah. Wir sind so stark von unserer eigenen Erfahrung auf Erden geprägt, daß ein »richtiger« Himmel automatisch blau aussehen muß. Die Farbe wurde mit Hilfe der Standardeinstellung der Raumsonde schnell korrigiert, und auf einmal war kein blauer Himmel mehr zu sehen. Man sah vielmehr einen ocker-rosé getönten Himmel. Er war nicht blau und auch nicht violettschwarz.

Der Mars-Himmel ist ocker-rosé. Ein Großteil der Mars-Oberfläche besteht aus Wüste und rötlichem, weil rostigem Sand. Ab und zu wirbeln heftige Sandstürme Teilchen von der Oberfläche hoch in die Atmosphäre hinauf. Sie sinken nur langsam wieder herab, und bevor der Himmel wieder aufklart, weht schon der nächste Sandsturm. Fast jedes Mars-Jahr wird der gesamte Planet oder zumindest ein Großteil davon von einem Sandsturm heimgesucht. Da also immer rostige Teilchen in der Luft schweben, werden zukünftige Generationen, die auf dem Mars leben, die lachsrote Farbe ihres Himmels als so natürlich empfinden wie wir unser Blau. Sie werden mit einem einzigen Blick in den Taghimmel feststellen können, wann der letzte Sandsturm gewesen ist.

Die äußeren Planeten unseres Sonnensystems – Jupiter, Saturn, Uranus und Neptun – sind anders. Diese gewaltigen Welten besitzen gewaltige Atmosphären, die hauptsächlich aus Wasserstoff und Helium bestehen. Ihre festen Oberflächen liegen so tief im Innern ihrer Atmosphären verborgen, daß kein Sonnenlicht bis dorthin vordringt. Dort unten ist der Himmel schwarz und kennt weder Sonnenauf- noch -untergang. Die ewige, sternlose Nacht wird vielleicht manchmal durch einen Blitz erhellt. Nur in den oberen Bereichen ihrer Atmosphären, die vom Sonnenlicht erreicht werden, offenbart sich ein wunderbarer Anblick.

Auf Jupiter ist der Himmel über einer hochgelegenen Schicht aus Ammoniakdampf (statt Wasserdampf) fast schwarz. Weiter unten, in der blauen Himmelsregion, sieht man bunte Wolken in verschiedenen gelblichbraunen Schattierungen. (Ihre Zusammensetzung ist unbekannt, man vermutet aber Schwefel, Phosphor und komplexe organische Moleküle.) Noch weiter unten erscheint der Himmel rötlichbraun. Die Wolken sind unterschiedlich dick, so daß durch die dünneren Schichten etwas Blau hindurchscheint. Je mehr wir uns der Oberfläche nähern, um so dunkler wird der Himmel. Ähnlich verhält es sich auch auf Saturn, doch seine Farben sind noch viel stärker abgetönt.

Uranus und vor allem Neptun besitzen eine unheimlich nüchterne blaue Farbe, durch die mit hoher Geschwindigkeit – manchmal etwas weißere – Wolken ziehen. Das Sonnenlicht scheint auf eine vergleichsweise saubere Atmosphäre, die hauptsächlich aus Wasserstoff und Helium besteht, aber auch reich an Methan ist. Große Methanvorkommen absorbieren gelbes und vor allem rotes Licht und lassen das grüne und blaue Licht durch. Ein dünner Kohlenwasserstoffschleier hält etwas Blau zurück. In einer bestimmten Höhe sieht der Himmel vermutlich grünlich aus.

Die Wissenschaft kam darin überein, daß die Absorption durch Methan und die Rayleigh-Streuung des Sonnenlichts durch die tiefe Atmosphäre für die blaue Farbe auf Uranus und Neptun verantwortlich sind. Doch die Analyse von *Voyager*-Daten, die Kevin Bains vom JPL durchführte, scheint darauf hinzudeuten, daß diese Erklärung nicht ausreicht. Anscheinend gibt es tief unten – vielleicht in der Nähe der mutmaßlichen Schwefelwasserstoffwolken – gewaltige Vorkommen einer blauen Substanz. Bis heute konnte niemand herausfinden, woraus sie besteht. Blaue Substanzen kommen in der Natur nur äußerst selten vor. Wie immer in der Wissenschaft wird ein gelöstes Rätsel sofort wieder durch ein neues ersetzt. Früher oder später werden wir aber auch darauf eine Antwort finden.

Alle Welten, die einen farbigen Himmel besitzen, haben auch eine Atmosphäre. Wenn man auf der Oberfläche einer solchen Welt steht und von einer Atmosphäre umgeben ist, die so dick ist, daß man sie sehen kann, dann kann man vielleicht auch irgendwie durch sie hindurchfliegen. Wir schicken heute unsere Instrumente durch die bunten Himmel anderer Welten. Eines Tages werden wir vielleicht selbst dorthin fliegen.

Fallschirmkapseln untersuchten die Atmosphäre von Venus und Mars

Der Himmel über drei Planeten. Oben: *Venus.* Folgende Seite: *Jupiter und Uranus. Die Zusammensetzung der Wolken auf den iovianischen Planeten konnte bis jetzt noch nicht direkt gemessen werden. Erst wenn die Raumsonde* Galileo *in die Jupiter-Atmosphäre eindringt, wird man genauere Angaben machen können. (Darstellungen von Don Davis)*

und sollen auch zu Jupiter und Titan geschickt werden. 1985 segelten zwei französisch-sowjetische Ballons durch den gelben Himmel der Venus. Der Ballon *Vega 1* maß ungefähr vier Meter im Durchmesser, und dreizehn Meter unter ihm baumelte ein ganzes Paket mit Instrumenten. Der Ballon wurde auf der Nachthalbkugel aufgeblasen, schwebte etwa vierundfünfzig Kilometer über der Oberfläche und übertrug fast zwei Erdentage lang Daten an die Erde, bis die Batterien ihren Dienst versagten. In der Zwischenzeit war der Ballon elftausendsechshundert Kilometer über die Venus gereist. Der Ballon *Vega 2* sah fast genauso aus. Die Atmosphäre der Venus wurde außerdem schon für eine Luftbremsung genutzt. Mit ihrer Hilfe, also durch die Reibung an der dichten Luft, änderte man die Bahn der Raumsonde *Magellan*. Dieses Verfahren gilt als Schlüsseltechnologie zur Kursänderung von Raumschiffen.

Eine Mars-Mission, die 1998 starten soll und von Rußland geleitet wird, schließt einen riesigen französischen Heißluftballon mit ein, der aussieht wie eine überdimensionale Qualle. Der Ballon soll in der eisigkalten Dämmerung auf die Mars-Oberfläche herabsinken und durch die Hitze der Sonneneinstrahlung am nächsten Tag wieder aufsteigen. Die Winde auf Mars wehen so stark, daß der Ballon – wenn alles gutgeht – jeden Tag Hunderte von Kilometern weit getragen wird und den Nordpol mehrmals überfliegt. Am frühen Morgen, wenn er noch in Bodennähe schwebt, wird er hochauflösende Bilder aufnehmen und andere Daten sammeln. Die Stabilisierung des Ballons erfolgt über eine Führungsleine, die von der Planetary Society, einer privaten Forschungsorganisation in Kalifornien, entworfen wurde.

Da der Oberflächendruck auf Mars etwa dem Druck der Erdatmosphäre in dreißigtausend Metern Höhe entspricht, wissen wir, daß Flugzeuge dort fliegen können. Bestimmte Militärflugzeuge fliegen regelmäßig durch derartige Druckverhältnisse. Für Mars wurden Flugzeuge mit noch größerer Tragflächenspannweite konstruiert.

Der Traum vom Fliegen und der Traum von der Raumfahrt sind eng miteinander verwandt. Sie entspringen dem Wunschdenken derselben Visionäre, beruhen auf ähnlichen Technologien und entwickeln sich fast im Gleichschritt. Da dem Fliegen auf Erden praktische und wirtschaftliche Grenzen gesetzt sind, denkt man über die Möglichkeit nach, durch die bunten Himmel anderer Welten zu fliegen.

Der französische Forschungsballon sinkt im Abendlicht auf die Mars-Oberfläche hinab und zieht das lange Führungsseil namens »SNAKE« mit den Instrumenten hinter sich her. Der Ballon wird voraussichtlich im Rahmen einer russischen Mars-Mission 1998 in den Weltraum gebracht. (Darstellung von Michael Carroll)

Heute ist es möglich, fast jeden Planeten des Sonnensystems anhand einer bestimmten Farbkombination, die auf den Farben der Wolken und des Himmels beruht, zu identifizieren: von den schwefelgelben Himmeln der Venus und den rötlichen Himmeln des Mars bis zum Aquamarin von Uranus und dem unwirklichen Blau von Neptun. Vielleicht stehen diese Farben ja einst für ferne menschliche Kolonien im Sonnensystem – in einer Zeit, da die Grenzen von der Sonne zu den Sternen verlegt werden und die Forscher von der endlosen Schwärze des Weltalls umgeben sind.

Kapitel 11

Abendstern und Morgenstern

Ein Himmel ist und eine Erde, die nicht der Menschen Welt.

Li Tai-Bo, *Antwort*, um 730[1]

Man kann den Stern in der Dämmerung am westlichen Horizont glänzen sehen. Da er als erster am Abendhimmel auftaucht, darf man sich etwas wünschen, sobald man ihn entdeckt. Manchmal gehen diese Wünsche auch in Erfüllung.

Man kann ihn auch vor der Morgendämmerung am östlichen Horizont sehen. Dieser Stern, der sowohl am westlichen als auch am östlichen Himmel alle anderen Sterne (mit Ausnahme von Sonne und Mond) überstrahlt, wird Abend- und Morgenstern genannt. Unsere Ahnen wußten nicht, daß dieser Stern auch eine Welt ist, ein und dieselbe Welt sogar, die in einer engeren Umlaufbahn als die der Erde um die Sonne kreist. Kurz vor Sonnenuntergang und kurz nach Sonnenaufgang befindet sich in der Nähe des Sterns manchmal eine luftige weiße Wolke; durch den Kontrast erkennen wir dann, daß Venus eine blasse, zitronengelbe Farbe besitzt.

Wenn man durch das Okular eines Teleskops, selbst durch das des größten optischen Teleskops dieser Erde blickt, kann man keine Details erkennen. Alles, was man im Lauf der Monate sehen kann, ist eine fla-

Gegenüberliegende Seite: *Eine Raumsonde aus der* Mariner-*Klasse im interplanetaren Raum.* Mariner 2 *unternahm 1962 die erste erfolgreiche interplanetare Mission und gilt als die erste erfolgreiche Venus-Sonde. Sie eröffnete das Zeitalter der modernen Planetenforschung. (Mit freundlicher Genehmigung des JPL)*

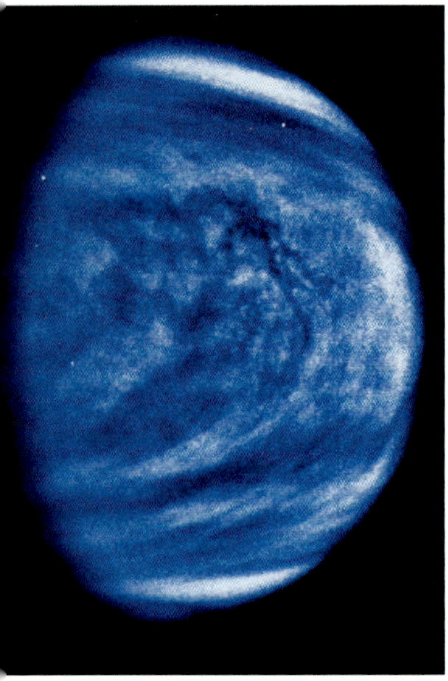

Die oberen Wolken der Venus in einer Aufnahme der Raumsonde Galileo. *Das Bild wurde blau getönt, um die zarten Kontraste besser herauszuarbeiten (und um zu zeigen, daß die Aufnahme mit einem Violettfilter gemacht wurde). Diese Schwefelsäurewolken sind stark konvektiv – wollte man mit einem Flugzeug durch sie hindurchfliegen, müßte man sich auf einen bewegten Flug gefaßt machen. Die Wolken geben jedoch nichts von der Venus-Oberfläche preis. (Mit freundlicher Genehmigung JPL/NASA)*

che Scheibe, die wie der Mond Phasen durchläuft: zunehmende Venus, volle Venus, abnehmende Venus, neue Venus. Keine Spur von Kontinenten oder Ozeanen.

Die ersten Astronomen, die Venus durch ein Teleskop betrachteten, erkannten jedoch sofort, daß diese Welt von Wolken eingehüllt ist. Heute wissen wir, daß diese Wolken aus konzentrierten Schwefelsäuretröpfchen bestehen und durch einen geringen Anteil elementaren Schwefels gelb gefärbt sind. Diese Wolken schweben etwa fünfzig Kilometer hoch über der Oberfläche, so daß man jahrhundertelang nur raten konnte, wie diese Oberfläche aussieht. Man möchte annehmen, daß man mit empfindlicheren Instrumenten vielleicht kleine Löcher in der Wolkendecke aufspüren und somit schrittweise ein Bild der geheimnisvollen Oberfläche, die sich gewöhnlich unseren Blicken entzieht, gewinnen kann. Dann müßten wir endlich nicht mehr raten. Die Erde ist im Durchschnitt zur Hälfte bewölkt. In der Frühzeit der Venus-Forschung vermutete man deshalb auch, daß die Venus nicht hundertprozentig bewölkt sei. Wenn sie nur zu neunzig oder selbst neunundneunzig Prozent von Wolken verhüllt ist, dann kann man durch die unbewölkten Flecken hindurch eine ganze Menge entdecken.

1960 und 1961 wurden die beiden ersten amerikanischen Raumsonden zur Erforschung der Venus, *Mariner 1* und *2*, vorbereitet. Ich wollte gemeinsam mit einigen anderen Wissenschaftlern die beiden Raumsonden mit Videokameras ausrüsten. Diese Technik setzte man einige Jahre später bei den Sonden *Ranger 7, 8* und *9* ein, die den Mond vor ihrem Aufprall auf dem Trabanten (die letzte Sonde hinterließ ein kreisrundes Einschlagloch im Alphonsus-Krater) photographierten. Doch die Zeit drängte, und die Kameras waren schwer. Dann behaupteten einige Forscher, daß Kameras keine wissenschaftlichen Instrumente im eigentlichen Sinne seien, sondern nur auf den Publikumseffekt abzielten und keine wissenschaftlichen Fragen beantworten könnten. Ob Venus eine geschlossene Wolkendecke besitzt oder nicht, war so eine Frage. Ich hielt dagegen, daß die Kameras sogar Fragen beantworten könnten, die wir nicht einmal zu stellen wußten. Ich führte weiter aus, daß Bilder die einzige Möglichkeit waren, der breiten Öffentlichkeit – die unsere Experimente ja schließlich mit ihren Steuern finanzierte – nahezubringen, wie spannend diese Weltraummissionen sind. Letztendlich ging keine Kamera mit an Bord, und spätere Missionen haben die Richtigkeit dieser Entscheidung zumindest teilweise bestätigt. Selbst hochauflösende Instrumente konnten bei sichtbarem Licht im Vorbeiflug keine Lücken in der Wolkendecke ausmachen. Venus ist, wie der Saturn-Mond Titan*, ständig von Wolken umhüllt.

Im UV-Bereich kann man Details erkennen, die jedoch auf die Wolkenbewegungen in großen Höhen, weit oberhalb der Hauptwolkendecke, zurückzuführen sind. Diese hohen Wolken rasen viel schneller um den Planeten, als dieser sich dreht. Man nennt das Super-Rotation. Die Chance, im UV-Bereich einen Blick auf die Oberfläche zu erhaschen, ist noch geringer.

Als feststand, daß die Atmosphäre der Venus viel dichter ist als die der Erde – wir wissen heute, daß der Druck an der Oberfläche neunzigmal höher ist als auf Erden –, folgte daraus, daß wir im Bereich des sichtbaren Lichts die Oberfläche nicht sehen können, selbst *wenn* es Lücken in der Wolkendecke gibt. Wenn überhaupt ein bißchen Sonnenlicht seinen verschlungenen Weg durch die dichte Atmosphäre bis zur Oberfläche findet, dann wird es von dort natürlich reflektiert. Aber die Photonen werden durch die wiederholte Streuung an den Molekülen in den unteren Luftschichten so durcheinandergewirbelt, daß sie kein Bild von der Oberflächengestalt liefern können. Die Aufnahmen sähen aus wie der »Schnee« auf einem Fernsehbildschirm. Dieses Phänomen, das wir starke Rayleigh-Streuung nennen, nimmt mit steigender Wellenlänge jedoch stark ab. Man errechnete, daß man im Nah-Infrarotbereich die Oberfläche sehen *kann*, wenn die Wolkendecke Lücken aufweist oder wenn die Wolken dort durchsichtig sind.

So versuchten 1970 Jim Pollack, Dave Morrison und ich, die Venus vom McDonald Observatory der University of Texas im Nah-Infrarotbereich zu erforschen. Wir »hypersensibilisierten« unsere Emulsionen, unsere altmodischen Photoplatten wurden mit Ammoniak behandelt, manch-

Eine erdgebundene Nah-Infrarotaufnahme der Venus läßt nur wenige Oberflächenformationen unter den Wolken erkennen. (Mit freundlicher Genehmigung des Anglo-Australian Observatory, Aufnahme von David Allen)

* Aufnahmen von Titan zeigten jedoch eine Folge von losen Dunstschleiern oberhalb der Aerosolschicht. Demnach ist Venus die einzige Welt im Sonnensystem, die sich im Bereich des sichtbaren Lichts den Kameras völlig entzieht. Wir können uns allerdings glücklich preisen, daß wir ansonsten von fast jeder Welt, die wir bisher untersuchten, Aufnahmen besitzen. (Der *International Cometary Explorer* der NASA, der 1985 durch den Schweif des Giacobini-Zinner-Kometen raste, flog blind und konzentrierte sich ausschließlich auf geladene Teilchen und Magnetfelder.)

mal erhitzt oder kurz belichtet, bevor wir das Teleskop auf Venus richteten. Eine ganze Zeitlang stank es in den Kellern des McDonald Observatory nach Ammoniak.★ Wir machten viele Aufnahmen, doch keine einzige zeigte irgendwelche Details. Wir schlossen daraus, daß wir entweder im Infrarotbereich nicht weit genug gegangen waren oder daß die Wolken der Venus im Nah-Infrarotbereich opak waren und keine Lücken aufwiesen.

Mehr als zwanzig Jahre später flog die Raumsonde *Galileo* nahe an Venus vorbei und erforschte den Planeten mit einer höheren Auflösung und empfindlicheren Instrumenten, deren Wellenlängen weiter in den Infrarotbereich hineinreichten, als es uns mit unseren simplen Glasemulsionen beschieden war. *Galileo* photographierte gewaltige Gebirgszüge, von deren Existenz wir jedoch bereits wußten. Denn Venus war bereits mit einer weitaus effizienteren Technik untersucht worden: mit Radar. Radiowellen durchdringen die Wolken und die dicke Atmosphäre der Venus mühelos, werden von der Oberfläche reflektiert und kehren zur Erde zurück, wo sie gesammelt und zu einem Bild verarbeitet werden.

★ Heute werden viele Teleskopaufnahmen elektronisch gewonnen und von einem Computer ausgearbeitet – 1970 mußten Astrophysiker allerdings noch mit rudimentären Gerätschaften arbeiten.

Galileo *beobachtet die Topographie der Venus durch die dichte Wolkenschicht. Dieses Farbbild wurde aus Beobachtungen bei 1,18, 1,74 und 2,3 Mikrometern im Nah-Infrarotbereich des Spektrums zusammengestellt. Weiß zeigt Erhebungen, Blau Flachland. Zum Vergleich die Radaraufnahmen von* Pioneer 12. (Galileo/*NIMS Daten, mit freundlicher Genehmigung von Robert Carlsson am JPL und NASA)*

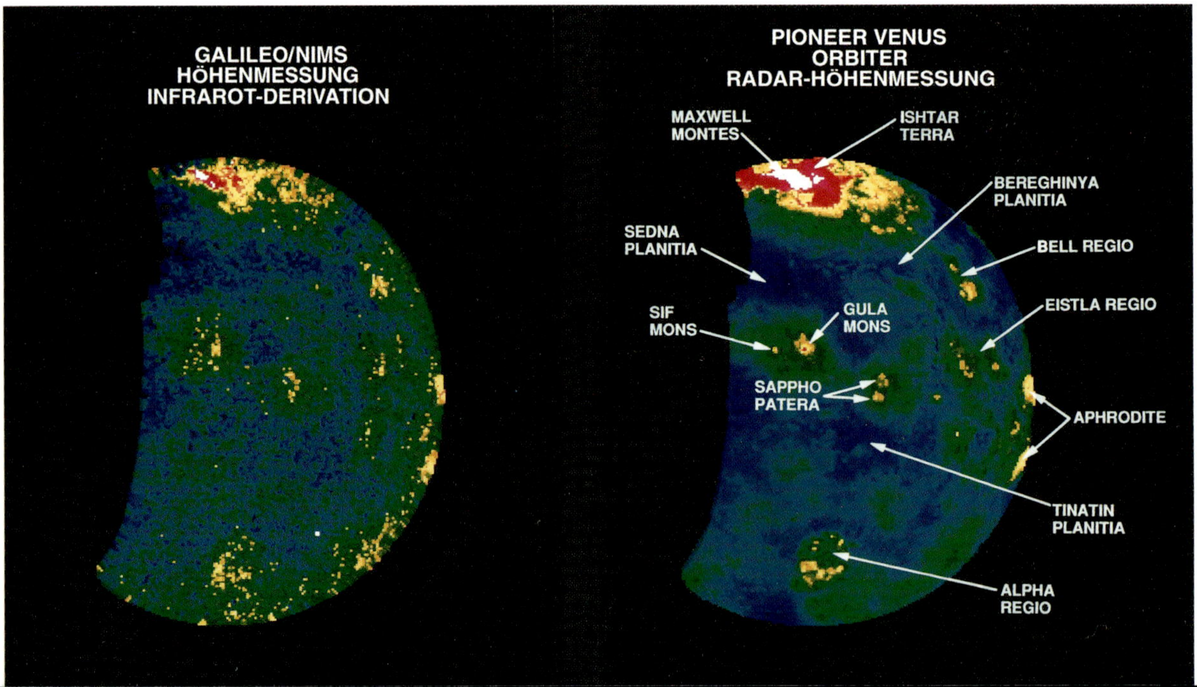

Dann brachten die US-Sonde *Pioneer 12,* die sowjetischen Sonden *Venera 15* und *16* sowie die US-Sonde *Magellan* Radarteleskope in die Umlaufbahn der Venus und erfaßten den Planeten von Pol zu Pol. Jede Raumsonde sandte ein Radarsignal an die Oberfläche und empfing es, als es wieder zurückgeworfen wurde. Je nachdem, wie gut eine Stelle das Signal reflektierte und wie lang das Signal unterwegs war (traf es auf ein Gebirge, gelangte es schneller an die Sonde zurück, bei Tälern dauerte es länger), konnte man auf die Gestalt der Oberfläche schließen und Punkt für Punkt ganz allmählich eine Karte des Planeten erstellen. Diese Daten zeigen, daß diese Welt in einzigartiger Weise durch Lavaströme (und zu einem weitaus kleineren Anteil durch Winderosion) geformt wurde (mehr dazu im nächsten Kapitel). Wolken und Atmosphäre der Venus wurden nun auch für uns durchdringbar, und eine weitere Welt wurde von irdischen Raumsonden besucht. Die Erfahrungen aus den Venus-Missionen finden nun bei der Erforschung anderer Welten, vor allem bei Titan, ihre Anwendung. Denn auch dort verbergen undurchdringliche Wolken eine geheimnisvolle Oberfläche, und Radar gibt uns die ersten Aufschlüsse darüber, was wohl unter diesen Wolken verborgen sein mag.

Lange Zeit galt Venus als unsere Schwesterwelt. Der Planet liegt der Erde am nächsten und besitzt fast dieselbe Masse, Größe, Dichte und Anziehungskraft wie die Erde. Venus ist näher an der Sonne als die Erde, doch ihre hellen Wolken reflektieren mehr Sonnenlicht in den Weltraum als unsere Wolken. Man könnte also durchaus annehmen, daß Venus unter ihrer dichten Wolkenschicht fast genauso aussieht wie die Erde. Man vermutete stinkende Sumpfgebiete mit monsterartigen Amphibien, wie sie auch in der Karbonzeit der Erde vorkamen, oder aber eine einzige Wüstenei, einen Petroleumozean oder einen Ozean aus sprudelndem Wasser, aus dem hier und da kalksteinverkrustete Inseln auftauchen. Diese Venus-»Modelle« – die ersten wurden bereits um die Jahrhundertwende aufgestellt, andere folgten in den dreißiger und fünfziger Jahren – beruhten zwar auf einigen wissenschaftlichen Daten, können aber angesichts des kümmerlichen Datenmaterials, auf dem sie basieren, höchstens als Phantasievorstellungen durchgehen.
1956 veröffentlichten allerdings Cornell H. Mayer und seine Kollegen einen Artikel im *Astrophysical Journal.* Sie hatten ein neues Radio-

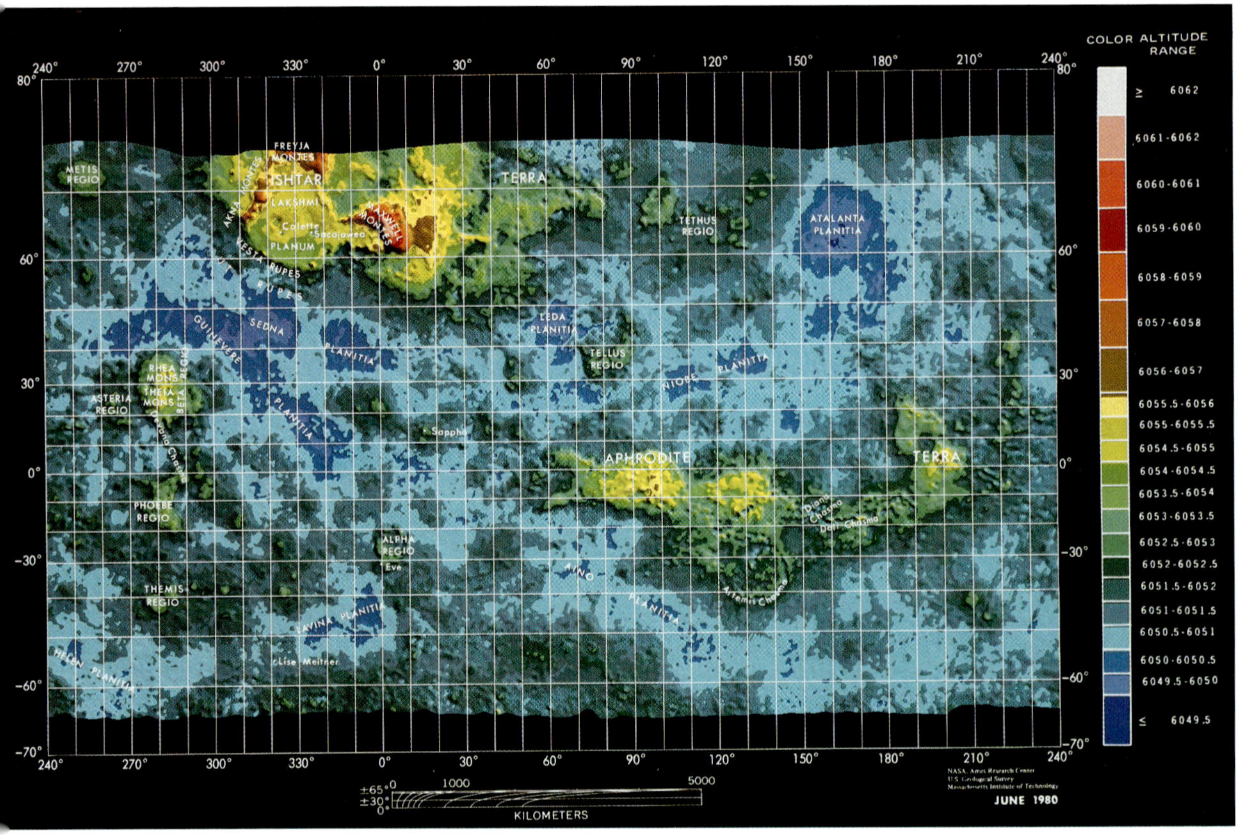

Diese frühe Radarkarte der Venus beruht auf Messungen erdgebundener Instrumente und der Sonde Pioneer 12. *Rechts ist die Farbskala zu sehen, die von Weiß für die höchsten Erhebungen bis Dunkelblau und Lila für die tiefliegendsten Gebiete reicht. Bemerkenswert ist die Region Lakshmi Planum (oben links) auf 65° nördlicher Breite und 330° Länge. (Mit freundlicher Genehmigung der USGS/NASA)*

teleskop auf Venus gerichtet und den Fluß der Radiowellen, die auf die Erde gelangten, gemessen. Dabei handelte es sich aber nicht um Radar. Denn Venus hatte keine Radiowellen zu reflektieren. Diese Radiowellen schickte Venus selbst in den Weltraum. Venus war weitaus heller als der Hintergrund aus entfernten Sternen und Galaxien. Diese Tatsache war an sich nicht sonderlich überraschend. Jeder Gegenstand, dessen Temperatur über dem absoluten Nullpunkt von –273 °Celsius liegt, strahlt durch das gesamte elektromagnetische Spektrum und damit auch durch den Bereich der Radiowellen. Der Mensch sendet Radiowellen von einer »Helligkeit« aus, die bei einer Temperatur von rund 36 °Celsius liegt. Wenn Sie sich also in einer Umgebung befinden, die kälter als Sie selbst ist, dann kann ein empfindliches Radioteleskop die schwachen Radiowellen aufspüren, die Sie in alle Richtungen aussenden. Jeder von uns ist eine schwache Quelle von Radiostrahlung. Was an Mayers Entdeckung jedoch überraschte, war die hohe Helligkeitstemperatur der

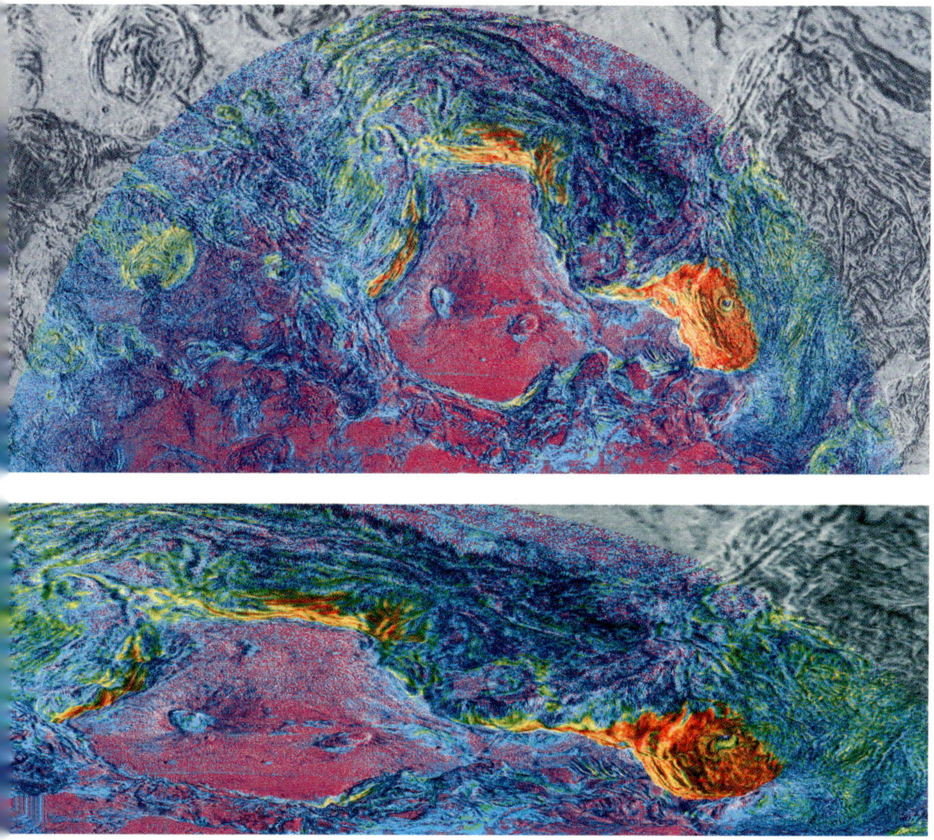

Die schattierten Reliefkarten der Venus-Region Lakshmi Planum vereinen Daten des Arecibo Observatory, der amerikanischen Raumsonde Pioneer 12 *und der sowjetischen Sonden* Venera 15 *und* 16. *Lakshmi Planum ist ungefähr so groß wie Australien. Die Region erhebt sich rund fünftausend Meter über die durchschnittliche Venus-Oberfläche und ist von Bergen (orange) umgeben, die mehr als zehntausend Meter hoch sind. Die grauen Flächen auf der Karte wurden ausschließlich von* Venera 15 *und* 16 *erfaßt. Auf dem unteren Bild ist Lakshmi Planum, schräg von oben aufgenommen. (Mit freundlicher Genehmigung von Alfred McEwen und USGS)*

Venus, die mit über 300° Celsius weitaus höher als die Oberflächentemperatur der Erde oder die in den Wolken der Venus gemessene Infrarottemperatur war. An einigen Stellen schien die Temperatur der Venus mindestens 200° über dem Siedepunkt von Wasser zu liegen. Was aber hat das zu bedeuten?

Bald schon hatte man eine Flut von Erklärungen parat. Ich behauptete, daß die hohe Radiohelligkeitstemperatur als starkes Indiz für eine heiße Oberfläche zu deuten sei und die hohen Temperaturen auf einen gewaltigen Kohlendioxid-/Wasserdampf-Treibhauseffekt hinwiesen: Sonnenlicht gelangt durch die Wolken und erwärmt die Oberfläche, die aber die Strahlung nicht in den Weltraum reflektieren kann, weil Kohlendioxid und Wasserdampf kaum durchlässig für Infrarotstrahlen sind. Kohlendioxid absorbiert im Infrarotbereich, doch es schien gewissermaßen »Fenster« zwischen den CO_2-Absorptionslinien zu geben, durch die die Oberfläche ihre Wärme leicht wieder an den Weltraum abgeben

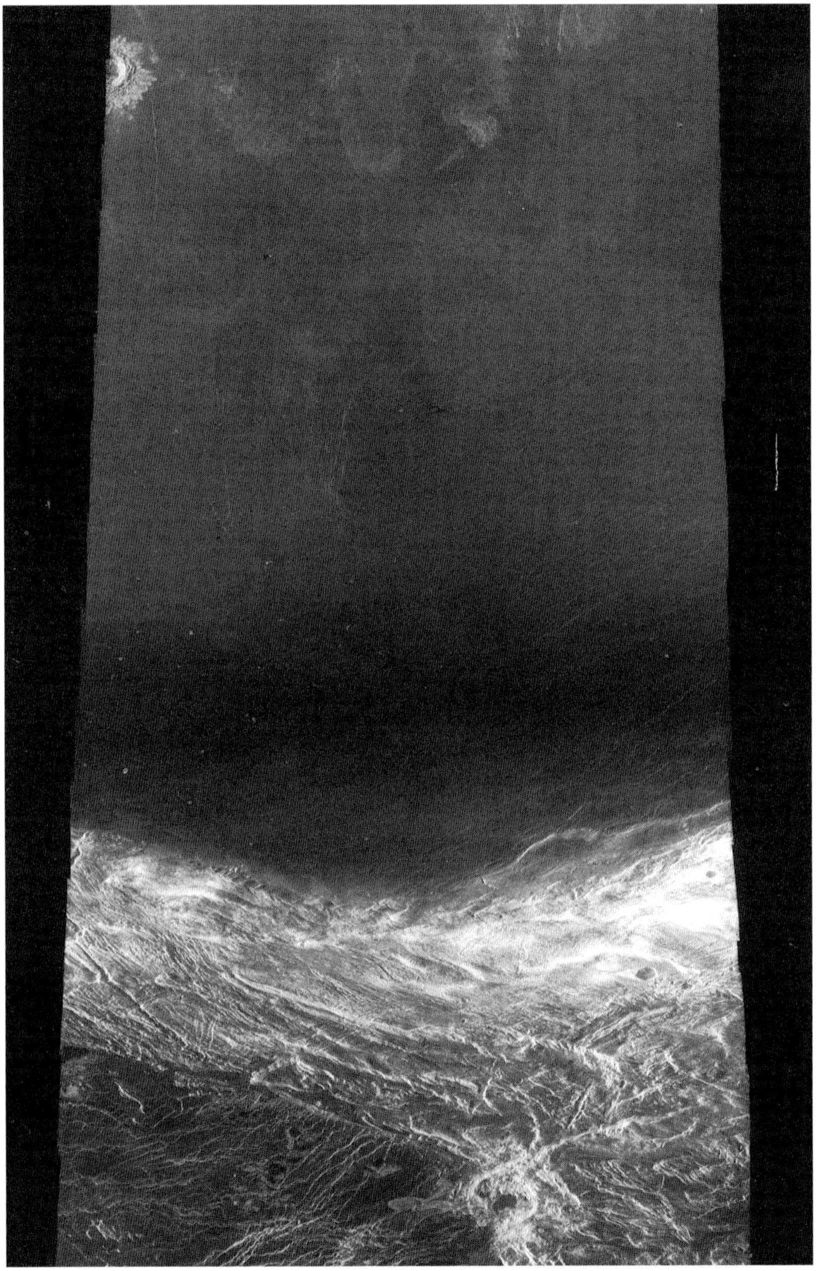

Ein mehrere hundert Kilometer langer Ausschnitt von Lakshmi Planum, aufgenommen von der Sonde Magellan. *Unten links kann man den Höhenzug der Danu Montes erkennen. (Mit freundlicher Genehmigung des JPL/NASA)*

konnte. Wasserdampf absorbiert jedoch bei den Infrarotfrequenzen, die zum Teil den Fenstern in der Kohlendioxidabsorption entsprechen. Die beiden Gase zusammen konnten meiner Ansicht nach fast die gesamte Infrarotstrahlung absorbieren, selbst wenn nur sehr wenig Wasserdampf

vorhanden war. Das Muster glich zwei Gitterzäunen, die genau so aufgestellt sind, daß der eine die Zwischenräume des anderen versperrt.
Es gab jedoch noch ein ganz anderes Erklärungsmodell, das die hohe Helligkeitstemperatur der Venus nicht mit der Oberflächentemperatur in Zusammenhang brachte. Die Oberfläche konnte diesem Modell zufolge immer noch gemäßigt, mild und angenehm sein. Man nahm an, daß eine Region in der Atmosphäre von Venus oder in der sie umgebenden Magnetosphäre diese Radiowellen in den Weltraum aussendet. Man machte dafür die elektrische Entladung zwischen den Wassertröpfchen in den Venus-Wolken verantwortlich und vermutete eine Glühentladung, bei der Ionen und Elektronen sich in der Abend- und Morgendämmerung in der oberen Atmosphäre wieder verbanden. Auch eine sehr dichte Ionosphäre wurde postuliert, in der die gegenseitige Beschleunigung freier Elektronen Radiowellen erzeugt. (Ein Vertreter dieser Idee meinte sogar, daß der dazu notwendige hohe Grad an Ionisierung auf einer radioaktiven Strahlung beruhe, die zehntausendmal stärker ist als die natürliche Radioaktivität der Erde und vielleicht durch einen Atomkrieg hervorgerufen wurde.) Und im Zuge der Entdeckung von Strahlung aus Jupiters Magnetosphäre war es nur natürlich anzunehmen, daß die Radiostrahlung von einer gewaltigen Wolke geladener Teilchen stamme, die in einem hypothetischen und sehr starken Magnetfeld auf Venus gefangengehalten werden.
In einer Reihe von Arbeiten, die ich Mitte der sechziger Jahre meist zusammen mit Jim Pollack★ veröffentlichte, unterzog ich diese sich widersprechenden Modelle von einer hohen und heißen Strahlungsquelle und einer kalten Oberfläche einer kritischen Analyse. Damals besaßen wir bereits zwei wichtige neue Erkenntnisse. Wir kannten das Radiospektrum der Venus und wußten durch *Mariner 2*, daß die Radiostrahlung im Zentrum der Venus-Scheibe stärker ist als am Rand. 1967 konnten wir die Alternativmodelle mit einiger Gewißheit ausschließen und mit einer

★James B. Pollack leistete einen wichtigen Beitrag zur Planetenforschung. Er war mein erster Doktorand und danach mein engster Mitarbeiter. Er machte das Ames Research Center der NASA zum weltweit führenden Zentrum für Planetenforschung und für die Weiterbildung promovierter Physiker. Sein angenehmes Wesen war so außergewöhnlich wie seine wissenschaftliche Qualifikation. Er starb 1994 auf dem Höhepunkt seiner Karriere.

gewissen Berechtigung annehmen, daß die Oberfläche der Venus eine glühendheiße Temperatur von über 400 °Celsius besitzt. Unsere Argumentation glich jedoch einem Indizienbeweis mit vielen kleinen logischen Schritten. Wir wollten unsere Schlußfolgerungen direkt messen.

Im Oktober 1967 – zum zehnjährigen Jubiläum von *Sputnik 1* – senkte die sowjetische Raumsonde *Venera 4* eine Kapsel in die Venus-Wolken hinab. Sie konnte Daten von der heißen unteren Atmosphäre übertragen, gab ihren Dienst aber bereits vor Erreichen der Oberfläche auf. Einen Tag später gelangte die amerikanische Raumsonde *Mariner 5* in die Nähe der Venus und untersuchte die Atmosphäre in immer größeren Tiefen. Die Art und Weise, in der das von der Sonde ausgesandte Radiosignal schwächer wurde, gab Aufschluß über die Temperaturen in der dortigen Atmosphäre. Obwohl die Daten der beiden Raumsonden zunächst nicht übereinstimmten (später konnte man auch diesen Widerspruch lösen), zeigten doch beide, daß die Oberfläche der Venus sehr heiß ist.

Inzwischen drangen eine ganze Reihe von sowjetischen *Venera*-Sonden und eine Vielzahl amerikanischer Sonden aus der *Pioneer-12*-Mission tiefer in die Atmosphäre vor, landeten schließlich auf der Oberfläche und konnten – praktisch mit einem Thermometer – die Temperatur auf der Oberfläche und in Oberflächennähe messen. Sie liegt bei ungefähr 470 °Celsius. Wenn man Faktoren wie Einstellungsfehler von Radioteleskopen und Oberflächenstrahlung berücksichtigt, dann stimmen die alten Beobachtungen und die neuen Messungen relativ gut überein.

Die ersten Venus-Sonden der Sowjetunion waren für eine erdähnliche Atmosphäre gebaut. Der hohe Druck zerquetschte sie wie eine Ver-

Panoramaaufnahme erstarrter Lavaströme – die basaltische Venus-Oberfläche gesehen von der Landekapsel Venera 14. *Oben links und oben rechts sieht man jeweils ein winziges gelbes Dreieck – Ausschnitte aus dem Venus-Himmel. (Mit freundlicher Genehmigung des Vernadskij-Instituts, Moskau)*

schrottungsanlage ein altes Auto. Spätere Sowjetsonden wurden wie moderne U-Boote gepanzert und konnten somit erfolgreich auf der glühendheißen Oberfläche landen. Als feststand, wie tief die Atmosphäre und wie dick die Wolkenschicht ist, fürchteten die sowjetischen Sondenbauer, daß die Oberfläche pechschwarz sei. Deshalb rüsteten sie *Venera 9* und *10* mit Scheinwerfern aus, was aber nicht notwendig gewesen wäre. Denn ein kleiner Prozentsatz des Sonnenlichts, das die oberen Wolkenschichten bescheint, dringt bis zur Oberfläche durch. Auf Venus ist es so hell wie an einem wolkenverhangenen Tag auf der Erde.
Meiner Ansicht nach wiesen viele Wissenschaftler die Vorstellung einer heißen Venus-Oberfläche von sich, weil sie nicht glauben wollten, daß der erdnächste Planet unbewohnbar ist und seine Besiedelung unmöglich macht. Es gibt dort keine Karbonsümpfe, keine Ölmeere oder sprudelnden Ozeane. Venus ist vielmehr ein stickiges und brütendheißes Inferno. Es gibt einige Wüsten, doch bestehen sie in erster Linie aus erstarrter Lava. Unsere Hoffnungen haben sich also nicht erfüllt. Der Ruf dieser Welt klingt heute leiser als in der Frühzeit der Raumfahrt, als noch fast alles möglich schien.

Zahlreiche Raumsonden trugen zu unserem heutigen Wissen über Venus bei. Doch die entscheidendsten Erkenntnisse lieferte *Mariner 2*. Die Mission der *Mariner 1* schlug bereits beim Start fehl. *Mariner 2* dagegen arbeitete vorbildlich und versorgte uns mit den ersten Schlüsseldaten über das Klima auf Venus. Sie führte Infrarotmessungen an den Wolken durch. Auf ihrem Weg von der Erde zur Venus entdeckte und vermaß sie den Sonnenwind – den Strom geladener Teilchen, der von der Sonne

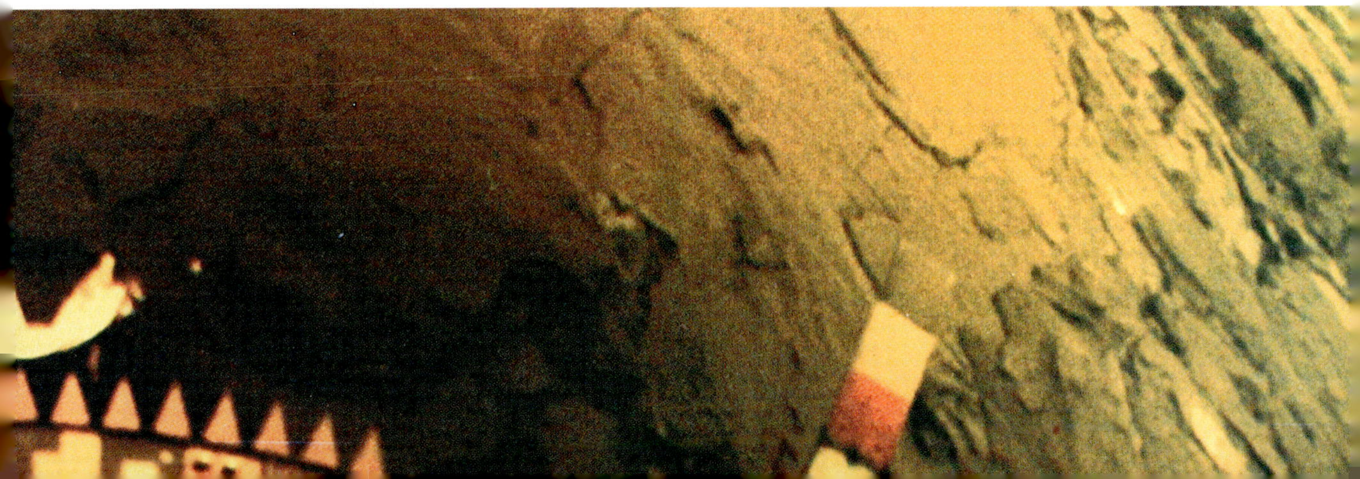

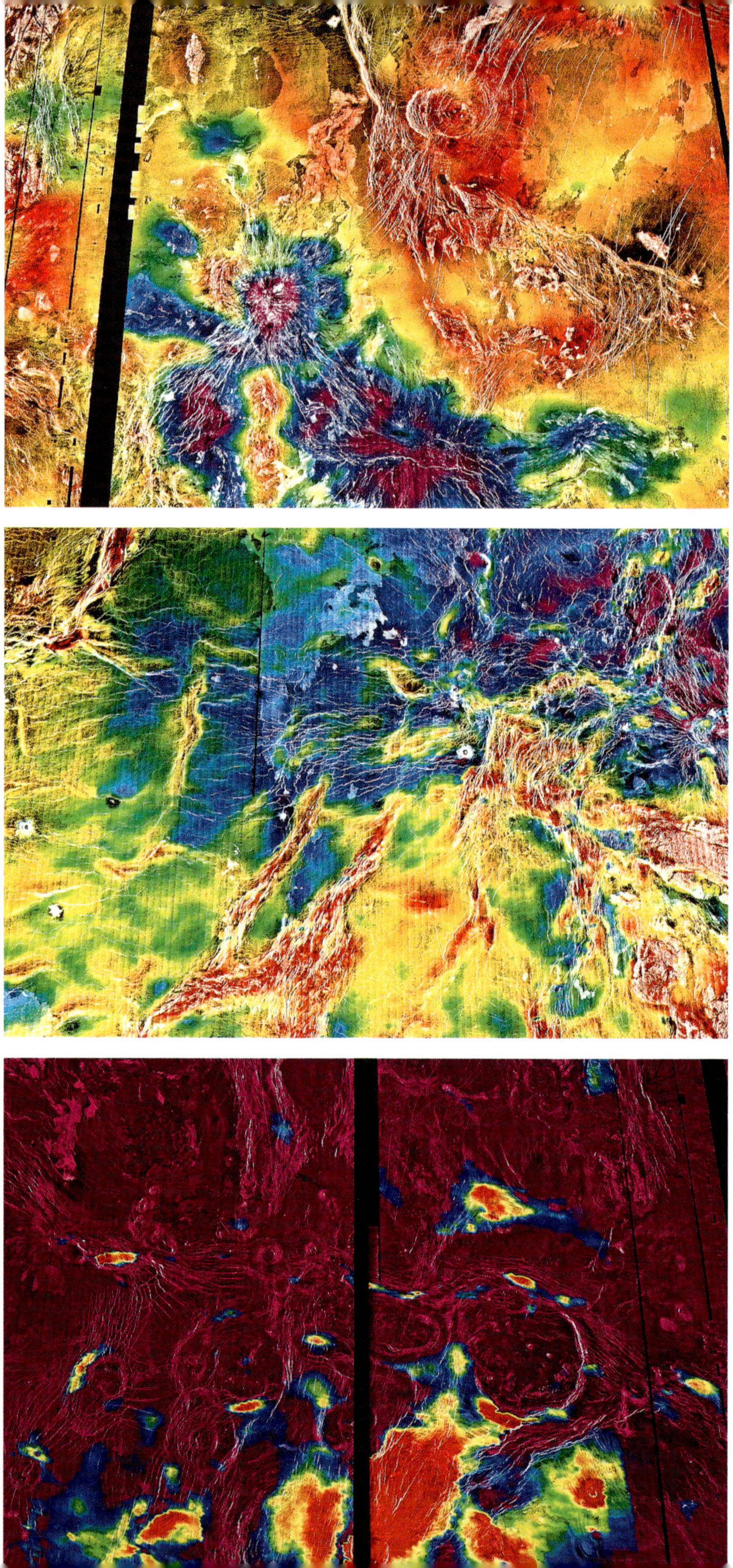

Daten von der Venus-Oberfläche, aufgezeichnet von der Raumsonde Magellan. Auf dem mittleren Bild wurden Oberflächenerhebungen vermessen, auf dem oberen und unteren Bild kann man erkennen, wie gut die Oberfläche Radarwellen reflektiert. Entlang den dunklen Strichen wurden keine Daten gewonnen. (Mit freundlicher Genehmigung der USGS)

ausgesandt wird und die Magnetosphären aller Planeten auf seinem Weg füllt, den Schweif der Kometen zurückbläst und die Grenze der äußeren Heliopause bestimmt. *Mariner 2* war die erste erfolgreiche Planetensonde. Mit ihr wurde das Zeitalter der modernen Planetenforschung eingeläutet.

Mariner 2 umkreist auch heute immer noch die Sonne und nähert sich alle paar hundert Tage mehr oder weniger tangential der Venus-Umlaufbahn. Bei jeder Annäherung ist Venus gerade an einer anderen Stelle ihres Orbits. Wenn wir lange genug warten, dann wird Venus eines Tages in der Nähe sein und die Raumsonde durch ihre Gravitationswirkung in eine ganz andere Umlaufbahn schleudern. Letzten Endes wird auch *Mariner 2* wie einst die Planetesimale in die Sonne stürzen, von einem anderen Planeten erwischt oder aus dem Sonnensystem hinausgestoßen werden.

Bis dahin wird dieser Veteran der Planetenforschung, dieser winzige künstliche Planet in aller Stille um die Sonne kreisen. Das ist ungefähr so, als ob das Schiff von Christoph Kolumbus immer noch über den Atlantik treiben würde. Im luftleeren Raum wird *Mariner 2* noch viele Generationen lang völlig unbeschädigt überleben. Ich wünsche mir vom Abend- und Morgenstern folgendes: daß Ende des einundzwanzigsten Jahrhunderts ein großes Raumschiff auf seiner planmäßigen, schwerkraftgestützten Fahrt zum äußeren Sonnensystem dieses alte Gerät an Bord hievt, damit es in einem Museum für frühe Raumfahrttechnologie ausgestellt werden kann – auf Mars, Europa oder vielleicht auf Iapetus.

Schwesternwelten: Die Erde ohne Meere und Venus ohne dichte Atmosphäre. Die beiden Planeten entstanden vielleicht unter sehr ähnlichen Bedingungen, machten dann aber eine völlig unterschiedliche Entwicklung durch. (Darstellung mit freundlicher Genehmigung des JPL/NASA)

Kapitel 12

Der Boden schmilzt

Nämlich inmitten von Thera und Therasia brachen während vier Tagen Feuerflammen aus dem Meere hervor, so daß die ganze See siedete und brannte, und trieben eine gleichsam durch Hebel allmälig gehobene und aus Glühmassen zusammengesetzte Insel empor ... Als des Meeres Erleidnis aufhörte, wagten zuerst die noch die Seeherrschaft behauptenden Rhodier, zum Orte hinzuschiffen und ... auf der Insel einen Tempel zu errichten.

Strabon, *Erdbeschreibung*, um 7 v. Chr.[1]

Auf der Erde gibt es eine Art von Bergen mit ganz besonderen Merkmalen. Jedes Kind kennt sie. Ihre Gipfel sehen wie abrasiert aus. Wenn man diese Gipfel erklimmt oder überfliegt, erkennt man, daß die Berge in ihrer Mitte einen Krater formen. Bei manchen Bergen dieser Art ist der Krater klein, bei anderen wieder fast so groß wie der Berg selbst. Manchmal sind diese Krater mit Wasser, manchmal aber auch mit einer interessanteren Flüssigkeit gefüllt. Man arbeitet sich auf Zehenspitzen bis zum Kraterrand vor und entdeckt gewaltige, gelblich-rote Seen und Feuerfontänen. Diese Krater nennt man auch Caldera beziehungsweise Kessel, und die Berge nennt man, wie jeder weiß, Vulkane – nach dem römischen Feuergott Vulcanus. Auf der Erde kennt man rund sechshundert aktive Vulkane. Unter der Meeresoberfläche warten jedoch noch Vulkane auf ihre Entdeckung.

Ein typischer Vulkankegel sieht relativ sicher aus. Seine Flanken sind mit Vegetation überwuchert, Terrassenfelder zieren seine Hänge. Kleine Dörfer ducken sich an seinem Fuß. Und dann bricht der Berg nach jahrhundertelanger Ruhe und ohne jegliche Vorwarnung plötzlich wieder

Gegenüberliegende Seite: *Die Raumsonde* Galileo *erreicht im Dezember 1995 Io und seine Vulkane. Jupiter und seine Ringe sind im Hintergrund zu sehen. (Darstellung © David A. Hardy)*

aus. Aus dem Himmel hagelt es auf einmal Gesteinsbrocken und regnet Asche herab. Ströme geschmolzenen Gesteins fließen die Hänge hinab. Menschen auf der ganzen Erde glaubten, ein aktiver Vulkan sei ein gefangener Riese oder Dämon, der sich seinen Weg ins Freie zu bahnen suche.

Die Ausbrüche der Vulkane Mount St. Helens und Pinatubo sind nur die jüngsten Beispiele dafür. 1902 schoß eine glühendheiße Vulkanwolke den Mont Pelé auf der Karibikinsel Martinique hinab und riß rund fünfunddreißigtausend Einwohner der Stadt Saint-Pierre in den Tod. Die gewaltigen Schlammassen des Vulkans Nevado del Ruiz töteten 1985 über fünfundzwanzigtausend Kolumbianer. Der Vesuv begrub im Jahre 79 nach Christus die Bewohner von Pompeji und Herculaneum unter seiner Asche und tötete auch den furchtlosen Schriftsteller Plinius den Älteren, der den Vulkan hinaufstieg, um ihn zu erforschen. (Plinius war jedoch längst nicht der letzte Forscher, der auf diese Weise den Tod fand: fünfzehn Wissenschaftler starben bei verschiedenen Vulkanausbrüchen allein zwischen 1979 und 1993). Die Mittelmeerinsel Santorin (auch Thera genannt) ist in Wirklichkeit das Überbleibsel eines Vulkankraters, der aus dem Meer ragt*. Die Explosion des Santorin-Kraters im Jahre 1623 v. Chr. trug nach Ansicht mancher Historiker mit zum Untergang der minoischen Kultur auf Kreta bei und veränderte das Kräftegleichgewicht in der Frühzeit der klassischen Antike. Die Katastrophe ist vielleicht auch als Quelle für die von Platon überlieferte Atlantis-Legende anzusehen, nach der diese Kultur an einem Tag und in einer Nacht zerstört wurde. Der Gedanke an einen wütenden Gott war damals sicher nicht abwegig.

Vulkane wurden immer mit Furcht und Scheu betrachtet. Als Christen im Mittelalter den Ausbruch des Hekla auf Island beobachteten und glühende Lavabrocken über seinen Gipfel schweben sahen, glaubten sie, die armen Seelen im Fegefeuer zu erblicken. Der Anblick von glutroten Seen und Schwefelgasen im Krater des Vulkans wurde mit einem Blick in die Unterwelt und als Bestätigung für die Existenz einer Hölle (und demnach auch ihres Gegenstücks, des Himmels) gleichgesetzt.

* Der Ausbruch eines nahe gelegenen unterseeischen Vulkans und die rasche Entstehung einer neuen Insel im Jahre 197 v. Chr. werden im Einleitungstext zu diesem Kapitel von Strabon beschrieben.

Der Mount St. Helens im Nordwesten der USA in einer Landsat-6-Falschfarbenaufnahme. Elf Jahre nach dem Ausbruch von 1980 ist das Gebiet rund um den Vulkan immer noch unfruchtbar (hier lila dargestellt). Vegetation erscheint auf diesem Bild grün. (Abdruck mit Genehmigung der Earth Observation Satellite Company, Lanham, Maryland, USA)

Ein Vulkan ist in der Tat eine Öffnung zu einem unterirdischen Reich, das viel größer und auch viel feindlicher als die dünne Oberflächenkruste ist, auf der wir Menschen leben. Die Lava, die aus einem Vulkan ausbricht, besteht aus flüssigem Gestein, aus Gestein, das bis zu seinem Schmelzpunkt, der gewöhnlich bei etwa 1000 °Celsius liegt, erhitzt wurde. Die Lava tritt aus einer Öffnung in der Erdkruste empor, kühlt ab, erstarrt und baut dadurch den Vulkankegel auf.

Entlang von Verwerfungen am Meeresboden oder am Zusammentreffen zweier großer Kontinentalplatten, die entweder auseinanderdriften oder sich übereinanderschichten, kommen die meisten Ausbrüche vor. Am Meeresboden gibt es langgestreckte Regionen vulkanischer Tätigkeit, die von unzähligen Beben, Rauchschwaden und heißen Wasserfontänen

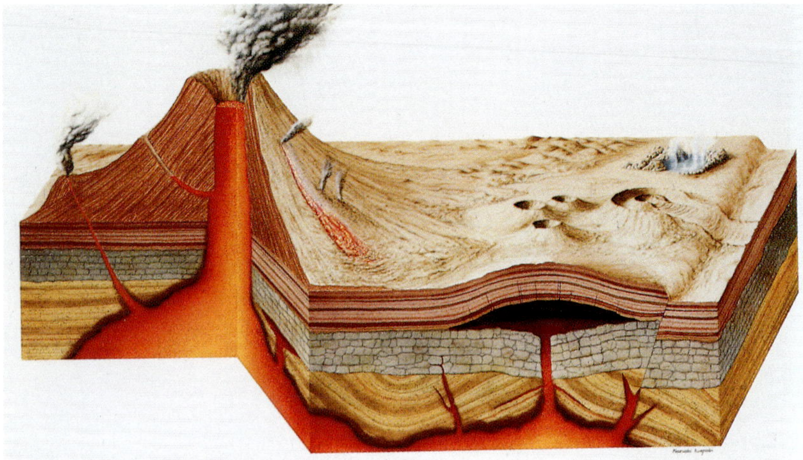

Längsschnitt durch einen Vulkan und seine unterirdischen Lavazuflüsse. (Darstellung von Kazuaki Iwasaki)

begleitet werden. Die Erforschung dieser Phänomene mit automatischen und bemannten Tauchgeräten steckt derzeit noch in ihren Kinderschuhen.

Lavaausbrüche bedeuten aber, daß die Erde in ihrem Innern extrem heiß ist. Es ist kein Geheimnis, daß nur wenige hundert Kilometer unter der Oberfläche fast der gesamte Erdkern zumindest leicht angeschmolzen ist. Das Innere der Erde ist zum Teil deswegen heiß, weil radioaktive Elemente wie Uran bei ihrem Zerfall Wärme freisetzen. Ein anderer Grund liegt in der Speicherung der Hitze, die bei der Entstehung der Erde gebildet wurde, als viele kleine Welten durch ihre gegenseitige Anziehungskraft zu unserer Erde verklumpten und Eisen zur Kernbildung unseres Planeten hinuntersank.

Das geschmolzene Gestein oder Magma steigt durch Spalten im schwereren und festen Gestein empor. Man kann sich vorstellen, wie unterirdische Höhlen mit einer rotglühenden, brodelnden und zähflüssigen Masse gefüllt sind, die an die Oberfläche schießt, sobald sich ein geeigneter Kanal findet. Das Magma – das Lava genannt wird, sobald es aus dem Krater fließt – steigt in der Tat aus der Unterwelt empor. Die armen Seelen hat man jedoch bis heute nicht entdeckt. Wenn der Vulkan durch das ausfließende Magma seine volle Größe erreicht hat, verhält er sich wie jeder andere Berg. Er verwittert langsam durch Regen und Winderosion und – im Extremfall – durch die Verschiebung der Kontinentalplatten. »*How many years can a mountain exist / before it is washed to the sea?*« fragte Bob Dylan in seinem Song »*Blowing in the Wind*«. Die

Antwort hängt vom jeweiligen Planeten ab. Auf der Erde dauert es etwa zehn Millionen Jahre, bis ein Berg verschwindet. Berge jeglicher Art müssen also über denselben Zeitraum entstehen. Ansonsten wäre die Erde überall so flach wie die Weiten des amerikanischen Mittelwestens.*
Vulkaneruptionen können gewaltige Mengen an Materie – hauptsächlich kleine Schwefelsäuretröpfchen – in die Stratosphäre schleudern. Dort oben werfen sie das Sonnenlicht wieder in den Weltraum zurück und kühlen dadurch die Erde ab. Erst vor kurzem konnte man das am Ausbruch des philippinischen Vulkans Pinatubo feststellen. Nach dem Ausbruch des Tambora auf Indonesien 1815 und 1816 sprach man gar von einem »Jahr ohne Sommer«, das von katastrophalen Hungersnöten gezeichnet war. Eine Eruption im neuseeländischen Taupo im Jahre 177 kühlte das Mittelmeerklima auf der anderen Erdhalbkugel ab und ließ feine Teilchen auf die Eiskappe Grönlands rieseln. Die Explosion des Mazama in Oregon (wovon der heutige Crater Lake übriggeblieben ist) im Jahre 4803 v. Chr. beeinflußte das Klima auf der gesamten Nordhalbkugel der Erde. Untersuchungen über die Auswirkungen von Vulkanen auf das Klima führten schließlich zur Entdeckung des nuklearen Winters. Damit lassen sich unsere Computermodelle zur Vorhersage zukünftiger Klimaumstürze testen. Vulkanische Teilchen in den oberen Luftschichten sind außerdem eine weitere Ursache für das Schwinden der Ozonschicht.
Ein gewaltiger Vulkanausbruch in einem unbewohnten und verlassenen Winkel der Erde kann die Umweltbedingungen auf dem gesamten Planeten verändern. Sowohl die Entstehung als auch die Auswirkungen der Vulkane führten uns eindrucksvoll vor Augen, wie empfindlich wir gegen selbst kleinere »Stoffwechselerscheinungen« der Erde wie ein »Niesen« oder »Aufstoßen« sind und wie wichtig es für uns ist, diese unterirdische Heizungsanlage zu verstehen.

Als die Entstehung der Erde – und des Mondes sowie der Planeten Mars und Venus – fast abgeschlossen war, führten vermutlich die Einschläge

* Selbst mit all seinen Gebirgen und Meeresgräben ist unser Planet erstaunlich glatt. Übertragen auf die Größe einer Billardkugel, wären die höchsten Erhebungen weniger als ein Zehntel Millimeter groß – und für das menschliche Auge damit nur noch mit Mühe erkennbar.

kleinerer Himmelskörper zur Bildung von Magmaozeanen auf der ganzen Erde. Flüssiges Gestein überflutete die bisherigen Landschaftsformationen. Kilometerhohe Flutwellen aus rotem und heißem Magma schossen aus dem Erdinnern hervor, ergossen sich über die Planetenoberfläche und begruben alles, was auf ihrem Weg lag, unter sich: Gebirge, Kanäle, Krater und vielleicht sogar die letzten Beweise früherer, angenehmerer Zeiten. Die geologische Uhr wurde wieder auf Null gestellt. Alles, was wir über die Oberflächengeologie wissen, beginnt mit dieser letzten Magma-Sintflut. Bevor diese Lavaozeane auskühlen und erstarren, können sie eine Stärke von Hunderten oder gar Tausenden von Kilometern erreichen. In unserer Zeit, Jahrmilliarden später, erscheint die Oberfläche einer solchen Welt ruhig, passiv, ohne Anzeichen von Vulkantätigkeit. Man könnte aber auch – wie auf der Erde – einige wenige Hinweise auf eine Epoche entdecken, in der die gesamte Oberfläche von flüssigem Gestein überflutet war.

In der Frühzeit der planetaren Geologie lieferten lediglich erdgebundene Teleskope Daten. Ein halbes Jahrhundert lang diskutierte man aufgeregt darüber, ob die Krater auf dem Mond von Einschlägen oder von Vulkanen stammten. Man entdeckte einige Hügel mit einem Krater in der Mitte – mit ziemlicher Sicherheit Mond-Vulkane. Aber die großen schüssel- und pfannenförmigen Krater, die man direkt auf der Oberfläche und nicht auf dem Gipfel eines Berges entdeckte, waren anderer Natur. Einige Geologen glaubten, in ihnen Ähnlichkeiten mit stark verwitterten Vulkanen auf der Erde erkennen zu können. Andere bestritten dies. Das beste Gegenargument hierzu bildeten die Asteroiden und Kometen, die am Mond vorbeifliegen. Sie müssen auch manchmal auf dem Mond einschlagen. Und diese Einschläge müssen Krater bilden. Im Laufe der Geschichte des Mondes muß eine große Anzahl von diesen Kratern entstanden sein. Wenn also die Krater, die wir sehen, nicht von Einschlägen rühren, wo sind dann die Einschlagkrater? Wir wissen mittlerweile durch die direkte Laboruntersuchung von Mondkratern, daß fast alle Krater durch Einschläge gebildet wurden. Aber vor vier Milliarden Jahren brodelte und dampfte es vor Vulkanen und innerer Hitze auf dieser kleinen Welt, die heute so tot aussieht.

Im November 1971 erreichte die NASA-Raumsonde *Mariner 9* den Planeten Mars, der damals vollständig von einem Staubsturm verdunkelt war. Vier runde Punkte, Berge, die aus dem rötlichen Dunst herausrag-

Ozeane aus flüssigem Gestein überfluten einen jungen terrestrischen Planeten. (Darstellung von Michael Carroll)

ten, waren so ziemlich das einzige, was man sehen konnte. Diese Punkte wiesen allerdings eine Besonderheit auf: Ihre Gipfel besaßen Krater. Als der Sturm nachließ, stellten wir fest, daß wir vier gewaltige Vulkane entdeckt hatten, die über die Staubwolken ragten. Nachdem der Staubsturm sich völlig gelegt hatte, konnten wir die wahren Ausmaße dieser Vulkane erfassen. Der größte von ihnen – der zu Recht nach dem

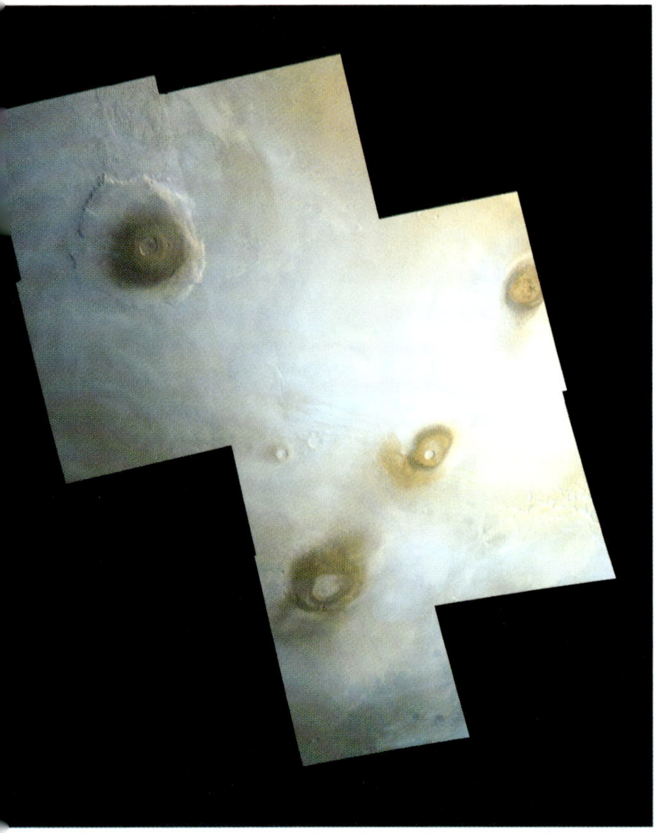

Oben links: *Mars-Vulkane auf dem Tharsis-Plateau.* Rechts: *Olympus Mons ist das größte vulkanische Gebilde im Sonnensystem. Photomosaik aus* Viking-*Daten. Die Gipfel dieser vier Vulkane und ihre Krater waren das einzige, was die Sonde* Mariner 9 *auf dem Höhepunkt des gewaltigen Staubsturms 1971 von der Mars-Oberfläche erkennen konnte. (Mit freundlicher Genehmigung der USGS/NASA)*

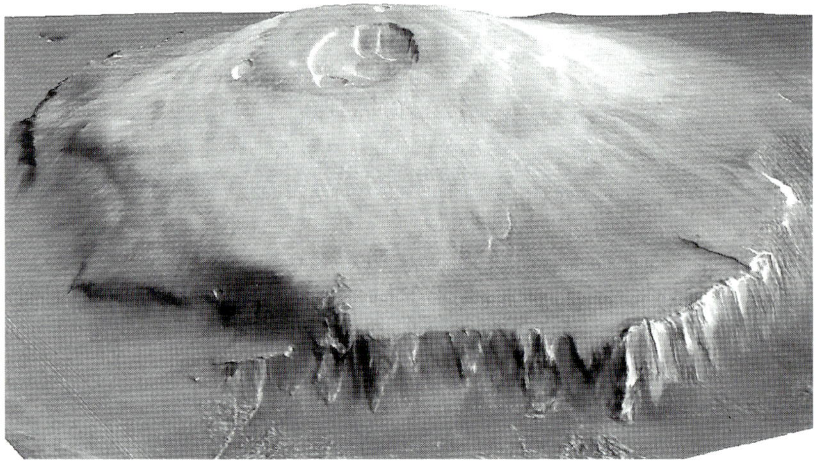

*Olympus Mons, schräg von oben aufgenommen. An den Hängen des riesigen Bergs sind nur wenige, verstreute Einschlagkrater zu sehen, was auf sein verhältnismäßig geringes Alter schließen läßt. (*Viking-*Photomosaik mit freundlicher Genehmigung der USGS/NASA)*

Sitz der antiken griechischen Götter Olympus Mons getauft wurde – erreicht eine Höhe von rund sechsundzwanzig Kilometern und läßt selbst den größten Vulkan und den höchsten Berg der Erde – der Mount Everest ragt immerhin fast neun Kilometer in die Höhe – wie Zwerge erscheinen. Auf der Erde gibt es rund zwanzig riesige Vulkane, doch keiner von ihnen ist so gewaltig wie Olympus Mons, dessen Volumen das des größten Vulkans auf der Erde – Mauna Loa auf Hawaii – um das Hundertfache übersteigt.

Durch Zählung der Einschlagkrater (hervorgerufen durch kleine Asteroideneinschläge und leicht von Calderas zu unterscheiden) an den Flanken des Vulkans kann man das Alter der Vulkane schätzen. Einige Mars-Krater sind mehrere Milliarden Jahre alt, doch keiner ist so alt wie Mars selbst (rund viereinhalb Milliarden Jahre). Einige wieder – darunter auch Olympus Mons – sind verhältnismäßig jung, vielleicht nur mehrere hundert Millionen Jahre alt. Es ist klar, daß in der Frühzeit des Mars gewaltige Vulkaneruptionen stattfanden und vermutlich eine Atmosphäre

Die Vulkanerhebung Arsia Mons auf Mars mit ihrem riesigen Gipfelkrater. Die Karte zeigt das Gebiet zwischen Äquator und 15° südlicher Breite. (Schattierte Reliefkarte der USGS)

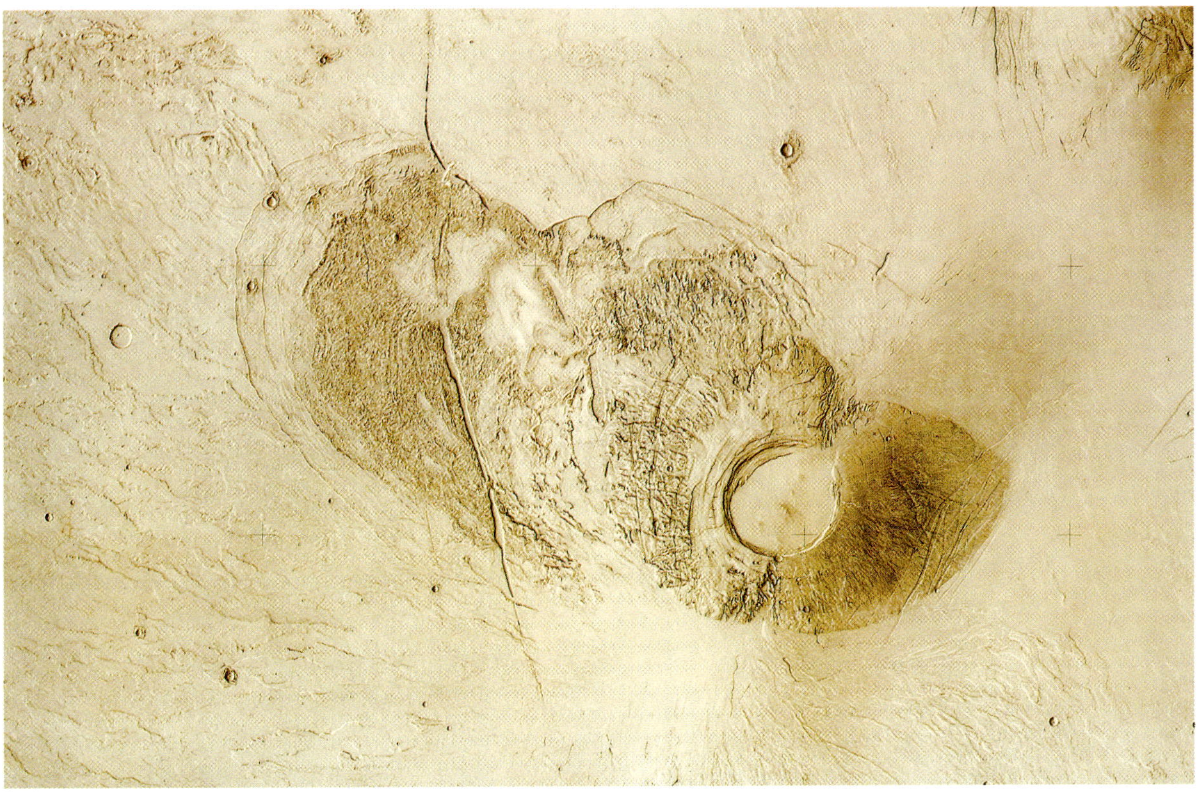

schufen, die viel dichter als die heutige Mars-Atmosphäre war. Wie Mars damals wohl ausgesehen haben mag? Einige Lavaflüsse auf Mars (etwa bei Cerberus) entstanden erst vor zweihundert Millionen Jahren. Es ist sogar möglich – obwohl es dafür keinen Beweis gibt –, daß Olympus Mons, der größte uns heute bekannte Vulkan im Sonnensystem, eines Tages wieder aktiv wird. Vulkanologen, die sich ohnehin in Geduld zu üben haben, würden dies bestimmt außerordentlich begrüßen.

In den Jahren 1990 bis 1993 sandte die Raumsonde *Magellan* überraschende Daten von der Oberflächenformation der Venus an die Erde. Kartographen fertigten von dem Planeten Karten an, die Details bis zu rund hundert Metern Durchmesser zeigen. *Magellan* funkte mehr Daten zur Erde als alle anderen Planetenmissionen zusammengenommen. Da jedoch noch ein großer Teil des Meeresbodens unerforscht ist (abgesehen vielleicht von einigen geheimen Daten, die die US- und Sowjetmarine sammelten), wissen wir vermutlich mehr über die Oberflächengestalt der Venus als über jeden anderen Planeten, die Erde mit eingeschlossen. Vieles auf Venus hat keine Ähnlichkeit mit Formationen auf der Erde oder irgendeinem anderen Planeten. Geologen geben diesen Formationen Namen, aber deswegen wissen wir noch nicht, wie sie entstanden.

Da die Oberflächentemperatur auf Venus knapp 470 °Celsius beträgt, liegt das Gestein dort viel näher an seinem Schmelzpunkt als auf der Erde. Gestein beginnt auf Venus in wesentlich geringeren Tiefen zu schmelzen als auf der Erde. Deshalb sehen wahrscheinlich die zahlreichen Oberflächenformationen der Venus aus wie deformierter Kunststoff.

Der Planet ist von Ebenen und Hochplateaus vulkanischer Herkunft überzogen. Zu den Erhebungen gehören Vulkankegel, vermutlich Schildvulkane und Calderas. An vielen Stellen kann man breite Lavaströme erkennen. Einige Formationen taufte man scherzhaft »Zecken« und »Spinnen«, weil die runden Vertiefungen von konzentrischen Ringen umgeben sind und lange, spindeldürre Spalten von der Mitte nach außen verlaufen. Seltsame flache »Pancakes« – eine Formation, die auf der Erde nicht vorkommt, aber vermutlich eine Art Vulkan darstellt – entstanden vielleicht durch dicke, zähflüssige Lava, die sich gleichmäßig in alle Richtungen ausbreitete. Beispiele von unregelmäßigeren Lavaflüssen gibt es in großer Zahl. Kuriose Blasen, die man »Coronae« nennt, erreichen einen Durchmesser von rund zweitausend Kilometern. Die einzigartigen Lavaflüsse auf der kochendheißen Venus sind voller Geheimnisse.

Doch am wenigsten erwartete man Formationen wie diese stark gewundenen Vertiefungen, die mit ihren Seitenarmen und Mäandern aussehen wie Flußtäler auf der Erde. Die längste unter ihnen ist länger als die längsten Flüsse auf der Erde. Doch ist es auf der Venus viel zu heiß für flüssiges Wasser. Da es außerdem keine kleinen Einschlagkrater gibt, muß die Atmosphäre seit Bestehen der heutigen Oberfläche so heiß gewesen sein und diesen Treibhauseffekt bewirkt haben. (Wenn die Atmosphäre viel dünner gewesen wäre, dann wären mittelgroße Asteroiden bei ihrem Eindringen in die Atmosphäre nicht verbrannt, sondern hätten die Oberfläche des Planeten erreicht und bei ihrem Aufprall einen Krater gebildet.) Lava fließt in Sinuskurven bergab (manchmal fließt sie auch unter dem Oberflächenfels, und dann stürzt die Decke ihres Kanals ein). Doch selbst bei Venus-Temperaturen gibt Lava Wärme ab, kühlt ab, ver-

Die Höhenzüge im Ovda-Regio-Hochland auf Venus sind von Lavaströmen überzogen. Das Relief wurde zur Verdeutlichung um das 22,5fache verstärkt. (Rekonstruktion aus Magellan*-Daten mit freundlicher Genehmigung des JPL/NASA)*

Drei (verhältnismäßig seltene) Einschlagkrater auf der Venus-Oberfläche. Im Vordergrund ist der Howe-Krater mit einem Durchmesser von rund siebenunddreißig Kilometern zu sehen. Danilova ist hinten links, Aglaonice hinten rechts zu erkennen. (Magellan-*Beobachtungen, mit freundlicher Genehmigung des JPL/NASA)*

Magellan *fotografiert die Berge der Venus. (Mit freundlicher Genehmigung des JPL/NASA)*

Der Vulkan Maat Mons auf Venus. Lavaströme erstrecken sich Hunderte von Kilometern über die zerfurchten Ebenen im Vordergrund bis zum Fuß des achttausend Meter hohen Vulkans. (Magellan-Beobachtungen, mit freundlicher Genehmigung des JPL/NASA)

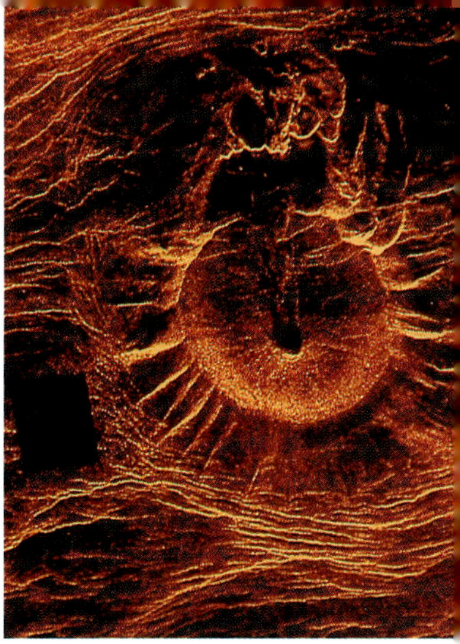

Eine Spinne. Falschfarbenaufnahme eines Vulkangebildes, das auf der Erde unbekannt ist. Es liegt in Eistla Regio auf Venus und besitzt an der Basis einen Durchmesser von annähernd sechsundsechzig Kilometern. (Magellan-Daten, mit freundlicher Genehmigung des JPL/NASA)

langsamt, erstarrt und kommt schließlich zum Stillstand. Das Magma wird fest. Lavaströme können die langen Gräben nicht einmal zu zehn Prozent durchfließen, bevor sie erstarren. Einige Geologen vermuten, daß die Lava auf Venus besonders dünnflüssig und »wäßrig« ist. Doch diese Hypothese wird bisher von keinen anderen Daten untermauert und zeigt nur einmal mehr, wie wenig wir eigentlich wissen.

Die dichte Atmosphäre bewegt sich nur langsam. Weil sie jedoch so dicht ist, steigen feine Partikel in ihr gut nach oben und können leicht fortbewegt werden. Auf Venus sind hauptsächlich an Aufsturzkratern Streifen zu erkennen, die durch Windverwehungen von Staub und Sand entstanden. Hier und dort sieht man ganze Dünenfelder und Gegenden, in denen Winderosion vulkanartige Gebilde entstehen ließ. Diese Windverwehungen wachsen ganz langsam – so wie Dünen am Meeresboden. Direkt an der Venus-Oberfläche wehen nur schwache Winde. Ein leichter Windhauch reicht aus, um eine Wolke von feinen Partikeln hochzuwirbeln, doch in diesem glühendheißen Inferno lassen sich solche Windstöße kaum feststellen.

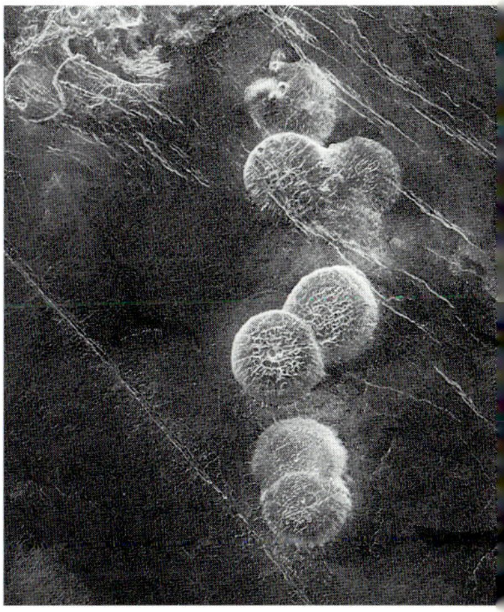

Diese kuppelförmigen Gebilde sind vermutlich auch vulkanischen Ursprungs und wurden »Pancakes« getauft. (Magellan-Daten, mit freundlicher Genehmigung des JPL/NASA)

Es gibt eine ganze Reihe von Einschlagkratern auf Venus, aber längst nicht so viele wie auf dem Mond oder Mars. Sie alle besitzen einen Durchmesser von wenigstens mehreren Kilometern. Man weiß auch, warum: Kleine Asteroiden und Kometen lösen sich beim Eindringen in die dichte Venus-Atmosphäre auf, bevor sie die Oberfläche des Planeten erreichen. Das Fehlen von bestimmten Kratergrößen entspricht ziemlich

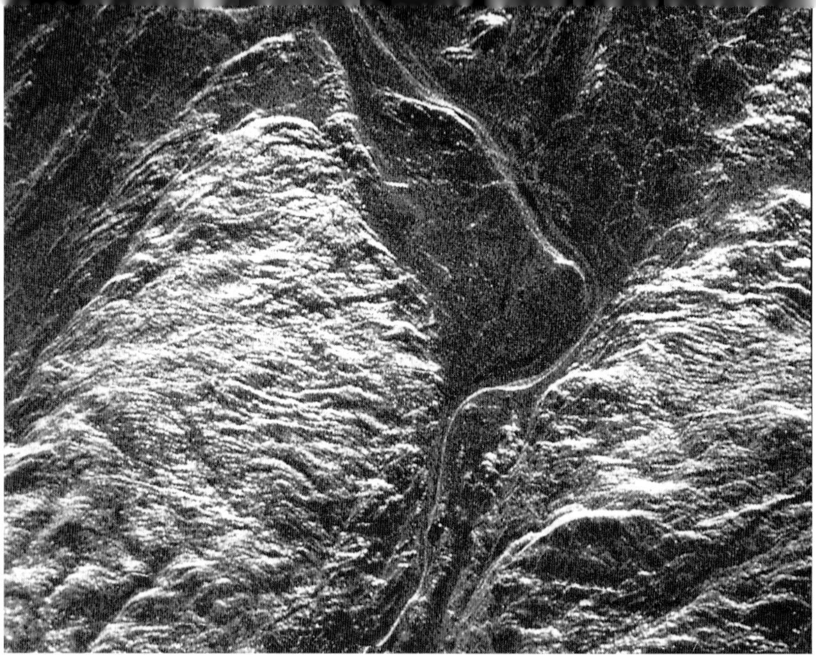

Ein gewundener Graben nördlich der Freyja Montes (Magellan-Daten, mit freundlicher Genehmigung des JPL/NASA)

genau der gegenwärtigen Dichte der Venus-Atmosphäre. Die unregelmäßigen Flecken, die man auf einigen *Magellan*-Bildern erkennen kann, sind vermutlich die Überreste von Einschlagmaterie, die in der dichten Atmosphäre auseinanderbrach und zu klein war, um einen Krater hervorzurufen.

Die meisten Einschlagkrater sind bemerkenswert jung und gut erhalten. Nur ein geringer Prozentsatz wurde später von Lavaflüssen überflutet. Die Venus-Oberfläche, die uns *Magellan* zeigte, ist noch sehr jung. Man entdeckt dort so wenige Einschlagkrater, daß alles, was auf diesem viereinhalb Milliarden alten Planeten älter als ungefähr fünfhundert Millionen Jahre war, zerstört worden sein muß.* Es gibt nur eine plausible Erklärung für die Erosionen, die wir sehen können: Vulkantätigkeit. Auf dem gesamten Planeten wurden Krater, Berge und andere Formationen von Lavaseen überflutet, die einst aus dem Innern hervorströmten, sich ausbreiteten und schließlich erstarrten.

Nach der Untersuchung einer derart jungen, mit erstarrtem Magma über-

* Das Alter der Venus-Oberfläche, das anhand der Radaraufnahmen der *Magellan*-Sonde bestimmt werden konnte, läßt die These von Immanuel Welikowski noch unrealistischer erscheinen: Der Wissenschaftler erregte um 1950 großes Aufsehen in den Medien mit seiner Behauptung, daß Jupiter vor rund dreieinhalbtausend Jahren einen riesigen »Kometen« ausspie, der die Erde mehrmals schrammte und zu verschiedenen Ereignissen führte, die in alten Aufzeichnungen verschiedener Völker auftauchen (so beispielsweise der Stillstand der Sonne auf Geheiß Josuas), und sich dann in den Planeten Venus verwandelte. Es gibt immer noch Leute, die derartige Behauptungen ernst nehmen.

zogenen Oberfläche mag man sich fragen, ob es dort noch aktive Vulkane gibt. Mit absoluter Gewißheit konnte man bis jetzt noch keinen entdecken, doch sind anscheinend einige von ihnen – beispielsweise Maat Mons - von frischer Lava umgeben, die vielleicht sogar noch blubbert und brodelt. Einige Anzeichen deuten außerdem darauf hin, daß die Stärke der Schwefelverbindungen in der Hochatmosphäre zeitlichen Schwankungen ausgesetzt ist – gerade so, als ob Vulkane auf der Oberfläche diese Teilchen von Zeit zu Zeit in die Atmosphäre schleuderten. Wenn die Vulkane ruhen, sinken die Schwefelverbindungen zu Boden. Man glaubt außerdem, Blitze zu erkennen, die sich rund um die Berggipfel der Venus entladen, wie dies auch manchmal bei aktiven Vulkanen auf der Erde zu sehen ist. Aber wir haben keine Gewißheit darüber, ob es auf Venus aktive Vulkane gibt. Das sollen zukünftige Missionen herausfinden.

Einige Wissenschaftler glauben, daß die Oberfläche der Venus bis vor etwa fünfhundert Millionen Jahren fast gar keine Formationen besaß. Ströme und Ozeane flüssigen Gesteins flossen in einem steten Strom aus dem Innern des Planeten und füllten oder überzogen jedwedes Relief, das sich bis dahin gebildet hatte. Hätte man damals schon die dichte Wolkenschicht der Venus durchdringen können, hätte man eine nahezu einheitliche und glatte Oberfläche entdeckt. Nachts hätte die Landschaft im höllischen Rot der flüssigen Lava geglüht. So gesehen wäre die gewaltige Heizungsmaschinerie der Venus, die bis vor etwa fünfhundert Millionen Jahren riesige Mengen Magma an die Oberfläche beförderte, inzwischen abgeschaltet. Das planetare Heizkraftwerk ist zum Stillstand gekommen.

In einem aufsehenerregenden theoretischen Modell des Geophysikers Donald Turcotte verfügt die Venus ähnlich wie die Erde über eine Plattentektonik, die jedoch ein- und ausgeschaltet werden kann. Derzeit, so postuliert Turcotte, ist die Tektonik abgeschaltet. Die »Kontinente« bewegen sich nicht über die Oberfläche, stoßen nicht aneinander, lassen somit keine Gebirgszüge entstehen und werden später nicht ins tiefe Innere hinabgezogen. Nach einer Ruhezeit von Hunderten Jahrmillionen erwacht die Plattentektonik wieder, und die Oberflächenformationen werden von Lava überflutet, durch die Auftürmung von Gebirgen zerstört, verschlungen oder auf eine andere Weise zunichte gemacht. Der letzte dieser Ausbrüche endete Turcotte zufolge vor etwa fünfhundert Millionen Jahren, und seither hat sich nichts mehr gerührt. Die Existenz der Coronae mag bedeuten, daß sich – in geologischer Sicht schon bald – gewaltige Veränderungen auf der Venus-Oberfläche ankündigen.

Noch verblüffender als die großen Mars-Vulkane oder die magmaüberflutete Venus-Oberfläche erschien uns die Entdeckung, die die Raumsonde *Voyager 1* im März 1979 auf ihrem Vorbeiflug an Io, dem innersten der vier großen Jupiter-Monde, machte. Wir sahen eine seltsame, kleine und bunte Welt voller Vulkane. Und zu unserer Überraschung sahen wir, wie acht aktive Rauchfontänen Gas und feine Partikel in den Himmel schleuderten. Der größte Vulkan – heute nach der hawaiischen Vulkangöttin Pelé benannt – stieß eine zweihundertfünfzig Kilometer hohe Eruptionswolke in den Weltraum. Als *Voyager 2* vier Monate später Io erreichte, war Pelé wieder ruhig, obwohl noch sechs der übrigen Wolken zu erkennen waren, mindestens eine neue Wolke entdeckt wurde und ein weiterer Krater namens Surt seine Farbe dramatisch verändert hatte.

Ios Farben sind – obwohl sie in den NASA-Bildern stark überzeichnet sind – unerreicht im ganzen Sonnensystem. Gegenwärtig bevorzugt man die Erklärung, daß Vulkane auf Io nicht wie auf Erde, Mond, Venus und Mars mit aufsteigendem flüssigem Gestein, sondern mit aufsteigendem

Unten links: *Blick auf die Kraleröffnung von Loki Patera (in der Mitte unten)* (Voyager-*Daten, mit freundlicher Genehmigung der USGS/NASA)*
Unten rechts: *Eruptionswolke des aktiven Vulkans Loki Patera am Horizont von Io. (Falschfarbenaufnahme von* Voyager, *mit freundlicher Genehmigung der USGS/NASA)*

Schwefeldioxid und flüssigem Schwefel gespeist werden. Die Oberfläche ist übersät mit Bergen vulkanischen Ursprungs, Vulkankratern, Löchern und flüssigen Schwefelseen. In der Tat wurden verschiedene Formen und Zusammensetzungen von Schwefel auf der Oberfläche von Io und im benachbarten Raum entdeckt – die Vulkane blasen etwas Schwefel ganz aus Io hinaus.* Einige Wissenschaftler schlossen daraus auf die Existenz eines Sees aus flüssigem Schwefel unter der Oberfläche, der an bestimmten Schwachstellen hervorbricht, einen kleinen Vulkankegel aufschüttet, langsam abfließt und erstarrt, wobei seine endgültige Farbe von seiner Temperatur zum Zeitpunkt der Eruption abhängt.

Auf dem Mond oder auf dem Mars gibt es zahlreiche Stellen, die sich in einer Jahrmilliarde nur wenig veränderten. Auf Io wird schon in hundert Jahren ein Großteil der Oberfläche von den Lavaströmen vermutlich schon wieder überflutet, neu gefüllt oder weggeschwemmt werden, so daß die Karten von Io ständig neu gezeichnet werden müssen.

All das scheint sich leicht aus den *Voyager*-Beobachtungen ableiten zu lassen. Die Geschwindigkeit, mit der die Oberfläche von neuen Vulkanströmen überzogen wird, setzt massive Veränderungen alle fünfzig bis hundert Jahre voraus – was glücklicherweise leicht nachgeprüft werden

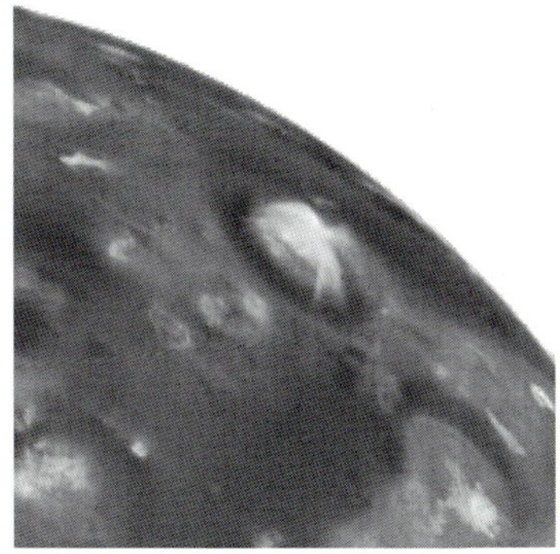

Fontänen schießen aus dem Vulkan Prometheus auf Io in die dünne Atmosphäre empor. Die Voyager-Daten wurden hier im Negativ wiedergegeben, um den Kontrast zu verdeutlichen. (Mit freundlicher Genehmigung der USGS/NASA)

* Ios Vulkane sind außerdem eine reichhaltige Quelle elektrisch geladener Atome wie Sauerstoff und Schwefel. Diese Ionen bevölkern eine geisterhafte, kringelförmige Materie-Röhre, die Jupiter umgibt.

Das Vulkangebilde Maasaw Patera auf Io. Lavaströme, vielleicht aus flüssigem Schwefel, flossen einst aus der Krateröffnung. (Voyager-Daten, mit freundlicher Genehmigung der USGS/NASA)

Der Südpol von Io in einer Falschfarbenaufnahme. (Voyager-Daten, mit freundlicher Genehmigung der USGS/NASA)

kann. Die *Voyager*-Aufnahmen von Io können mit viel einfacheren Bildern verglichen werden, die fünfzig Jahre zuvor mit erdgebundenen Teleskopen und mit dem Hubble-Weltraumteleskop dreizehn Jahre später gemacht wurden. Man stellt jedoch überraschenderweise fest, daß sich die großen Oberflächenstrukturen auf Io anscheinend kaum veränderten. Auch hier wissen wir also längst noch nicht alles.

Ein Vulkan zeigt in gewisser Hinsicht das Innere seines Planeten, das an die Oberfläche strömt, eine Wunde, die dadurch heilt, daß sie auskühlt und durch immer neue Stigmata ersetzt wird. Andere Welten haben ein anderes Innenleben. Die Entdeckung der flüssigen Schwefelvulkane auf Io ist in etwa mit der Entdeckung gleichzusetzen, daß ein alter Bekannter von uns grünes Blut aufweist. Nie wären wir auf diesen Gedanken gekommen, denn unser Bekannter sah immer ganz normal aus.
Wir sind natürlich sehr darauf erpicht, weitere Anzeichen für Vulkantätigkeit auf anderen Welten zu entdecken. Auf Europa, dem zweiten galileischen Mond und Ios Nachbarn, gibt es überhaupt keine Vulkane; aber dafür scheint geschmolzenes Eis – flüssiges Wasser – vor dem Gefrieren durch eine enorme Anzahl von dunklen Zickzacklinien an die Oberfläche geschossen zu sein. Und weiter draußen, unter den Saturn-Monden, gibt es Anzeichen dafür, daß flüssiges Wasser aus dem Innern

emporschoß und ganze Einschlagkrater wegschwemmte. Wir entdeckten jedoch weder im Jupiter- noch im Saturn-System etwas, das mit gutem Gewissen als Eisvulkan bezeichnet werden könnte. Auf Triton fanden wir vermutlich Stickstoff- oder Methanvulkane.

Die Vulkane anderer Welten bieten uns ein aufregendes Schauspiel. Sie schärfen unseren Sinn für das Wunderbare, verstärken unsere Freude an der Schönheit und Andersartigkeit des Kosmos. Aber diese exotischen Vulkane erfüllen auch noch einen anderen Zweck: Sie helfen uns, die Vulkane unserer eigenen Welt zu verstehen – und vielleicht sogar eines Tages ihre Ausbrüche genau vorherzusagen. Wenn wir auch nicht verstehen können, was unter anderen Umständen, unter anderen physikalischen Voraussetzungen vor sich geht, wie tief kann das Verständnis dessen sein, was uns am meisten betrifft? Eine allgemeine Vulkantheorie muß alle Fälle mit einschließen. Wenn wir über gewaltige Vulkane auf dem geologisch ruhigen Mars stolpern, wenn wir entdecken, daß die Oberfläche der Venus erst gestern von Magmafluten gereinigt wurde, wenn wir eine Welt finden, die nicht wie die Erde durch die Wärme des radioaktiven Zerfalls, sondern durch den Gravitationseinfluß benachbarter Welten schmilzt, wenn wir Schwefel- anstatt Gesteinsvulkane beobachten und wenn wir uns zu fragen beginnen, ob wir auf den Monden unserer äußeren Planeten Wasser-, Ammoniak-, Stickstoff- oder Methanvulkane sehen –, können wir erahnen, was möglich ist.

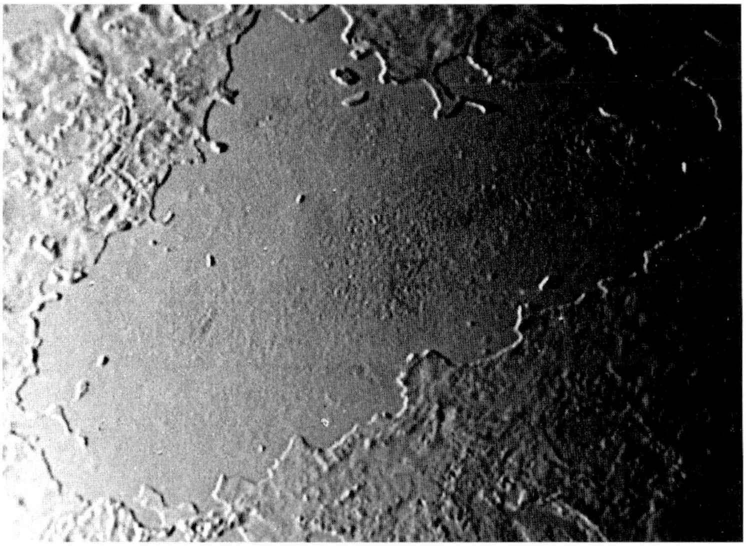

Das große geflutete Becken auf dem Neptun-Mond Triton ist rund zweihundert Kilometer breit und vierhundert Kilometer lang. Man weiß nicht genau, mit welchem Material das Becken ausgefüllt ist, nimmt aber aufgrund des Verhaltens von Lava auf der Erde an, daß es sich um Stickstoff- oder Methaneis (oder vielleicht einfach nur Wassereis) handelt, das im Innern erwärmt wurde, durch Ritzen und Spalten an die Oberfläche gelangte, das Becken ausfüllte und dann wieder gefror. (Voyager-2-Aufnahme, mit freundlicher Genehmigung des JPL/NASA)

Kapitel 13

Apollos Geschenk

Öffnet nun weit die Tore des Himmels!
Schwarze Wolke, trag mich empor!

Qu Yuan, *Der große Herr des Schicksals,* 3. Jh. v. Chr.[1]

Eine laue Julinacht. Sie sind in Ihrem Sessel eingeschlafen. Plötzlich wachen Sie auf, wissen nicht so recht, wo Sie sind. Der Fernseher läuft, aber ohne Ton. Sie versuchen zu verstehen, was Sie da auf dem Bildschirm sehen. Zwei gespenstisch weiße Figuren in Schutzanzügen und Helmen tänzeln unter einem pechschwarzen Himmel dahin. Diese Figuren springen durch kaum wahrnehmbare Staubwolken. Aber irgend etwas stimmt nicht. Die Figuren brauchen so lange, bis sie wieder auf dem Boden sind. Trotz ihrer Aufmachung scheinen sie zu fliegen – ein bißchen jedenfalls. Sie vor dem Bildschirm reiben sich die Augen, doch das traumartige Szenario bleibt.

Von allem, was sich im Rahmen der Mondlandung von *Apollo 11* am 20. Juli 1969 ereignete, blieb mir der Eindruck des Unwirklichen am besten im Gedächtnis haften. Neil Armstrong und Buzz Aldrin tappten durch den grauen Mondstaub, die Erde thronte am Himmel, Michael Collins umkreiste wie ein neuer Trabant den Mond auf seinem einsamen Beobachtungsflug. Ja, das war schon eine beeindruckende technische Leistung. Ja, die Astronauten bewiesen wirklich übermenschlichen Mut.

Gegenüberliegende Seite: *Der* Apollo-16-*Astronaut Charles Duke posiert für ein Photo auf dem Mond. Das Spiegelbild des Photographen ist im Visier des Astronauten zu erkennen. Das Mondfahrzeug wurde am anderen Ende des Einschlagkraters oben links im Bild geparkt. Neben den sehr kleinen Einschlagkratern im Vordergrund sind auch die Stiefelabdrücke des Astronauten zu sehen. (Mit freundlicher Genehmigung der NASA)*

Ja, das war, wie Armstrong sagte, ein bedeutender Schritt für die Menschheit. Doch wenn man das bewußt alltägliche Geplänkel zwischen der Kontrollstation und dem Mare Tranquillitatis abschaltete und auf den schwarz-weißen Bildschirm starrte, dann konnte man erahnen, daß wir Menschen das Reich der Mythen und Legenden betreten hatten. Wir kennen den Mond von Anbeginn. Er war bereits da, als unsere

Apollo 11 *hebt ab. (Mit freundlicher Genehmigung der NASA)*

Die dritte Stufe der Saturn-*Rakete wird abgekoppelt (hier die Mission* Apollo 7 *im Jahre 1968). (Mit freundlicher Genehmigung der NASA)*

Vorfahren von den Bäumen herabstiegen und in den Savannen zu leben begannen, als wir aufrecht zu gehen lernten, als wir unsere ersten Steinwerkzeuge fertigten, als wir das Feuer beherrschen lernten, als wir den Ackerbau erfanden, Städte bauten und darangingen, uns die Erde untertan zu machen. In vielen Volksliedern besteht eine geheimnisvolle Verbindung zwischen dem Mond und der Liebe. Der »Monat« und der erste Werktag sind nach dem Mond benannt. Sein Wachsen und Schwinden stand als himmlische Metapher für Tod und Wiedergeburt. Ebenso bestand eine Verbindung zwischen den Mondphasen und dem weiblichen Fruchtbarzeitszyklus, wie das Wort »Menstruation« selbst (vom lateinischen *mensis*, »Monat«, abgeleitet von »messen«) bezeugt. Wer im Mondlicht schläft, wird angeblich verrückt; derartige Zusammenhänge finden sich noch im englischen Wort »lunatic« oder im deutschen »launisch«. In alten persischen Überlieferungen wird ein für sein

Ein Stiefelabdruck auf dem Mond. Dieses Zeugnis der Apollo-Expeditionen kann eine Million Jahre oder länger überdauern, wenn es nicht durch nachfolgende Besucher zerstört wird. (Mit freundlicher Genehmigung der NASA)

Wissen berühmter Wesir gefragt, welcher Himmelskörper nützlicher sei, die Sonne oder der Mond. »Der Mond«, antwortete er, »denn die Sonne scheint tagsüber, wenn es ohnehin hell ist.« Vor allem zu der Zeit, als wir im Freien lebten, war der Mond eine zwar unberührbare, aber wichtige Erscheinung in unserem Leben.

Der Mond war außerdem eine Metapher für das Unerreichbare. »Du kannst genausogut den Mond wollen«, sagte man. Oder: »Das ist genauso unmöglich, wie zum Mond zu fliegen.« Die längte Zeit unserer Geschichte wußten wir nicht, was der Mond war. Ein Geist? Ein Gott? Ein Gegenstand? Er sah nicht aus wie ein riesiger Gegenstand in großer Entfernung, sondern eher wie etwas Kleines, das nicht so weit weg ist – vielleicht so etwas wie eine Platte, die über unseren Köpfen schwebt. Die Philosophen der griechischen Antike diskutierten die Behauptung, »daß der Mond genauso groß ist, wie er aussieht« (und offenbarten damit, daß sie keine Vorstellung von seiner wahren beziehungsweise scheinbaren Größe hatten). Auf dem Mond *spazierenzugehen* war ein

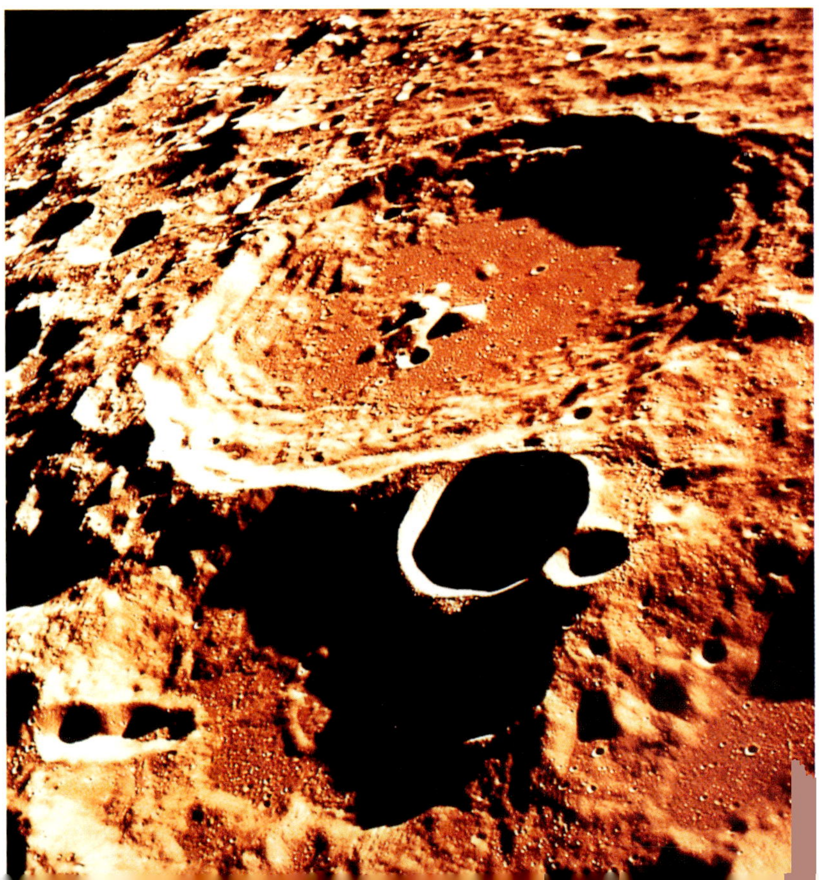

Das von Kratern übersäte Hochland des Mondes in einer Aufnahme von Apollo 11 (Mit freundlicher Genehmigung der NASA)

völlig verrückter Gedanke. Eher noch konnte man sich vorstellen, wie jemand auf einer Leiter oder auf dem Rücken eines riesigen Vogels in den Himmel hinaufstieg, den Mond packte und auf die Erde herunterbrachte. Niemand gelang ein derartiges Unterfangen, obwohl die Sagenwelt voll von Helden ist, die sich darin versuchten.

Erst vor wenigen Jahrhunderten setzte sich allmählich die Auffassung vom Mond als einem rund vierhunderttausend Kilometer von der Erde entfernten *Ort* durch. Und in dieser kurzen Zeitspanne gelang es uns, die Gestalt des Mondes richtig zu erfassen und schließlich sogar auf ihm herumzuspazieren. Wir berechneten, wie sich Gegenstände im Weltraum bewegen, gewannen flüssigen Sauerstoff, erfanden große Raketen, Telemetrie, zuverlässige Elektronik, Inertialsteuersysteme und vieles andere mehr. Dann flogen wir hinauf in den Himmel.

Ich hatte das große Glück, am *Apollo*-Programm direkt beteiligt gewesen zu sein, doch ich mache den Leuten keinen Vorwurf, die glauben, daß alles in einem Hollywood-Studio aufgenommen wurde. Am Ende des Römischen Reiches hatten heidnische Philosophen die christliche Lehre von der Himmelfahrt Christi und der Auferstehung von den Toten angegriffen – weil die Schwerkraft alle »irdischen Körper« nach unten zieht. Augustinus meinte dazu, wenn die Menschen in der Lage sind, Schiffe aus Metallen zu bauen, die sinken, dann kann Gott durch ein uns verborgenes Verfahren bewirken, daß diese »irdischen Körper« befreit werden von den Ketten, die sie an die Erde binden. Daß *Menschen* eines Tages ein solches »Verfahren« entdecken würden, lag jenseits aller Vorstellungskraft. Fünfzehnhundert Jahre später befreiten wir uns selbst. Diese Errungenschaft rief jedoch auch eine Menge Zweifel und Bedenken hervor. Einige gemahnten an den Turmbau zu Babel. Andere wieder, darunter auch orthodoxe Muslime, sahen im Betreten des Mondes einen Akt der Schamlosigkeit und Gotteslästerung. Viele jedoch begrüßten die Tat als einen Wendepunkt in der Menschheitsgeschichte.

Der Mond ist nicht länger unerreichbar. Ein Dutzend Menschen hüpften seit jenem Julitag 1969 über das kraterübersäte, graue Lavagestein. Doch seit 1972 war niemand mehr dort. In der Tat war seit den glorreichen Tagen des *Apollo*-Programms kein Mensch mehr *irgendwo* außerhalb der Erdumlaufbahn – gleich einem Kleinkind, das die ersten schüchternen Schritte unternimmt und sich sofort wieder zurück in die Sicherheit von Mutters Rockzipfel flüchtet.

Einst stürmten wir in das Sonnensystem hinaus. Ein paar Jahre lang. Dann eilten wir heimwärts. Warum? Was war passiert? Was war *Apollos* eigentlicher Zweck?

Das Ausmaß und die Kühnheit von John F. Kennedys Rede vor dem Kongreß am 25. Mai 1961 – die das *Apollo*-Programm ins Leben rief – überraschten mich. Wir sollten Raketen und Materialien verwenden, die noch nicht einmal entworfen und erfunden waren, Navigations- und Landesysteme einsetzen, die es noch nicht gab, und einen Menschen in eine unbekannte Welt – die noch nicht einmal von Robotern untersucht worden war – hinaussenden und ihn sicher zurückbringen, bevor das Jahrzehnt zu Ende ging. Diese selbstbewußte Ankündigung erfolgte zu einem Zeitpunkt, zu dem Amerikaner noch nicht einmal in der Erdumlaufbahn gewesen waren.

Frisch promoviert, glaubte ich damals, daß dies alles hauptsächlich mit Wissenschaft zu tun habe. Aber der amerikanische Präsident sprach nicht von der Entstehung des Mondes, ja nicht einmal von der Untersuchung von Gesteinsproben. Er schien nur daran interessiert zu sein, jemanden dort hinauf zu schicken und wieder zurückzubringen. Das war eine Art *Geste*. Kennedys wissenschaftlicher Berater Jerome Wiesner erzählte mir später, daß er mit dem Präsidenten eine Vereinbarung getroffen hatte: Wenn Kennedy nicht behaupte, daß *Apollo* etwas mit Wissenschaft zu tun habe, dann wolle er, Wiesner, das Programm unterstützen. Wenn es aber nicht um Wissenschaft ging, worum dann?

Das ganze *Apollo*-Programm ist in Wirklichkeit ein Politikum, erzählten mir andere. Das klang schon besser. Blockfreie Staaten würden in Versuchung kommen, sich der Sowjetunion zuzuwenden, wenn diese in der Weltraumforschung voraus sei und die Vereinigten Staaten ungenügende »nationale Stärke« bewiesen. Das konnte ich nicht ganz verstehen. Da waren die USA, der UdSSR auf praktisch jedem Gebiet der Technologie überlegen, die weltweit führende Nation in den Bereichen Wirtschaft, Rüstung und manchmal sogar Moral – und Indonesien würde kommunistisch werden, nur weil Jurij Gagarin vor John Glenn die Erde umkreiste? Was ist denn so Besonderes an der Weltraumtechnologie? Doch auf einmal begriff ich es.

Um Menschen in eine Erdumlaufbahn oder Roboter zur Sonne zu schicken, braucht man Raketen – große, zuverlässige, starke Raketen. Genau diese Raketen kann man auch in einem Atomkrieg einsetzen.

Die Kommandoeinheit schwebt während der Apollo-10-*Mission 1969 über der Mondoberfläche. (Mit freundlicher Genehmigung der NASA)*

Dieselbe Technologie, die einen Menschen auf den Mond bringt, kann nukleare Sprengköpfe um die halbe Welt schicken. Dieselbe Technologie, die einen Astronomen und ein Teleskop in die Erdumlaufbahn bringt, kann auch eine Laser-Kampfstation dorthin transportieren. Schon damals wurde in militärischen Kreisen des Ostens wie des Westens über den Weltraum phantasiert und spekuliert, daß die Nation, die den Weltraum »kontrolliert«, auch die Erde kontrolliert. Strategische Waffen wurden natürlich längst schon auf der Erde getestet. Doch einen Marschflugkörper mit einem Versuchssprengkopf im Pazifik zu versenken bringt nicht viel Ruhm und Ehre ein. Menschen in den Weltraum zu schicken erregt dagegen die Aufmerksamkeit der Menschen auf der ganzen Welt. Niemand würde allein aus diesem Grund ein derartiges Projekt finanzieren, doch von allen Methoden, Raketenschlagkraft zu demonstrieren, ist diese noch die beste. Hier ging es um die Männlichkeitsriten einer ganzen Nation. Allein die Form der Raketen machte dies auch ohne vie-

Die Mondlandeeinheit der Apollo 11 *vor der Mondoberfläche (Mit freundlicher Genehmigung der NASA)*

le Worte deutlich. Die Kommunikation schien von Unterbewußtsein zu Unterbewußtsein zu erfolgen, ohne daß die oberen Bereiche des Gehirns auch nur den blassesten Schimmer davon bekamen, was weiter unten vor sich ging.

Meine wissenschaftlichen Kollegen – die heute um jeden Betrag feilschen müssen – haben inzwischen sicher vergessen, wie einfach es in den glorreichen *Apollo*-Zeiten und kurz davor war, Geld für Weltraumforschungsprojekte zu bekommen.

Als Beispiel sei hier diese Gesprächsnotiz aus einer Anhörung vor dem Verteidigungsausschuß des Repräsentantenhauses aus dem Jahre 1958, wenige Monate nach *Sputnik 1*, angeführt. Air Force Assistant Secretary Richard E. Horner sagt aus; sein Gesprächspartner ist der demokratische Abgeordnete Daniel J. Flood aus Pennsylvania:

Horner: Warum ist es aus militärischer Sicht erstrebenswert, einen Menschen auf den Mond zu schicken? Zum Teil aus klassischen Beweggründen, weil der Mond eben da ist. Zum Teil, weil wir fürchten, daß die UdSSR zuerst auf dem Mond landet und ungeahnte Vorteile daraus gewinnt, die sich derzeit noch unserer Erkenntnis entziehen ...

Flood: Wenn wir Ihnen ungeachtet des Betrages das Geld zur Verfügung stellen, das Sie nach Ihren Angaben benötigen, können Sie in der Air

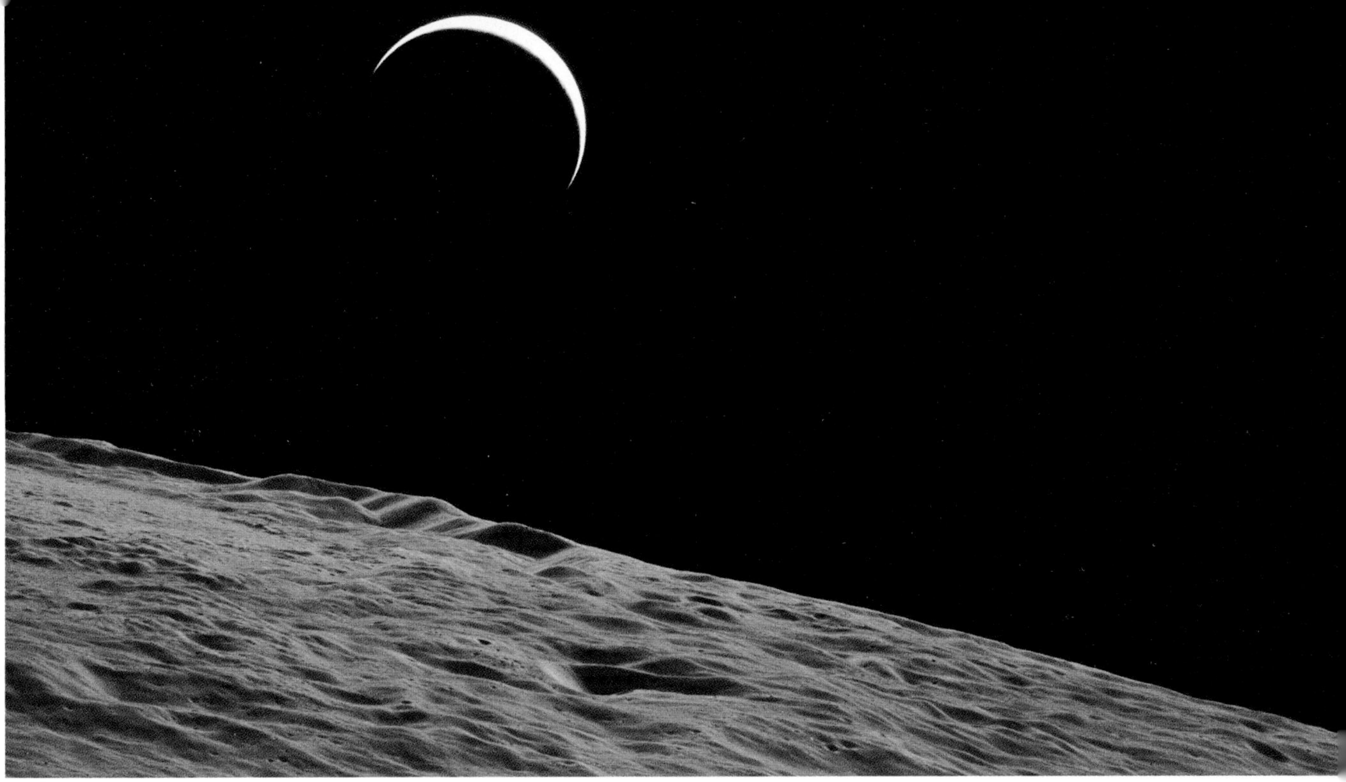

Erdaufgang, gesehen von Apollo 15 *(Mit freundlicher Genehmigung der NASA)*

Force den Mond mit etwas, mit irgend etwas vor Weihnachten erreichen?

Horner: Ich bin sicher, daß wir das können. Bei dieser Art von Projekten besteht natürlich immer ein bestimmtes Risiko, doch wir gehen davon aus, daß wir das können. Yes, Sir.

Flood: Haben Sie jemanden in der Air Force oder im Verteidigungsministerium um genügend Geld, Material und Personal gebeten, daß Sie ab heute nacht, null Uhr, daran arbeiten können, Uncle Sam ein Stückchen von dieser großen grünen Käsescheibe als Weihnachtsgeschenk zu präsentieren? Haben Sie darum gebeten?

Horner: Wir haben dem Büro des Verteidigungsministeriums einen derartigen Antrag vorgelegt. Zur Zeit wird darüber beraten.

Flood: Herr Vorsitzender, ich bin dafür, das Geld in dieser Minute bereitzustellen und nicht darauf zu warten, daß unten im Ministerium jemand entscheidet, eine Eingabe zu machen. Wenn dieser Mann meint, was er sagt, und wenn er weiß, worüber er spricht – und ich glaube, das tut er –, dann sollte dieser Ausschuß keine fünf Minuten länger warten. Wir sollten ihm das Geld, Material und Personal zur Verfügung stellen, das er braucht, ganz gleich, was die anderen darüber denken. Er soll nur gleich losziehen und sich an die Arbeit machen.

Als Präsident Kennedy die Richtlinien für das *Apollo*-Programm absteckte, entwickelte das Verteidigungsministerium viele Weltraumprojekte – Projekte zur Truppenbeförderung ins All und in der Erdumlaufbahn, Projekte zur Stationierung automatischer Waffen in Erdumlaufstationen, die Satelliten und Geschosse anderer Nationen zerstören konnten. *Apollo* verdrängte diese Projekte. Sie wurden nie verwirklicht. Man mag also einwenden, daß *Apollo* einen ganz anderen Zweck verfolgte: das Wettrennen im All zwischen USA und UdSSR von einer militärischen auf eine zivile Ebene zu verlegen. Manche Leute glauben, daß Kennedy in *Apollo* einen Ersatz für einen Waffenwettlauf im All sah. Vielleicht.

Aber: Während die Vereinigten Staaten siebeneinhalb Megatonnen herkömmlichen Sprengstoff über Südostasien abwarfen, rühmten sie sich ihrer Menschlichkeit. Niemand auf dem Mond würde durch die USA Schaden erleiden. Eine Platte mit der entsprechenden Inschrift ist am Boden der Mondlande-Einheit von *Apollo 11* befestigt und immer noch dort, in der luftleeren Wüste des Mare Tranquillitatis. Wenn niemand diese Platte zerstört, wird man sie noch in einer Million Jahren lesen können.

Sechs weitere Missionen folgten auf *Apollo 11*, und bis auf eine landeten sie alle erfolgreich auf der Mondoberfläche. An der *Apollo-17*-Mission nahm erstmals ein Wissenschaftler teil. Doch danach wurde das Programm eingestellt. Der erste Wissenschaftler und der letzte Mensch auf dem Mond sind ein und dieselbe Person. Das Programm hatte seinen Zweck bereits in jener Julinacht 1969 erfüllt. Das halbe Dutzend Folgemissionen war lediglich dem anfänglichen Enthusiasmus zu verdanken.

Apollo war also nicht in erster Linie ein wissenschaftliches Projekt. Es war nicht einmal in erster Linie ein Weltraumprojekt. *Apollo* bedeutete

Eine Mondlandschaft (NASA-Aufnahmen, vom Artis-Planetarium in Amsterdam elektronisch zu einem Panoramabild verarbeitet)

Der Mond in einer Mosaikdarstellung der Raumsonde Galileo. *Die Falschfarbentechnik dient hier zur Verdeutlichung von Erzlagerstätten. Grün und Gelb zeigen größere Eisen- und Magnesiumvorkommen. (Photomosaik mit freundlicher Genehmigung der USGS/NASA)*

ideologische Konfrontation und Atomkrieg – die oft mit Euphemismen wie »Führungsnation« und »nationales Prestige« umschrieben wurden. Trotzdem konnte solide Weltraumforschung betrieben werden. Wir wissen heute viel mehr über die Zusammensetzung, das Alter und die Geschichte des Mondes und die Entstehung der Mondlandschaften. Wir verstehen heute besser, woher der Mond stammt. Manche Wissenschaftler nutzten die Daten über Mondkrater, um Vorgänge auf der Erde besser zu verstehen. Von größter Bedeutung ist jedoch, daß *Apollo* eine

Erde und Mond in maßstabsgetreuer Abbildung. Die Erde ist fast viermal so groß wie der Mond und besitzt die einundachtzigfache Masse. Die Erde (hier sind Nord- und Südamerika zu sehen) reflektiert durchschnittlich viermal soviel Licht wie der Mond in den Weltraum. (Mit freundlicher Genehmigung der USGS)

Art Schutzschild darstellt, unter dem hervorragende Raumsonden in das Sonnensystem geschickt werden und Dutzende von Welten erforschen konnten. Die Nachkommen *Apollos* drangen mittlerweile bis an die Grenze unseres Sonnensystems vor.

Ohne *Apollo* – und damit ohne die politischen Hintergründe – hätte es vermutlich kein amerikanisches Weltraumprogramm zur Erforschung des Sonnensystems gegeben. Die Sonden *Mariner, Viking, Pioneer, Voyager* und *Galileo* sind ein Geschenk *Apollos. Magellan* und *Cassini* sind entferntere Verwandte. Ähnliches gilt auch für die bahnbrechende Erforschung des Sonnensystems durch die Sowjetunion, wozu auch die ersten weichen Landungen von unbemannten Sonden – *Luna 9, Mars 3, Venera 8* – auf anderen Welten gehören.

Apollo vermittelte Selbstvertrauen, Energie und Visionen, die die Vorstellungskraft der ganzen Welt beflügelten. Das war auch ein Zweck des Programms. Es weckte den Glauben an die Technik und Begeisterung für die Zukunft. Wenn wir zum Mond fliegen können, fragten sich viele, was können wir dann noch alles?

Wenn Sie Ihre Koffer für eine große Reise packen, wissen Sie nicht, was Sie erwartet. Die *Apollo*-Astronauten photographierten auf dem Weg von und zu der Erde ihren heimatlichen Planeten. Das war eigentlich etwas ganz Natürliches, zog aber Konsequenzen nach sich, die niemand vorhersah. Zum ersten Mal konnten die Erdenbewohner ihre Welt von oben sehen – die ganze Erde, die Erde in Farbe, die Erde als einen wunderbaren weiß-blauen Ball, der sich vor dem schwarzen Hintergrund des Weltraums dreht. Diese Bilder lieferten den unwiderlegbaren Beweis dafür, daß wir alle auf demselben verwundbaren Planeten zu Hause sind. Sie zeigen uns, was wichtig ist und was nicht. Sie sind die Vorboten von *Voyagers* blauem Punkt im All.

Wir sahen diese Bilder gerade noch rechtzeitig, zu einem Zeitpunkt, bevor unsere Technik die Erde unbewohnbar zu machen droht. Aus welchen Gründen auch immer wir das *Apollo*-Programm ins Leben riefen, wie sehr es auch mit dem kalten Krieg und tödlichen Waffen verquickt war – die unausweichliche Erkenntnis von der Einzigartigkeit und Zerbrechlichkeit unserer Erde ist das wunderbare Geschenk der gesamten Mission. Was als tödlicher Wettlauf begann, half uns sehen, daß weltweite Zusammenarbeit für unser Überleben notwendig ist.

Reisen wird immer populärer.

Zeit, sich auf den Weg zu machen.

Kapitel 14

Andere Welten erforschen und unsere eigene schützen

Planeten unterliegen in ihren verschiedenen Entwicklungsstadien denselben Kräften wie unsere Erde und besitzen daher dieselbe geologische Zusammensetzung und wahrscheinlich Leben, das dem unserer Vergangenheit und vielleicht Zukunft entspricht. Doch darüber hinaus arbeiten diese Kräfte in manchen Fällen unter Bedingungen, die sich von denen der Erde grundlegend unterscheiden. Daher müssen sie auch Formen entwickeln, die völlig anders als unsere bekannten Formen aussehen. Der Wert derartigen Materials für die komparativen Wissenschaften ist so augenfällig, daß er keiner Diskussion bedarf.

Robert H. Goddard, *Notebook,* 1907

Um den Horizont zieht sich ein königsblauer Saum von geradezu hinreißender Schönheit. Er ist hauchdünn und wird von der irdischen Atmosphäre, der Lufthülle, gebildet. In meiner Kindheit hatte ich öfter Ausdrücke wie Luftozean oder Luftmeer gehört. Sie suggerierten eine fast unbegrenzte Mächtigkeit der Lufthülle. Nun rührte es mich wie ein Donnerschlag, wie wenig davon um den Erdball vorhanden ist. Immerhin hängt das Leben davon ab.

Ulf Merbold, deutscher Space-shuttle-Astronaut, 1986[1]

Wenn man aus einer Umlaufbahn auf die Erde hinabblickt, sieht man eine hübsche und zerbrechliche Welt, die in ein schwarzes Vakuum eingebettet ist. Doch der Blick durch das Bullauge eines Raumschiffs wird bei weitem übertroffen durch die freudige Erregung, die ganze Erde gegen einen schwarzen Hintergrund zu sehen oder – besser noch – zu sehen, wie die Erde langsam vorbeizieht, während man selbst im luftleeren Raum schwebt. Der erste Mensch, dem dieses Erlebnis zuteil wurde, ist Alexeij Leonow, der am 18. März 1965 das Raumschiff *Woschod 2* für einen »Weltraumspaziergang« verließ: »Ich blickte auf die Erde hinunter«, erinnert er sich, »und es schoß mir durch den Kopf: ›Die

Links: *Ein Mensch im Orbit betrachtet seinen Heimatplaneten, der einen »schmalen Saum dunkelblauen Lichts« aufweist: Der Astronaut Bruce McCandless im Februar 1984 – aufgenommen vom Spaceshuttle Challenger (Mit freundlicher Genehmigung des Johnson Space Centers/NASA)*

Welt ist tatsächlich rund.‹ Ich konnte von Gibraltar bis zum Kaspischen Meer sehen ... Ich fühlte mich wie ein Vogel – ich konnte fliegen.«

Wenn man die Erde aus einer größeren Distanz betrachtet, wie es die Astronauten der *Apollo* taten, dann scheint die Erde zu schrumpfen, bis nur noch wenige geographische Details zu erkennen sind. Man stellt verblüfft fest, wie isoliert sie wirkt. Ab und zu verläßt ein Wasserstoffatom die Atmosphäre, oder es regnet Kometenstaub. Sonnenlicht, entstanden im stillen Kernkraftwerk tief im Innern der Sonne, strahlt in alle Richtungen; die Erde empfängt genug davon, damit wir etwas Licht und ausreichend Wärme für unsere bescheidenen Zwecke bekommen. Abgesehen davon ist diese kleine Welt völlig auf sich gestellt.

Von der Oberfläche des Mondes aus erkennt man nicht einmal mehr ihre Kontinente. Und vom äußersten Planeten aus gesehen ist die Erde nur noch ein schwacher Lichtpunkt.

Den Betrachter in der Erdumlaufbahn beeindruckt der zartblaue, gewölbte Horizont – die dünne Atmosphäre der Erde in Tangentialsicht. Auf einmal versteht man, warum es keine örtlich begrenzten Umweltprobleme geben kann. Moleküle sind dumm. Industriegifte, Treibhausgase und Substanzen, die aufgrund ihrer grenzenlosen Dummheit die schützende Ozonschicht angreifen, halten sich nicht an nationale Hoheitsgebiete und Landesgrenzen. Und somit beginnen wir dank der beinahe sagenhaften Macht unserer Technologie (und unseres kurzfristigen Denkens) uns selbst gefährlich zu werden – ganze Kontinente, ja der ganze Planet schwebt in Gefahr. Einfach ausgedrückt, wenn diese Probleme gelöst werden sollen, dann müssen viele Nationen über viele Jahre hinweg eng zusammenarbeiten.

Ich bin nach wie vor beeindruckt von der Ironie, daß Raumfahrt – die ja im Zuge nationaler Rivalitäten und Feindseligkeiten entstand – eine völlig übernationale Sicht der Dinge mit sich bringt. Man betrachtet die Erde nur ein wenig aus dem Orbit, und schon beginnen selbst die stärksten Nationalismen zu schwinden. Wenn wir an eine einzige Welt gebunden sind, dann kennen wir dazu keine Alternativen. Unsere Perspektive ist demnach verkürzt, unsere Einsicht gering und die Bestimmtheit unserer Voraussagen beschränkt – wie bei einem Kunstliebhaber, der nur Grabgemälde kennt, einem Zahnarzt, der nur Backenzähne behandelt, einem Philosophen, der nur den Neoplatonismus studiert hat, einem Sprachforscher, der nur Chinesisch spricht, oder wie bei einem Physiker, der

Erdaufgang über dem Mond. Bei dieser Auflösung kann man nicht einmal mehr die Kontinente der Erde erkennen. (Aufnahme von Apollo 14, *mit freundlicher Genehmigung der NASA)*

von der Schwerkraft nur weiß, daß sie Körper auf die Erde fallen läßt. Wenn wir andere Welten erkunden, werden wir dagegen feststellen, daß das, was uns als die einzig mögliche Realisation eines Planeten erschien, auf einmal nur eine Möglichkeit unter vielen ist. Wenn wir diese anderen Welten betrachten, beginnen wir zu verstehen, was es bedeutet, wenn wir zuviel von dem einen und zuwenig von dem anderen haben. Wir lernen, wie unser Planet zerstört werden kann. Wir gewinnen eine neue Sichtweise, wie sie der Raumfahrtpionier Goddard voraussah. Man nennt sie vergleichende Planetenforschung.

Die Erforschung anderer Welten öffnete uns die Augen auf den Gebieten der Vulkanologie, Seismologie und Meteorologie. Eines Tages mag sie auch gewaltige Auswirkungen auf die Biologie haben, denn alles Leben auf der Erde ist nach einem gemeinsamen biochemischen Grundschema

Falschfarben-Radarbild des Vulkans Pinatubo auf den Philippinen. Der Hauptkrater, der bei dem großen Ausbruch im Juni 1991 entstand, ist an der Grenze zwischen den orange-bläulichen und den helleren Feldern zu sehen. Die dunklen Streifen sind Schlammströme, die bei starken Regenfällen immer noch große Schäden verursachen. Die feinen Schwefelsäuretröpfchen, die bei der Pinatubo-Eruption in die Stratosphäre geschleudert wurden, sind fast weltweit registriert worden, trugen zeitweise zur Zerstörung der Ozonschicht bei und verlangsamten die globale Erwärmung, die auf einen steigenden Treibhauseffekt zurückgeführt wird. Das Bild wurde am 13. April 1994 mit den Radarinstrumenten an Bord des Space-shuttles Endeavor *im Orbit 78 gewonnen. (Mit freundlicher Genehmigung des JPL/NASA)*

aufgebaut. Die Entdeckung eines einzigen außerirdischen Organismus – selbst von etwas so Einfachem wie ein Bakterium – würde unser Verständnis der Lebewesen revolutionieren. Doch diese Verbindung zwischen der Erforschung anderer Welten und dem Schutz unserer eigenen Welt wird besonders deutlich, wenn man das Klima der Erde und seine Bedrohung durch unsere Technologie untersucht. Andere Welten zeigen nur allzu deutlich, was man auf Erden besser unterläßt.

Drei potentielle Umweltkatastrophen weltweiten Ausmaßes wurden vor kurzem entdeckt: die Zerstörung der Ozonschicht, der Treibhauseffekt und der nukleare Winter. Diese drei Entdeckungen stehen, wie sich herausstellt, in engem Zusammenhang mit der Planetenforschung.

(1) Daß ein inerter Stoff, der vielseitig eingesetzt werden kann – er dient, um nur einige Anwendungsbereiche zu nennen, als Kühlmittel in Kühl-

schränken und Klimaanlagen, als Treibgas für Deodorants und andere Sprays, als leichte Schaumstoffverpackung für Fast food und als Reiniger in der Mikroelektronik –, eine Gefahr für die Erde darstellt, war eine äußerst unangenehme Feststellung. Wer hätte das gedacht?

Die dafür verantwortlichen Moleküle nennt man Fluorchlorkohlenwasserstoffe (FCKWs). Chemisch gesehen sind sie äußerst inert, was bedeutet, daß sie unverwundbar sind – bis sie in die Ozonschicht gelangen, wo sie vom UV-Licht der Sonne gespalten werden. Die frei gewordenen Chloratome greifen das schützende Ozon an und zerstören es, so daß mehr UV-Licht zur Erdoberfläche durchdringen kann. Die verstärkte UV-Einstrahlung führt zu einer Reihe von schlimmen Folgen, wozu nicht nur Hautkrebs und grauer Star gehören, sondern auch die Schwächung des menschlichen Immunsystems und – was besonders gefährlich ist – eine mögliche Schädigung der Photosynthese-Organismen, die an der Basis unserer Ernährungskette stehen und von denen fast alle Lebewesen dieser Erde abhängig sind.

Wer entdeckte, daß FCKW eine Gefahr für die Ozonschicht darstellt? Zeigte der wichtigste Hersteller auf einmal Verantwortungsgefühl? Wollte uns eine Umweltschutzorganisation schützen? Wollte uns das Verteidigungsministerium verteidigen? Nein, es waren Sherwood Rowland und Mario Molina von der University of California in Irvine, zwei Wissenschaftler in weißen Laborkitteln, die in ihrem Elfenbeinturm vor sich hin forschten. Niemand hatte sie beauftragt, nach Umweltgefahren zu suchen. Sie betrieben lediglich Grundlagenforschung. Sie verfolgten ihre eigenen wissenschaftlichen Interessen.

Rowland und Molina verwendeten in ihren ursprünglichen Berechnungen die Konstanten für die Häufigkeit chemischer Reaktionen von Chlor und anderen Halogenen, die teilweise mit Unterstützung der NASA gemessen wurden. Warum der NASA? Weil die Atmosphäre der Venus Chlor- und Fluormoleküle besitzt und Aeronomen wissen wollten, was dort vor sich geht.

Die theoretische Bestätigung der Rolle von FCKW bei der Zerstörung von Ozon kam schon bald von einer Forschergruppe um Michael McElroy in Harvard. Wieso hatten diese Forscher bereits die gesamten Halogenbewegungen in ihrem Computer? Weil sie an der Chlor- und Fluorchemie der Venus-Atmosphäre arbeiteten. Venus half bei der Entdekkung, daß die Ozonschicht der Erde in Gefahr ist. Man fand also einen

Ultraviolett erhitzter Mars-Boden. Auf dem Bild links schiebt ein Probenarm der Raumsonde Viking *einen Stein zur Seite und beginnt zu graben. Bei der Untersuchung der Bodenprobe (rechts) an Bord der Raumsonde kann organische Materie nicht einmal in Spuren nachgewiesen werden. Im Gegensatz zur Erde besitzt Mars keine Ozonschicht.* (Viking-*Aufnahmen, mit freundlicher Genehmigung des JPL/NASA)*

absolut unerwarteten Zusammenhang in der atmosphärischen Photochemie der beiden Planeten. Jeder verstand nun, wie wichtig diese Arbeit war, auch wenn die Untersuchung von chemischen Reaktionen zweier unbedeutender Komponenten in der oberen Atmosphäre zunächst ohne jeden praktischen Bezug zu sein schien.

Mars hat jedoch auch etwas damit zu tun. Mit der Raumsonde *Viking* fanden wir heraus, daß die Mars-Oberfläche anscheinend unbelebt ist und selbst die einfachsten organischen Moleküle fehlen. Wegen des Einschlags von Meteoriten aus dem nahe gelegenen Asteroidengürtel (die reich an organischen Molekülen sind) *mußte* es dort aber einfache organische Moleküle geben. Dieses Fehlen organischer Moleküle wird allgemein auf das Fehlen von Ozon zurückgeführt. Mikrobiologische Versuche, die mit *Viking* durchgeführt wurden, zeigten, daß organische Materie, die von der Erde auf den Mars exportiert und auf seiner staubigen Oberfläche ausgestreut wurde, schnell oxidierte und zerstört wurde. Die zerstörerische Materie im Mars-Staub besteht aus Wasserstoffperoxid-ähnlichen Molekülen – wir verwenden den Stoff als Antiseptikum, weil er Mikroben durch Oxidierung zerstört. Das UV-Licht der Sonne kann ungehindert auf die Mars-Oberfläche strahlen, weil es dort keine Ozonschicht gibt. Selbst wenn es organische Materie *gäbe*, würde sie ziemlich schnell vom UV-Licht selbst und seinen Oxidationsprodukten zerstört werden. Die obersten Bodenschichten auf Mars sind also teilweise auch deshalb antiseptisch, weil Mars ein planetengroßes Ozonloch hat – das sollte uns, die wir so fleißig dabei sind, unsere *eigene* Ozonschicht zu verringern und zu durchlöchern, zu denken geben.

(2) Der steigende Treibhauseffekt, für den hauptsächlich die Verfeuerung fossiler Brennstoffe und das daraus resultierende Kohlendioxid, aber auch die Zunahme infrarot-absorbierender Gase (Stickoxide, Methan, Fluorkohlenstoffe und andere Moleküle) verantwortlich sind, bewirkt eine Erwärmung der Erde.

Angenommen, wir haben ein dreidimensionales Computermodell vom Klima auf unserer Erde. Die Programmierer behaupten, daß es simulieren kann, wie die Erde bei einer veränderten Zusammensetzung der Atmosphäre aussieht. Das Modell eignet sich sehr gut zur Darstellung des gegenwärtigen Klimas. Doch da stellt sich auch ein bohrender Zweifel ein: Das Modell wurde so programmiert, daß es das richtige Ergebnis liefert. Bestimmte einstellbare Parameter wurden also nicht anhand der physikalischen Gegebenheiten gewählt, sondern so, daß die richtige Antwort herauskommt. Das ist zwar nicht direkt Betrug, doch wenn wir dasselbe Computermodell auf völlig andersgeartete Klimaverhältnisse anwenden, beispielsweise auf Fragen globaler Erwärmung, dann stimmt die Einstellung vielleicht schon nicht mehr. Das Modell mag für unser heutiges Klima bestens funktionieren, läßt sich aber nicht auf andere Klimate übertragen.

Eine Möglichkeit zur Überprüfung dieses Modells bietet die Anwendung auf die grundverschiedenen Klimaverhältnisse anderer Planeten. Kann es die Atmosphäre auf Mars und das Klima voraussagen? Oder das Wetter? Und wie steht es mit Venus? Wenn es diese Tests nicht besteht, dann dürfen wir ihm mißtrauen, wenn es das Klima unseres Planeten voraussagt. In der Tat können jedoch heutige Klimamodelle sehr gut von den physikalischen Gegebenheiten auf das Klima auf Mars und Venus schließen.

Die gewaltigen Ausbrüche flüssiger Lava auf der Erde werden Riesenfontänen zugeschrieben, die aus den Tiefen der Erde hervorschießen und riesige Plateaus erstarrten Basalts bilden. Ein spektakuläres Beispiel hierfür ist ein Ausbruch vor rund hundert Millionen Jahren, der vermutlich das Zehnfache der gegenwärtigen Kohlendioxidmenge in die Atmosphäre schleuderte und zu einer wesentlichen Klimaerwärmung führte. Diese Ausbrüche, so nimmt man an, ereignen sich immer wieder im Laufe der Erdgeschichte. Ähnliches scheint auf Mars und Venus passiert zu sein. Es wäre für uns sicherlich ganz praktisch, wenn wir wüßten, wie ein plötzlicher und unerwarteter Ausbruch aus Hunderten von Kilometern Tiefe die Oberfläche und das Klima auf unserer Erde verändert.

Einer der wichtigsten Forschungsbeiträge über die Erderwärmung stammt von James Hansen und seinen Kollegen am Goddard Institute for Space Sciences, einem NASA-Institut in New York. Hansen entwickelte eines der bedeutendsten Klima-Computermodelle und läßt es vorhersagen, was mit unserem Klima geschieht, wenn die Treibhausgase weiter zunehmen. Er testete diese Modelle anhand von früheren Klimaperioden der Erde. (Während der letzten Eiszeiten, so stellte man interessanterweise fest, standen höhere Kohlendioxid- und Methanwerte in engem Zusammenhang mit höheren Temperaturen.) Hansen sammelte eine Vielzahl von Klimadaten aus diesem und dem vergangenen Jahrhundert, um zu sehen, wie sich die globale Durchschnittstemperatur verhielt, und verglich sie dann mit den Aussagen seines Computermodells. Die beiden stimmten, unter Berücksichtigung von Meß- und Rechenfehlern, überein. Er teilte dem amerikanischen Kongreß beherzt seine Daten mit, obwohl das Büro des amerikanischen Präsidenten Reagan die politische Order ausgegeben hatte, Ungewißheiten zu schüren und die Gefahren zu verharmlosen. Hansens Berechnungen über den Ausbruch des philippinischen Vulkans Pinatubo und seine Vorhersage über die vorübergehende Abkühlung der Erde (um etwa ein halbes Grad Celsius) stimmten exakt. Er trug wesentlich dazu bei, daß Regierungen in aller Welt die Klimaerwärmung auf der Erde jetzt ernst nehmen.

Was interessierte Hansen am Treibhauseffekt? Seine Doktorarbeit schrieb er über Venus. Auch er kam zu dem Schluß, daß die hohe Radiohelligkeit der Venus auf eine sehr heiße Oberfläche zurückzuführen ist und die Treibhausgase das Entweichen der Hitze verhindern. Er vermutete jedoch, daß die Hauptenergiequelle für diese Hitze im Innern des Planeten und nicht im Sonnenlicht zu suchen sei. Im Rahmen der *Pio-*

Die glühendheiße Venus-Oberfläche – erstmals gesehen von der Raumsonde Venera *– ist auf einen massiven Kohlendioxid-Treibhauseffekt zurückzuführen. (Mit freundlicher Genehmigung des Vernadskij-Instituts, Moskau)*

neer-12-Mission im Jahre 1978 wurden Sonden direkt in die Venus-Atmosphäre geschickt. Sie zeigten, daß der gewöhnliche Treibhauseffekt – eine durch die Sonne erwärmte Oberfläche und durch einen Luftschild zurückgehaltene Wärme – für die Hitze auf Venus verantwortlich ist. Es war also der Planet Venus, der das Interesse Hansens am Treibhauseffekt weckte.

Für Radioastronomen ist Venus eine starke Quelle von Radiowellen. Da es keine anderen plausiblen Erklärungen für die Radiostrahlung gibt, vermutete man, daß die Oberfläche der Venus wahnsinnig heiß sein muß. Man versuchte zu verstehen, woher die hohen Temperaturen kommen, und stieß dabei unweigerlich auf eine Art von Treibhauseffekt. Jahrzehnte später stellte man dann fest, daß man aufgrund dieser Analyse dazu beitragen kann, die unerwartete Bedrohung unserer Zivilisation zu verstehen und vorauszusagen. Ich kenne viele andere Beispiele, in denen Wissenschaftler, die zunächst versuchten, die Atmosphäre anderer Welten zu verstehen, wichtige und äußerst praktische Entdeckungen in unserer eigenen Atmosphäre machten. Die anderen Planeten sind ein wunderbares Versuchsfeld für alle, die unsere Erde erforschen. Denn sie verlangen umfassende und fundierte Kenntnisse und fordern die Vorstellungskraft des einzelnen heraus.

Ein geplanter Erdbeobachtungssatellit schwebt über Japan. (Darstellung von Pat Rawlings, Copyright © Pat Rawlings 1994)

Wer immer noch nicht an den Treibhauseffekt von Kohlendioxid glaubt, mag sich am massiven Treibhausklima der Venus orientieren. Niemand behauptet ja, daß das Treibhausklima der Venus von unvorsichtigen Venusbewohnern stammt, die zuviel Kohle verbrennen, unwirtschaftliche Autos fahren und ihre Wälder abholzen. Die Klimageschichte unseres Nachbarplaneten, eines erdähnlichen Himmelskörpers, dessen Oberfläche so heiß wurde, daß dort Zinn und Blei schmelzen, ist meiner Ansicht nach einer genaueren Betrachtung wert. Vor allem diejenigen sollten sich damit befassen, die behaupten, der zunehmende Treibhauseffekt der Erde werde sich eines Tages selbst regulieren und man brauche sich deshalb nicht zu sorgen, oder die in ihren Publikationen (einige dieser Gruppierungen nennen sich »konservativ«) gar behaupten, der ganze Treibhauseffekt sei ein Schwindel.

(3) Nuklearer Winter nennt man die Verdunklung und Abkühlung der Erde – hauptsächlich hervorgerufen durch feine Rauchpartikel, die aus brennenden Städten und Erdölquellen in die Atmosphäre aufsteigen –, die vermutlich auf einen weltweiten Atomkrieg folgen. Ein lebhafter wissenschaftlicher Streit entzündete sich an der Frage, wie ernst die Gefahr eines nuklearen Winters zu nehmen sei. Die verschiedenen Auffassungen stimmen inzwischen überein. Alle dreidimensionalen Computermodelle sagen voraus, daß die Temperaturen auf der Erde nach einem weltweiten Atomkrieg unter denen des Pleistozäns, der quartären Eiszeit, liegen. Die Auswirkungen auf die Weltbevölkerung – vor allem infolge des Zusammenbruchs der Landwirtschaft – wären verheerend. Die Konsequenz eines Atomkriegs wurde von Regierungen und Militärs der USA, der Sowjetunion, Großbritanniens, Frankreichs und Chinas übersehen, als sie insgesamt weit über sechzigtausend Kernwaffen anhäuften. Obwohl man in solchen Fällen kaum sicher sein kann, ist doch anzunehmen, daß die Gefahr eines nuklearen Winters (neben anderen) eine bedeutende Rolle dabei spielte, die Atommächte von der Sinnlosigkeit eines Atomkrieges zu überzeugen.

Der nukleare Winter wurde 1982/83 erstmals von einer Gruppe von fünf Wissenschaftlern, zu der ich auch gehörte, errechnet. Zwei Wissenschaftler waren ausgesprochene Planetenforscher, und auch die anderen drei hatten einiges zur Planetenforschung veröffentlicht. Die ersten Anzeichen für einen nuklearen Winter erhielten wir während der *Mariner-9*-Mission zum Mars, als der ganze Planet von einem Staubsturm eingehüllt war und wir die Oberfläche des Planeten nicht sehen konnten. Das Infrarot-Spektrometer der Sonde zeigte, daß die Hochatmosphäre wärmer und die Oberfläche kälter war, als sie eigentlich sein sollte. Jim Pollack und ich versuchten zu errechnen, worauf dieses Phänomen beruhte. In den folgenden zwölf Jahren gelangten wir von Staubstürmen auf Mars zu vulkanischen Aerosolen auf der Erde, zum mutmaßlichen Aussterben der Dinosaurier durch Aufsturzstaub und schließlich zum nuklearen Winter. Man weiß nie, wohin einen die Wissenschaft letztlich führt.

Planetenforschung erzieht zu einer weitgefaßten interdisziplinären Sichtweise, die sich bei der Entdeckung und Entschärfung drohender Umweltkatastrophen als äußerst hilfreich erweist. Wenn man sich mit anderen Welten beschäftigt, dann kann man erahnen, wie zerbrechlich die eigene Umwelt ist und welche anderen, stark verschiedenen Umwelten noch möglich sind. Vielleicht gibt es noch ganz andere weltweite Katastrophen, von denen wir noch nichts wissen. Und wenn sie entdeckt werden, so bin ich sicher, daß ein Planetenforscher eine wesentliche Rolle dabei spielen wird.

»Welt- und Weltraumwissenschaften« gehören zu den Disziplinen, in denen besonders stark auf internationaler Ebene zusammengearbeitet wird. Das Studium dieser und anderer Welten ist per definitionem nicht auf einen Ort oder eine Nation beschränkt. Sehr selten nur ergreifen Wissenschaftler diesen Beruf, *weil* sie Internationalisten sind. Fast immer sind andere Beweggründe mit im Spiel, doch dann entdecken sie diese wunderbare Arbeit, die ihre eigene Arbeit ergänzt und von Forschern in anderen Ländern geleistet wird, oder daß sie zur Lösung eines bestimmten Problems Daten oder Perspektiven benötigen, die es im eigenen Land nicht gibt (beispielsweise die Betrachtung des südlichen Sternhimmels). Und wenn man einmal auf internationaler Ebene zusammengearbeitet hat, dann kann man sich kaum vorstellen, daß dies in nichtwissenschaftlichen Bereichen anders sein sollte. Ich sehe in diesem Aspekt der Welt- und Weltraumwissenschaften eine heilende und einende Kraft für die Weltpolitik. Ob sie nun förderlich ist oder nicht, sie ist unumgänglich.

Angesichts dieser Tatsachen habe ich das Gefühl, daß die Erforschung der Planeten für uns auf der Erde von größtem praktische und unmittelbarem Nutzen ist. Selbst wenn wir nicht von der Aussicht, andere Welten zu erforschen, getrieben wären, selbst wenn wir keinen Funken Abenteuergeist in uns hätten, selbst wenn wir nur an uns selbst interessiert wären, dann wäre die Erforschung der Planeten immer noch eine großartige Investition.

»Stewardship«
(Aquarell von Greg Mort)

CHRYSE
PLANITIA
Kipini (Sw)
Wabash (Ts)
Oxia
Colles
McLaughlin (Mt)
Ares
Vallis
Tiu
Valles
Galilaei (Qe)
Aram
Chaos
Da Vinci (Wb)
ANTHE
TERRA

Kapitel 15

Die Tore zur Wunderwelt stehen offen

Die hohen Schleusen der Wunderwelt taten sich auf.

Herman Melville, *Moby Dick,* 1851[1]

Einmal, vielleicht sogar schon in naher Zukunft, wird eine Nation – der wahrscheinlicher eine Gruppe von Staaten – den nächsten Schritt in der bemannten Weltraumforschung unternehmen. Dazu wird man die Bürokratie umgehen und die gegenwärtigen Technologien geschickt ausnützen müssen. Vielleicht verlangt dieser Schritt aber auch nach neuen Technologien, die nichts mehr mit den alten Donnerbüchsen wie unseren großen chemischen Raketen zu tun haben. Die Besatzungen dieser Raumschiffe werden neue Welten betreten. Das erste Baby wird irgendwo dort oben geboren werden. Erste Schritte zu einem Leben im Weltraum werden irgendwann getan. Wir sind auf dem Weg dorthin. Und die Zukunft wird dessen gedenken.

Verlockend und majestätisch. Mars ist der nächstgelegene Planet, auf dem ein Astronaut oder Kosmonaut sicher landen könnte. Obwohl es dort manchmal so mild ist wie an einem schönen Oktobertag, ist Mars insgesamt ein kalter Planet; so kalt, daß ein Teil seiner dünnen Kohlendioxidatmosphäre als Trockeneis am Winterpol gefriert.

Gegenüberliegende Seite: *Die Mars-Region Oxia Palus liegt zwischen dem Äquator und 25° nördlicher Breite.* Viking 1 *landete in Chryse Planitia oben links. Gewaltige Fluten zerfurchten vor Jahrmilliarden das Terrain. Die geringe Anzahl von Zuflüssen in den Flußtälern läßt darauf schließen, daß das Wasser aus dem Untergrund emporstieg und nicht als Regen vom Himmel fiel.* Viking 1 *sollte ursprünglich am Zusammenfluß dieser Abflußkanäle landen, doch aus Sicherheitsgründen wurde dieser Plan geändert. Wir wissen nicht, warum sich das heutige*

Klima so stark von dem wärmeren und feuchteren Klima unterscheidet, das vor vier Milliarden Jahren auf dem Planeten geherrscht haben muß. Unten rechts ist ein Krater zu sehen, der nach Galileo Galilei benannt wurde. (Schattierte Reliefkarte der USGS)

Mars ist der nächst gelegene Planet, dessen Oberfläche wir bereits mit einem kleinen Teleskop betrachten können. Von allen Planeten des Sonnensystems ähnelt er der Erde am meisten. Abgesehen von einigen Vorbeiflügen gab es nur zwei erfolgreiche Mars-Missionen: *Mariner 9* im Jahre 1971 und fünf Jahre später *Viking 1* und *2*. Diese Sonden entdeckten einen tiefen Senkungsgraben, der sich – auf die Erde übertragen – über die gesamten USA von San Francisco bis New York erstrecken würde. Ferner riesige Vulkane, deren größter sich sechsundzwanzigtausend Meter hoch über die Mars-Oberfläche erhebt und damit etwa dreimal so hoch ist wie der Mount Everest, komplizierte Schichtungen in und unter dem Polareis, die einem Haufen Spielchips ähneln und vermutlich auf die jüngsten Klimawechsel zurückzuführen sind, sowie helle und dunkle Streifen, die von Staubverwehungen auf der Oberfläche stammen; sie zeigen uns, welche Winde in den letzten Jahrzehnten und Jahrhunderten über die Mars-Oberfläche hinwegfegten; schließlich stießen die Sonden auf Staubstürme, die den ganzen Planeten einhüllten, und auf rätselhafte Oberflächenformationen.

Hunderte von gewundenen Kanälen und Tälern, die mehrere Jahrmilliarden alt sind, finden sich hauptsächlich im kraterübersäten Hochland des Südens. Sie deuten darauf hin, daß in früheren Zeiten auf Mars erdähnliche Bedingungen geherrscht haben könnten – die sich stark von dem unterscheiden, was wir heute unter der dünnen und kalten Atmosphäre finden. Einige dieser urzeitlichen Kanäle scheinen durch Regenfälle ausgewaschen worden zu sein, andere wurden unterspült und zerstört, wieder andere entstanden durch gewaltige Überschwemmungen, die aus dem Untergrund hervorbrachen. Flüsse füllten riesige Einschlagbecken, deren Durchmesser tausend Kilometer beträgt und die heute staubtrocken sind. Wasserfälle, die selbst die Niagarafälle winzig klein aussehen lassen würden, stürzten in Mars-Seen. Gewaltige Ozeane, die Hunderte von Metern, vielleicht sogar tausend Meter tief waren, brandeten an Gestade, die man heute kaum mehr erkennen kann. *Das* wäre eine interessante Welt gewesen. Wir sind allerdings vier Milliarden Jahre zu spät gekommen.★

★ An einigen Stellen, etwa an den Hängen der Alba-Patera-Erhebung, gibt es jedoch weitverzweigte Täler, die vergleichsweise jung sind. Selbst in der letzten Jahrmilliarde scheint also von Zeit zu Zeit hier und dort Wasser durch die Mars-Wüsten geflossen zu sein.

Zur gleichen Zeit entstanden auf der Erde die ersten Mikroorganismen. Das Leben auf der Erde ist aufgrund einfachster chemischer Reaktionen eng an Wasser gebunden. Wir Menschen selbst bestehen zu drei Vierteln aus Wasser. Dieselben organischen Moleküle, die vom Himmel fielen und in der Luft und den Meeren der jungen Erde gebildet wurden, muß es auch auf dem jungen Mars gegeben haben. Ist es vorstellbar, daß im Wasser der Erde Leben so schnell entstand, sich aber im Wasser des Mars nicht entwickeln konnte? Oder waren vielleicht die Mars-Ozeane voller Leben, das sich dort vermehrte und entwickelte? Was dort wohl für seltsame Lebewesen herumschwammen?

Was immer sich dort damals abgespielt haben mag, vor etwa 3,8 Milliarden Jahren begann etwas schiefzulaufen. Wir können sehen, daß sich die Erosion alter Krater etwa zu jenem Zeitpunkt dramatisch zu verlangsamen begann. Als die Atmosphäre dünner wurde, die Flüsse versiegten, die Ozeane austrockneten und die Temperaturen drastisch sanken, da zog sich das Leben vermutlich in die wenigen geeigneten Lebensräume zurück, drängte sich vielleicht am Grund der eisbedeckten Seen zusammen, bis es schließlich erlosch und jetzt nur noch die Kadaver und Fossilien exotischer Organismen – die vielleicht nach ganz anderen Prinzipien als auf der Erde aufgebaut waren – tiefgefroren auf die Forscher warten, die vielleicht eines Tages auf dem Mars landen.

Meteorite sind Fragmente anderer Welten, die auf der Erde geborgen wurden. Die meisten entstehen durch Kollisionen der zahlreichen Asteroiden, die zwischen der Mars- und Jupiter-Umlaufbahn um die Sonne kreisen. Einige wenige entstehen auch, wenn ein großer Meteorit auf einen Planeten oder Asteroiden stürzt, einen Krater aushebt und die Aushubmaterie in den Weltraum schleudert. Ein winziger Bruchteil dieser Gesteinsbrocken wird nach mehreren Jahrmillionen auf eine andere Welt stürzen.

In den Weiten der Antarktis ist das Eis hier und dort mit Meteoriten gesprenkelt, die dank der niedrigen Temperaturen vollständig erhalten blieben. Erst vor kurzem wurden sie in ihrer Ruhe vom Menschen gestört. Einige dieser Meteorite nennt man »SNC-Meteorite«* (sprich:

* SNC steht für die Fundorte Shergotty, Nakhla, Chassigny.

Der gesamte Mars in einem Viking-Photomosaik. Die Polkappen wachsen und schwinden mit den Jahreszeiten. Der leicht gelbliche Fleck im Süden ist Hellas, ein riesiges, staubgefülltes Einschlagbecken, das vor Jahrmilliarden vielleicht einmal ein See war. Die Auflösung auf diesem Bild ist ungefähr vergleichbar mit den Ergebnissen der besten erdgebundenen Teleskope. Man sieht, warum Beobachter den Eindruck hatten, es handele sich um »Kanäle«. (Mit freundlicher Genehmigung der USGS/NASA)

Der riesige, fünftausend Kilometer lange Senkungsgraben Vallis Marineris wurde nach der Mars-Sonde Mariner 9 *benannt, die erstmals ein modernes Bild des Planeten lieferte. Westlich davon erkennt man zwei Schildvulkane auf dem Elysium-Plateau.* (Viking-*Photomosaik, mit freundlicher Genehmigung der USGS/NASA)*

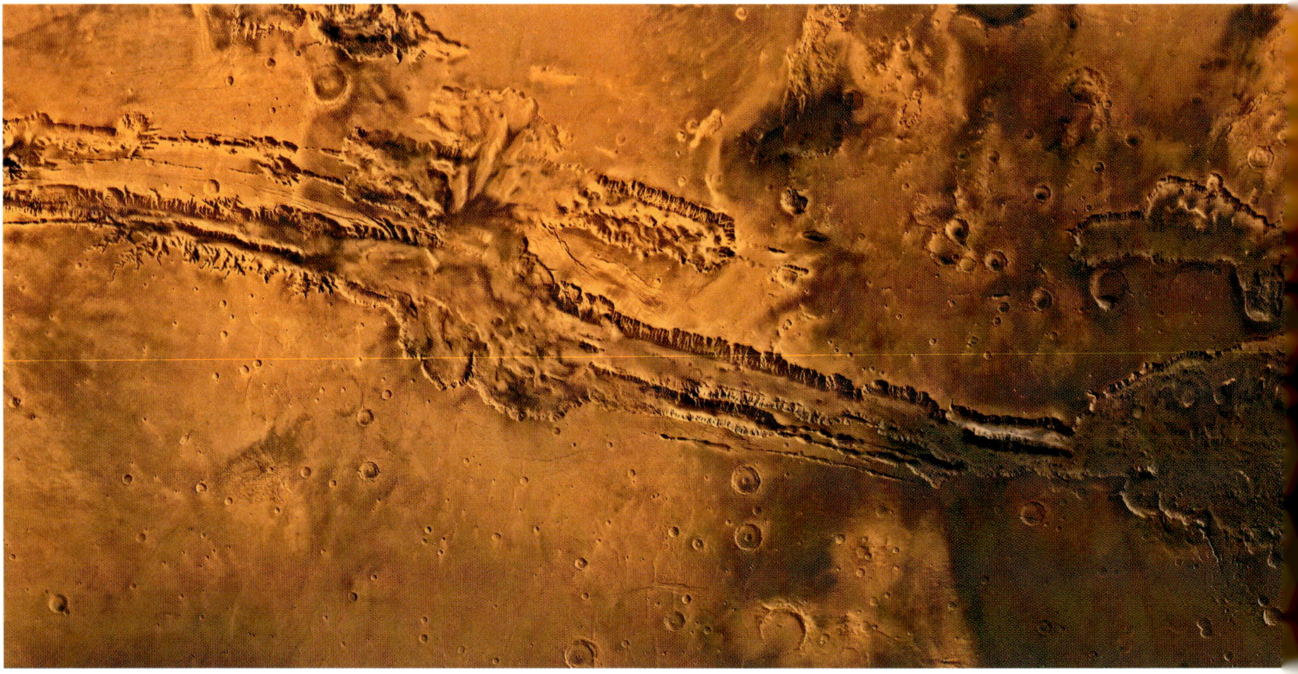

Das Zentrum von Vallis Marineris in einer höheren Auflösung. Der Graben fällt mehrere Kilometer senkrecht in die Tiefe. (Viking-*Photomosaik, mit freundlicher Genehmigung der USGS/NASA)*

Details vom Innern des Vallis Marineris. Die Talsohle ist mit Schutt angefüllt, den gewaltige Lawinen von den Hängen des Grabens in die Tiefe rissen. (Viking-Photomosaik, mit freundlicher Genehmigung der USGS/NASA)

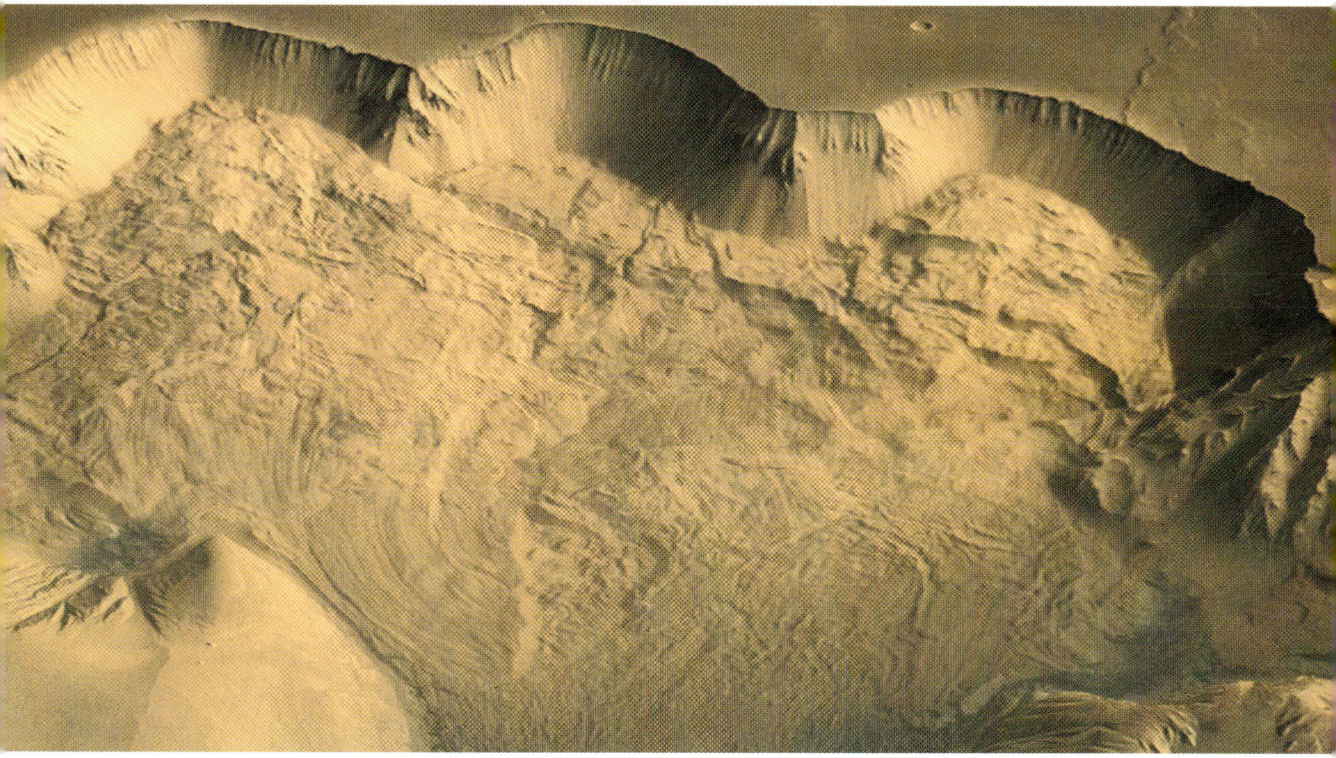

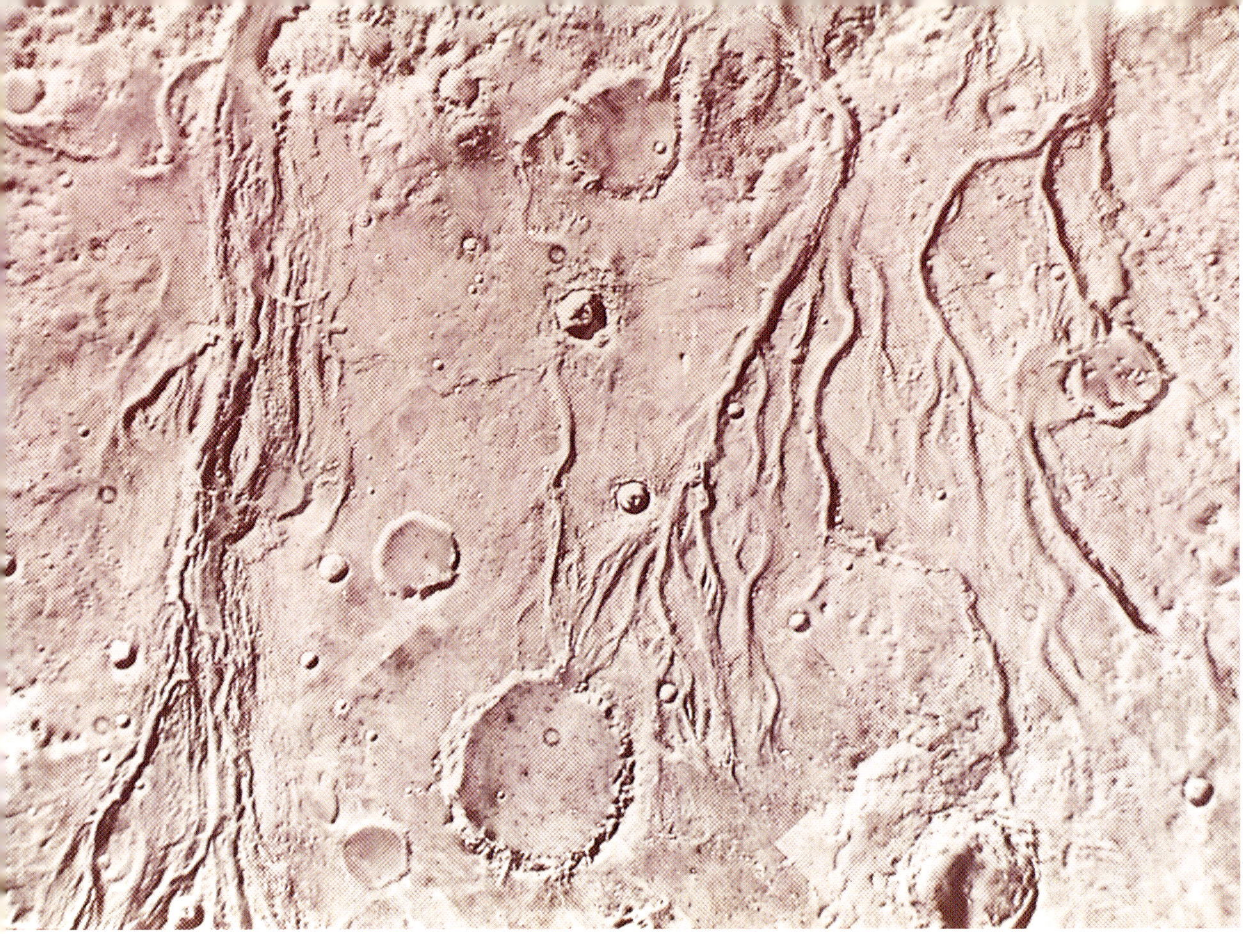

Ein dichtes Geflecht aus Flußtälern ist auf diesem Photomosaik zu sehen. (Viking-Photomosaik, mit freundlicher Genehmigung des JPL/NASA)

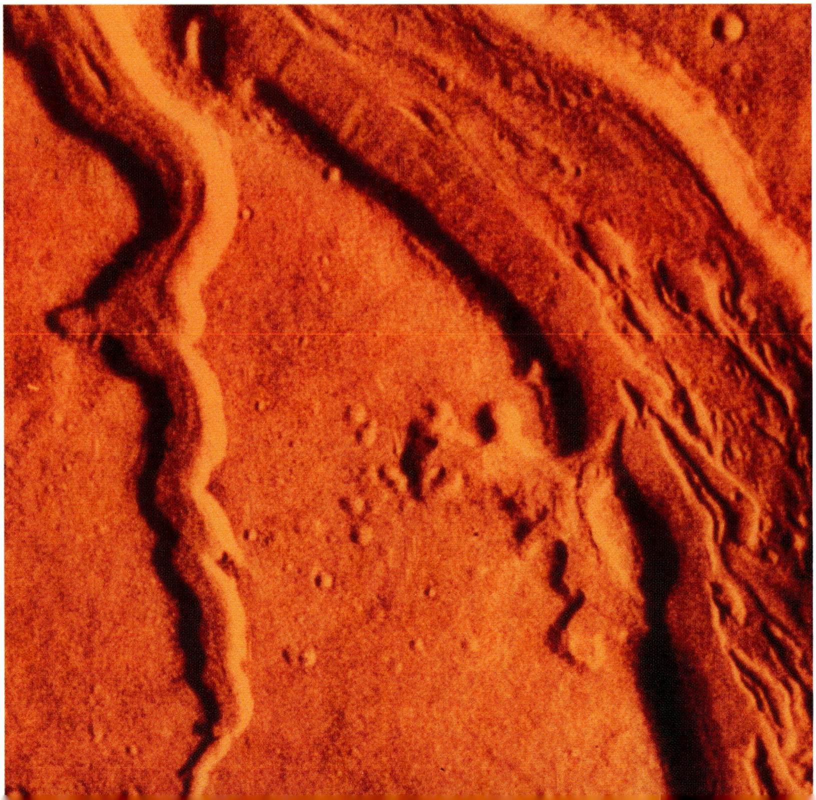

Der Boden eines Flußtals bietet ideale Bedingungen für zukünftige Mars-Fahrzeuge. (Mit freundlicher Genehmigung des JPL/NASA)

»snick«). Sie besitzen eine Eigenschaft, die zunächst einmal kaum faßbar schien: Tief im Innern ihrer mineralischen und glasartigen Struktur ist, geschützt vor den Verunreinigungen durch die Erdatmosphäre, etwas Gas eingeschlossen. Bei der Analyse dieses Gases stellte sich heraus, daß es dieselbe chemische Zusammensetzung und dasselbe Isotopenverhältnis aufweist wie die Atmosphäre auf dem Mars. Wir kennen die Mars-Atmosphäre nicht nur aus unseren spektroskopischen Untersuchungen, sondern auch aus den direkten Messungen der *Viking*-Landekapseln. Zur großen Überraschung fast aller Wissenschaftler kamen die SNC-Meteorite vom Mars.

Ursprünglich handelte es sich dabei um Gestein, das geschmolzen war und wieder erstarrte. Die radioaktive Altersbestimmung aller SNC-Meteorite zeigt, daß ihr Muttergestein vor einem Zeitraum, der zwischen 180 Millionen und 1,3 Milliarden Jahren liegt, aus Lava entstand. Infolge einer Kollision wurden sie dann aus der Oberfläche des Planeten herausgeschlagen. Die Zeit, die sie auf ihrer Reise vom Mars zur Erde kosmischer Strahlung ausgesetzt waren, läßt auf ihr Alter schließen – wann sie vom Mars in den Weltraum geschleudert wurden. So gesehen sind sie zwischen zehn Millionen und siebenhunderttausend Jahre alt. Sie liefern uns Stichproben über das jüngste Zehntelprozent Mars-Geschichte. Einige in den Meteoriten enthaltene Mineralien zeigen deutlich, daß sie sich einst in Wasser, in warmem, flüssigem Wasser, befunden haben müssen. Die Mineralien legen nahe, daß es überall auf Mars vor nicht allzu langer Zeit flüssiges Wasser gegeben haben muß. Es entstand vielleicht dadurch, daß die Hitze im Innern des Planeten das Untergrundeis schmelzen ließ. So ist die Frage nur natürlich, ob Leben vielleicht nicht völlig ausgestorben ist, ob es vielleicht in Untergrundseen oder in den dünnen Wasserfilmen, die an der körnigen Struktur unter der Oberfläche lecken, bis heute überdauert.

Die Geochemiker Everett Gibson und Hal Karlsson vom Johnson Space Flight Center der NASA extrahierten einen einzelnen Wassertropfen aus einem SNC-Meteorit. Das Isotopenverhältnis der Sauerstoff- und Wasserstoffatome ist in der Tat unirdisch. Ich sehe dieses Wasser aus einer anderen Welt als eine Ermutigung für alle zukünftigen Forscher und Siedler.

Man stelle sich nur vor, was wir alles entdecken könnten, wenn man an mehreren Stellen wissenschaftlich interessante Proben, einschließlich

Sechs der zehn bekannten SNC-Meteoriten sind in dieser Photomontage auf ihrem Weg vom Mars zur Erde. Sauerstoff und Wasserstoff, die in diesen Meteoriten gebunden sind, besitzen die isotopische Zusammensetzung, die für die Mars-Atmosphäre typisch ist. (Mit freundlicher Genehmigung des Johnson Space Centers/NASA)

nie geschmolzenen Bodens und Gestein, auswählen und zur Erde schikken könnte. Schon bald wird uns dies mit kleinen automatischen Mars-Fahrzeugen gelingen.

Der Transport dieser Schürfproben von einer Welt zur anderen wirft jedoch eine quälende Frage auf: Vor vier Milliarden Jahren gab es zwei benachbarte Planeten, die beide warm und feucht waren. Zu der Zeit, als die Bildung dieser Planeten fast abgeschlossen war, fanden Einschläge aus dem Weltraum weitaus häufiger statt als heute. Proben jener Welt wurden in den Weltraum hinausgeschleudert. Wir wissen mit Bestimmtheit, daß es zumindest auf einer dieser Welten zu jener Zeit Leben gab. Wir wissen, daß ein Bruchteil dieser Brocken sich während des gesamten Vorgangs – Aufprall eines fremden Körpers, Reise durch den Weltraum, Eindringen in eine andere Welt – nicht erhitzt. Auf diese Weise könnten vor vier Milliarden Jahren einige frühe Organismen von der Erde sicher auf den Mars gelangt sein und auch dort zur Entstehung von Leben geführt haben. Vielleicht könnte aber auch das Leben auf der Erde durch solch einen Transfer vom Mars entstanden sein. Tauschten die beiden Planeten vielleicht Hunderte von Jahrmilliarden lang regelmäßig Lebewesen aus? Das kann man vielleicht sogar nachprüfen. Wenn wir auf dem Mars Leben entdecken, das dem auf der Erde stark ähnelt – und wenn wir ausschließen können, daß wir während unserer Experimente Mikroorganismen eingeschleppt haben –, dann muß man die Behauptung ernst nehmen, daß Leben vor langer Zeit durch den interplanetaren Raum getragen wurde.

Glasröhrchen mit einem Tropfen Mars-Wasser, entnommen aus einem SNC-Meteoriten. (Mit freundlicher Genehmigung des Johnson Space Center/NASA)

Man glaubte einst, daß auf Mars Leben in Hülle und Fülle vorhanden sei. Selbst ein so nüchterner und skeptischer Astronom wie Simon Newcomb kam in seiner *Astronomy for Everybody* (1934) zu folgendem Schluß: »Es scheint auf dem Planeten Mars Leben zu geben. Vor einigen Jahren noch galt diese Behauptung allgemein als Phantasterei. Jetzt findet sie allgemein Zustimmung.« Nicht »intelligente, menschliche Lebewesen«, fügte er rasch hinzu, sondern »grüne Pflanzen«. Inzwischen waren wir auf dem Mars und sahen uns nach Pflanzen um – und nach Tieren, Mikroben und intelligenten Wesen. Selbst wenn es keine anderen Lebensformen gibt, so dachten wir uns, dann kann es doch zumindest wie in den heutigen Wüsten der Erde und wie in fast der gesamten Erdgeschichte zahlreiche Mikroben geben.

Die Experimente, mit denen die Raumsonde *Viking* Leben entdecken sollte, waren nur auf eine bestimmte Gruppierung von vorstellbaren Lebewesen ausgerichtet, sie konnten nur die uns bekannte Art von Leben aufspüren. Es wäre auch verrückt gewesen, Instrumente auf den Mars zu schicken, die nicht einmal Leben auf der Erde hätten entdecken können. Diese Instrumente waren unvorstellbar empfindlich, sie konnten Mikroben selbst in den unwahrscheinlichsten und trockensten Wüstengebieten der Erde ausmachen.

Ein Experiment maß den Gasaustausch zwischen Mars-Boden und Mars-Atmosphäre im Zusammenhang mit organischer Materie von der Erde. Ein weiteres Experiment brachte eine Vielzahl organischer Nährstoffe auf

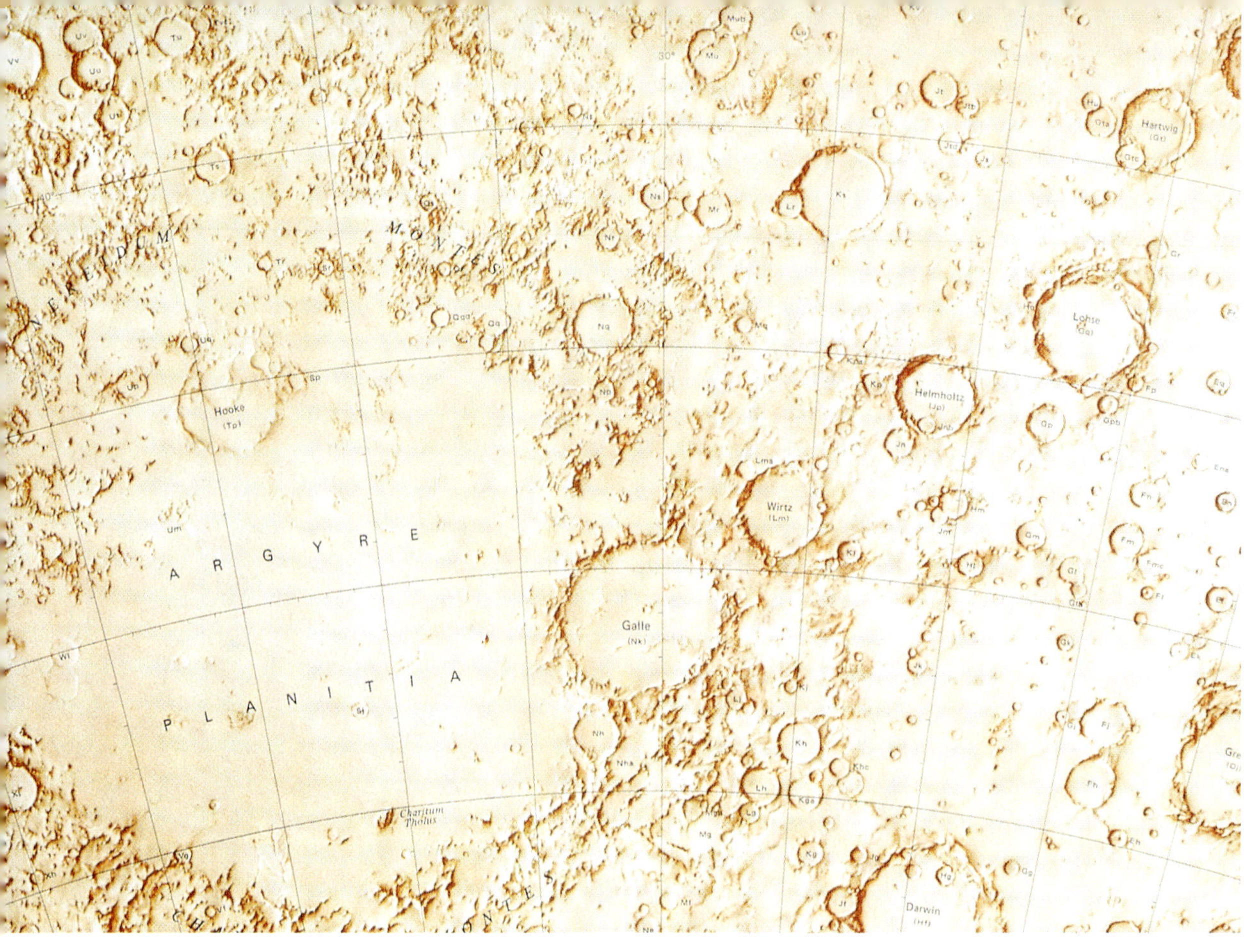

Argyre Planitia auf der südlichen Mars-Halbkugel ist ein riesiges Einschlagbecken. Es gibt Indizien dafür, daß das Becken vor Jahrmilliarden mit Wasser gefüllt war. (Schattierte Reliefkarte der USGS)

den Mars, die radioaktiv markiert waren, so daß man sie wiederfinden konnte, falls Lebewesen im Mars-Boden diese Nährstoffe aufnahmen und zu radioaktivem Kohlendioxid oxidierten. Ein drittes Experiment führte radioaktives Kohlendioxid (und Kohlenmonoxid) in den Mars-Boden ein, um zu sehen, ob es von Mars-Mikroben aufgenommen wird. Zur anfänglichen Überraschung vermutlich aller Wissenschaftler erbrachten die drei Experimente zunächst positive Ergebnisse. Gase wurden ausgetauscht, organische Materie wurde oxidiert, Kohlendioxid wurde in den Boden eingearbeitet.

Vorsicht schien jedoch angeraten. Diese aufregenden Ergebnisse gelten allgemein nicht als stichhaltige Beweise für Leben auf dem Mars. Die vermeintlichen Stoffwechselprozesse der Mars-Mikroben erfolgten unter den verschiedensten Bedingungen im Innern der *Viking*-Sonden: naß (mit flüssigem Wasser von der Erde) und trocken, hell und dunkel, kalt (nur wenige Grad über dem Gefrierpunkt) und heiß (nahe dem gewöhnlichen Siedepunkt von Wasser). Viele Mikrobiologen halten es für unwahrscheinlich, daß Mars-Mikroben unter so vielen verschiedenen Bedingungen arbeiten können. Einen weiteren gewaltigen Dämpfer erteilte auch das vierte Experiment: Die Suche nach organischen Chemikalien im Mars-Boden blieb trotz äußerst empfindlicher Instrumente negativ. Wir gehen davon aus, daß das Leben auf Mars wie das Leben auf der Erde um Kohlenstoffmoleküle aufgebaut ist. Daß überhaupt keine derartigen Moleküle gefunden wurden, war für die Optimisten unter den Exobiologen eine herbe Enttäuschung.

Die zunächst positiven Ergebnisse der ersten drei Experimente werden inzwischen allgemein Chemikalien zugeschrieben, die letztlich durch UV-Licht entstehen (siehe dazu das vorhergehende Kapitel) und den Boden oxidieren. Es gibt jedoch immer noch eine Gruppe von *Viking*-Wissenschaftlern, die vermuten, daß eine Art von äußerst zähen und anpassungsfähigen Organismen in so großen Abständen über die Mars-Oberfläche verteilt ist, daß man ihre organische Chemie nicht ausmachen kann, ihre Stoffwechselvorgänge aber schon. Diese Wissenschaftler leugnen durchaus nicht, daß es im Mars-Boden Oxidanzen gibt, die

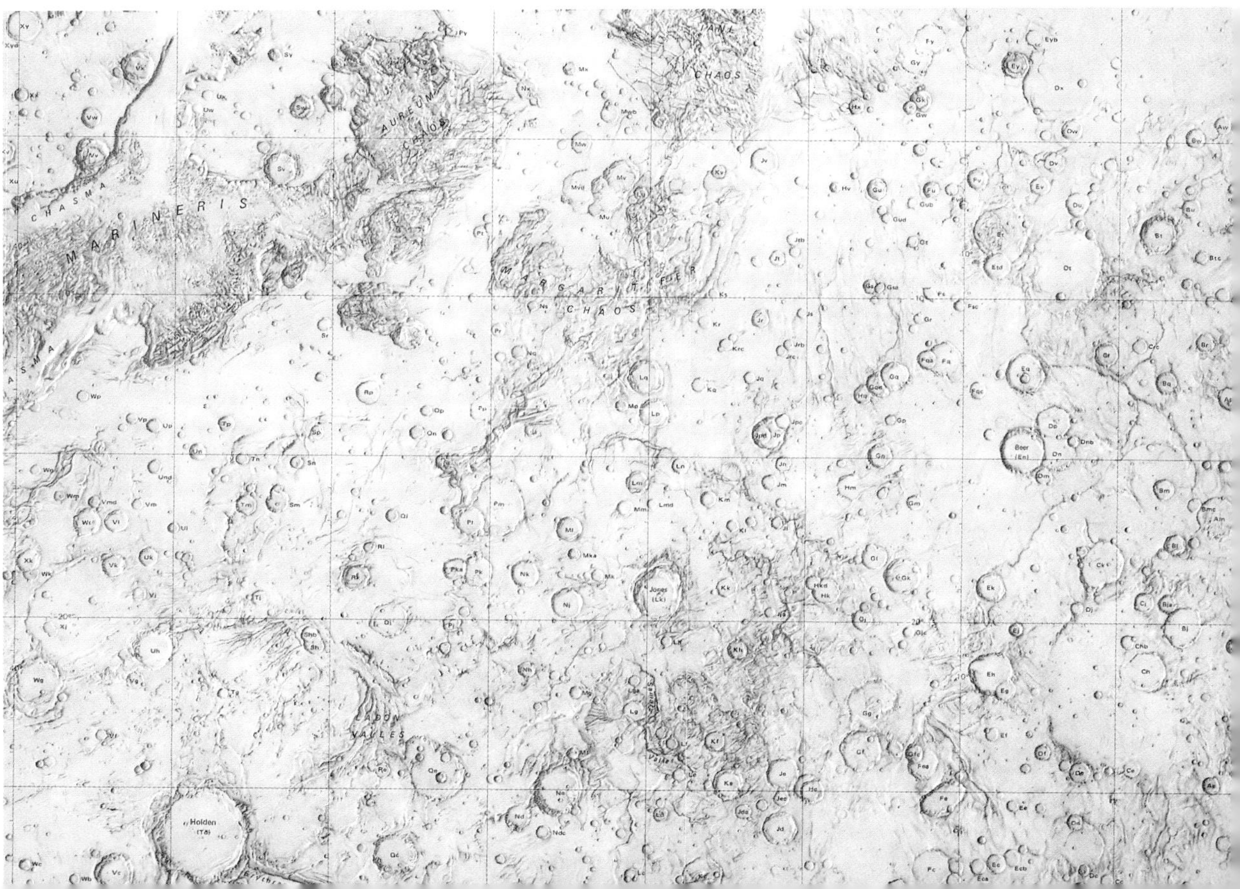

Die Region Margaritifer Sinus liegt zwischen dem Mars-Äquator und 30° südlicher Breite. Das östliche Ende des gewaltigen Senkungsgrabens Vallis Marineris ist oben links zu erkennen. Außerdem sieht man viele kleinere Flußtäler und ihre Seitenarme, die durch Regengüsse entstanden sein könnten. (Schattierte Reliefkarte der USGS)

vom UV-Licht stammen, betonen aber, daß die *Viking*-Experimente nicht mit den Oxidanzen allein erklärt werden können. Sie behaupteten auch, daß die in SNC-Meteoriten eingeschlossene organische Materie erst nach dem Auftreffen der Meteorite auf die Erde dorthin gelangte. Somit scheint es keine Mars-Mikroben in diesen himmlischen Gesteinsbrocken zu geben.

Die NASA und die meisten *Viking*-Wissenschaftler waren sehr vorsichtig mit der Verfolgung der biologischen Hypothese, weil sie anscheinend das Interesse der Öffentlichkeit weckt. Selbst jetzt könnte man noch viel tun, indem man die alten Daten noch einmal durchsieht, mit *Viking*-Instrumenten die Antarktis und andere Regionen untersucht, die nur wenige Mikroben beinhalten, im Labor die Rolle der Oxidanzen im Mars-Boden simuliert und Experimente entwirft, die diese Dinge bei zukünftigen Mars-Landungen erklären – was die weitere Suche nach Leben nicht ausschließt.

Wenn mehrere hochempfindliche Experimente fünftausend Kilometer voneinander entfernt auf einem Planeten stattfinden, der durch die Verwehungen feinster Teilchen gekennzeichnet ist, und dabei keine eindeutigen Anzeichen von Leben aufgespürt werden, dann darf angenommen werden, daß es auf Mars zumindest heute kein Leben gibt. Wenn es auf Mars aber nun wirklich kein Leben gibt, dann haben wir praktisch

Viking 1 *auf dem Mars. Ganz rechts kann man den Ausleger mit der Hauptantenne sehen, die Daten an die Erde funkte und Befehle von der Erde empfing. (Mit freundlicher Genehmigung des JPL/NASA)*

Sanddünen in der Nähe des Landeplatzes von Viking 1 *(Mit freundlicher Genehmigung des JPL/NASA)*

zwei benachbarte, gleich alte Planeten mit einer ähnlichen Frühgeschichte im selben Sonnensystem. Und auf dem einem entwickelt und vermehrt sich Leben, auf dem anderen aber nicht. Warum?

Vielleicht müssen die chemischen oder fossilen Überreste frühen Lebens auf dem Mars erst noch gefunden werden – unter der Oberfläche, geschützt vor der UV-Strahlung und ihren Oxidationsprodukten, die die Oberfläche heute erhitzen. Vielleicht wartet ja auf einem Gesteinsbrocken, der durch einen Erdrutsch freigelegt wird, an den Ufern eines alten Flusses, in einem ausgetrockneten See oder in den Schichtformationen am Marspol der Schlüsselbeweis für Leben auf einem anderen Planeten.

Obwohl die Oberfläche von Mars leblos scheint, besitzen die beiden Mars-Monde Phobos und Deimos vermutlich sehr viel komplexe organische Materie aus der Frühzeit des Sonnensystems. Die sowjetische Raumsonde *Phobos 2* entdeckte Wasserdampf, der von Phobos aufstieg und den Eindruck erweckte, ein Eiskern werde durch Radioaktivität erhitzt. Die Mars-Monde wurden vielleicht vor langer Zeit von einem Punkt im äußeren Sonnensystem eingefangen. Sie sind vermutlich die nächst gelegenen Beispiele für Stoffe, die seit der Frühzeit des Sonnensystems unverändert bleiben. Phobos und Deimos sind mit einem

Der innere Mond Phobos schwebt über der Mars-Oberfläche. (Bilddaten von der sowjetischen Mission Phobos 2; *Datenverarbeitung durch die USGS)*

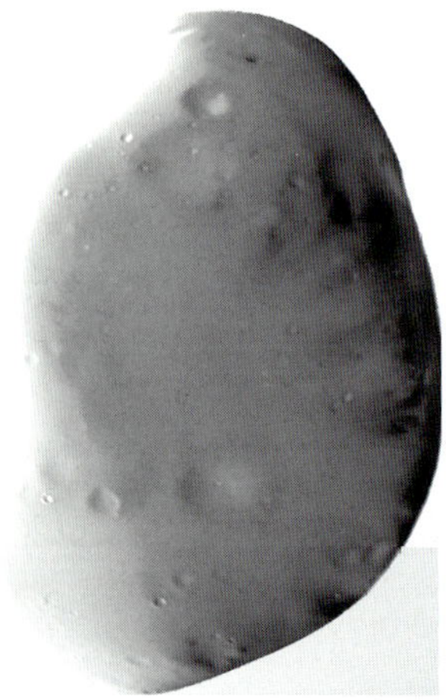

Der äußere Mars-Mond Deimos in einer Negativaufnahme, die Details besser erkennen läßt (Viking-*Aufnahme, Datenverarbeitung durch die USGS)*

Durchmesser von etwa zehn Kilometern sehr klein. Ihre Anziehungskraft kann beinahe vernachlässigt werden. Man kann daher verhältnismäßig einfach dorthin fliegen, auf ihnen landen, sie untersuchen, als eine Operationsbasis für Mars-Studien benutzen und dann wieder heimfliegen.

Mars ruft also – und ein ganzes Warenhaus voller wissenschaftlicher Informationen wartet, die für sich genommen schon bedeutsam sind, aber auch wegen der Erkenntnisse, die wir daraus über unseren eigenen Planeten gewinnen können. Zahlreiche Rätsel warten auf ihre Lösung: die innere Beschaffenheit des Planeten und seine Entstehung, die Gestalt der Vulkane auf einer Welt ohne Plattentektonik, die Formation von Landschaften auf einem Planeten, der von ungeahnten Sandstürmen umweht wird, Gletscher und Pole, das Entweichen planetarer Atmosphären und das Einfangen der Monde – um nur einige zu nennen. Wenn Mars einst über reichlich flüssiges Wasser und ein mildes Klima verfügte, was ist dann schiefgelaufen? Warum wurde diese erdähnliche Welt so trokken, kalt und vergleichsweise luftlos? Können wir daraus vielleicht etwas über unseren eigenen Planeten lernen?

Rein wissenschaftliche Untersuchungen erfordern nicht einmal die Anwesenheit von Menschen. Wir können immer kluge Roboter aussenden. Die sind weitaus billiger als die bemannte Raumfahrt, tun alles, was man ihnen sagt, können zu weitaus gefährlicheren Orten geschickt werden und bringen angesichts eines gewissen Restrisikos keine Menschenleben in Gefahr.

»Haben Sie mich gesehen«? lautete die Aufschrift auf der Milchtüte, »*Mars Observer*, 1,80 x 1,35 x 0,90 m, 2500 kg. Am 21.8.93 zum letzten Mal gesichtet, Entfernung zum Mars 627 000 km.«

»*Mars Observer* bitte Erde rufen!« lautete ein flehentliches Transparent, das Ende August 1993 vor der Kommandozentrale des Jet Propulsion Laboratory aufgehängt wurde. Der Fehlschlag der US-Raumsonde *Mars Observer* kurz vor ihrem Eindringen in die Mars-Umlaufbahn war eine herbe Enttäuschung. So etwas war seit sechsundzwanzig Jahren nicht mehr passiert. Viele Wissenschaftler und Ingenieure hatten zehn Jahre ihrer Karriere *Mars Observer* gewidmet, der ersten US-Mission zum Mars seit den beiden *Viking*-Orbitern und Landekapseln vor siebzehn Jahren. *Mars Observer* war auch die erste Raumsonde nach dem Ende des kalten Krieges: Russische Wissenschaftler waren in mehreren Teams

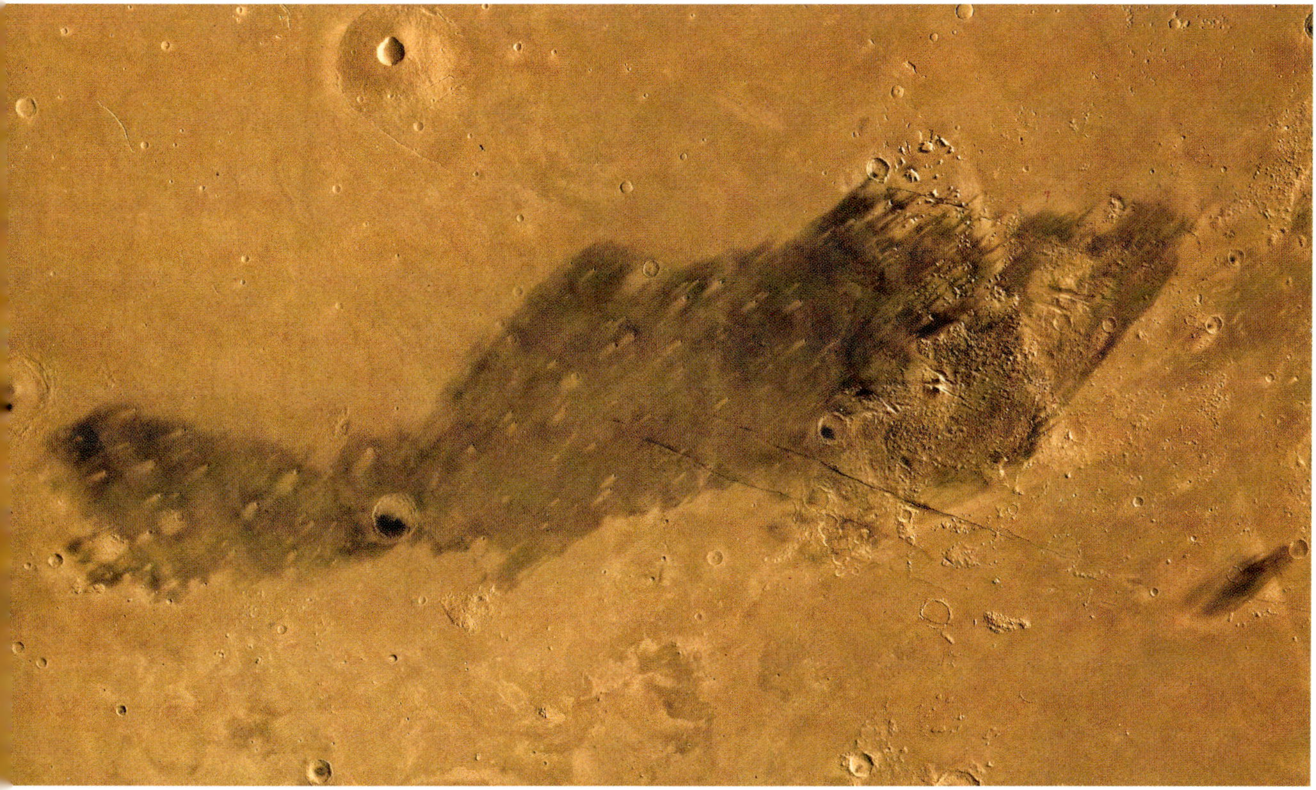

Das Elysium-Plateau in einem Viking-*Photomosaik. Windverwehungen sind als helle Streifen auf dunklem Grund (und als dicker dunkler Streifen unten rechts) zu erkennen. Die Winde wehen mit hohen Geschwindigkeiten von Nordosten. (USGS/NASA)*

vertreten, und außerdem sollte *Mars Observer* als Radiorelaisstation für die Landekapseln der russischen Mission *Mars 94* und für die kühne Gelände- und Ballonmission *Mars 96* dienen.

Die wissenschaftlichen Instrumente an Bord der *Mars Observer* sollten die Geochemie des Planeten aufzeichnen und den Weg für zukünftige Missionen freimachen, indem sie Entscheidungshilfen für die Wahl der Landeplätze gaben. Die Mission hätte vielleicht ein neues Licht auf den Umsturz des Klimas geworfen, der sich in der Frühzeit des Planeten vollzogen hatte. Man hätte Teile der Oberfläche in einer Auflösung von zwei Metern im Durchmesser und weniger photographieren können. Wir wissen natürlich nicht, welche Wunder *Mars Observer* entdeckt hätte. Doch jedesmal, wenn wir eine Welt mit neuen Instrumenten und einer weitaus besseren Auflösung erforschen, entdecken wir viel Neues – genauso wie damals, als Galilei das erste Teleskop gegen den Himmel richtete und damit das Zeitalter der modernen Astronomie einläutete.

Den Berichten der Untersuchungskommission zufolge ist die Ursache für das Scheitern der Mission vermutlich auf das Bersten eines Treibstofftanks zurückzuführen. Dadurch strömten Gase und flüssige Brennstoffe aus, wodurch die beschädigte Raumsonde völlig außer Kontrolle geriet. Vielleicht hätte man das vermeiden können. Vielleicht handelt es sich aber auch um einen unglücklichen Zufall. Doch auch in diesem Zusammenhang sollte man nicht vergessen, wie viele erfolgreiche Missionen zum Mond und zu den Planeten von den Vereinigten Staaten und der ehemaligen Sowjetunion unternommen wurden.

In der Anfangszeit gab es eher kümmerliche Ergebnisse. Raumfahrzeuge explodierten bereits beim Start, verfehlten ihr Ziel oder versagten ihren Dienst, sobald sie dorthin gelangt waren. Im Lauf der Zeit aber stellten sich die Erfolge ein. Die Menschen lernten dazu. Die nebenstehenden Graphiken zeigen die entsprechenden Erfolgskurven (auf der Grundlage von NASA-Daten und der NASA-Definition einer erfolgreichen Mission). Wir lernten viel dazu. Daß wir Raumsonden heute sogar während ihres Fluges reparieren können, habe ich bereits im Kapitel über die *Voyager*-Mission erläutert.

Erst bei der fünfunddreißigsten Mission erreicht die Erfolgskurve der Vereinigten Staaten eine Rate von fünfzig Prozent. Die Russen waren nach fünfzig Versuchen soweit. Nimmt man nun einen Mittelwert, so sieht man, daß sowohl die USA als auch Rußland achtzig Prozent ihrer Missionen erfolgreich *starten* konnten, insgesamt aber weniger als siebzig (USA) beziehungsweise sechzig Prozent (UdSSR/Rußland) der Missionen als insgesamt erfolgreich eingestuft wurden. Anders ausgedrückt heißt das, daß dreißig bis vierzig Prozent aller Raumfahrtmissionen fehlschlugen. Missionen zu anderen Welten waren von Anfang an auf dem Höchststand der technologischen Entwicklung. Das sind sie auch heute noch. Sie werden mit zahlreichen Hilfs- und Notsystemen ausgestattet und von erfahrenen Ingenieuren gesteuert, aber sie sind nicht vollkommen. Erstaunlich ist also nicht, daß wir sowenig, sondern daß wir soviel erreicht haben.

Wir wissen nicht, ob *Mars Observer* aus Gründen der Inkompetenz oder der Statistik fehlschlug. Aber wir müssen immer mit Fehlschlägen rechnen, wenn wir andere Welten erforschen. Menschliches Leben ist nicht in Gefahr, wenn ein Roboter verlorengeht. Und wenn wir unsere Erfolgsrate wesentlich steigern könnten, dann wäre das viel zu teuer. Es ist viel besser, mehr Risiken einzugehen und dafür mehr Sonden in den Welt-

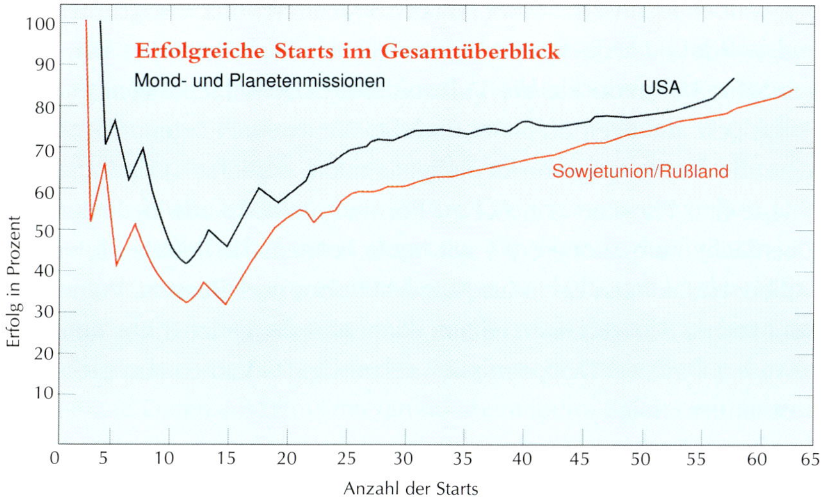

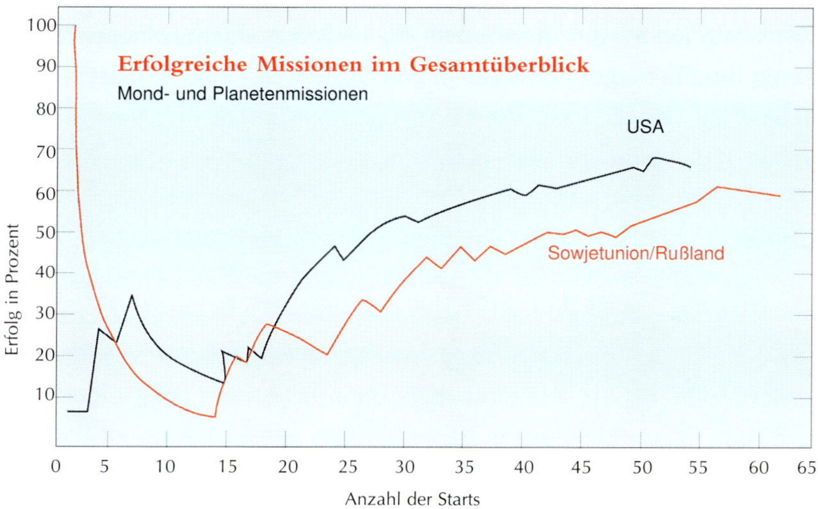

Erfolgsquote von US- und sowjetisch/russischen Mond- und Planetenmissionen. Oben das Diagramm für erfolgreiche Starts, unten das Diagramm für erfolgreich abgeschlossene Missionen. Die Kurven zeigen deutlich einen steten Lernprozeß, der Fehlschläge allerdings nicht ausschließen kann.

raum zu schicken. Wenn uns dieser Risikofaktor schon bekannt ist, warum fliegen wir dann heutzutage nur eine Sonde pro Mission? 1962 stürzte *Mariner 1*, die Venus erforschen sollte, in den Atlantik. Die fast baugleiche *Mariner 2* war die erste erfolgreiche Planetenmission der Menschheit. *Mariner 3* schlug fehl, ihr Schwesterschiff *Mariner 4* konnte 1964 als erstes Raumschiff Nahaufnahmen vom Mars machen. Oder die Doppelmission von *Mariner 8* und *9* zum Mars: *Mariner 8* sollte den Planeten vermessen, *Mariner 9* die rätselhaften periodischen Wechsel der Oberflächenmarkierungen untersuchen. Ansonsten waren die bei-

daß Mars und seine Mysterien den Erdenbewohnern schon bald sehr viel vertrauter sein werden.

Sie sitzen in einem besonderen Raum in der Kommandozentrale auf der Erde und tragen Helm und Handschuhe. Sie drehen ihren Kopf nach links, und die Kameras auf dem Mars-Fahrzeug schwenken nach links. Sie sehen mit sehr hoher Genauigkeit und in Farbe das, was die Kameras sehen. Sie gehen einen Schritt nach vorn, und das Mars-Fahrzeug bewegt sich nach vorn. Sie strecken Ihren Arm aus, um etwas Glänzendes vom Boden aufzuheben, und der Roboterarm tut dasselbe. Mars-Sand rieselt durch Ihre Finger. Die einzige Schwierigkeit bei dieser Fernbedienungs-Technologie ist die lähmende Langsamkeit, mit der alles vor sich geht. Die Reisezeit der Befehle von der Erde zum Mars und der entsprechenden Daten vom Mars zur Erde zurück kann eine halbe Stunde und länger dauern. Doch das können wir lernen. Wir können lernen, unseren Forscherdrang zu zähmen, wenn wir dafür den Mars erforschen können. Das Mars-Fahrzeug kann so konstruiert werden, daß es mit Routinevorfällen umgehen kann. Bei größeren Herausforderungen schaltet es sich selbst in einen Sicherheitsmodus und funkt nach menschlicher Betreuung.

Stellen Sie sich nur einmal diese cleveren Roboter vor, jeder für sich ein kleines wissenschaftliches Labor, wie sie auf der sicheren, aber öden Mars-Oberfläche landen und sich einige der zahlreichen Wunder des Planeten aus allernächster Nähe ansehen. Vielleicht bewegen sich diese Roboter jeden Tag bis an ihren eigenen Horizont vor. Jeden Morgen könnten wir dann aus nächster Nähe betrachten, was am Vortag noch in weiter Ferne lag. Die einzelnen Etappen dieser Mars-Safari könnten wir dann in den Fernsehnachrichten oder in der Schule mitverfolgen. Nächtliche Nachrichtensendungen von einem anderen Planeten, mit seinen neuen Landschaften, und von aktuellen wissenschaftlichen Entdeckungen ließen uns alle teilhaben an diesem Abenteuer.

Und dann gibt es natürlich auch noch Virtual Reality. Die Daten werden vom Mars an die Erde geschickt, in einem modernen Computer abgelegt und in Ihren Helm, Ihre Handschuhe und Ihre Stiefel gespeist. Sie gehen durch ein leeres Zimmer auf der Erde, aber Sie glauben, auf dem Mars zu sein: Rosa Himmel, Geröllfelder, Sanddünen erstrecken sich bis zum Horizont, wo sich ein gewaltiger Vulkan erhebt. Sie hören den Sand unter Ihren Stiefeln knirschen, Sie drehen einen Stein um, gra-

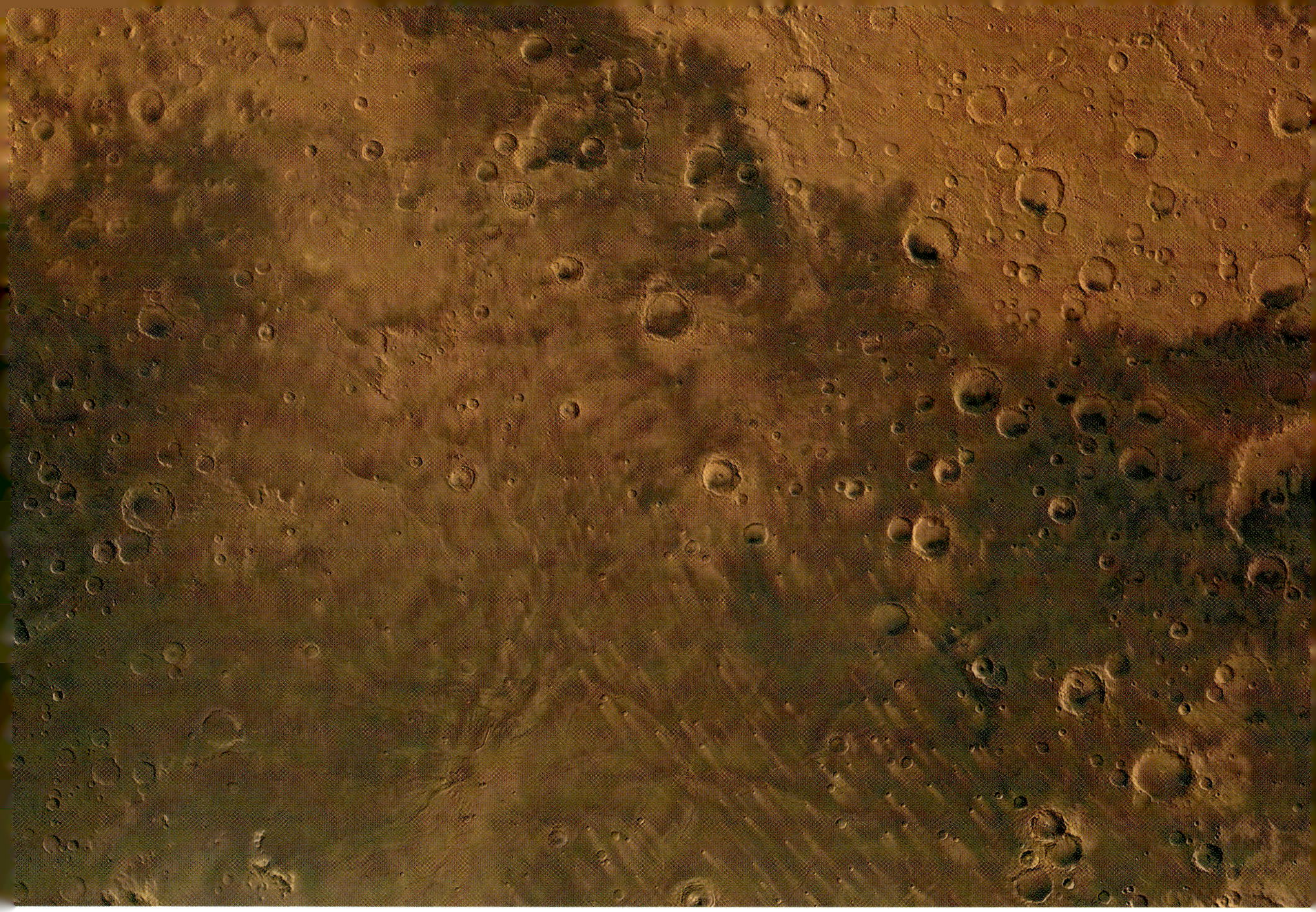

ben ein Loch, schmecken die dünne Luft, gehen um die Ecke und erblicken direkt vor sich... was immer wir Neues auf Mars entdecken – getreue Kopien der Mars-Wirklichkeit in der geschützten Umgebung des Virtual-Reality-Ladens in Ihrer Stadt. Allein deswegen wollen wir den Mars natürlich nicht erforschen, aber wir brauchen auf alle Fälle Roboter, die uns die echte Wirklichkeit übermitteln, bevor wir sie in virtuelle Wirklichkeit umwandeln können.

Angesichts der ständigen Investitionen in Roboter und intelligente Maschinen kann die Aussendung von Menschen zum Mars nicht mit wissenschaftlichen Gründen allein gerechtfertigt werden. Viel mehr Menschen können den virtuellen Mars sehen und nur wenige den echten. Wir können bereits sehr viel mit unseren Robotern. Wenn wir Menschen auf den Mars schicken, dann brauchen wir dafür einen besseren Grund als wissenschaftliche Neugier und Forschergeist.

In den achtziger Jahren glaubte ich eine stichhaltige Rechtfertigung für bemannte Mars-Missionen gefunden zu haben. Ich stellte mir vor, daß die Vereinigten Staaten und die Sowjetunion, die beiden Rivalen, die

Auf diesem Viking-*Photomosaik sind verschiedene Geländetypen zu erkennen. Die weite Fläche in der Mitte unten ist von kraterabhängigen Windverwehungen durchzogen. Die Zusammensetzung der dunklen Materie, die viele Kraterböden bedeckt, ist unbekannt. Vielleicht handelt es sich einfach um Ablagerungen größerer und deshalb weniger beweglicher Brocken derselben Materie, die diese Mars-Provinz als helle Ablagerungen überzieht. (Mit freundlicher Genehmigung der USGS/NASA)*

durch ihren kalten Krieg die gesamte Weltbevölkerung bedroht hatten, in einer gemeinsamen, weitblickenden und hochtechnologisierten Anstrengung Menschen auf der ganzen Welt wieder Hoffnung geben konnten. Ich stellte mir so etwas wie ein umgekehrtes *Apollo*-Programm vor, in dem Kooperation und nicht Konfrontation die treibende Kraft ist, und in dem die beiden führenden Raumfahrtnationen die Grundlagen für einen wesentlichen Fortschritt in der Menschheitsgeschichte schaffen – die Besiedelung eines anderen Planeten.

Der Symbolgehalt hätte größer nicht sein können. Dieselbe Technologie, die apokalyptische Waffen von einem Kontinent zum anderen befördern kann, ermöglicht die erste Reise von Menschen zu einem anderen Planeten, zu einem Planeten zumal, der nach dem römischen Kriegsgott Mars benannt ist.

Es gelang uns, sowjetische Wissenschaftler und Ingenieure für ein gemeinsames Projekt dieser Art zu interessieren. Roald Sagdeew, damals Direktor des Instituts für Weltraumforschung der Sowjetischen Akademie der Wissenschaften in Moskau, hatte bereits bei den sowjetischen Missionen zu Venus und Mars und bei der Erforschung des Halleyschen Kometen eng mit anderen Nationen zusammengearbeitet, lange bevor diese Idee in Mode kam. Die gemeinsame Benutzung der sowjetischen Raumstation *Mir* und der Trägerrakete *Energija* der Klasse *Saturn V* machte die Zusammenarbeit für die sowjetischen Hardware-Lieferanten attraktiv. Durch eine Reihe von Argumenten (darunter vor allem die Aussicht, den kalten Krieg zu beenden) konnte der damalige sowjetische Regierungschef Michail Gorbatschow dafür gewonnen werden. Während des Washingtoner Gipfeltreffens im Dezember 1987 antwortete Gorbatschow auf die Frage, welches wohl das bedeutendste gemeinsame Unternehmen sei, mit dem die beiden Länder den Wandel ihrer Beziehungen zum Ausdruck bringen könnten, ohne zu zögern: »Laßt uns gemeinsam zum Mars fliegen.«

Doch die Regierung Reagan zeigte daran kein Interesse. Mit den Sowjets zusammenzuarbeiten hieß anerkennen, daß bestimmte Sowjettechnologien fortschrittlicher waren als ihre amerikanischen Pendants. Es hieß aber auch, den Sowjets amerikanische Technologien zur Verfügung zu stellen, Erfolge zu teilen, der Rüstungsindustrie Alternativen zu bieten – das war nicht im Sinne der damaligen Regierung. Das Angebot wurde abgelehnt. Mars mußte warten.

Inzwischen haben sich die Zeiten geändert. Der kalte Krieg ist vorbei. Die Sowjetunion gibt es nicht mehr. Der Nutzen, den die Zusammenarbeit der beiden Staaten bringt, erscheint nicht mehr so gewaltig. Andere Nationen – vor allem Japan und die Mitgliedsstaaten der Europäischen Weltraumorganisation – wurden zu interplanetaren Reisenden. Viele richtige und drängende Fragen hängen nun von den Haushaltsplänen der verschiedensten Nationen ab.

Die Trägerrakete *Energija* wartet immer noch auf ihre Mission. Die Arbeitsrakete *Proton* steht zur Verfügung. Die Raumstation *Mir* – die fast ständig von einem Forscherteam besetzt ist – umkreist immer noch alle eineinhalb Stunden die Erde. Trotz interner Schwierigkeiten geht das russische Raumfahrtprogramm weiter. Auch die Kooperation in der Weltraumforschung zwischen Rußland und Amerika schreitet rasch voran. Der russische Kosmonaut Sergej Krikalew flog 1994 mit dem amerikanischen Shuttle *Discovery*. US-Astronauten besuchten *Mir*. Amerikanische Instrumente – auch eines zur Untersuchung der Oxidanzen, die vermutlich die organischen Moleküle im Mars-Boden zerstören – werden von russischen Raumfahrzeugen auf den Mars gebracht. *Mars Observer* war als Relaisstation für russische Landekapseln auf dem Mars gedacht. Die Russen erboten sich, unter anderem einen US-Orbiter in einer zukünftigen Mission der *Proton*-Rakete auf den Mars zu befördern.

Weltraumwissenschaft und Raumfahrttechnologie der Amerikaner und Russen greifen inzwischen ineinander und ergänzen sich. Wo die einen schwach sind, sind die anderen stark. Diese Ehe wurde wirklich im Himmel geschlossen – sie ist aber erstaunlich schwer zu vollziehen. Am 2. September 1993 wurde eine Vereinbarung zur verstärkten Zusammenarbeit vom amerikanischen Vizepräsidenten Al Gore und dem russischen Premierminister Viktor Tschernomyrdin unterzeichnet. Die Regierung Clinton beauftragte die NASA, die US-Raumstation (die zu Reagans Zeiten *Freedom* geheißen hatte) so abzuändern, daß sie in derselben Umlaufbahn wie *Mir* schwebt und an sie angekoppelt werden kann. Japanische und europäische Module sowie ein kanadischer Roboterarm sollen angeschlossen werden. Die Entwürfe, an denen fast alle Raumfahrtnationen (mit Ausnahme Chinas) beteiligt waren, mündeten in die Raumstation *Alpha*.

Als Gegenleistung für die Zusammenarbeit und die Zahlung in harter Währung durch die Amerikaner erklärten sich die Russen bereit, den

Verkauf ihrer Raketenbauteile an andere Länder einzustellen und den Export von strategischen Waffen stärker zu kontrollieren. Auf diese Weise wird der Weltraum wieder – genau wie zu den schlimmsten Zeiten des kalten Krieges – ein Instrument strategischer Politik.

Kooperationsprogramme sparen Geld, nutzen das Talent von Wissenschaftlern und Ingenieuren auf dem gesamten Globus und entwickeln Perspektiven für unsere Zukunft. Die einzelnen Nationen werden nicht immer gleich stark sein. Es wird Fortschritte, aber auch Rückschritte zu verzeichnen geben. Doch der allgemeine Trend ist deutlich zu erkennen.

Trotz wachsender Schwierigkeiten beginnen die Raumfahrtprogramme der beiden einstigen Gegner zusammenzuwachsen. Man kann jetzt bereits eine Weltraumstation vorhersehen, eine Raumstation, die nicht einer einzelnen Nation, sondern der ganzen Erde gehört und in einer Neigung von 51° zum Äquator und in einigen hundert Kilometern Höhe zusammengebaut wird. Eine Mission mit der reißerischen Bezeichnung »Fire and Ice« wird gerade diskutiert – dabei soll eine schnelle Vorbeiflugsonde zu Pluto, dem letzten unerforschten Planeten, geschickt werden. Damit die Sonde überhaupt dorthin gelangt, muß sie mittels der Gravitation der Sonne beschleunigt werden. Bei ihrem Vorbeiflug an der Sonne will man kleine Sonden in die Gashülle der Sonne eintauchen lassen. Außerdem scheinen wir an der Schwelle zu einem Weltkonsortium für die wissenschaftliche Erforschung des Mars zu stehen. Es sieht ganz so aus, als ob derartige Projekte nur noch in Zusammenarbeit mit anderen oder gar nicht durchgeführt werden können.

Ob es vernünftige, kosteneffektive und weithin vertretbare Gründe gibt, den Mars zu erforschen, ist eine offene Frage. Gewiß herrscht hierüber keine einhellige Meinung. Damit wird sich das folgende Kapitel befassen.

Wenn wir keine Menschen zu Welten schicken, die so weit wie Mars von der Erde entfernt sind, dann haben wir meiner Meinung nach den wichtigsten Grund für eine Raumstation – einen ständig oder zeitweilig besetzten Stützpunkt im Orbit – verspielt. Eine Raumstation ist weit davon entfernt, ideale Bedingungen für wissenschaftliche Forschung zu bieten – sei es, daß man auf die Erde hinabsieht oder ins Weltall hinausblickt oder mit der Schwerelosigkeit experimentiert (allein die Anwesenheit der Astronauten macht die Sache ja schon kompliziert). Eine Raumstation ist weder der Wirtschaft noch der Industrie von direktem Nutzen. Im Vergleich zu einer Raumsonde ist sie teuer, und zudem besteht immer das Risiko, Menschenleben zu verlieren. Jeder Shuttle-Flug zum Bau oder zur Versorgung einer Raumstation birgt die ein- oder zweiprozentige Möglichkeit einer Katastrophe in sich. Zivile und militärische Weltraummissionen der Vergangenheit übersäten untere Erdumlaufbahnen mit schnell fliegenden Abfällen – die früher oder später mit einer Raumstation zusammenstoßen werden (obwohl *Mir* bis heute davon verschont geblieben ist). Eine Raumstation ist auch nicht notwendig, um den Mond zu erforschen. *Apollo* gelangte auch ohne Raumstation dorthin. Mit Trägerraketen vom Typ *Saturn V* oder *Energija* kann man vermutlich sogar erdnahe Asteroiden oder Mars erreichen, ohne erst auf einer Raumstation ein interplanetares Gefährt zusammenbauen zu müssen.

Doch eine Raumstation ist eine gute Schule; sie liefert neue Ideen und kann sicher dazu beitragen, die Beziehungen zwischen den einzelnen Raumfahrtnationen zu festigen. Aber letztlich dient eine Raumstation in meinen Augen nur zum langfristigen Aufenthalt im All. Wie reagiert der menschliche Körper auf annähernde Schwerelosigkeit? Wie können wir fortschreitenden Veränderungen in der Blutchemie und einem geschätzten sechsprozentigen Knochenverlust pro Jahr bei absoluter Schwerelosigkeit begegnen? (Bei einer drei- oder vierjährigen Mars-Mission, bei der sich die Astronauten in absoluter Schwerelosigkeit befinden, fällt das schon ins Gewicht!)

Diese Fragen haben kaum etwas mit Grundlagenbiologie wie der Erforschung der DNA oder dem Evolutionsprozeß zu tun. Sie haben jedoch viel mit angewandter Biologie zu tun. Die Antwort darauf zu kennen ist wichtig, aber nur dann, wenn wir wirklich zu einem entfernten Ziel im All aufbrechen und lange unterwegs sind. Der einzig nachvollziehbare Zweck einer Raumstation ist letztlich die Entsendung von Menschen zu erdnahen Asteroiden, Mars und darüber hinaus. Die NASA war stets äußerst vorsichtig mit derartigen Aussagen. Wahrscheinlich fürchtete man, daß Mitglieder des amerikanischen Kongresses derartige Projekte abwehren, die Raumstation als das wacklige Ende eines extrem teuren Haushaltspostens ansehen und erklären könnten, daß die Nation derzeit ohnehin nicht in der Lage sei, Menschen auf den Mars zu

Links: *Der Horizont über dem Argyre-Becken und das südliche Hochland schräg von oben aufgenommen.*
Rechts: *Die Staubschicht, die hier in der Mars-Atmosphäre schwebt, entstand während des letzten größeren Sand- und Staubsturms. (Aufnahmen des* Viking*-Orbiters, mit freundlicher Genehmigung des JPL/NASA)*

schicken. In der Tat verschwieg die NASA damals den eigentlichen Zweck der Raumstation. Und selbst wenn wir so eine Raumstation hätten, müßte das ja nicht gleich bedeuten, daß wir sofort zum Mars fliegen. Wir könnten die Raumstation dazu benützen, unsere Kenntnisse zu vermehren und zu vertiefen und uns dafür so viel Zeit nehmen, wie es uns gefällt – damit wir dann, wenn die Zeit reif ist, tatsächlich zu den Planeten aufbrechen, den nötigen Background und die nötige Erfahrung besitzen, um diese Missionen sicher durchzuführen.

Der Fehlschlag der *Mars Observer* und die *Challenger*-Katastrophe im Jahre 1986 gemahnen uns daran, daß bei bemannten Flügen zu Mars oder anderen Welten Desaster nicht völlig ausgeschlossen werden können. Das Beispiel von *Apollo 13*, die nicht auf dem Mond landen konnte und gerade noch heil zur Erde zurückkehrte, unterstreicht nur einmal mehr, wieviel Glück wir damals hatten. Wir können keine absolut sicheren Autos und Züge bauen, obwohl wir schon seit über einem Jahrhundert mit diesen Verkehrsmitteln vertraut sind. Hunderttausende von Jahren nachdem wir das Feuer beherrschen lernten, gibt es in jeder Stadt der Welt immer noch eine Feuerwehr, die zur Stelle ist, wenn ein Brand ausbricht. Kolumbus verlor auf seinen vier Expeditionen in die Neue Welt eine Vielzahl von Schiffen, darunter zwei Drittel der kleinen Flotte, die sich 1492 auf den Weg gemacht hatte.

Wenn wir Menschen ins All schicken, dann müssen wir dafür einen wirklich triftigen Grund haben – und in Kauf nehmen, daß wir dabei fast sicher Menschenleben verlieren werden. Astronauten und Kosmonauten haben das immer gewußt. Dennoch gab es nie einen Mangel an Freiwilligen und wird es wohl auch nie geben.

Doch warum ausgerechnet Mars? Warum nicht wieder zum Mond fliegen? Er ist nicht so weit weg, und wir haben bewiesen, daß wir Menschen dorthin schicken können. Ich befürchte jedoch, daß der Mond, so nahe er auch sein mag, einen langen Umweg, wenn nicht gar eine Sackgasse darstellt. Wir waren dort. Wir brachten sogar etwas davon mit nach Hause. Menschen haben Mondgestein gesehen und sind aus absolut verständlichen Gründen nicht gerade davon begeistert. Der Mond ist eine statische, luftleere, wasserlose, tote Welt mit einem schwarzen Himmel. Am interessantesten ist vielleicht noch seine kraterübersäte Oberfläche, ein Zeugnis der Einschläge und Aufstürze auf der Erde und auf dem Mond.

Mars dagegen besitzt eine Atmosphäre, Staubstürme, zwei Monde, Vul-

Olympus Mons ragt über die Wolken empor. (Viking-*Aufnahmen, mit freundlicher Genehmigung des JPL/NASA)*

kane, Polareis, interessante Landschaftsformen und alte Flußtäler – sowie Anzeichen für einen gewaltigen Klimaumsturz auf einer einst erdähnlichen Welt. Mars läßt außerdem die Existenz von Leben in der Vergangenheit, vielleicht sogar in der Gegenwart vermuten und ist von allen Planeten am besten dafür geeignet, in Zukunft Leben zu beherbergen – Menschen, die von der Erde heraufziehen. Nichts davon trifft auf den Mond zu. Mars hat auch eine klar verständliche Kratergeschichte. Wenn Mars uns so nahe wäre wie der Mond, dann hätten wir nicht gezögert, bemannte Missionen dorthin zu entsenden.

Der Mond ist daneben nicht einmal eine interessante Versuchsstation oder eine günstige Etappe auf dem Weg zum Mars. Auf Mars und Mond herrschen grundverschiedene Verhältnisse, und der Mond ist genauso weit vom Mars entfernt wie die Erde. Die Instrumente für die Marserkundung können mindestens genausogut in der Erdumlaufbahn oder auf einem erdnahen Asteroiden oder sogar auf der Erde selbst – beispielsweise in der Antarktis – getestet werden. Japan zweifelte am Willen der Vereinigten Staaten und anderer Nationen, größere Weltraumprojekte gemeinsam zu planen und durchzuführen. Dies ist zumindest ein Grund, warum Japan einen eigenen Weg beschritt. Die japanische Gesellschaft zur Erforschung von Mond und Planeten vertritt Weltraumenthusiasten in Regierung, Universitäten und bedeutenden Konzernen. Während dieses Buch entsteht, entwirft die Gesellschaft den vollautomatischen Bau einer Mondbasis. Die Durchführung dieses Vorhabens wird ungefähr dreißig Jahre in Anspruch nehmen und rund eineinhalb Milliarden Mark pro Jahr verschlingen. Erst wenn die Basis fertiggestellt ist, sollen auch Menschen dort arbeiten. Denn der Bau durch funkgesteuerte Roboter wird die Kosten angeblich um das Zehnfache senken. Das einzige Problem stellt Beobachtern zufolge die Skepsis anderer japanischer Wissenschaftler dar, die fragen, wozu das ganze Projekt eigentlich gut sei. Jede Nation sollte sich diese Frage stellen.

Die erste bemannte Mars-Mission ist derzeit vermutlich zu teuer, um von einer Nation allein bewältigt werden zu können. Außerdem scheint es mir unpassend, daß so ein historischer Schritt einzig von den Vertretern eines winzigen Teils der Erdbevölkerung getan wird. Doch ein gemeinsames Projekt zwischen den Vereinigten Staaten, Rußland, Japan und der Europäischen Weltraumorganisation – und vielleicht anderen Nationen wie etwa China – könnte in nicht allzu ferner Zukunft durchführbar sein. Mit der internationalen Raumstation werden wir unsere Fähigkeit zur Zusammenarbeit testen.

Ein kiloschweres Paket in eine nahe Erdumlaufbahn zu bringen kostet heute ungefähr soviel wie ein Kilogramm Gold. Chemische Mehrstufenraketen beförderten uns erstmals ins All und tun es auch heute noch. Wir versuchten sie zu verbessern, sicherer und zuverlässiger, einfacher und billiger zu machen. Doch das geschah gar nicht oder nur langsam.

Vielleicht gibt es auch einen besseren Weg: einstufige Raketen, die ihre Fracht direkt in den Orbit befördern, ein Verbund vieler kleiner Lasten, die mit Kanonen oder von Flugzeugen aus mit Raketen ins All geschossen werden, oder vielleicht Überschall-Staustrahltriebwerke. Vielleicht gibt es eine Lösung, an die wir jetzt noch nicht denken. Könnten wir aus Luft und Boden unseres Zielplaneten Treibstoff für den Rückflug gewinnen, dann wäre die gesamte Reise weitaus weniger schwierig.

Wenn wir uns einmal im Weltraum, auf der Reise zu den Planeten befinden, dann sind selbst unter Ausnutzung der Gravitation Raketen nicht das beste Mittel, schwere Lasten zu befördern. Heute zünden wir zu Anfang ein paar Raketen, korrigieren später den Kurs und fliegen die übrige Zeit gleichmäßig dahin. Inzwischen gibt es allerdings vielversprechende Antriebssysteme auf Ionen- und Kernkraftbasis, die eine geringe und ständige Beschleunigung ausüben. Oder wir könnten, wie der russische Weltraumpionier Konstantin Ziolkowskij erstmals vorschlug, Sonnensegel verwenden – riesige, aber hauchdünne Filme, die Sonnenlicht und Sonnenwind einfangen – und mit diesen kilometerbreiten Karavellen das leere Weltall durchpflügen. Vor allem für Reisen zum Mars und zu ferneren Zielen sind solche Systeme weitaus besser geeignet als Raketen.

Wie bei allen Technologien, die noch in den Kinderschuhen stecken, ist man geneigt, sie zu verbessern, weiterzuentwickeln und zu nutzen. Und schon bald hat man soviel Geld in diese Technologie gesteckt, daß man sie – egal wie fehlerhaft sie auch sein mag – nur ungern zugunsten einer besseren Technologie aufgibt. Die NASA besitzt fast keine Mittel, alternative Antriebstechnologien zu verfolgen. Dieses Geld mußte von kurzfristigen Missionen kommen, die konkrete Ergebnisse bringen und die Erfolgsrate der NASA verbessern. Geld für alternative Technologien auszugeben zahlt sich erst nach einem oder zwei Jahrzehnten aus. Wir scheinen jedoch an dem nächsten oder übernächsten Jahrzehnt kaum

Ein möglicher Landeplatz unter vielen für zukünftige Mars-Missionen: das glatte Terrain nahe dem alten Flußtal Mangala Vallis (Viking-*Photomosaik, mit freundlicher Genehmigung der USGS/NASA)*

interessiert zu sein. So kann selbst anfänglicher Erfolg letztlich zum Scheitern führen. Ähnliches stellt man manchmal im Laufe der biologischen Evolution fest. Früher oder später wird eine Nation – die vielleicht keine gewaltigen Summen in nur mäßig effektive Technologien investierte – wirksame Alternativen entwickeln.

Doch schon bald wird eine Zeit kommen, vielleicht in den ersten beiden Jahrzehnten des neuen Jahrtausends, zu der im Zuge der internationalen Zusammenarbeit ein interplanetares Raumschiff im Erdorbit zusammengebaut und uns der Fortschritt mit den Abendnachrichten präsentiert wird. Astronauten und Kosmonauten werden wie Mücken um das Raumschiff herumschwirren und die vorgefertigten Teile zusammensetzen. Schließlich wird das gründlich getestete Raumschiff die internationale Besatzung aufnehmen und auf Abfluggeschwindigkeit beschleunigt werden. Während der gesamten Reise zum Mars und zurück sind die Besatzungsmitglieder voneinander abhängig und schaffen damit ein Abbild der Lebensumstände auf der Erde.

Vielleicht wird die erste gemeinsame Mission zu den Planeten sich im Vorbeiflug oder im Umkreisen des Mars erschöpfen. Zuvor werden jedoch schon Sonden mit Luftbremsung, Fallschirmen und Bremsraketen sanft auf der Mars-Oberfläche gelandet sein, Proben entnommen und zur Erde geschickt sowie Versorgungsstationen für spätere Forschungsreisen angelegt haben. Ob es nun zwingende und plausible Gründe gibt oder nicht, ich bin sicher, daß der Tag kommt, an dem wir Menschen – wenn wir uns selbst vorher nicht schon zerstört haben – einen Fuß auf den Mars setzen. Es ist nur eine Frage des Zeitpunkts.

Einem feierlichen Abkommen zufolge, das am 27. Januar 1967 in Washington und Moskau unterzeichnet wurde, darf keine Nation einen Planeten oder Teile davon für sich beanspruchen. Dennoch sorgen sich einige Leute darüber, wer wohl als erster auf dem Mars landet. Wenn wir wirklich ernsthafte Befürchtungen hegen, dann können wir immer noch die Besatzungsmitglieder aneinanderketten, damit alle gleichzeitig auf den Mars-Boden hinabschweben.

Die Forscher werden neue und bereits isolierte Proben entnehmen, um einerseits nach Leben zu suchen und andererseits über die Vergangenheit und Zukunft von Mars und Erde Aufschluß zu gewinnen. Sie werden zum Nutzen späterer Expeditionen versuchen, Wasser, Sauerstoff und Wasserstoff aus den Felsen und aus der Luft sowie aus dem Permafrostboden zu extrahieren – um zu trinken, zu atmen, um ihre Maschinen anzutreiben, um Raketentreibstoff und Oxidationsmittel für die Rückreise zu gewinnen. Sie werden die Mars-Materie für den Bau von Basislagern und Siedlungen vor Ort testen. Und sie werden auf Erkundungsfahrt gehen. Wenn ich mir die ersten Mars-Astronauten vorstelle, denke ich an ein Fahrzeug, das aussieht wie ein Jeep. Die Besatzung ist mit Geologenhämmern, Kameras und Analyseinstrumenten ausgerüstet. Sie untersucht altes Gestein, sucht Anzeichen früher Umweltkatastrophen, Klimaumstürze, unbekannte chemische Verbindungen, Fossilien oder etwas Lebendiges. Ihre Entdeckungen werden mit Lichtgeschwindigkeit an die Erde übertragen. Und Sie können zu Hause auf der Wohnzimmercouch die Erkundung alter Flußbetten auf Mars mitverfolgen.

Kapitel 16

Den Himmel erklimmen

Wer, mein Freund, *könnte zum Himmel aufsteigen*?

Das Gilgamesch-Epos, um 2100 v. Chr.[1]

Was, frage ich mich manchmal selbst erstaunt, unsere Vorfahren zogen von Ostafrika nach Sibirien, Australien und Patagonien, jagten Elefanten mit steinernen Speerspitzen, durchquerten vor siebentausend Jahren die Polarmeere in offenen Schiffen, umrundeten die Erde nur mit Windkraft, betraten den Mond nur ein Jahrzehnt nach Aufnahme der Weltraumfahrt – und wir wagen es nicht, zum Mars zu fliegen? Doch dann denke ich an das unnötige Leid der Menschen auf dieser Erde, daran, daß nur wenige Dollars genügen, um ein unterversorgtes Kind zu retten, und frage mich, wie viele Kinder wir für das Geld retten könnten, das eine Reise zum Mars verschlingt – und für einen Augenblick ändere ich meine Meinung. Müssen wir hierbleiben, oder müssen wir fahren? Oder habe ich die Frage falsch gestellt? Ist es denn nicht möglich, jedem Erdenbewohner ein besseres Leben zu bescheren *und* zu den Planeten und Sternen aufzubrechen?

In den sechziger und siebziger Jahren wurde dafür viel getan. Sie werden damals vermutlich genau wie ich gedacht haben, daß wir noch vor der Jahrtausendwende auf den Mars fliegen. Statt dessen zogen wir uns

Gegenüberliegende Seite: *Blick auf Westaustralien. Im Vordergrund ist der Frachtraum des Space-shuttles* Endeavor *zu sehen. Der Astronaut Story Musgrave ist gerade auf dem Weg zum Hubble-Weltraumteleskop (senkrechter Zylinder), das für notwendige Reparaturen eingefangen wurde. In einer tadellosen Reparaturmission, die fünf Weltraumspaziergänge erforderte, wurden dem kurzsichtigen Teleskop Korrekturlinsen verpaßt. (Mit freundlicher Genehmigung des Johnson Space Center/NASA)*

ganz aus der bemannten Raumfahrt zurück. Und ich frage mich ständig: Ist das ein Zeichen von Mutlosigkeit oder ein Zeichen von Reife?
Vielleicht dürfen wir auch gar nicht mehr erwarten. In gewisser Hinsicht ist die Geschichte der bisherigen Raumfahrt an sich schon erstaunlich: Wir schickten ein Dutzend Menschen auf mehrtägige Exkursionen zum Mond. Und wir konnten das gesamte Sonnensystem bis hinaus zu Neptun untersuchen. Diese Missionen bescherten uns eine Fülle von wertvollen Daten, doch nichts, was kurzfristig von praktischem Nutzen für den Alltag wäre. Sie hoben jedoch unsere Moral. Sie zeigten uns unseren Platz im Universum. Man kann sich außerdem gut vorstellen, daß eine andere Verkettung historischer Ereignisse niemals zum Wettlauf um den Mond und zur Erforschung der Planeten geführt hätte.
Man kann sich aber auch leicht eine viel ernstere Hingabe zur Forschung vorstellen. Dann hätten wir mittlerweile bereits Fahrzeuge zur Erforschung der Atmosphäre auf allen jupiterähnlichen Planeten und Dutzenden von Monden, Kometen und Asteroiden landen lassen. Ein Netzwerk von automatisierten Forschungsstationen auf dem Mars würde täglich die neuesten Entdeckungen übertragen, Proben von vielen Welten würden auf der Erde untersucht werden – und ihre Geologie, Chemie und vielleicht sogar ihre Biologie preisgeben. Vielleicht würden sogar schon Menschen in einigen Außenstationen auf erdnahen Asteroiden, dem Mond und dem Mars leben. Vieles wäre möglich gewesen. Unsere Geschichte bescherte uns bisher eine bescheidene und rudimentäre und doch in vieler Hinsicht beeindruckende Serie von Entdeckungen, die jedoch weit unter dem Möglichen liegen.

»Den grünen Götterfunken des Prometheus in die sterile Leere hinaustragen und dort einen Feuersturm belebter Materie zünden ist die eigentliche Bestimmung der Menschheit«, verkündet die Broschüre der »First Millennial Foundation«. Diese Stiftung verspricht für 120 Dollar im Jahr die »Staatsbürgerschaft« in »Weltraumkolonien – wenn die Zeit kommt«. »Wohltäter«, die höhere Beiträge spenden, bekommen außerdem »den ewigen Dank der Sternenzivilisation und ihren Namen in eine Gedenktafel auf dem Mond eingraviert«. Soweit das eine Extrem in puncto Raumfahrt. Das andere Extrem – das vor allem in Regierungskreisen zu vernehmen ist – wirft die Frage auf, warum wir überhaupt, und vor allem mit Menschen statt mit Robotern, ins All fliegen müssen.

Das *Apollo*-Programm war in den Augen seiner Kritiker ein sinnloses und teures Vergnügen. Nach dem Ende des kalten Krieges gibt es keinen Grund mehr für ein bemanntes Raumfahrtprogramm, so die Gegner. Wo innerhalb dieses breiten Spektrums zwischen Enthusiasmus und Skepsis sollen wir uns selbst sehen?

Seit die Vereinigten Staaten die Sowjetunion im Wettlauf zum Mond schlugen, scheint es keine plausiblen und allgemeinverständlichen Motive für die bemannte Raumfahrt mehr zu geben. Wozu soll sie gut sein? Wozu brauchen wir sie? Doch die Leistungen der Astronauten und die Mondlandungen riefen – aus gutem Grund – in aller Welt Bewunderung hervor. Es käme einer Abwertung jener beeindruckenden Leistungen gleich, aus dem bemannten Raumfahrtprogramm auszusteigen, behaupten die politischen Führer. Welcher Präsident, welcher Kongreß möchte schon für das Ende der amerikanischen Raumfahrt verantwortlich sein? In der ehemaligen Sowjetunion vernimmt man ähnliche Töne: Sollen wir die einzige Hochtechnologie ad acta legen, in der wir weltweit noch führend sind? Sollen wir das Erbe Konstantin Ziolkowskijs, Sergeij Korolews und Jurij Gagarins vernachlässigen?

Das oberste Gebot der Bürokratie ist die Selbsterhaltung. Sich selbst überlassen und ohne klare Instruktionen von oben entwickelte sich die NASA langsam in ein Programm zur Erhaltung von Pfründen, Jobs und Privilegien. Vetternwirtschaft, bei der nicht zuletzt der amerikanische Kongreß eine führende Rolle spielte, gewann bei der Planung und Durchführung von Missionen und langfristigen Vorhaben mehr und mehr an Bedeutung. Die Organisation verknöcherte. Die NASA verlor ihre Bestimmung.

Am 20. Juli 1989, dem zwanzigsten Jahrestag der *Apollo*-Mondlandung, gab der damalige amerikanische Präsident George Bush dem US-Raumfahrtprogramm eine neue, langfristige Perspektive. Dieses neue Programm nannte sich »Space Exploration Initiative« (SEI) und umfaßte eine Reihe von Projekten, unter anderem eine US-Raumstation, eine erneute Landung von Menschen auf dem Mond und die erste Landung von Menschen auf dem Mars. In einer späteren Erklärung setzte Mr. Bush das Jahr 2019 als Termin für die Mars-Landung fest.

Und dennoch, trotz klarer Anweisungen von oben, scheiterte das SEI-Programm. Vier Jahre nachdem es angeordnet worden war, hatte man bei der NASA noch nicht einmal eine eigene Abteilung dafür gegründet.

Kleine und billige Mond-Robotermissionen – die ansonsten sicher genehmigt worden wären – wurden vom Kongreß abgeschmettert, weil sie mit dem SEI zusammenhingen. Was war schiefgelaufen?

Ein Problem war der zeitliche Rahmen. SEI erstreckte sich über fünf oder noch mehr Legislaturperioden in die Zukunft. Für den jeweiligen Präsidenten ist es natürlich einfach, seine Nachfolger in die Pflicht zu nehmen, doch mag man an der Ernsthaftigkeit dieser Verpflichtungen zweifeln. SEI unterschied sich gewaltig vom *Apollo*-Programm, das – dem Entwurf zufolge – bereits Präsident Kennedy oder zumindest seinem direkten Amtsnachfolger die ersten Triumphe bescheren sollte.

Zweitens war man besorgt, ob die NASA, die vor nicht allzu langer Zeit größte Schwierigkeiten damit hatte, eine Handvoll Astronauten auf eine Höhe von dreihundert Kilometern zu transportieren, in der Lage ist, Menschen auf einen jahrelangen Flug zu einem Millionen Kilometer entfernten Ziel zu schicken und wieder sicher zurückzubringen.

Drittens war dieses Programm auf einen Alleingang der USA ausgerichtet. Der Zusammenarbeit mit anderen Nationen kam weder in der Planung noch in der Durchführung des Programms eine tragende Rolle zu. Vizepräsident Dan Quayle zufolge, in dessen Zuständigkeitsbereich die Raumfahrt fiel, demonstrierte die Raumstation, daß die Vereinigten Staaten »die einzige Supermacht der Welt« seien. Da aber die Sowjetunion in puncto funktionstüchtige Raumstationen zehn Jahre voraus war, ließ sich Quayles Ausführungen nur wenig abgewinnen.

Schließlich wußte man nicht, woher man das Geld nehmen sollte, das ein solches Projekt verschlingt. Die Kosten eines bemannten Mars-Flugs wurden auf bis zu fünfhundert Milliarden Dollar veranschlagt.

Natürlich kann man keinen Kostenplan aufstellen, bevor man überhaupt weiß, wie das Projekt aussehen soll. Und die Planung hängt wiederum von bestimmten Faktoren ab wie der Größe der Besatzung oder dem Aufwand für den Schutz gegen solare und kosmische Strahlung sowie von den Risiken, die man mit Menschen einzugehen bereit ist. Wenn jedes Mitglied der Besatzung ein Spezialgebiet abdeckt, was passiert dann, wenn ein Mitglied krank wird? Je größer die Besatzung, desto größer die Sicherheit. Man würde wahrscheinlich nicht gleich einen Oralchirurgen zum Mars schicken, aber was passiert, wenn ein Besatzungsmitglied eine Wurzelkanalbehandlung braucht und der nächste Zahnarzt hundertfünfzig Millionen Kilometer weit weg ist? Wird man den armen Menschen dann vielleicht per Telepräsenz behandeln können?

Wernher von Braun prägte mehr als jeder andere das Raumfahrtprogramm der Amerikaner. Sein Buch *Das Marsprojekt* aus dem Jahre 1952 entwarf eine erste Mission mit zehn Raumschiffen, siebzig Besatzungsmitgliedern und drei Landebooten. Klotzen, nicht kleckern, lautete seine Devise. Er wies darauf hin, »daß der Gesamtaufwand für eine derart umfangreiche Mars-Expedition den Aufwand für eine kleinere militärische Operation auf einem beschränkten Kriegsschauplatz nicht übersteigt«.[2]

Es war für ihn an der Zeit, »nun auch mit der Vorstellung von jenem einsamen Raumschiff zu brechen, das da dereinst einmal mit seinem kühnen Halbdutzend Besatzungsmitgliedern aufbrechen soll«[3], und er verwies dabei auf den Entdecker Amerikas: »Schon Kolumbus wählte drei Schiffe, als er zu seiner Reise gen Westen aufbrach. Und die Geschichte seiner denkwürdigen Fahrt hat gezeigt, daß er nie nach Spanien zurückgekehrt wäre, um über seine Entdeckungen zu berichten, wenn er nur eines gehabt hätte.«[4]

Die Pläne für moderne Mars-Missionen haben diesen Rat mißachtet. Sie sind weitaus weniger ehrgeizig als das Vorhaben von Wernher von Braun, der ein oder zwei Passagierschiffe mit jeweils drei bis acht Astronauten und einem oder zwei weiteren unbemannten Lastschiffen anvisiert hatte. Die einsame Rakete mit ihrem kleinen Abenteurertrupp ist immer noch unter uns.

Ein weiterer Faktor, der die Planung und die Kosten einer Mars-Mission beeinflußt, ist die Versorgung. Schickt man Vorräte von der Erde zum Mars voraus und die Menschen erst dann hinterher, wenn die Vorräte sicher gelandet sind? Kann man auf dem Mars vorhandene Substanzen in Sauerstoff zum Atmen, Wasser zum Trinken und Raketentreibstoff für die Rückreise verwandeln? Kann man die dünne Marsluft als natürliche Bremse beim Landeanflug einsetzen? Wie vorsichtig stellt man die Ausrüstung zusammen? Inwieweit wird man geschlossene ökologische Systeme benutzen oder von den mitgebrachten Vorräten und Entsorgungseinrichtungen leben? Wie sollen die Fahrzeuge aussehen, mit denen die Astronauten die Mars-Landschaft erkunden, und wieviel Ausrüstung soll mitgenommen werden, mit der man das Leben auf dem Mars testen kann?

Bevor diese Entscheidungen getroffen sind, kann man keinen vernünftigen Kostenplan aufstellen. Andererseits war bereits offensichtlich, daß SEI extrem teuer wird. Aus all diesen Gründen war das Programm ein Rohrkrepierer, eine Totgeburt. Und die Regierung Bush unternahm auch keinerlei politische Anstrengungen, SEI auf den Weg zu bringen. Daraus kann man meines Erachtens folgendes lernen: Wahrscheinlich gibt es keine Möglichkeit, in der näheren Zukunft Menschen auf den Mars zu senden – ungeachtet der Tatsache, daß die technischen Voraussetzungen dazu bestehen. Regierungen geben diese gewaltigen Summen nicht nur zum Wohle der Wissenschaft aus. Sie brauchen einen anderen Grund, der auch politisch vertretbar ist.

Die Zeit für eine Mars-Mission mag noch nicht reif sein, doch wenn es soweit ist, dann muß diese Mission von Anfang an auf internationaler Basis angegangen werden, damit Kosten und Verantwortung, aber auch Know-how auf die Schultern vieler Nationen verteilt werden können. Der Preis muß vertretbar sein, die Zeitspanne von der Genehmigung bis zum Abflug muß politisch überschaubar bleiben, und die beteiligten Raumfahrtorganisationen müssen ihre Fähigkeit mit sicheren und planmäßigen Probemissionen unter Beweis stellen. Wenn eine solche Mission weniger als hundert Milliarden Dollar kostet und innerhalb von fünfzehn Jahren auf den Weg gebracht werden kann, dann scheint sie auf einmal gar nicht mehr so unmöglich. (In der Tat wäre das nur ein Bruchteil dessen, was die Raumfahrtnationen jährlich ausgeben.) Wenn das Raumschiff bei der Landung vorwiegend durch die Mars-Atmosphäre gebremst werden kann und wenn wir aus dieser Treibstoff und Sauerstoff gewinnen können, erscheint dieser Zeit- und Kostenrahmen beinahe realistisch.

Je preiswerter und kürzer die Mission ist, desto mehr Risiko müssen wir eingehen. Doch gibt es zahlreiche Beispiele dafür, angefangen bei den Samurais im mittelalterlichen Japan, daß es immer hochqualifizierte Freiwillige für gefährliche Missionen und für eine große Sache gibt. Kein Budget, kein Zeitrahmen kann absolut zuverlässig sein, wenn wir ein Projekt in einer nie dagewesenen Größenordnung angehen. Je mehr Spielraum wir brauchen, desto teurer und länger wird die Mission. Den richtigen Mittelweg zwischen politischer Durchführbarkeit und erfolgreicher Mission zu finden, ist nicht einfach.

Es genügt nicht, allein deshalb zum Mars zu reisen, weil wir schon seit unseren Kindertagen davon träumen oder weil wir dies für das einzige langfristige Forschungsziel der Menschheit ansehen. Wenn wir mit solchen Summen jonglieren, dann müssen wir die Ausgaben auch rechtfertigen können.

Andere, augenfällige Probleme können nicht ohne größere Aufwendungen angegangen werden. Die Entsorgung chemischer und radioaktiver Giftstoffe, Energiesparmaßnahmen, Alternativen zu fossilen Brennstoffen, sinkende Innovationsraten, Großstädte am Rand des Kollaps, Aids, Krebs, Obdachlosigkeit, Unterernährung, Kindersterblichkeit, Bildung, Beruf, Gesundheitswesen – die Liste von Problemen ist erschütternd lang. Sie zu ignorieren bedeutet eine Gefahr für den Wohlstand unserer Gesellschaft. Und alle Raumfahrtnationen haben mit denselben Problemen zu kämpfen.

Fast jedes einzelne dieser Probleme beansprucht Aufwendungen mindestens in Milliardenhöhe. Die Verbesserung der erforderlichen Infrastruktur allein verschlingt mehrere Billionen Dollar. Alternativen zu fossilen Brennstoffen wirtschaftlich zu machen, bedeutet weltweite Investitionen in Billionenhöhe. Diese Projekte, so hören wir immer wieder, kann niemand finanzieren. Wie sollen wir dann eine Reise zum Mars bezahlen?

Wenn der Haushalt einer Raumfahrtnation zwanzig Prozent mehr Geld zur Verfügung hätte, dann täte ich mich bei der Verteidigung einer Mars-Mission leichter. Wenn wir zwanzig Prozent weniger hätten, dann würde wahrscheinlich selbst der glühendste Anhänger der Raumfahrt von einer Mission Abstand nehmen. Es gibt gewiß Augenblicke, in denen es sich keine Nation leisten kann, Menschen zum Mars zu schicken. Es kommt also darauf an, wo man die Grenze zieht. Eine solche Grenze gibt es, und jeder, der an Haushaltsdebatten teilnimmt, muß sagen, wo seiner Meinung nach diese Grenze gezogen werden soll, welcher Prozentsatz am Bruttosozialprodukt nicht mehr vertretbar ist. Ich wünsche mir nur, daß diese Grenze auch für »Verteidigungsaufgaben« gezogen wird.

Bemannte Raumflüge im allgemeinen – ganz zu schweigen von Mars-Expeditionen – wären viel einfacher zu finanzieren, wenn man sich wie zu Zeiten Kolumbus' und Heinrichs des Seefahrers Gewinn daraus versprechen könnte.★ Man behauptete bereits, daß man aus der Produktion von Waren im Vakuum, unter den Bedingungen der geringen Schwerkraft oder auch der strahlungsintensiven Umgebung im erdnahen Weltraum wirtschaftlichen Nutzen ziehen könne. All diese Vorstöße müssen sich jedoch eine Frage gefallen lassen: Können vergleichbare oder bessere Produkte auf der Erde hergestellt werden, wenn man genausoviel Geld in ihre Entwicklung wie in ein Raumfahrtprogramm steckt? Wenn man sieht, wie wenig Geld Unternehmen in derartige Technologien zu investieren bereit sind, abgesehen von den Firmen, die die Raketen und Raumschiffe bauen, dann darf man sich davon nicht allzuviel erwarten.

Die Freude darüber, daß auf anderen Welten seltene Rohstoffe vermutet werden, wird von den hohen Transportkosten gedämpft. Große Erdölseen auf Titan sind durchaus vorstellbar, doch wird der Transport zur Erde sehr teuer. Auf manchen Asteroiden mag es Metalle aus der Platingruppe in Hülle und Fülle geben. Wenn wir diese Asteroiden in eine Erdumlaufbahn brächten, dann könnten wir sie günstig ausbeuten. Doch zumindest in absehbarer Zukunft zeugt so etwas von gefährlichem Leichtsinn, wie ich an anderer Stelle in diesem Buch noch ausführen werde.

In seinem Science-fiction-Klassiker *The Man Who Sold the Moon*[5] sieht Robert Heinlein im Profit die treibende Kraft der Raumfahrt. Er konnte nicht voraussehen, daß der kalte Krieg den Mond verkaufen würde. Aber er erkannte, daß wohl kaum jemand satten Gewinnen widerstehen würde. Heinlein entwarf daher eine diamantenübersäte Mondoberfläche, die die Menschen zu einem regelrechten Diamantenrausch hinriß. Inzwischen haben wir Gesteinsproben vom Mond untersucht und keinerlei Anzeichen für wirtschaftlich interessante Diamanten gefunden.

Allerdings untersuchten Kiyoshi Kuramoto und Takafumi Matsui von der Universität Tokio, wie der innere Eisenkern von Erde, Venus und Mars

★ Selbst damals war es jedoch nicht leicht. Der portugiesische Geschichtsschreiber Gomes Eanes de Zurara notierte folgende Feststellung von Prinz Heinrich dem Seefahrer: »Dem Infanten schien, daß wenn nicht er oder ein anderer Herrscher dieses Wissen zu erlangen trachtete, kein Seemann oder Kaufmann jemals den Versuch wagen würde, denn es ist klar, daß keiner von ihnen die Mühen einer Reise auf sich nähme, wenn er nicht auf einen sicheren Gewinn hoffen dürfte.«

entstand. Sie gelangten zu der Ansicht, daß der Mars-Mantel reich an Kohlenstoffen – reicher als Mond, Venus oder Erde – sein muß. In einer Tiefe von mehr als dreihundert Kilometern müßten die Druckverhältnisse Kohlenstoff in Diamanten verwandeln. Wir wissen, daß der Mars im Lauf seiner Geschichte geologisch aktiv war. Material wird von Zeit zu Zeit aus großen Tiefen an die Oberfläche gelangen – und nicht nur in den riesigen Vulkanen. Es kann also durchaus Diamanten auf anderen Welten geben - dann eben auf Mars und nicht auf dem Mond. In welcher Menge, Qualität und Größe und wo, wissen wir noch nicht.

Die Rückkehr eines Raumschiffes voll prächtiger, hochkarätiger Diamanten ließe zweifelsohne die Preise sinken. Doch wegen der vielfältigen Einsetzbarkeit von Diamanten als Schmuck und Werkstoff blieben sie wertvoll, und die betroffenen Industrien würden sich verstärkt um die Erforschung des Mars bemühen.

Die Vorstellung, daß Mars-Diamanten für die Erforschung des Planeten aufkommen, ist bestenfalls eine vage Vermutung, doch zugleich ein Beispiel dafür, daß seltene und wertvolle Stoffe auf anderen Welten vorkommen können. Es wäre jedoch einfältig, auf derartige Eventualitäten zu bauen. Wenn wir Missionen zu fernen Welten rechtfertigen wollen, dann müssen wir uns andere Gründe dafür ausdenken.

Abgesehen von Gewinnen und Kosten, selbst reduzierten Kosten, müssen wir auch den Nutzen beschreiben, wenn es ihn denn gibt. Die Befürworter bemannter Mars-Missionen müssen sich auch fragen, ob derartige Missionen langfristig dazu geeignet sind, Probleme auf der Erde zu lindern. Betrachten Sie nun einmal die Standardbegründungen und stufen Sie sie als gut, nicht gut oder vage ein.

Bemannte Mars-Missionen können unsere Kenntnisse über den Planeten gewaltig verbessern und die Suche nach gegenwärtigem oder vergangenem Leben ermöglichen. Das Programm wird uns helfen, die Umwelt unseres eigenen Planeten besser zu verstehen, wie die unbemannten Expeditionen bereits in Anfängen zeigten. Die Geschichte unserer Zivilisation verdeutlicht, daß die Forschung nach Grundlagenkenntnissen den größten praktischen Fortschritt mit sich bringt. Meinungsumfragen zufolge ist Wissensvermehrung das beliebteste Motiv für die Erforschung des Weltraums. Braucht man dazu aber Menschen? Unbemannte Missionen können mit hochentwickelten Apparaten meiner Ansicht nach genauso gut wie Astronauten all die Fragen beantworten, die wir zu stellen vermögen – und kosten nur ein Zehntel.

Nebenprodukte aus der Raumfahrt werden uns vermutlich einen andernfalls undenkbaren technologischen Fortschritt bescheren und unsere internationale Wettbewerbsfähigkeit sowie unsere Wirtschaft in Schwung bringen. Dieses Argument ist nicht neu. Kaum investiert man (auf heutige Verhältnisse umgerechnet) achtzig Milliarden Dollar, um *Apollo*-Astronauten auf den Mond zu schicken, schon hat man eine Bratpfanne mit Antihaftbeschichtung. Wenn wir wirklich nur auf Bratpfannen aus sind, dann geben wir das Geld für die Forschung und Entwicklung lieber direkt aus und sparen einen Großteil der achtzig Milliarden.

Das Argument ist auch aus anderen Gründen nur scheinbar stichhaltig, denn DuPonts Teflon-Technologie ist bereits viel älter als *Apollo*. Dasselbe gilt für Herzschrittmacher, Kugelschreiber, Klettverschlüsse und all die anderen Nebenprodukte aus dem *Apollo*-Programm. (Ich sprach einmal mit dem Erfinder des Herzschrittmachers, der angesichts der Unverfrorenheit, mit der die NASA sich seiner Erfindung rühmte, selbst beinahe einen Herzinfarkt bekommen hätte.) Wenn wir wirklich dringend irgendwelcher Technologien bedürfen, dann sollten wir die Mittel für ihre Entwicklung bereitstellen. Dazu brauchen für nicht erst zum Mars zu fliegen.

Natürlich ist es undenkbar, daß bei all den neuen Technologien, die die NASA benötigt, nicht die eine oder andere dabei wäre, die der Wirtschaft von Nutzen sein könnte. So ist etwa Orangensaftpulver ein Nebenprodukt der bemannten Raumfahrt, ebenso schnurlose Geräte, Defibrillatoren zur Beseitigung von Herzrhythmusstörungen, flüssiggekühlte Stoffe und digitale Bildaufnahmen, um nur einige Beispiele zu nennen. Doch wird man damit allein schwerlich eine bemannte Mars-Expedition oder die Existenz der NASA selbst rechtfertigen können.

Wir konnten die alte Spin-off-Maschinerie in den letzten Tagen des Star-War-Programms der Reagan-Ära schnauben und stampfen sehen. Wasserstoffbomben-betriebene Röntgengläser auf orbitalen Kampfstationen helfen die Laserchirurgie verbessern, erzählte man uns. Aber wenn wir Laserchirurgie brauchen, dann kann man sie auch auf der Erde weiterentwickeln und den Krieg der Sterne sein lassen. Die Argumentation mit den Nebenprodukten zeigt immer auch, daß das Programm nicht auf eigenen Füßen stehen kann.

Man dachte einmal auf der Grundlage ökonometrischer Modelle, daß für jeden Dollar, der in die NASA investiert wird, viele Dollars in die amerikanische Wirtschaft gepumpt würden. Wenn dieser Multiplikatoreffekt für die NASA mehr als für die meisten anderen staatlichen Behörden gilt, dann hätte man wirklich einen fiskalischen und sozialen Beweggrund für das Raumfahrtprogramm gefunden. Befürworter der NASA stützten sich immer wieder auf dieses Argument. Eine Studie des Haushaltsausschusses widerlegte 1994 diese Auffassung. Während die Finanzierung der NASA zwar einige Wirtschaftsbereiche der USA – vor allem die Luft- und Raumfahrtindustrie – fördert, kann kein allgemeiner Multiplikatoreffekt festgestellt werden. Anders ausgedrückt, die NASA steuert nicht mehr und nicht weniger als alle anderen staatlichen Behörden zur Schaffung und Sicherung von Arbeitsplätzen und Gewinnen bei. Dann ist da noch die Frage der Bildung, ein Argument, das im Weißen Haus immer mal wieder als sehr schick gilt. Die Zahl der Promotionen in naturwissenschaftlichen Fächern erreichte zur Zeit von *Apollo 11* ihren Höhepunkt. Das Verhältnis von Ursache und Wirkung ist hier zwar nicht nachgewiesen, aber nicht unwahrscheinlich. Na und? Wenn wir unser Bildungssystem verbessern wollen, dann ist eine Reise zum Mars sicher nicht der beste Weg. Wieviel könnte man mit hundert Milliarden Dollar für Lehrerausbildung und -gehälter, Schullabors und Bibliotheken, Stipendien und Forschungseinrichtungen erreichen!

Ein anderes Argument für bemannte Mars-Expeditionen ist der Erhalt der Rüstungsindustrie, die dann ihre politischen Muskeln vielleicht nicht ganz so wild spielen läßt. Die Kehrseite dieser Medaille ist jedoch, daß wir durch eine Expedition zum Mars technologisches Know-how erwerben, das für zukünftige militärische Ereignisse eingesetzt werden kann. Wir könnten die Leute von der Rüstungsindustrie natürlich bitten, gleich etwas Nützliches für die zivile Wirtschaft zu entwickeln. Doch wie man in den siebziger Jahren am Beispiel von Bussen und Nahverkehrszügen sah, hat die Rüstungsindustrie mit der Herstellung von Zivilfahrzeugen unter Konkurrenzbedingungen ernste Schwierigkeiten. Ein Panzer fährt tausend Kilometer pro Jahr, ein Bus fährt tausend Kilometer pro Woche. Das Gefährt muß also ganz anders konstruiert werden. Doch was schert das das Verteidigungsministerium?

Kooperation im Weltraum ist, wie ich bereits andeutete, ein Instrument für internationale Zusammenarbeit – beispielsweise für die Eindämmung

strategischer Waffen. Raketen, die nach dem Ende des kalten Krieges nutzlos sind, können gewinnbringend für Missionen in den Orbit, zum Mond, zu den Planeten, Asteroiden und Kometen eingesetzt werden. All das geschieht jedoch auch ohne eine bemannte Mars-Expedition.
Andere Gründe werden angeführt. Man vermutet einen Ausweg aus den Energieproblemen der Erde in der Ausbeutung des Mondes, in der Umlenkung von ^{3}He aus dem Sonnenwind zur Erde und seiner Verwendung in Kernfusionsreaktoren. Welche Kernfusionsreaktoren? Frühestens in fünfzig bis hundert Jahren ist diese Technologie soweit ausgereift, daß sie kostengünstig eingesetzt werden kann. Unsere Energieprobleme müssen jedoch rascher gelöst werden.
Noch seltsamer mutet das Argument an, wir müssen Menschen in den Weltraum entsenden, um die Bevölkerungsexplosion in den Griff zu bekommen. Jeden Tag nimmt die Weltbevölkerung um zweihundertfünfzigtausend Menschen zu – was bedeutet, daß wir jeden Tag zweihundertfünfzigtausend Menschen ins All befördern müssen, um die Bevölkerungszahlen auf dem gleichen Niveau zu halten. So weit sind wir allerdings noch nicht.

Ich gehe dann diese Liste noch einmal durch und versuche, das Für und Wider abzuwägen, ohne dabei die anderen dringenden Ausgaben einer Regierung aus den Augen zu verlieren. Meiner Ansicht nach läßt sich die ganze Argumentation auch in einer einzigen Frage zusammenfassen: Ergibt die Summe vieler einzelner unzureichender Begründungen eine ausreichende Begründung?
Ich glaube nicht, daß auch nur ein einziger Punkt auf meiner Liste nachweislich fünfhundert oder selbst hundert Milliarden Dollar wert ist – kurzfristig gesehen gewiß nicht. Andererseits ist jeder Punkt für sich etwas wert, und vielleicht habe ich ja fünf Punkte, die jeweils zwanzig Milliarden wert sind, so daß ich am Schluß mit einer Hundert-Milliarden-Begründung dastehe. Wenn wir Kosten geschickt reduzieren und eine internationale Zusammenarbeit Wirklichkeit werden lassen, dann sehen die Begründungen schon überzeugender aus.
Doch was sollen wir tun, bis einmal landesweit darüber diskutiert wird, bis wir wissen, wie das Kosten-Nutzen-Verhältnis einer Mars-Expedition aussieht? Mein Vorschlag wäre, Forschungs- und Entwicklungsprojekte weiterzuverfolgen, die bereits für sich genommen wichtig oder im

Zusammenhang mit anderen Vorhaben von Bedeutung sind und darüber hinaus auch im Falle einer bemannten Mars-Expedition von Nutzen sein können. Das sähe dann so aus:

- US-Astronauten trainieren auf der russischen Raumstation *Mir* schrittweise längere Aufenthalte im All, bis sie die Dauer der ein- bis zweijährigen Reise zum Mars erreicht haben.
- Die internationale Raumstation untersucht die Langzeitwirkungen eines Aufenthalts im All.
- Rechtzeitiger Einbau eines rotierenden oder festen »künstlichen Schwerkraftmoduls« auf der internationalen Raumstation, um die Auswirkungen zunächst an Tieren, dann an Menschen zu testen.
- Verstärktes Studium der Sonne, einschließlich der Entsendung von Raumsonden in eine Sonnenumlaufbahn, damit die Sonnenaktivität beobachtet werden und die Mission frühestmöglich vor den gefährlichen *Flares* (starke Strahlungsausbrüche aus der Sonnenkorona) gewarnt werden kann.
- US-amerikanische, russische und multilaterale Weiterentwicklung der Raketentechnologie des Typs *Energija* und *Proton* für das Raumfahrtprogramm der USA und anderer Länder. Obwohl die USA vermutlich nicht ausschließlich von einer russischen Rakete abhängig sind, besitzt *Energija* in etwa die Antriebskraft der *Saturn V*, die die *Apollo*-Astronauten auf den Mond beförderte. Die USA stellten die Produktion dieses Raketentyps ein und könnten sie nur unter großem Aufwand wiederaufnehmen. *Proton* ist derzeit die zuverlässigste große Rakete, und Rußland ist sehr daran interessiert, diese Technologie für harte Währung zu verkaufen.
- Zusammenarbeit mit der japanischen Raumfahrtorganisation NASDA, der Europäischen und der Russischen Weltraumorganisation, mit Kanada und anderen Ländern. In den meisten Fällen sollte es sich um gleichberechtigte Partnerschaften ohne die Vorherrschaft der USA handeln. Für die unbemannten Mars-Expeditionen bestehen bereits derartige Programme. Für die bemannte Raumfahrt ist besonders die internationale Raumstation von Bedeutung. Schließlich werden wir gemeinsam Planetenmissionen in einer niedrigen Erdumlaufbahn testen. Eines der wichtigsten Ziele sollte denn auch die Förderung internationaler Spitzentechnologie sein.

Das Rendezvous zwischen einem Space-shuttle und der Raumstation Mir bildet die erste Phase der Kooperation zwischen den USA und Rußland zur Errichtung einer internationalen Raumstation. (Darstellung von John Frassanito and Associates, mit freundlicher Genehmigung der NASA)

– Technologische Weiterentwicklung – unter Verwendung der besten Roboter und künstlicher Intelligenz – von Fahrzeugen, Ballons und Flugzeugen für die Erforschung des Mars und Durchführung der ersten internationalen Mission. Raumsonden, die Proben vom Mars entnehmen, können auf erdnahen Asteroiden und auf dem Mond getestet werden. Proben aus sorgfältig ausgewählten Regionen können in ihrem Alter bestimmt werden und somit entscheidend zum Verständnis der jungen Erde beitragen.

- Weiterentwicklung von Technologien zur Herstellung von Treibstoff und Oxidationsmitteln aus Mars-Material. Einer Schätzung zufolge, die auf einem Prototypen von Robert Zubrin und seinen Kollegen bei der Martin Marietta Corporation beruht, kann man mehrere Kilogramm Mars-Boden mit einer bescheidenen und zuverlässigen Deltarakete ohne Besatzung und für relativ wenig Geld auf die Erde bringen lassen.
- Simulation von Mars-Expeditionen auf der Erde unter besonderer Berücksichtigung der sozialen und psychischen Probleme der Besatzung.

Ein Rendezvous von zwei künftigen Raumschiffen über der Mondoberfläche. (NASA-Darstellung von Pat Rawlings/SAIC)

- Intensive Erforschung neuer Technologien, damit wir den Mars so schnell wie möglich erreichen. Dies kann sogar entscheidend sein, falls Schwerelosigkeits- und Strahlungsschäden Flüge von einem Jahr Dauer (oder länger) zu gefährlich erscheinen lassen.
- Intensive Beobachtung erdnaher Asteroiden, die mittelfristig vermutlich interessanter sind als der Mond.
- Eine stärkere Betonung der wissenschaftlichen Forschung – einschließlich der Grundlagenforschung, die hinter jeder Weltraumexpedition steht, und der gründlichen Analyse bereits vorhandenen Datenmaterials – durch die NASA und andere Weltraumorganisationen.

Diese Vorhaben verschlingen zusammen nur einen Bruchteil der Gesamtkosten einer bemannten Mars-Expedition und auch nur einen Bruchteil der gegenwärtigen Ausgaben für die Weltraumforschung – wenn sie über den Zeitraum von zehn Jahren hinweg verteilt und gemeinsam mit anderen Nationen unternommen werden. Wenn sie wirklich in die Tat umgesetzt werden, dann helfen sie uns, die Kosten, die Gefahren und Nutzen der Raumfahrt genauer zu bestimmen. Auf diese Weise könnten wir in der Entwicklung bemannter Mars-Expeditionen gewaltige Fortschritte erzielen, ohne uns von vornherein festlegen zu müssen. Die meisten, vielleicht sogar alle Empfehlungen haben auch dann ihre Berechtigung, wenn wir in den nächsten Jahrzehnten keine Menschen zum Mars schicken können. Schließlich würde eine Reihe von Erfolgen bemannte Mars-Expeditionen stärker in den Bereich des Wahrscheinlichen rücken und den allgemeinen Zukunftspessimismus eindämmen helfen.

Doch da ist noch etwas anderes. Es gibt auch noch eine Reihe von weniger handfesten Argumenten, die zum Großteil attraktiv und überzeugend klingen. Raumfahrt berührt viele, wenn nicht gar alle von uns tief in unserem Innern. Eine neue kosmische Perspektive, ein besseres Verständnis unserer Stellung im Universum, ein Programm, das unser Selbstverständnis angeht, kann die Zerbrechlichkeit unserer planetaren Umgebung, die Bedrohung und Verantwortung aller Länder und Völker dieser Erde verdeutlichen. Außerdem könnten bemannte Mars-Expeditionen vor allem die jungen Wanderer unter uns mit Hoffnung und Aben-

Ein unbemanntes Mars-Fahrzeug (im Vordergrund) wird auf der Mondoberfläche getestet. (NASA-Darstellung von Pat Rawlings/SAIC)

teuerlust erfüllen. Selbst Raumfahrt aus zweiter Hand besitzt einen sozialen Nutzen.

Wenn ich Reden über die Zukunft der Weltraumforschung halte – an Universitäten, in Firmen, vor Militärs und Berufsverbänden –, stelle ich immer wieder fest, daß meine Zuhörer viel weniger Geduld mit den praktischen politischen und wirtschaftlichen Hürden haben als ich. Sie würden am liebsten alle Hindernisse hinwegfegen, die glorreichen Tage von *Wostok* und *Apollo* erneut heraufbeschwören und sich wieder zu neuen Welten aufmachen. Wir haben das schon einmal gemacht, wir können es wieder, sagen sie. Doch dann sage ich mir, daß meine Zuhörer Weltraumfans sind, sonst wären sie nicht hier.

1969 war weniger als die Hälfte aller Amerikaner der Ansicht, daß das *Apollo*-Programm die Kosten rechtfertige. Zum fünfundzwanzigsten

Eine elektrisch angetriebene Raumsonde der Zukunft nähert sich Mars. (NASA-Darstellung von Pat Rawlings/SAIC)

Jahrestag der Mondlandung war ihre Zahl auf zwei Drittel angestiegen. Trotz aller Schwierigkeiten stuften dreiundsechzig Prozent aller Amerikaner die NASA als gute bis sehr gute Behörde ein. Fünfundfünfzig Prozent befürworteten (ohne Einbeziehung der Kosten) die »Entsendung von

US-Astronauten zum Mars«. Unter den Jugendlichen waren sogar achtundsechzig Prozent dafür. Ich glaube, »erkunden« heißt das Losungswort.

Nicht nur rein zufällig gelten Astronauten und Kosmonauten im allgemeinen als Helden. Und das ungeachtet ihrer menschlichen Schwächen und des schlechten Zustands der bemannten Raumfahrt im allgemeinen (der sich nach der erfolgreichen Reparatur des Hubble-Weltraumteleskops jedoch zu bessern scheint). Ein Forscherkollege erzählte mir von einer Reise ins Hochland von Neuguinea, wo er eine steinzeitliche Kultur besuchte, die kaum Kontakt mit westlicher Zivilisation hatte. Die Menschen dort kannten keine Armbanduhren, keine Limonade und keine Tiefkühlnahrung. Doch von *Apollo 11* hatten sie gehört. Sie wußten, daß Menschen auf dem Mond waren, und wollten wissen, wer dieser Tage auf den Mond fliegt.

Zukunftsorientierte Projekte, die trotz ihrer politischen Schwierigkeiten nur in späteren Jahrzehnten vollendet werden können, erinnern uns stets daran, daß es eine Zukunft geben wird. Auf anderen Welten Fuß zu fassen bedeutet für uns, daß wir nicht nur Schotten, Serben, Tonganer oder Angehörige anderer Nationalitäten sind: Wir sind Menschen.

Forschungsreisen ins Weltall machen wissenschaftliche Ideen, wissenschaftliches Denken und wissenschaftliches Vokabular einem breiten Publikum zugänglich. Die Vorstellung, daß wir heute verstehen, was niemand vor uns auch nur geahnt hatte – diese Freude, die vor allem die beteiligten Wissenschaftler, aber auch fast alle anderen Menschen erfaßt, macht sich in der Gesellschaft breit und kommt wieder zu uns zurück. Sie ermutigt uns, auch ungelöste Probleme auf anderen Gebieten anzugehen. Sie steigert den allgemeinen Optimismus in der Gesellschaft, schärft unseren Verstand, damit wir bisher unbewältigte soziale Probleme lösen können. Sie hilft, eine neue Generation von Wissenschaftlern zu begeistern. Je mehr wissenschaftliche Erkenntnisse in den Medien verbreitet werden – die Erläuterung von Vorgehensweisen, Hypothesen und Folgerungen –, um so besser wird meiner Meinung nach die Gesellschaft. Menschen hungern immer und überall nach Wissen.

Als kleiner Junge träumte ich am liebsten vom Fliegen – nicht vom Fliegen in irgendeiner Maschine, sondern vom Fliegen aus eigener Kraft. In meinen Träumen konnte ich hüpfen und springen und langsam an Höhe gewinnen. Es dauerte immer länger, bis ich wieder auf den Boden fiel. Und schon bald hatte ich eine Höhe erreicht, aus der ich nicht mehr herunterkam. Ich landete auf der Spitze eines Wolkenkratzers oder setzte mich sanft auf eine Wolke. In diesem Traum, den ich in verschiedenen Variationen mindestens hundertmal träumte, brauchte man eine bestimmte Geistesart zum Fliegen. Ich kann diese Empfindung nicht in Worte kleiden, erinnere mich jedoch noch ganz genau daran. Man mußte etwas im Kopf und in der Magengegend machen, dann konnte man allein durch Willenskraft losfliegen.

Ich weiß, daß viele, vielleicht sogar alle Menschen ähnliche Träume haben. Diese Träume gehen vielleicht in eine Zeit zurück, als sich unsere Vorfahren im Urwald elegant von Ast zu Ast schwangen. Der Wunsch, wie ein Vogel dahinzufliegen, motivierte viele Luftfahrtpioniere, einschließlich Leonardo da Vinci und die Gebrüder Wright. Vermutlich liegt auch hierin die Faszination der Raumfahrt.

In jedem Orbit oder auf interplanetaren Flügen ist man schwerelos. Man kann mit einem leichten Sprung die Decke des Raumschiffs erreichen. Man kann im Raumschiff herumschweben. Menschen genießen die Schwerelosigkeit, so jedenfalls die überwiegende Mehrzahl der Astronauten und Kosmonauten. Aber weil unsere Raumschiffe noch so klein sind und Weltraumspaziergänge nur mit äußerster Vorsicht unternommen werden, hat noch kein Mensch die wunderbare Erfahrung gemacht, nur mit einem kaum wahrnehmbaren Schwung, ohne Maschinen, in den Himmel und in die Schwärze des interplanetaren Raums aufzusteigen und zu einem lebendigen Erdsatelliten oder einem menschlichen Planeten in unserem Sonnensystem zu werden.

Planetenmissionen befriedigen unser Bedürfnis nach großartigen Unternehmungen und Fahrten, das uns seit unserer Zeit als Jäger und Sammler – in der ostafrikanischen Savanne vor einer Million Jahren – treibt. Rein zufällig – es hätte auch anders kommen können – sind wir heute in der Lage, von neuem loszuziehen.

Andere Welten zu erforschen erfordert genau denselben Wagemut, Weitblick und dieselbe Kooperation wie die besten militärischen Operationen in unserer Geschichte. Lassen Sie einmal den nächtlichen Start

Gegenüberliegende Seite: *Zwei Astronauten oder Kosmonauten nähern sich der Mars-Sonde* Viking 2 *in Utopia Planitia auf Mars. Im frühen Morgenlicht kann man nicht erkennen, welche Flagge die Figur trägt – vielleicht trägt sie die Flagge der Erde. (NASA-Darstellung von Pat Rawlings/SAIC)*

Links: *Das aufregendste, aber vermutlich unwahrscheinlichste Ergebnis einer Mars-Erkundung: die Entdeckung einer unbekannten alten Zivilisation. Die Person auf dem Bild findet gerade einen Globus, der die Erde im Zustand vor 250 Millionen Jahren darstellt und mit unbekannten Hieroglyphen beschriftet ist. (Darstellung von Pat Rawlings; Copyright Pat Rawlings 1991)*

einer *Apollo*-Rakete außer acht. Betrachten Sie statt dessen einfach einmal den Start eines Kampfflugzeuges wie der F-14, wie sie sich elegant nach links und rechts neigt, wie ihre Nachbrenner glühen, und Sie werden begeistert sein (ich bin es zumindest). Und auch die profundeste Kenntnis über den möglichen Mißbrauch dieser Kampfeinheiten kann dieses Gefühl nicht mindern. Es spricht zu etwas ganz anderem in mir. Es will keine Vorwürfe und keine Politik. Es will nur fliegen.

Er wollte nicht nur weiter als jedermann zuvor, sondern so weit, wie es überhaupt einem Menschen möglich ist, schrieb der Weltumsegler James Cook im achtzehnten Jahrhundert. Zwei Jahrhunderte später verglich Jurij Romanenko bei seiner Rückkehr vom längsten Weltraumflug der Geschichte den Kosmos mit einem Magneten. Wenn man einmal dort gewesen sei, wolle man wieder dorthin zurück.

Selbst der französische Philosoph Jean-Jacques Rousseau, gewiß kein Verfechter der Technik, schrieb, wir bräuchten Anweisungen, Instrumente und Maschinen, die vielen gewaltigen Leitern gleichen, damit wir die Sterne erreichen und begreifen können. Und der britische Philosoph Bertrand Russell schrieb im Jahre 1959:

> Die zukünftigen Chancen der Raumfahrt, die heute hauptsächlich der Phantasie überlassen sind, könnten nüchterner behandelt werden, ohne deshalb an Faszination zu verlieren, und selbst dem abenteuerlustigsten Menschen zeigen, daß eine Welt ohne Krieg nicht auch eine Welt ohne wagemutigen und gefährlichen Ruhm* sein muß. Diese Art von Wettbewerb kennt keine Grenzen. Jeder Sieg ist nur ein Vorspiel für den nächsten, und die rationale Hoffnung ist grenzenlos.

Auf lange Sicht gesehen werden wir wahrscheinlich genau aus diesen Gründen – und nicht so sehr aus den zuvor erörterten praktischen Gründen – zum Mars und zu anderen Welten fliegen. In der Zwischenzeit erreichen wir am meisten, wenn wir auf der Erde wesentliche Fortschritte erzielen. Selbst bescheidene Verbesserungen der sozialen,

* Russells Formulierung ist bemerkenswert: »wagemutiger und gefährlicher Ruhm«. Selbst wenn wir bei einem bemannten Raumflug alle Risiken ausschalten könnten – was wir natürlich nicht können –, dann wäre das dem Unternehmen vielleicht sogar abträglich. Zum Ruhm gehört Risiko.

wirtschaftlichen und politischen Probleme unserer Welt können gewaltige Ressourcen für andere Ziele freisetzen.

Auf der Erde müssen noch viele Aufgaben bewältigt werden, daran führt kein Weg vorbei. Aber wir Menschen brauchen auch Neuland, das wir erobern können – aus wesentlichen biologischen Gründen. Jedesmal wenn die Menschheit über sich hinauswächst und eine neue Etappe erreicht, macht sich eine produktive Vitalität bemerkbar, die jahrhundertelang andauern kann.

Da ist eine neue Welt gleich nebenan. Und wir kennen den Weg.

Kapitel 17

Die ganz normale interplanetare Gewalt

Die Erde und jeder andere einfache Körper verharren mit Notwendigkeit,
sobald sie sich an ihren Naturörtern befinden;
nur äußere Gewalt kann sie daraus fortbewegen.

Aristoteles, *Physikvorlesung,* 253b, 33–35, 4. Jh. v. Chr.[1]

Saturn gab Rätsel auf. Als Galilei 1610 den Saturn – damals der äußerste bekannte Planet – durch das erste astronomische Teleskop der Weltgeschichte betrachtete, entdeckte er zwei Anhängsel, an jeder Seite eines. Er verglich sie mit »Henkeln«. Andere Astronomen nannten sie »Ohren«. Der Kosmos steckt voller Wunder, doch ein Planet mit zwei Henkeln ist schon etwas höchst Seltsames. Galilei starb, ohne dieses Rätsel zu lösen. Im Lauf der Jahre entdeckten die Himmelsforscher, daß diese »Ohren« zu- und abnehmen. Schließlich fand man heraus, daß Saturn an seinem Äquator von einem hauchdünnen Ring umgeben ist, aber an keiner Stelle von ihm berührt wird. Durch die Stellung von Erde und Saturn scheint der dünne Ring in bestimmten Jahren zu verschwinden, während er in anderen Jahren, wenn man direkt auf ihn blicken kann, dem Planeten große und dicke »Ohren« wachsen läßt. Doch was hat ein Ring um Saturn zu bedeuten? Eine dünne, flache und feste Scheibe mit einem Loch in der Mitte, in dem der Planet steckt? Woher kommt diese Scheibe?

Um diese Fragen zu beantworten, werden wir uns kurz mit welterschüt-

Gegenüberliegende Seite: *Ein Komet stürzt auf Jupiter. Der größte Teil des Kometen Shoemaker-Levy 9, Fragment G, trifft Jupiter am 18. Juli 1994. (Infrarotaufnahme bei einer Wellenlänge von 2,3 Mikrometer von Peter McGregor, Australian National University Telescope in Siding Spring)*

ternden Kollisionen, mit zwei höchst unterschiedlichen Gefahren für die Menschheit und schließlich mit weiteren Gründen beschäftigen, warum wir das Weltall erforschen müssen, wenn wir überleben wollen.

Wir wissen heute, daß die Saturn-Ringe (ausdrücklich in der Mehrzahl!) aus zahlreichen winzigen Eiswelten bestehen. Jede von ihnen kreist auf einer eigenen Umlaufbahn um Saturn und ist durch dessen Anziehungskraft an ihn gefesselt. Die kleinste Miniwelt ist so groß wie ein feines Staubkorn, während die größte etwa den Umfang eines Hauses erreicht. Das wunderbare Muster von feinen konzentrischen Kreisen, vergleichbar mit den Rillen einer Schallplatte (die natürlich nur eine einzige Spirale bilden), wurde erstmals von den beiden *Voyager*-Sonden auf ihrem Vorbeiflug 1980 und 1981 entdeckt. In unserem Jahrhundert wurden die Saturn-Ringe zu einem Symbol für die Zukunft.

Auf einer wissenschaftlichen Tagung Ende der sechziger Jahre wurde ich gebeten, die wichtigsten Probleme der Planetenforschung zusammenzufassen. Eines davon, so führte ich aus, war die Frage, warum Saturn als einziger Planet Ringe besitzt. *Voyager* fand inzwischen heraus, daß diese Frage falsch gestellt war, denn *alle* vier Riesenplaneten in unserem Sonnensystem – Jupiter, Saturn, Uranus und Neptun – besitzen Ringe. Doch das wußte damals noch niemand.

Jedes Ringsystem hat seine Besonderheiten. Jupiters Ringsystem ist zart und dünn und setzt sich hauptsächlich aus dunklen und sehr kleinen Teilchen zusammen. Die hellen Saturn-Ringe bestehen hauptsächlich aus Eispartikeln; das System enthält Tausende von Ringen, die zum Teil in sich verwunden sind, sowie seltsame Speichenmuster, die entstehen und wieder verschwinden. Die dunklen Ringe um Uranus sind vermutlich aus elementarem Kohlenstoff und organischen Molekülen zusammengesetzt – also so etwas wie Holzkohle oder Kaminruß. Uranus besitzt neun Hauptringe, und einige von ihnen scheinen zu »atmen«, das heißt, sie dehnen sich aus und ziehen sich wieder zusammen. Neptun hat die dünnsten Ringe, die wir kennen. Ihre Dicke ist so unterschiedlich, daß sie von der Erde aus nur als Bögen und unvollständige Kreise gesehen werden können. Einige Ringe werden von zwei sogenannten Schäferhundmonden in ihrer Bahn gehalten. Alle Ringsysteme sind in ihrer ganz unirdischen Schönheit faszinierend.

Wie entstehen Ringe? Eine mögliche Erklärung liegt in der Gezeitenwirkung der Planeten. Wenn eine streunende Welt nahe an einem Planeten

Im Vergleich zu ihrer Breite sind die Saturn-Ringe dünner als ein Blatt Papier. In exakter Kantenstellung betrachtet, würden die Ringe fast vollständig verschwinden. (Farbverstärkte Viking-Aufnahme, mit freundlicher Genehmigung des JPL/NASA)

Teilansicht der vielen hundert Ringe, die Saturn umgeben. In diesen Ringen sind die Katastrophen der Vergangenheit niedergeschrieben. (Voyager-Aufnahme, mit freundlicher Genehmigung des JPL/NASA)

vorbeikommt, dann wird die dem Planeten zugewandte Seite des Vagabunden stärker vom Planeten angezogen als die abgewandte Seite. Kommt die Welt nahe genug an den Planeten heran und besitzt sie nur eine geringe innere Kohäsionskraft, dann kann sie regelrecht in Stücke gerissen werden. Dieses Phänomen kann man manchmal bei Kometen beobachten, die zu nahe an Jupiter oder an der Sonne vorbeifliegen. Eine andere mögliche Erklärung lieferten die *Voyager*-Sonden bei ihrer Reise durch das äußere Sonnensystem: Ringe entstehen, wenn Welten kollidieren und Monde zersplittern. Für die Entstehung der bekannten Ringsysteme spielten vermutlich beide Mechanismen eine Rolle.

Der Raum zwischen den Planeten wird von einem wundersamen Haufen vagabundierender Kleinwelten durchmessen, die auch um die Sonne kreisen. Einige von ihnen besitzen einen Durchmesser von über hundert Kilometern. Die meisten von ihnen sind jedoch sehr klein, nicht größer als ein Staubkorn. Manche Kleinwelten beschreiben eine langgestreckte elliptische Bahn, weshalb sie in regelmäßigen Abständen die Umlaufbahn eines oder mehrerer Planeten kreuzen.

Ab und zu liegt dann leider eine Welt im Weg, etwa ein Mond. Die Kollision kann sowohl den Vagabunden als auch den Mond (oder zumindest die Aufprallregion) zersplittern und zermalmen. Die dadurch entstehenden Partikel – die aus dem Mond herausgeschleudert werden, aber zu langsam sind, um dem Schwerefeld seines Planeten zu entfliehen – können so einen neuen Ring bilden. Der Ring besteht dann aus der Materie der beiden kollidierten Himmelskörper, doch enthält er in der Regel mehr Aushubmaterie des Mondes als Materie der aufprallenden Kleinwelt. Wenn die kollidierten Körper aus Eis bestanden, dann werden auch die Ringe aus Eispartikeln bestehen; wenn sie aus organischen Molekülen bestanden, dann werden sich Ringe aus organischen Molekülen bilden (die dann durch Strahlungseinwirkung langsam zu Kohlenstoff umgewandelt werden). Die gesamte Masse der Saturn-Ringe entspricht der Masse eines einzigen zermalmten Eismondes. Ähnliches dürfte auch zur Entstehung der Ringsysteme der anderen drei Riesenplaneten geführt haben.

Ein zersplitterter Mond (oder zumindest ein Teil davon) klumpt jedoch wieder zusammen, wenn er sich in gewisser Entfernung von seinem Planeten befindet. Die unterschiedlich großen Einzelteile kreisen in ungefähr demselben Orbit wie der Mond vor dem Zusammenstoß und fallen

Die Oberfläche eines Asteroiden, der sich dem Nordpol von Mars nähert (Darstellung von William K. Hartmann)

in wildem Durcheinander wieder zusammen: Was früher im Kern steckte, liegt nun an der Oberfläche und umgekehrt. Diese gescheckten Oberflächen sehen natürlich seltsam aus. Der Uranus-Mond Miranda wirkt furchtbar zusammengeflickt und ist vermutlich auf diese Weise entstanden.

Der Amerikaner Eugene Shoemaker vermutet, daß im Lauf der viereinhalb Milliarden Jahre seit Entstehung des Sonnensystems viele Monde im äußeren Sonnensystem nicht nur einmal, sondern gleich mehrmals zerstört und neugeformt wurden. Die Daten, die wir durch die *Voyager*-Sonden vom äußeren Sonnensystem geliefert bekommen, zeigen Welten, die auf ihrer einsamen Bahn gelegentlich von Vagabunden aus dem Weltraum gestört werden oder dabei zersplittern, aber auch Monde, die wie Phoenix aus der Asche aus ihren eigenen Einzelteilen wieder neu erstehen.

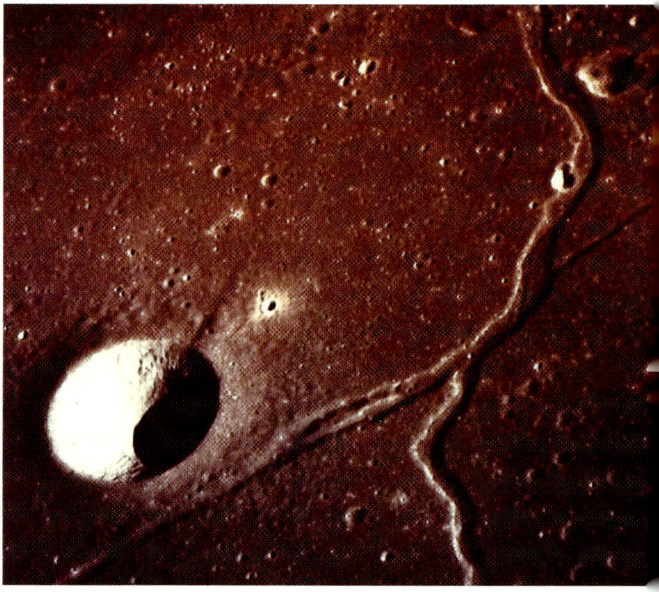

Oben links: *Auf der Erde gibt es weniger Einschlagkrater als auf dem Mond, weil die Erosion schneller erfolgt. Der Meteor Crater in Arizona entstand vor etwa vierzigtausend Jahren. (Copyright © 1994 by William K. Hartmann)*
Oben rechts: *Ein mit Lava gefülltes Mondbecken, in dem Krater zu erkennen sind, die nach dem Erstarren der Lava entstanden. (Mit freundlicher Genehmigung der NASA)*

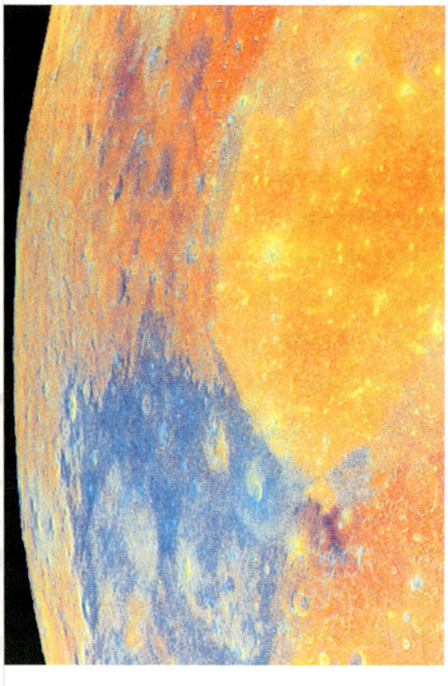

Galileo-*Falschfarbenaufnahme der kraterübersäten Mondlandschaft. (Mit freundlicher Genehmigung des JPL/NASA)*

barschaft zählen, können wir daraus ableiten, wie oft sie den Mond treffen. Nehmen wir an, daß die Anzahl an Vagabunden niemals kleiner war als heute. Wir können berechnen, wie viele Krater demzufolge auf dem Mond sein müßten. Der Wert liegt jedoch sehr unter der Anzahl der Krater, die wir auf der gescheckten Oberfläche des Mondes entdecken. Die unerwartete Fülle von Kratern auf dem Mond erzählt uns von einer früheren Epoche, als das Sonnensystem noch in wildem Aufruhr war und voller Welten steckte, die früher oder später miteinander kollidieren mußten. Das klingt plausibel, denn sie entstanden aus der Häufung von viel kleineren Welten, die sich ihrerseits aus interstellarem Staub geformt hatten. Vor vier Milliarden Jahren konnte man aber hundertmal mehr Einschläge auf dem Mond verzeichnen als heute. Und vor viereinhalb Milliarden Jahren, als die Planeten noch nicht völlig ausgeformt waren, fanden wahrscheinlich milliardenmal mehr Kollisionen statt als in unserer ruhigen Epoche.

Das Chaos zählte vielleicht sehr viel mehr leuchtende Ringsysteme als heute. Wenn die Planeten damals kleine Monde hatten, dann waren vielleicht auch Erde, Mars und andere kleine Planeten mit Ringen geschmückt.

Die plausibelste Erklärung für die Entstehung unseres Mondes beruht auf seiner chemischen Zusammensetzung (die durch die *Apollo*-Missionen untersucht werden konnte) und besagt, daß der Mond vor knapp viereinhalb Milliarden Jahren entstand, als eine Welt von der Größe des Mars mit der Erde kollidierte. Ein Großteil der Gesteinshülle unseres Planeten wurde zu Staub und heißem Gas und schoß in den Weltraum hinaus. Ein Teil des »Schutts« umkreiste die Erde und klumpte allmählich, Atom für Atom, Stein für Stein, wieder zusammen. Wenn diese unbekannte Welt, die auf die Erde stürzte, nur ein wenig größer gewesen wäre, dann hätte sie die Erde zerstört. Vielleicht gab es ja einmal andere Welten in unserem Sonnensystem, vielleicht sogar Welten voller Leben, die von einer garstigen Kleinwelt zerstört wurden, so daß wir heute nicht einmal mehr eine Spur davon sehen können.

Das Bild, das wir heute von der Frühzeit des Sonnensystems entwickeln, zeigt keine stete Folge von Ereignissen, die zur Entstehung der Erde führten. Es sieht vielmehr so aus, daß unser Planet in einem unglaublich gewalttätigen Ambiente durch puren Zufall* entstand und überlebte. Unsere Welt scheint nicht von einem Handwerksmeister gemeißelt worden zu sein. Auch dies ein Hinweis darauf, daß das Universum nicht für uns gemacht wurde.

* Andernfalls gäbe es heute vielleicht einen anderen Planeten in kleinerer oder größerer Entfernung von der Sonne, auf dem andere und sehr unterschiedliche Lebewesen *ihre* Entstehung zu rekonstruieren versuchen.

Die stärkste Kollision, die je auf der Erde stattfand, erfolgte vermutlich vor 4,4 Milliarden Jahren; sie führte zur Entstehung des Mondes. Das aufstürzende Objekt muß die Größe von Mars besessen haben. Wäre es nur wenig größer gewesen, hätte es die Erde zerstört. (Darstellung von William K. Hartmann)

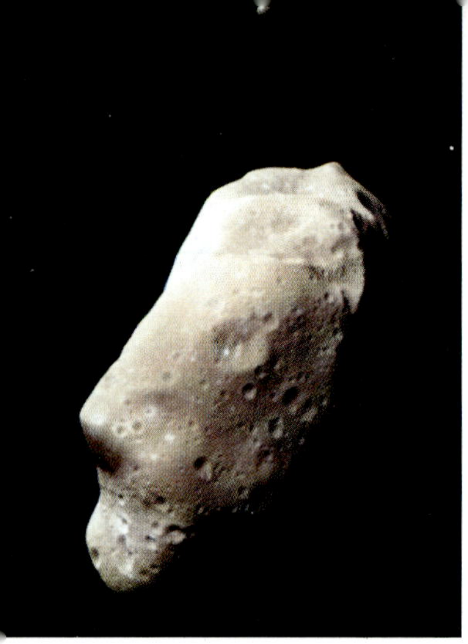

Der Asteroid 243 Ida aus dem Hauptgürtel der Asteroiden, hier in einer Galileo*-Aufnahme vom 28. August 1993. Ida ist 52 Kilometer lang und dreht sich alle 4,6 Stunden einmal um ihre Achse. Sie besitzt viele Krater, die auf Zusammenstöße mit kleineren Asteroiden im Hauptgürtel zurückgehen. Ihr Mond ist am oberen Bildrand zu sehen. (Mit freundlicher Genehmigung des JPL/NASA)*

Der Asteroid Ida (oben) im maßstabsgetreuen Vergleich mit den Mars-Monden Deimos (links) und Phobos (rechts). (Mit freundlicher Genehmigung des JPL/NASA)

Die schwindende Anzahl von Kleinwelten trägt heute verschiedene Namen: Asteroiden, Kometen, kleine Monde. Doch dies sind nur willkürliche Unterscheidungen – echte Kleinwelten können diese künstlichen Grenzen durchbrechen. Manche Asteroiden (das Wort bedeutet »sternähnlich«, was sie aber nicht sind) bestehen aus Gestein, andere aus Metall, und wieder andere sind reich an organischer Materie. Ihr Durchmesser ist nie größer als tausend Kilometer. Sie kommen hauptsächlich in einem Gürtel zwischen den Umlaufbahnen des Mars und des Jupiter vor. Astronomen glaubten einst, daß die Asteroiden aus diesem Hauptgürtel die Überreste einer zerstörten Welt seien. Heute ist jedoch, wie ich bereits beschrieben habe, eine andere Vermutung verbreiteter: Das Sonnensystem steckte einst voller asteroidähnlicher Welten, die zum Teil zu Planeten zusammenwuchsen. Nur im Asteroidengürtel nahe Jupiter verhinderte die Gezeitenwirkung des massereichsten Planeten, daß die Splitter sich zu einer neuen Welt formten. Die Asteroiden sind also nicht die Splitter einer vergangenen Welt, sondern vielmehr die Bausteine für eine Welt, die nie entstehen konnte.

Es gibt vermutlich mehrere Millionen Asteroiden, die gerade einmal einen Kilometer groß sind. Im riesigen interplanetaren Raum ist selbst diese Zahl noch viel zu klein, um einen ernsten Schaden an einem Raumschiff auf dem Weg zum äußeren Sonnensystem anzurichten. Die Hauptgürtel-Asteroiden Gaspra und Ida wurden 1991 und 1993 erstmals von der Raumsonde *Galileo* auf ihrem nicht ganz reibungslosen Flug zu Jupiter photographiert.

Asteroiden des Hauptgürtels bleiben in der Regel dort, wo sie sind. Wenn wir sie untersuchen wollen, müssen wir sie aufsuchen. Kometen dagegen kommen uns manchmal besuchen, ganz so wie der Halleysche Komet zuletzt 1910 und 1986. Kometen bestehen hauptsächlich aus Eis, kleineren Mengen Gestein und organischer Materie. Wenn sie sich erwärmen, verdampft das Eis und formt den langen und wunderschönen Schweif, der durch den Sonnenwind und den Druck des Sonnenlichts von der Sonne weg geblasen wird. Wenn der Komet oft genug an der Sonne vorbeifliegt, verdampft das gesamte Eis und hinterläßt manchmal nur noch eine tote, silizium- und kohlenstoffhaltige Welt. Manchmal treiben die Teilchen, die nach dem Verdampfen des Eises, das sie zusammengehalten hatte, zurückbleiben, in den Orbit des Kometen und bilden einen Strom von Splitterteilchen, der um die Sonne kreist.

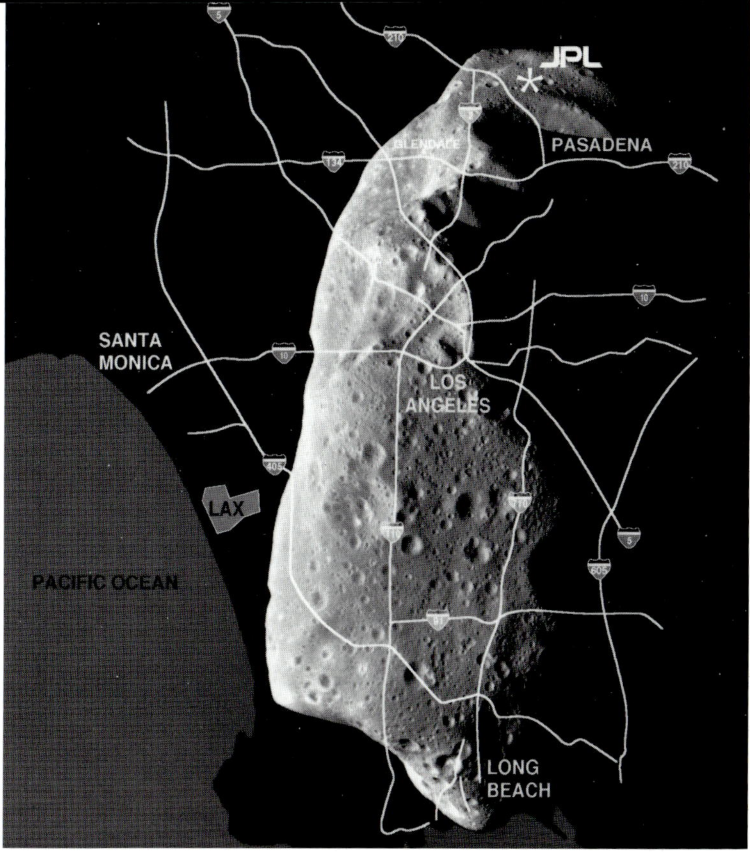

Oben links: *Der Asteroid 951 Gaspra aus dem Hauptgürtel, aufgenommen von* Galileo. *(Mit freundlicher Genehmigung des JPL/NASA)*
Oben rechts: *Gaspra im Größenvergleich mit Los Angeles und seiner Umgebung (Mit freundlicher Genehmigung des JPL/NASA)*

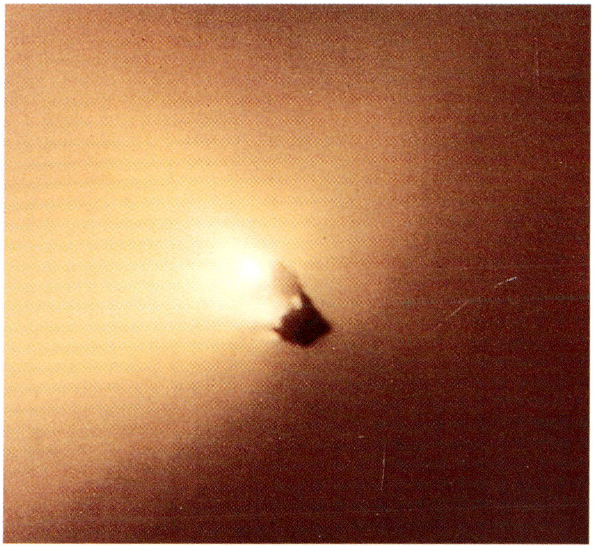

Der Kern des Halleyschen Kometen in zwei verschiedenen Aufnahmen. Der Kern ist sehr dunkel und mit organischer Materie bedeckt. Fontänen aus Wasserdampf und feinen Teilchen strömen aus seiner Oberfläche und formen durch den Druck des Sonnenlichts und des Sonnenwinds einen wunderschönen Schweif. Der Halleysche Komet mißt rund zehn Kilometer im Durchmesser und besitzt damit die Größe des Kometen, der im Mesozoikum auf der Erde aufprallte. Aufnahmen von der Halley Multicolour Camera an Bord der Raumsonde Giotto. *(Mit freundlicher Genehmigung der ESA)*

Jedesmal, wenn etwas Kometenstaub von der Größe eines Sandkorns mit hoher Geschwindigkeit in die Erdatmosphäre eintaucht, verglüht der Staub und leuchtet dabei kurz auf. Beobachter auf der Erde nennen das dann einen sporadischen Meteoriten oder eine »Sternschnuppe«. Einige zerfallende Kometen kreuzen auf ihrem Kurs den Orbit der Erde. Somit taucht die Erde jedes Jahr auf ihrem Weg um die Sonne auch in Gürtel von Kometenmaterie. Wir beobachten dann einen Meteoritenschauer oder Meteorenstürme – am Himmel leuchten die Bestandteile eines Kometen. Die Perseiden, die man jedes Jahr am oder um den 12. August sieht, entstehen in einem sterbenden Kometen namens Swift-Tuttle. Die Schönheit eines Meteoritenschauers darf uns jedoch nicht täuschen: Diese schimmernden Besucher an unserem Nachthimmel sind auch für die Zerstörung ganzer Welten verantwortlich.

Einige Asteroiden setzen ab und zu etwas Gas frei. Sie bilden für kurze Zeit sogar einen Schweif und lassen vermuten, daß sie sich in einer Übergangsphase zwischen Komet und Asteroid befinden. Einige kleine Monde, die um Planeten kreisen, sind wahrscheinlich gefangene Asteroiden oder Kometen. Die Mars-Monde und die äußeren Jupiter-Satelliten fallen vielleicht in diese Kategorie.

Gravitation glättet alles, was zu weit hinausragt. Doch nur bei sehr großen Körpern ist sie so stark, daß Berge und andere Erhebungen unter ihrem eigenen Gewicht zusammenbrechen und die Welt rund werden lassen. In der Tat sind die kleinen Welten fast immer klumpig, unregelmäßig, ja kartoffelförmig.

Einige Astronomen finden den größten Gefallen daran, kalte und mondlose Nächte damit zu verbringen, den Himmel zu fotografieren – denselben Himmel, den sie im Vorjahr und im Jahr davor ebenfalls bereits fotografierten. Wenn sie dabei schon einmal gute Fotos gemacht haben, warum machen sie dann weiter? Weil der Himmel sich verändert. Jedes Jahr können völlig unbekannte Kleinwelten auftauchen, die niemand zuvor je gesehen hat. Und diese passionierten Astronomen machen es sich zur Aufgabe, sie bei ihrer Annäherung an die Erde zu beobachten.

Am 25. März 1993 betrachtete eine Gruppe von Asteroiden- und Kometenjägern die Fotoausbeute einer teilweise bewölkten Nacht auf Mount Palomar in Kalifornien und entdeckte dabei einen blassen, länglichen Fleck auf dem Film. Der Fleck befand sich in der Nähe eines sehr hel-

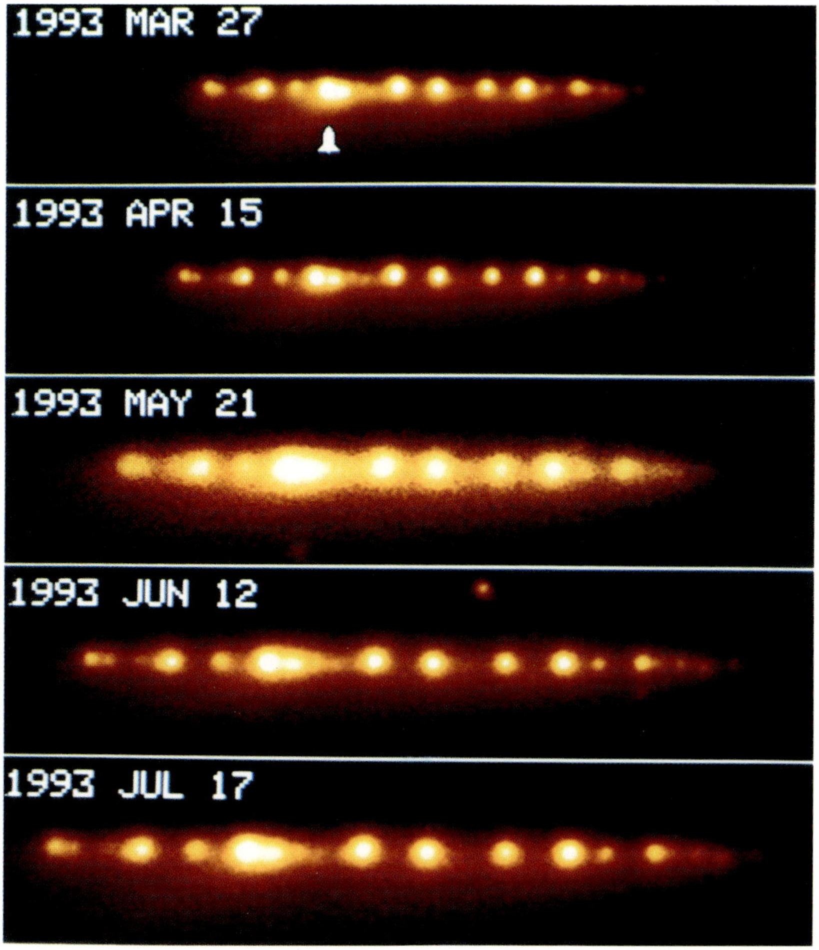

Der Kern des Kometen Shoemaker-Levy 9 im Frühjahr und Sommer 1993. Im Lauf der Zeit drifteten die einzelnen Fragmente auseinander, blieben jedoch im selben Orbit. (Mit freundlicher Genehmigung von David Jewett, University of Hawaii)

len Objekts am Nachthimmel, und zwar in der Nähe von Jupiter. Carolyn und Eugene Shoemaker sowie David Levy, so die Namen der Asteroidenjäger, baten danach andere Astronomen, ihre Fotos einmal genauer anzusehen. Der Fleck entpuppte sich als etwas ganz Erstaunliches: Rund zwanzig kleine, helle Objekte umkreisten hintereinander, aufgereiht wie Perlen auf einer Schnur, den Planeten. Man nannte diese Objekte Komet Shoemaker-Levy 9 (die Gruppe entdeckte zum neuntenmal einen periodischen Kometen).

Es ist allerdings irreführend, diese Ansammlung von Objekten *einen* Kometen zu nennen. Es gab nämlich eine ganze Horde davon, vermutlich Bruchteile eines einzelnen, bis dato unentdeckten Kometen. Er umkreiste vier Milliarden Jahre lang in aller Stille die Sonne, bis er eines

Tages zu nahe an Jupiter vorbeiflog und vor einigen Jahrzehnten vom Schwerefeld des größten Planeten im Sonnensystem eingefangen wurde. Am 7. Juli 1992 wurde er durch die Gezeitenwirkung Jupiters in Stücke gerissen.

Die dem Planeten zugewandte Seite des Kometen wird von Jupiter etwas stärker angezogen als die abgewandte Seite, weil die innere Seite weniger weit von Jupiter entfernt ist als die äußere. Der Unterschied ist natürlich gering. Unsere Füße sind auch näher am Erdmittelpunkt als unser Kopf, und trotzdem werden wir von der Schwerkraft der Erde nicht auseinandergerissen. Der Komet muß also nur sehr lose zusammengebaut gewesen sein, damit das überhaupt passieren konnte. Er bestand vermutlich aus einer locker gebundenen Masse aus Eis, Gestein und organischer Materie und besaß einen Durchmesser von zehn Kilometern.

Die Bahn des zertrümmerten Kometen wurde dann mit hoher Genauigkeit bestimmt. Zwischen dem 16. und 22. Juli 1994 schlugen sämtliche Bruchteile des Kometen nacheinander auf Jupiter ein. Die größten Bruchteile besaßen einen Durchmesser von einigen Kilometern und führten zu spektakulären Einschlägen.

Niemand wußte im voraus, welche Auswirkungen diese Einschläge in der Atmosphäre von Jupiter zeitigen würden. Vielleicht waren die eigentlichen Bruchstücke, umgeben von einem Halo aus Staub, viel kleiner, als sie aussahen. Vielleicht handelte es sich gar nicht um zusammenhängende Körper, sondern um eine lockere Masse – einen Kieshaufen etwa, dessen einzelne Kieselsteine in nahezu identischen Bahnen gemeinsam durch den Weltraum fliegen. Wenn sich diese Annahmen bewahrheiteten, dann müßte Jupiter diese Kometen verschlingen und nicht die geringste Spur davon übriglassen. Andere Astronomen behaupteten, daß man helle Feuerbälle und gewaltige Rauchfahnen sehen müsse, sobald die Bruchstücke des Kometen in die Atmosphäre des Planeten eintauchen. Andere wieder legten nahe, daß die dichte Wolke aus feinen Teilchen, die die Bruchstücke des Shoemaker-Levy 9 bei ihrem Einschlag auf Jupiter umhüllte, die Magnetosphäre des Planeten zerstören oder einen neuen Ring bilden könnte.

Ein Komet von dieser Größe, so errechnete man, kann nur einmal pro eintausend Jahre auf Jupiter einschlagen. So etwas kommt also nur ein einziges Mal in einem Dutzend Generationen vor. Nichts von dieser Größenordnung ereignete sich seit der Erfindung des Teleskops. Deshalb

Die Fragmente des Kometen Shoemaker-Levy 9 sind in eine Wolke aus Kometenstaub eingehüllt. Aufnahmen des Hubble-Weltraumteleskops (Mit freundlicher Genehmigung von H. A. Weaver und T. E. Smith, Space Telescope Science Institute/NASA)

waren Mitte Juli 1994 Teleskope auf der ganzen Erde und im Weltraum in einer wunderbar koordinierten Aktion auf Jupiter gerichtet.

Die Astronomen hatten über ein Jahr Zeit für ihre Vorbereitungen. Die Flugbahnen der Kometenfragmente in ihrem Orbit um Jupiter wurden geschätzt. Man fand heraus, daß alle Fragmente mit Jupiter kollidieren mußten. Die zeitliche Abfolge wurde genauer berechnet. Leider ergaben die Berechnungen, daß alle Einschläge auf der Nachtseite von Jupiter erfolgen, die von der Erde aus nicht gesehen werden kann, gleichwohl von den Raumsonden *Galileo* und *Voyager* im äußeren Sonnensystem. Glücklicherweise sollten die Einschläge jedoch nur wenige Minuten vor der Jupiter-Dämmerung stattfinden, also kurz bevor die Einschlagstellen durch die Rotation des Planeten aus dem Sichtfeld der Erde verschwanden.

Der errechnete Augenblick für den Einschlag des ersten Bruchstücks, Fragment A, kam und ging. Teleskope auf der Erde hatten nichts beobachtet. Planetenforscher starrten mit zunehmender Beklommenheit auf die Daten, die das Hubble-Weltraumteleskop an das Space Telescope Science Institute in Baltimore sandte. Alles war normal. Shuttle-Astronauten unterbrachen ihre Züchtung von Obstfliegen, Fischen und Molchen und beobachteten Jupiter durch ein Fernrohr. Auch sie hatten nichts gesehen. Der Jahrtausendeinschlag begann gewaltig nach einer Pleite auszusehen.

Dann kam eine Meldung von einem erdgebundenen optischen Teleskop auf der Kanareninsel La Palma, gefolgt von einem Bericht eines Radioteleskops in Japan, von der Europäischen Südsternwarte in Chile, von einem Instrument der University of Chicago am Südpol. Die Wissenschaftler in Baltimore begannen endlich etwas zu sehen, und zwar genau an der richtigen Stelle auf Jupiter. Ihre Beklommenheit wich zunächst Verwunderung und dann Jubel.

Bei vielen Einschlägen konnten Beobachter auf der Erde einen Feuerball schnell und hoch aufsteigen sehen, obwohl die Einschlagstelle sich auf der Nachtseite Jupiters befand. Rauchwolken schossen empor und hingen dann wie Pfannkuchen in der Atmosphäre des Planeten. Von der Einschlagstelle breiteten sich außerdem Schall- und Gravitationswellen sowie ein heller Fleck aus, der bei den größten Fragmenten die Ausmaße der Erde annahm.

Bei einer Aufprallgeschwindigkeit von sechzig Kilometern pro Sekunde verwandelten die großen Bruchstücke ihre kinetische Energie teils in Stoßwellen, teils in Wärme. Die Temperatur im Feuerball wurde auf mehrere tausend Grad geschätzt. Einige Feuerbälle und Rauchwolken waren weitaus heller als Jupiter selbst.

Was aber verursachte die dunklen Flecken nach dem Einschlag? Es kann sich um Stoff aus den tiefen Jupiter-Wolken handeln (die erdgebundene Beobachter normalerweise nicht sehen können), die in die Höhe getrieben wurden und sich dann ausbreiteten. Es scheint aber, daß die Fragmente nicht in derartige Tiefen vordringen konnten. Vielleicht waren aber auch die Moleküle, die für diese Flecken verantwortlich sind, von vornherein in den Kometenbruchstücken enthalten. Wir wissen aus den sowjetischen Missionen *Vega 1* und *2* sowie aus der *Giotto*-Mission der

Das größte Fragment (Fragment G) des Kometen Shoemaker-Levy 9 kollidiert mit Jupiter. Die Kollisionswolke und der sie umgebende Ring aus heißem Gas sind auf dieser Infrarot-Falschfarbenaufnahme hellblau gefärbt. (Mit freundlicher Genehmigung von Peter McGregor und Mark Allen, Australian National University Telescope in Siding Spring)

Gegenüberliegende Seite: *Jupiter in zwei Aufnahmen vom 17. Juli 1994: links in violettem Licht und rechts in ultraviolettem Licht. Die*

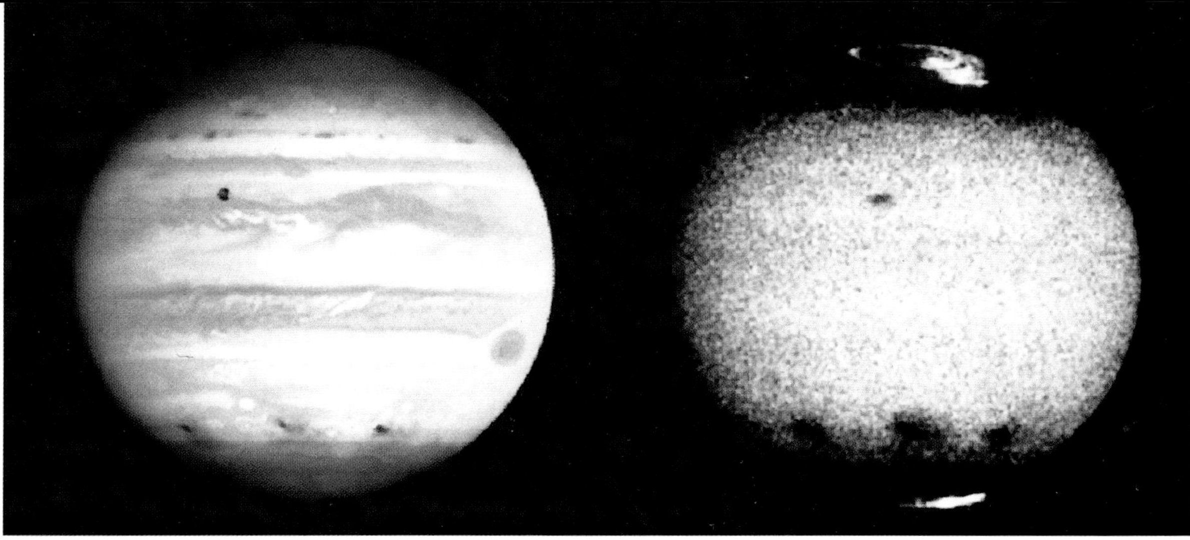

Europäischen Weltraumorganisation zum Halleyschen Kometen, daß Kometen bis zu einem Viertel aus komplexen organischen Molekülen bestehen können. Aus diesem Grund ist der Kern des Halleyschen Kometen pechschwarz. Wenn ein Teil der organischen Materie des Kometen die Einschläge überlebte, dann war sie vielleicht die Ursache für den Fleck. Oder aber der Fleck war auf organische Materie zurückzuführen, die nicht durch die einschlagenden Kometenteile dorthin gebracht, sondern durch die aufprallbedingten Stoßwellen in der Jupiter-Atmosphäre gebildet wurde.

Der Einschlag des Kometen Shoemaker-Levy 9 auf Jupiter wurde auf allen Kontinenten der Erde mitverfolgt. Selbst Hobbyastronomen konnten mit ihren kleinen Teleskopen die Rauchwolken und das folgende Ausbleiben der iovianischen Wolken beobachten. So wie große Sportereignisse mit Kameras an jeder Ecke des Spielfelds und von einem Hubschrauber über dem Stadion mitverfolgt werden, zeichneten sechs NASA-Raumsonden von verschiedenen Standpunkten im Sonnensystem und mit unterschiedlichen Aufnahmegeräten dieses neue Wunder auf: das Hubble-Weltraumteleskop, der *International Ultraviolet Explorer* und der *Extreme Ultraviolet Explorer* befanden sich in einer Erdumlaufbahn. *Ulysses* unterbrach die Untersuchung des Sonnen-Südpols, *Galileo* war selbst auf dem Weg zu Jupiter, und *Voyager 2* schwebte weit hinter Neptun am Rand des Sonnensystems. Wenn alle gesammelten Daten einmal ausgewertet sind, werden wir weitaus mehr wissen über die Kometen, über Jupiter und die gewaltigen Kollisionen verschiedener Welten.

Viele Wissenschaftler – vor allem aber Carolyn und Eugene Shoemaker sowie David Levy – empfanden so etwas wie Schmerz, als ein Kometen-

drei dunklen Flecke auf der Südhalbkugel gehen, von links nach rechts, auf die Einschläge der Fragmente C, A und E des Kometen Shoemaker-Levy 9 zurück. In violettem Licht sind diese drei dunklen Flecke ungefähr so groß wie die Erde, in ultraviolettem Licht sehr viel größer. Sie könnten auf komplexe organische Moleküle zurückzuführen sein, die der Komet mitbrachte oder die durch die Stoßwellen beim Kometeneinschlag in der Jupiter-Atmosphäre entstanden. Auf beiden Aufnahmen sind deutlich dunkelviolette und ultraviolette Polkappen zu erkennen. Sie wurden vermutlich durch komplexe organische Materie verursacht. Die hellen Streifen an den Polen sind iovianische Polarlichter. (Aufnahmen der Wide Field Planetary Camera 2 des Hubble-Weltraumteleskops, mit freundlicher Genehmigung von John Clarke, University of Michigan und NASA)

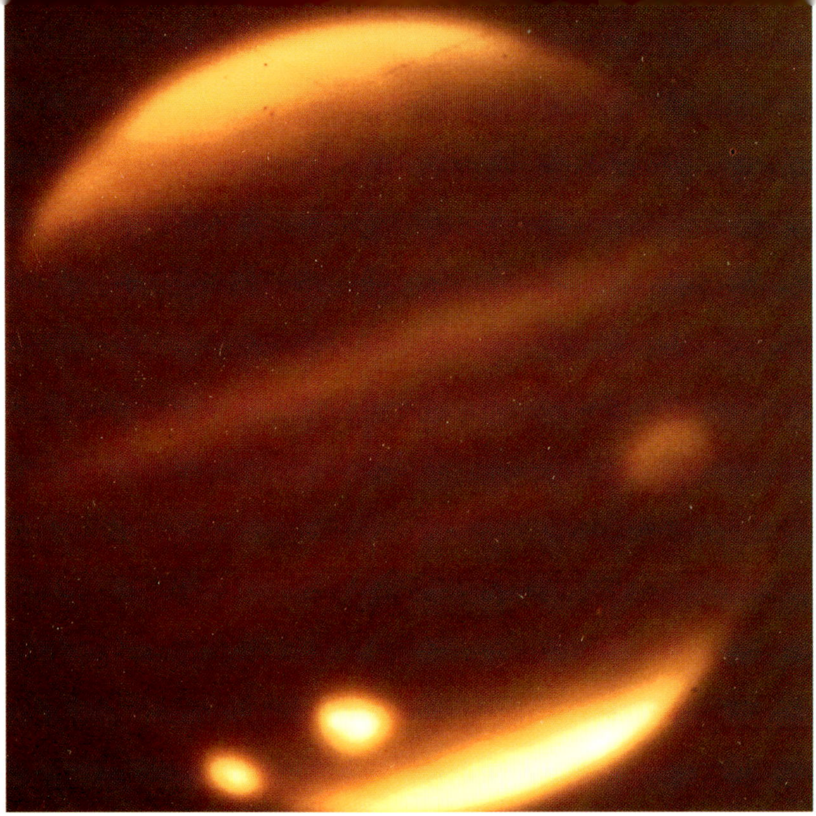

Die Fragmente A und C des Kometen Shoemaker-Levy 9 schlagen auf Jupiter ein (unten links im Bild). Die Aufnahme stammt vom größten optischen Teleskop der Welt, dem Keck Observatory in Hawaii.

teil nach dem anderen auf Jupiter einstürzte und starb. Sie hatten gewissermaßen sechzehn Monate lang mit diesem Kometen gelebt und seine staubverhüllten Einzelteile auf ihren neuen Flugbahnen beobachtet. In bestimmter Hinsicht besaß jedes Fragment eine eigene Persönlichkeit. Jetzt sind sie verschwunden, aufgespalten in Moleküle und Atome in der Hochatmosphäre des größten Planeten im Sonnensystem. Das ist traurig, doch wir lernen daraus. Außerdem gibt es hundert Billionen mehr davon in unserem Sonnensystem.

Ein Teil des Kometen Shoemaker-Levy 9 schlägt in die Jupiter-Atmosphäre ein und schleudert einen Feuerball aus der Tiefe empor. (Darstellung von Don Davis)

Etwa zweihundert bekannte Asteroiden geraten auf ihrer Bahn in Erdnähe. Sie heißen deshalb erdnahe Asteroiden. Ihre Gestalt legt (wie die ihrer Verwandten aus dem Hauptgürtel) nahe, daß sie einst aus gewaltigen Kollisionen hervorgingen. Viele von ihnen sind vielleicht die Scherben und Überreste einst größerer Kleinwelten.

Mit wenigen Ausnahmen sind die erdnahen Asteroiden nur wenige Kilometer groß oder sogar kleiner und benötigen ein oder mehrere Jahre, um die Sonne zu umrunden. Etwa zwanzig Prozent werden früher oder später die Erde treffen – und verheerende Schäden anrichten. (Doch in der Astronomie kann »früher oder später« mehrere Jahrmilliarden bedeuten.) Ciceros Behauptung, daß im Himmel absolute Ordnung herrsche und

FLUGBAHNEN AUSGEWÄHLTER ERDNAHER ASTEROIDEN

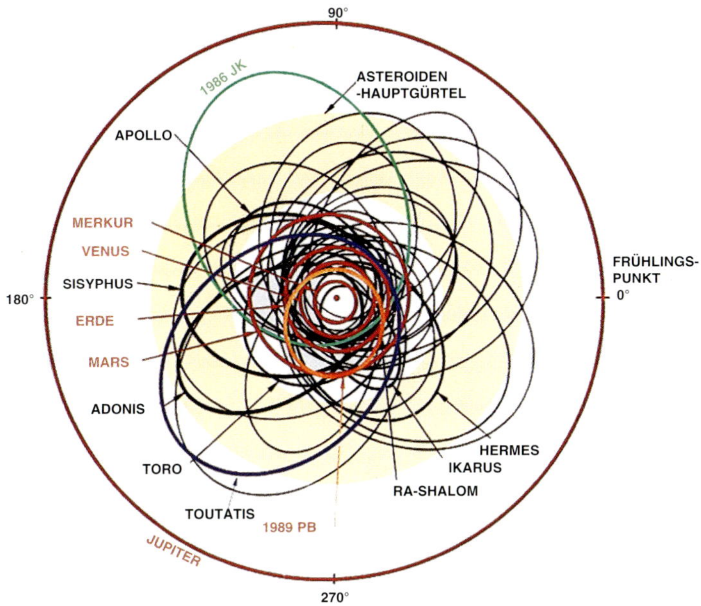

Die Flugbahnen einiger der geschätzten zweitausend größeren Asteroiden, die die Umlaufbahn der Erde kreuzen. Die Bahnen von Merkur, Venus, Erde, Mars und Jupiter sind rot eingezeichnet. Früher oder später werden einige dieser kleinen Welten mit der Erde kollidieren. (Graphik mit freundlicher Genehmigung des JPL/NASA)

nichts dem Zufall überlassen bleibe, ist aus astronomischer Sicht vollkommen falsch. Selbst heute noch herrscht, wie uns der Einschlag des Kometen Shoemaker-Levy 9 auf Jupiter beweist, immer noch eine ganz normale interplanetare Gewalt – wenngleich sie nicht mehr so stark ist wie in der Frühzeit des Sonnensystems.

Wie die Asteroiden aus dem Hauptgürtel bestehen auch viele erdnahe Asteroiden aus Gestein. Nur wenige setzen sich hauptsächlich aus Metall zusammen. Die Ausbeutung eines solchen Asteroiden wäre sicher sehr lukrativ, wenn man ihn in eine Erdumlaufbahn bringen könnte. Der Wert von Metallen aus der Platingruppe, die ein einziger Asteroid enthalten kann, wurde bereits auf mehrere Billionen Dollar geschätzt. Dabei vergaß man allerdings, daß der Wert dieser Metalle beträchtlich sinkt, wenn sie auf einmal in reichem Maße vorhanden sind. Doch man untersucht bereits Methoden, wie man Metall und Mineralien von geeigneten Asteroiden abbauen kann.

Einige erdnahe Asteroiden sind reich an organischer Materie, die anscheinend noch aus der Anfangszeit des Sonnensystems stammt. Man fand heraus, daß einige von ihnen eine Doppelstruktur aufweisen und

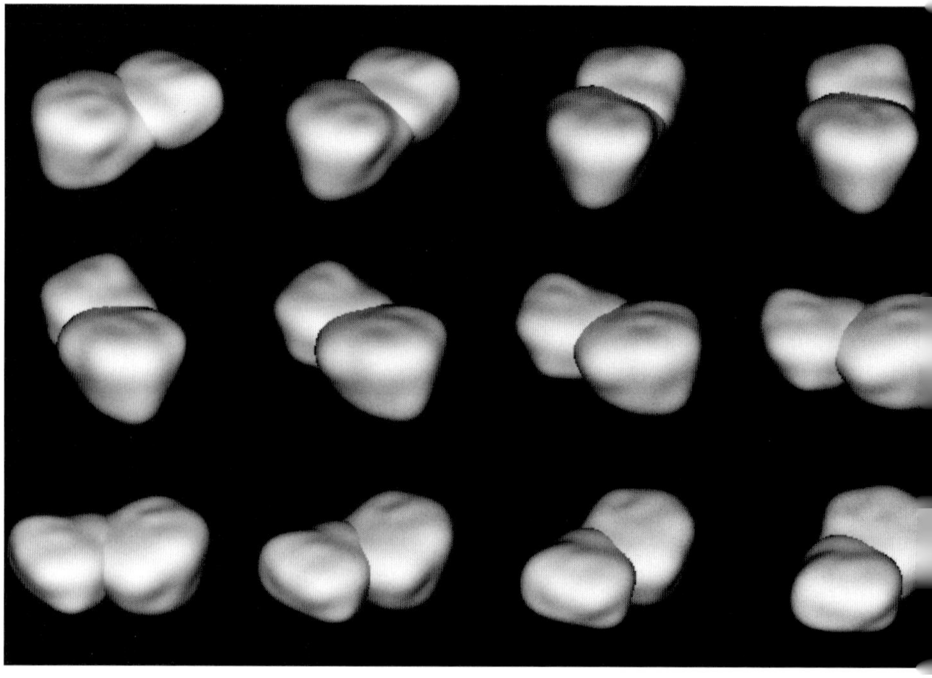

UFB – Unidentifizierte Fliegende Backenzähne: Hier ist ein Computermodell des erdnahen Asteroiden 4769 Castalia zu sehen, der sich um eine senkrechte Achse dreht. Das Modell basiert auf Daten des Radarteleskops in Arecibo und zeigt den Asteroiden in 5,6 Millionen Kilometer Entfernung. Bei einer höheren Auflösung könnte man mit Sicherheit zahlreiche Krater erkennen. Das Objekt entstand vermutlich durch den sanften Zusammenstoß zweier Asteroiden. Das Ergebnis dieser Kollision könnte Licht auf die Entstehungsgeschichte von Planeten werfen. (Mit freundlicher Genehmigung des JPL/NASA)

praktisch wie siamesische Zwillinge aussehen. Vielleicht brach eine größere Welt entzwei, als sie das starke Schwerefeld eines Planeten wie Jupiter durchquerte. Interessanter scheint aber die Hypothese, daß zwei Welten auf ähnlichen Bahnen versuchten, sich zu überholen, und dann aneinander haften blieben. Dieser Prozeß mag eine Schlüsselrolle bei der Entstehung von Planeten und der Erde gespielt haben. Zumindest ein Asteroid (Ida, gesehen von *Galileo*) besitzt einen eigenen kleinen Mond. Wir können annehmen, daß zwei zusammengebackene Asteroiden und zwei Asteroiden, die sich umkreisen, entstehungsgeschichtlich verwandt sind.

Manchmal hören wir von Asteroiden und einem Beinaheaufprall. Bei genauerer Betrachtung stellen wir dann fest, daß die Welt nur bis auf mehrere hunderttausend oder gar Millionen Kilometer an die Erde herankam. Das zählt nicht, das ist viel zu weit weg, noch weiter als der Mond. Wenn wir eine Liste aller erdnahen Asteroiden, auch derer, die kleiner als ein Kilometer sind, besäßen, dann könnten wir ihre zukünftigen Bahnen berechnen und vorhersagen, welche von ihnen eine potentielle Gefahr darstellen. Man schätzt, daß etwa zweitausend Asteroiden größer als ein Kilometer sind, doch nur wenige davon konnte man bisher untersuchen. Vermutlich gibt es zweihunderttausend Asteroiden mit einem Durchmesser von mehr als hundert Metern.

Die erdnahen Asteroiden haben vielsagende Namen aus der Mythologie: Orpheus, Hathor, Ikarus, Adonis, Apollo, Cerberus, Khufu, Amor, Tantalus, Aton, Midas, Ra-Shalom, Phaethon, Toutatis, Quetzalcoatl. Einige sind wie geschaffen für Entdeckungsreisen, so zum Beispiel Nereus. Im allgemeinen ist es viel einfacher, zu erdnahen Asteroiden zu reisen als zum Mond. Nereus ist eine kleine Welt mit einem Durchmesser von rund einem Kilometer und besonders leicht zu erreichen.* Damit gelänge uns die Erforschung einer wirklich ganz neuen Welt.

Einige Menschen (sie stammen alle aus der ehemaligen Sowjetunion) waren bereits länger im All, als eine Reise zu Nereus und wieder zurück dauert. Die entsprechende Raketentechnologie existiert. Eine solche Reise wäre viel kürzer als eine Reise zum Mars. Wenn etwas schiefgeht, dann könnten wir jedoch nicht so schnell auf die sichere Erde zurückfliegen. Der Schwierigkeitsgrad einer derartigen Mission liegt zwischen dem eines Mars- und dem eines Mondflugs.

Eine mögliche Nereus-Mission sähe zehn Monate für die Reise von der Erde zum Asteroiden, einen dreißigtägigen Aufenthalt und nur drei Wochen für die Rückkehr vor. Wir könnten Roboter oder vielleicht sogar Menschen zu Nereus schicken. Wir könnten die Gestalt dieser kleinen Welt, ihre Zusammensetzung, ihr Inneres, ihre Geschichte, ihre organische Chemie, ihre kosmische Entwicklung und ihre mögliche Verbindung zu den Kometen untersuchen. Wir könnten Proben auf die Erde mitbringen und untersuchen, ob die Asteroiden wirklich wirtschaftlich relevante Ressourcen besitzen. Wenn wir jemals Menschen zum Mars senden, bieten erdnahe Asteroiden eine günstige und geeignete Trainingsgrundlage für die Erforschung des kosmischen Ozeans.

* Der Orbit des Asteroiden 1991JW gleicht dem der Erde und ist sogar noch leichter erreichbar als 4660 Nereus. Doch sein Orbit ähnelt dem der Erde *so* stark, daß es sich vermutlich nicht um ein natürliches Gebilde, sondern vielleicht um eine verlorene Stufe der Mondrakete *Saturn V Apollo* handelt.

Kapitel 18

Der Sumpf von Camarina

Doch zum Bessermachen ist's nun zu spät. Die Welt ist fertig, in die Kuppel ist der Schlußstein gesetzt, und der Bauschutt ist schon seit einer Million Jahren abgefahren.

Herman Melville, *Moby Dick*[1]

Die Stadt Camarina lag im Süden Siziliens und wurde 598 v. Chr. von Familien aus Syrakus gegründet. Nach einer oder zwei Generationen bedrohte eine Epidemie die Stadt, die im Sumpfland der Umgebung keimte. (Obwohl in der Antike niemand so recht an die Verbreitung von Krankheiten durch Keime glaubte, gibt es doch einige Hinweise für diese Theorie in der Literatur – so zum Beispiel bei Marcus Terentius Varro, der im ersten Jahrhundert v. Chr. ausdrücklich davor warnte, Städte in der Nähe von Sumpfgebieten zu errichten, weil dort Kleinlebewesen ausgebrütet werden, die mit bloßem Auge nicht sichtbar sind, durch Mund oder Nase in den menschlichen Körper eindringen und gefährliche Krankheiten hervorrufen können.) Camarina war ernsthaft in Gefahr. Man entwarf Pläne zur Trockenlegung des Sumpfes. Als man das Orakel dazu befragte, untersagte es derartige Maßnahmen und riet stattdessen zu Geduld. Doch Menschenleben waren in Gefahr, und so legte man den Sumpf trotz des anderslautenden Orakelspruchs trocken. Die Epidemie war sofort gebannt. Zu spät erkannte man jedoch, daß das Sumpfgebiet die Stadt vor Feinden geschützt hatte – zu denen in-

Gegenüberliegende Seite: *Die Kreidezeit geht zu Ende. Ein Asteroid oder Komet von zehn Kilometern Durchmesser schlägt in der Nähe der Halbinsel Yucatan auf der Erde ein. Die Dinosaurier und drei Viertel aller übrigen Arten, die damals die Erde bevölkerten, sterben dadurch aus. (Darstellung von Don Davis)*

Ein interplanetares Objekt, vermutlich das Bruchstück eines Kometen, fliegt durch die Erdatmosphäre und löst sich auf, bevor es die Erdoberfläche erreichen kann. (Der ovale helle Fleck, der die Bahn des Feuerballs zu kreuzen scheint, ist eine helle, weit entfernte Spiralgalaxie.) Objekte mit einem Durchmesser von mehreren hundert Metern stellen eine Bedrohung unserer Zivilisation dar. (Mit freundlicher Genehmigung des Anglo-Australian Observatory, Aufnahme von David Malin)

zwischen auch die Verwandten in Syrakus zählten. 552 v. Chr. marschierten Streitkräfte aus Syrakus über das nun trockene Land, metzelten Männer, Frauen und Kinder nieder und schleiften die Stadt. Der Sumpf von Camarina gilt seither als Sinnbild dafür, daß man durch die Beseitigung einer Gefahr eine noch viel schlimmere heraufbeschwören kann.

Die Kollision (oder Kollisionen, denn es gab deren vermutlich mehrere) im Mesozoikum verdeutlicht die Gefahr, die von Asteroiden und Kometen ausgeht. Gewaltige Brände vernichteten die gesamte Vegetation auf der Erde, danach verdunkelte eine Staubwolke in der Stratosphäre den Himmel, so daß die wenigen überlebenden Pflanzen kaum ausreichend Licht für ihre Photosynthese bekamen; die Temperaturen sanken weltweit unter den Gefrierpunkt, Wolkenbrüche aus ätzenden Säuren ergossen sich auf die Erde, die Ozonschicht wurde weitgehend zerstört, und als sich die Erde wieder erholt hatte, war, um noch eins draufzusetzen, ein langfristiger Treibhauseffekt zu verzeichnen (weil die Hauptkollision vermutlich eine tiefliegende Schicht sedimentärer Kohlenstoffe freigesetzt und gewaltige Mengen Kohlendioxid in die Luft geschleudert hatte). Die Katastrophe war allerdings kein Einzelfall, es kam vielmehr zu einer ganzen Kette von Kollisionen. Die Organismen, die durch das erste Desaster geschwächt waren, wurden vom nächsten vollends vernichtet. Unsere Zivilisation würde wahrscheinlich nicht einmal eine weitaus schwächere Kollision überleben.

Da es viel mehr kleine als große Asteroiden gibt, erfolgen die alltäglichen Kollisionen mit den kleinen. Je länger man jedoch zu warten bereit ist, um so gewaltiger wird der Einschlag sein. Durchschnittlich einmal in mehreren hundert Jahren prallt ein Objekt von rund siebzig Metern Durchmesser auf der Erde auf. Die Energie, die durch diesen Aufprall freigesetzt wird, entspricht der größten Kernwaffenexplosion, die jemals gezündet wurde. Alle zehntausend Jahre wird die Erde von einem zweihundert Meter großen Objekt heimgesucht, das ernsthafte Auswirkungen auf das Klima der Einschlagregion nach sich ziehen kann. Einmal in einer Million Jahren ist der Aufprall eines Objekts von über zwei Kilometern Durchmesser zu erwarten, was der Sprengkraft von knapp einer Million Megatonnen TNT entspricht. Eine derartige Explosion würde zu einer weltweiten Katastrophe führen und einen Großteil der Erdbevölkerung vernichten (falls man nicht außergewöhnliche Schutzmaßnahmen ergreift). Eine Million Megatonnen TNT besitzen hundertmal mehr Sprengkraft als alle Kernwaffen auf der Erde zusammengenommen. Es kommt aber noch schlimmer. Einmal in hundert Millionen Jahren wird sich auch wieder eine Katastrophe wie im Mesozoikum, der Einschlag einer Welt mit zehn oder mehr Kilometern Durchmesser, ereignen. Die zerstörerische Energie, die in einem großen erdnahen Asteroiden steckt, stellt alles menschliche Machwerk in den Schatten.

Wie die amerikanische Forschergruppe um Christopher Chyba zeigte, zerbersten und verbrennen kleine Asteroiden und Kometen von einigen Metern Durchmesser bereits beim Eintauchen in die Erdatmosphäre. Dieses Phänomen tritt ziemlich häufig auf, richtet aber keinen nennenswerten Schaden an. Das amerikanische Verteidigungsministerium veröffentlichte ursprünglich geheime Daten über die Häufigkeit dieser Phänomene, die von Satelliten zur Überwachung von unerlaubten Kernwaffentests gesammelt worden waren. In den vergangenen zwanzig Jahren tauchten Hunderte von kleinen Welten (und mindestens eine größere) in die Erdatmosphäre ein. Sie waren harmlos. Aber wir müssen sichergehen, daß wir einen kleinen Kometen von einer Kernwaffenexplosion unterscheiden können.

Die Erde kurz nach dem Einschlag eines zehn Kilometer großen Asteroiden oder Kometen. Eine Katastrophe dieser Art löschte vor fünfundsechzig Millionen Jahren fast alles Leben auf der Erde aus. In dieser Darstellung prallt der Himmelskörper nahe der amerikanischen Hauptstadt Washington auf. Die Wasser der Chesapeake Bay beginnen den Einschlagkrater zu fluten. (Darstellung von Don Davis)

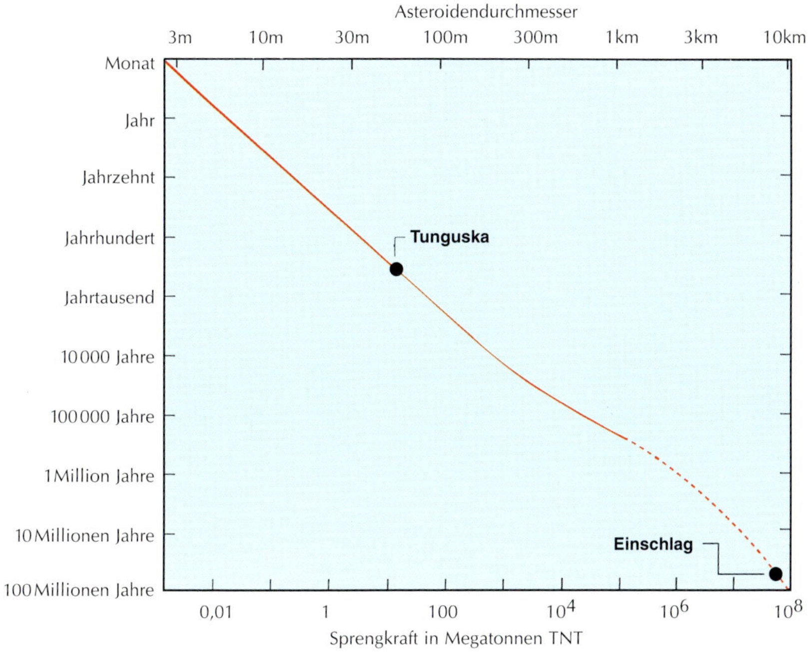

Welche Asteroiden verursachen welche Schäden, und wie oft schlagen sie auf der Erde ein? Die Graphik, aufbereitet von Clark R. Chapman vom Planetary Sciences Institute in Tucson, Arizona, und David Morrison vom NASA Ames Research Center, faßt unseren heutigen Wissensstand zusammen. Die Graphik ist folgendermaßen zu lesen: »Tunguska« steht für das gleichnamige Objekt, das 1908 über Sibirien in die Erdatmosphäre eintrat. Es zerbarst, bevor es den Boden erreichte, und konnte deshalb keinen Einschlagkrater formen. Dennoch verwüstete es in weitem Umkreis die Wälder und wurde auf der halben Erdkugel bemerkt. Ein solches Ereignis kann durch einen rund fünfzig Meter großen Asteroiden verursacht werden (obere Leiste) und eine Energie freisetzen, die der Sprengkraft von rund zehn Megatonnen TNT (untere Leiste) gleichkommt – eine schlagkräftige, aber nicht die stärkste Atomwaffe unserer Zeit. Die senkrechte Achse zeigt, daß ein Einschlag von der Größe, wie er in Tunguska geschah, einmal in mehreren Jahrhunderten vorkommen kann. Die rote Kurve verdeutlicht, daß größere Einschlagkörper größere Sprengkraft besitzen und seltener vorkommen.

Um der Menschheit zu schaden, müssen die Einschlagobjekte mindestens einen Durchmesser von mehreren hundert Metern besitzen. Ein solches Objekt trifft durchschnittlich einmal in zweihunderttausend Jahren auf der Erde auf. Unsere Zivilisation ist nur zehntausend Jahre alt, so daß wir nichts von einem derartigen Aufprall wissen.

Der Komet Shoemaker-Levy 9 erinnert uns mit seiner Folge von gewaltigen Explosionen auf Jupiter daran, daß auch zu unseren Lebzeiten solche Kollisionen vorkommen können – und daß der Aufprall eines mehrere Kilometer großen Körpers Trümmer über die gesamte Erdoberfläche verstreuen kann. Eine Art Vorzeichen also?

In der Woche des Kometenaufpralls brachte der Wissenschafts- und Weltraumausschuß des amerikanischen Repräsentantenhauses einen Gesetzesentwurf ein, der die NASA »in Zusammenarbeit mit dem Verteidigungsministerium und den Weltraumorganisationen anderer Länder« dazu verpflichtet, die Bahnen aller »Kometen und Asteroiden mit mehr als einem Kilometer Durchmesser«, die sich der Erde nähern, zu identifizieren und zu bestimmen. Die Arbeit soll im Jahr 2005 abgeschlossen sein. Ein derartiges Suchprogramm war von vielen Planetenforschern schon lange gefordert worden. Doch erst durch den Kometeneinschlag auf Jupiter wurde das Vorhaben dann endlich in die Praxis umgesetzt.

Bezogen auf die Wartezeit erscheinen die Gefahren, die von Asteroideneinschlägen ausgehen, nicht besonders besorgniserregend. Doch der Einschlag eines großen Körpers würde zu einer nie dagewesenen Menschheitskatastrophe führen. Das Risiko eines derartigen Einschlags liegt ungefähr bei eins zu zweitausend innerhalb eines Menschenlebens. Viele von uns würden nicht mehr mit dem Flugzeug fliegen, wenn das Risiko eines Flugzeugabsturzes bei eins zu zweitausend läge. (Bei Linienflügen liegt das Risiko bei eins zu zwei Millionen.) Wenn unser Leben bedroht ist, ändern wir oft unser Verhalten, um unsere Überlebenschancen zu verbessern. Wer nicht mitmacht, muß mit dem Leben bezahlen.

Vielleicht sollten wir uns auf den Ernstfall vorbereiten, zu diesen Kleinwelten reisen und ihre Bahn zu ändern. Herman Melville zum Trotz, etwas Bauschutt fliegt immer noch herum. Parallel und nur sehr selten gemeinsam versuchten Planetenforscher sowie die Kernwaffenlabors der USA und Rußlands, eingedenk der Einschlagszenarios, folgende Fragen zu beantworten: Wie kann man alle erkennbaren erdnahen interplanetaren Objekte aufzeichnen, wie kann man ihre physikalische und chemische Zusammensetzung bestimmen, wie kann man vorhersagen, welche Objekte auf Kollisionskurs mit der Erde sind, und schließlich, wie kann man eine Kollision verhindern?

Der russische Raumfahrtpionier Konstantin Ziolkowskij vermutete bereits vor hundert Jahren die Existenz von Körpern, die in ihrer Größe zwischen den bis dahin beobachteten großen Asteroiden und ihren Fragmenten, den Meteoriten, liegen, die ab und zu auf die Erde fallen. Er entwarf in seinen Artikeln Ideen für ein Leben auf kleinen Asteroiden im interplanetaren Raum. Er dachte dabei nicht an eine militärische Nutzung. Anfang der achtziger Jahre glaubten einige Vertreter der amerikanischen Rüstungsindustrie, daß die Sowjets in der Lage seien, erdnahe Asteroiden als Angriffswaffen zu nutzen. Der vermeintliche Plan wurde »Iwans Hammer« getauft. Gegenmaßnahmen waren erforderlich. Gleichzeitig riet man der US-Regierung, selbst den Gebrauch von Kleinwelten als Waffen zu planen. Die »Ballistic Missile Defense Organization« des amerikanischen Verteidigungsministeriums, Nachfolgerin des »Star Wars«-Büros der achtziger Jahre, sandte die Raumsonde *Cle-*

Wie ein blaues Auge sieht der Fleck auf den Jupiter-Wolken aus, den das Fragment G des Kometen Shoemaker-Levy 9 am 18. Juli 1994 verursachte. Der größere, sehr dunkle ovale Fleck ist ungefähr so groß wie die Erde. Der Fleck ist von einer Schallwelle umgeben, die sich kontinuierlich ausbreitet und ihrerseits von einem blasseren Farbring umgeben ist. Der kleinere dunkle Fleck ist auf den Einschlag des Fragments D zurückzuführen. Diese Aufnahme verdeutlicht nur zu gut, daß ein Komet oder Asteroid von wenigen Kilometern Durchmesser Schreckliches anrichten kann. (Aufnahme des Hubble-Weltraumteleskops, mit freundlicher Genehmigung von Heidi Hammel, MIT, und NASA)

mentine in den Weltraum. Sie sollte den Mond umkreisen und anschließend am erdnahen Asteroiden Geographos vorbeifliegen. (Nach bemerkenswerten Aufklärungsflügen über dem Mond im Mai 1994 versagte die Sonde, bevor sie Geographos erreichte.)

Zur Abwehr von Asteroiden könnte man prinzipiell große Raketentriebwerke oder Schußwaffen verwenden; oder aber man stattet den Asteroiden mit riesigen Reflektoren aus und bringt ihn dann mit Hilfe des Sonnenlichts oder starker erdgebundener Laser auf einen anderen Kurs. Die heute verfügbare Technologie bietet jedoch nur zwei Lösungen: Eine

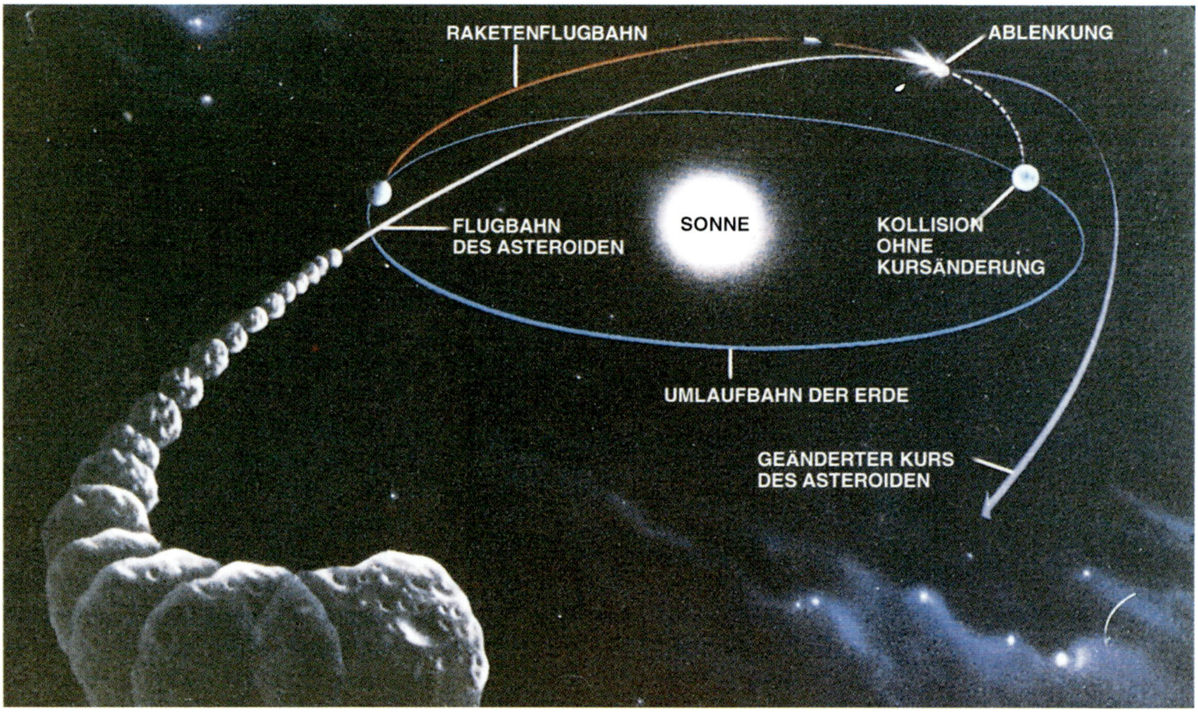

Die Ablenkung eines Asteroiden: Ein gefährlicher Asteroid – hier entfernt er sich vorne links vom Betrachter – schlägt in wenigen Monaten auf der Erde ein, wenn er nicht von seinem Kurs abgebracht wird. Im geeigneten Augenblick werden eine oder mehrere Raketen von der Erde abgeschossen (rote Flugbahn), die in der Nähe des Perihels (wenn der Asteroid der Sonne am nächsten ist) ihre nuklearen Sprengköpfe zünden. Ein relativ kleiner Stoß genügt, um den Kurs des Asteroiden so zu ändern (lila Pfeil), daß er nicht mit der Erde kollidiert. (Graphik mit freundlicher Genehmigung des JPL/NASA)

oder mehrere entsprechend schlagkräftige Kernwaffen zertrümmern den Asteroiden beziehungsweise Kometen in Bruchstücke, die sich beim Eintritt in die Erdatmosphäre ganz oder in winzige und harmlose Bestandteile auflösen. Wenn die Kleinwelt nur lose zusammengehalten wird, dann genügen vermutlich einige hundert Megatonnen Sprengstoff. Da es theoretisch keine Obergrenze für die Sprengkraft von Kernwaffen gibt, sehen die Waffenbauer in der Herstellung größerer Bomben nicht nur eine interessante Herausforderung, sondern auch eine Möglichkeit, lästige Umweltschützer mundtot zu machen, da ihre Waffen letztlich zur Rettung der Erde beitragen.

Eine andere ernsthaft diskutierte Lösung sieht weniger dramatisch aus, stellt für die Rüstungsindustrie aber immer noch eine wirkungsvolle Methode dar, ihre eigene Wichtigkeit zu unterstreichen: den Kurs einer Kleinwelt durch die Explosion von Kernwaffen in ihrer Nähe ändern. Die Explosionen (im allgemeinen in geringstmöglicher Entfernung von der Sonne) sollen die Kleinwelt von ihrem Kurs auf die Erde abbringen*. Mit je einem kleinen Schub in die gewünschte Richtung kann eine Reihe von schwächeren Kernwaffen einen mittelgroßen Asteroiden selbst bei nur wenigen Wochen Vorwarnzeit von seinem gefährlichen Kurs abbringen. Mit dieser Methode kann man auch, so hofft man zumindest, einem unerwartet aufgetauchten Kometen mit Kollisionskurs Erde begegnen: Der Komet wird mit Hilfe eines kleinen Asteroiden abgedrängt. (Man braucht wohl kaum zu erwähnen, daß dieses kosmische Billardspiel schwieriger und unsicherer – und daher in der nahen Zukunft weniger praktikabel – ist, als einen Asteroiden ohne Zeitnot auf einen ungefährlichen Kurs zu treiben.)

Wir wissen nicht, welche Auswirkungen eine Kernwaffenexplosion auf einen Asteroiden hat. Die Antwort fällt vermutlich je nach Asteroid unterschiedlich aus. Manche Kleinwelten sind sehr stabil, andere wieder sind vielleicht nur wenig fester als ein Haufen Kies, der durch seine eigene Anziehungskraft zusammengehalten wird. Wenn also beispielsweise eine Explosion einen Asteroiden von zehn Kilometern Durchmesser in Hunderte von Fragmenten mit Durchmessern von je einem Kilometer zertrümmert, dann erhöht sich die Wahrscheinlichkeit, daß zumindest eines dieser Trümmer die Erde trifft – was nicht weniger katastrophale Folgen haben könnte. Wenn die Explosion jedoch den Asteroiden in einen Schwarm von Objekten mit einem Durchmesser von höchstens hundert Metern zerschmettert, dann werden die Einzelteile vermutlich wie riesige Meteore beim Eintritt in die Erdatmosphäre verglühen. In diesem Fall entstehen nur geringe Schäden. Aber selbst wenn der Asteroid zu feinem Staub zerrieben wird, dann kann die dadurch entstehende Staubschicht so dicht sein, daß sie kein Sonnenlicht mehr zur Erde durchläßt und damit das Klima ändert. Wir wissen einfach noch zuwenig.

Man entwarf bereits Szenarios mit Hunderten von schlagbereiten Kernwaffen. Für die Abwehr von Asteroiden und Kometen ist es vielleicht

⋆ Der Vertrag zur Nutzung des äußeren Weltraums, der sowohl von den Vereinigten Staaten als auch von Rußland unterzeichnet wurde, verbietet den Einsatz von Vernichtungswaffen im »äußeren Weltraum«. Die Technologie zur Ablenkung von Asteroiden beruht aber auf genau diesen Waffen – den mächtigsten Vernichtungswaffen, die jemals gebaut wurden. Die Befürworter dieser Technologie wollen den bestehenden Vertrag revidieren. Doch auch ohne Umformulierung des Vertrags wird wahrscheinlich niemand auf höfliche Diplomaten warten wollen, wenn ein Asteroid auf Kollisionskurs entdeckt wird. Es besteht dabei jedoch die Gefahr, daß mit der Lockerung dieser Bestimmungen auch unsere Aufmerksamkeit hinsichtlich nuklearer Sprengköpfe im All nachläßt.

noch zu früh, aber das Bild ist uns nur allzusehr vertraut. Eigentlich hat nur der Feind gewechselt. Und auch er sieht sehr gefährlich aus.

Steven Ostro vom JPL und ich machten dabei auf ein anderes Problem aufmerksam: Wenn man eine gefährliche Kleinwelt so ablenken kann, daß sie nicht mit der Erde kollidiert, dann kann man auch eine harmlose Kleinwelt so ablenken, *daß* sie mit der Erde kollidiert. Angenommen, man kennt alle geschätzten dreihunderttausend erdnahen und über hundert Meter großen Asteroiden einschließlich ihrer Flugbahnen – jeder Asteroid ist so groß, daß ein Aufprall auf der Erde ernsthafte Konsequenzen nach sich zöge. Darüber hinaus verfügt man aber auch über eine lange Liste mit unzähligen harmlosen Asteroiden, deren Flugbahnen mit nuklearen Sprengköpfen so geändert werden könnten, daß sie schon bald mit der Erde kollidieren. Angenommen, wir konzentrieren uns ausschließlich auf die rund zweitausend erdnahen Asteroiden, die mindestens einen Kilometer groß sind, das heißt auf die Asteroiden, die am ehesten eine Weltkatastrophe verursachen können. Gegenwärtig sind nur etwa hundert dieser Objekte erfaßt. Man bräuchte also ungefähr ein Jahrhundert, um einen leicht ablenkbaren Asteroiden aufzuspüren und seinen Kurs zu ändern. Man nimmt an, daß man einen – bis jetzt namenlosen* – Asteroiden mit der Bezeichnung 1991OA entdeckt hat. Im Jahre 2070 wird sich diese Welt mit einem Durchmeser von rund einem Kilometer bis auf viereinhalb Millionen Kilometer der Flugbahn der Erde nähern – und nur noch fünfzehnmal weiter entfernt sein als der Mond. Um 1991OA so abzulenken, daß sie die Erde trifft, benötigt man die Sprengkraft von etwa sechzig Megatonnen TNT – wozu bereits eine kleine Anzahl heute verfügbarer Kernwaffen genügt.

Angenommen, in einigen Jahrzehnten ist die Erfassung aller erdnahen Asteroiden und ihrer Flugbahnen abgeschlossen. Dann kann man, wie Alan Harris vom JPL, Greg Canavan vom Los Alamos National Laboratory, Ostro und ich darlegten, binnen Jahresfrist ein passendes Objekt auswählen, seinen Kurs ändern und es mit dem entsprechenden verheerenden Effekt auf die Erde stürzen lassen.

* Wie sollten wir diese Welt nennen? Sie nach den griechischen Schicksalsgöttinnen oder den Furien zu taufen scheint unpassend, denn es liegt allein in unserer Hand, ob sie die Erde trifft oder nicht. Wenn wir sie in Ruhe lassen, dann fliegt sie vorbei. Wenn wir geschickt manövrieren, dann kollidiert sie mit der Erde. Wie wäre es mit »Dilemma«?

Die benötigte Technologie – große optische Teleskope, empfindliche Detektoren, Raketensysteme, die einige Tonnen Last an einen genau festgelegten Punkt im Weltraum befördern können, sowie Kernwaffen – gibt es heute bereits. Man kann davon ausgehen, daß alle Technologien, mit Ausnahme vielleicht der eigentlichen Waffen, noch weiter verbessert werden. Wenn wir nicht aufpassen, dann besitzen viele Nationen bereits in den nächsten Jahrzehnten das nötige Potential. Welche Welt werden wir dann geschaffen haben?

Wir tendieren dazu, die Gefahren neuer Technologien herunterzuspielen. Ein Jahr vor der Tschernobyl-Katastrophe wurde ein Vertreter der sowjetischen Atomindustrie über die Sicherheit sowjetischer Reaktoren befragt. Er gab Tschernobyl als besonders sichere Anlage an. Die durchschnittliche Wahrscheinlichkeit eines Reaktorunglücks, so schätzte er optimistisch, liege bei einem Unfall in hunderttausend Jahren. Weniger als ein Jahr später – die totale Katastrophe.

Ähnlich selbstsicher verhielten sich die NASA-Vertragsfirmen ein Jahr vor dem *Challenger*-Unglück. Zehntausend Jahre, verkündeten sie, müsse man warten, bevor der Shuttle versage. Ein Jahr später – Entsetzen.

Fluorchlorkohlenwasserstoffe (FCKWs) wurden eigens als vollkommen sicheres Kühlmittel entwickelt, als Ersatz für Ammoniak und andere Kühlmittel, die bei einem Leck zu Krankheit und Tod führen können: chemisch inert, ungiftig (in gewöhnlichen Konzentrationen), geruchs- und geschmacklos, nicht allergen, nicht brennbar. FCKWs stehen für die brillante technische Lösung eines klar umrissenen praktischen Problems. Sie fanden darüber hinaus in vielen anderen Industriebereichen Anwendung. Doch wie ich bereits erwähnte, übersahen die Chemiker, die FCKW entwickelten, ein entscheidendes Detail – daß eben genau die Reaktionsträgheit der Moleküle garantiert, daß sie bis in die Stratosphäre gelangen und dort vom Sonnenlicht gespalten werden; und die freigesetzten Chloratome greifen die schützende Ozonschicht an. Dank einiger Wissenschaftler wurden die daraus resultierenden Gefahren rechtzeitig erkannt und publik gemacht. Die Produktion von FCKW ging stark zurück. Doch erst in einem Jahrhundert werden wir wissen, ob wir die Gefahr wirklich gebannt haben. Denn so lange braucht das FCKW, um sein zerstörerisches Werk zu vollenden. Genau wie die alten Bewohner von Camarina machen auch wir Fehler. Wir ignorieren nicht nur oft genug die warnende Stimme eines Orakels. Gewöhnlich befragen wir es nicht einmal.*

Die Möglichkeit, Asteroiden in eine Erdumlaufbahn zu bringen, faszinierte einige Weltraumforscher und langfristige Strategen. In ihren Augen liefern diese Welten Mineralien und Edelmetalle sowie Ressourcen für den schwerelosen Aufbau einer Weltraum-Infrastruktur. Modernen Entwürfen zufolge wird der Asteroid in eine Erdumlaufbahn gebracht, nachdem er durch kurzes Eintauchen in die Erdatmosphäre abgebremst wird. Dieses Manöver besitzt naturgemäß eine äußerst geringe Fehlertoleranz. In der nahen Zukunft ist das ganze Unterfangen meiner Meinung nach viel zu gefährlich und verrückt, besonders wenn es sich um Metallkörper von mehr als zehn Meter Durchmesser handelt. Fehler in der Navigation oder in der Planung könnten bei derartigen Projekten die nachhaltigsten und katastrophalsten Folgen nach sich ziehen.

Diese Beispiele befassen sich vor allem mit den Folgen von Unachtsamkeit. Doch da lauern noch andere Gefahren. Man erzählt uns immer wieder, daß diese oder jene Erfindung selbstverständlich nicht mißbraucht werde. Nur verrückte Menschen wären so leichtsinnig. Doch das Argument mit den Verrückten trügt. Wann immer ich es höre, mache ich mir bewußt, daß es solche Verrückte tatsächlich gibt. Manchmal dringen sie in die höchsten Machtzirkel moderner Industrienationen vor. Allein in diesem Jahrhundert setzten Hitler und Stalin nicht nur ihr eigenes Volk, sondern auch den Rest der Menschheit größten Gefahren aus. Im Winter und Frühjahr 1945 befahl Hitler die völlige Vernichtung Deutschlands, weil das überlebende deutsche Volk ihn »betrogen« habe. Hätte Hitler Atomwaffen besessen, dann hätte ihn vermutlich nicht einmal der drohende Gegenschlag der Alliierten zurückhalten können. Können wir Menschen auf den sachgemäßen Umgang mit weltbedrohenden Technologien vertrauen? Wenn das Risiko eins zu tausend ist, daß ein Großteil der Menschheit durch den Aufprall eines Asteroiden

* Die Liste von Problemen, die neue Technologien mit sich bringen, ist natürlich viel länger. In den meisten Fällen handelt es sich jedoch nicht um Katastrophen vom Typ Camarina, die ins Verderben führen, ob man nun darauf reagiert oder nicht. Es handelt sich vielmehr um Probleme, die mit der rechten Einschätzung und dem rechten Timing zu tun haben. Beispielsweise eben das falsche Kühlmittel oder die falsche Kühltechnik inmitten von vielen anderen Alternativen.

Galileo *nähert sich dem Asteroiden Ida und seinem Mond. Die Bildsequenz beginnt oben links, verläuft nach unten und dann nach oben rechts und endet in der Mitte, wo man nur noch einen Teil der Oberfläche sehen kann. Ein Asteroid, der sich auf Kollisionskurs mit der Erde befindet, würde ein ähnliches Bild wie die Sequenz links bieten. Auf dem ersten Bild ist der Asteroid nur als Punkt zu erkennen. Der Satellit (der erste, den man bei einem Asteroiden entdeckt hat) ist ab dem zehnten Bild zu sehen. (Mit freundlicher Genehmigung der NASA und Alfred McEwans, USGS)*

getötet wird, dann ist es vermutlich noch viel wahrscheinlicher, daß die Ablenkungstechnologie in die falschen Hände gerät – in die Hände eines menschenverachtenden Soziopathen wie Hitler oder Stalin, eines Größenwahnsinnigen, eines rachlüstigen Kriegsopfers, eines Opfers ungewöhnlich hoher Testosteronvergiftung, eines religiösen Fanatikers in Erwartung des Jüngsten Gerichts oder einfach nur in die Hände inkompetenter oder sorgloser Techniker. Solche Leute gibt es. Die Risiken erscheinen weitaus größer als der Nutzen. Die Wolke erdnaher Asteroiden läßt an den Sumpf von Camarina denken.

Gerne sieht man in solchen Überlegungen nur die übergroße Angst vor einem äußerst unwahrscheinlichen Ereignis. Man wird gewiß klaren Kopf bewahren. Man denke jedoch nur, wieviel Personal zur Vorbereitung und zum Abschuß von Raketen, zu ihrer Navigation, zum Feuern der Sprengköpfe, zur Untersuchung der Kursabweichung oder zur Lenkung des Asteroiden gebraucht wird. Gewiß wird einer der Hauptverantwortlichen die Gefahren eines Ablenkungsmanövers erkennen. Selbst Versicherungen, daß das Projekt der Vernichtung einer feindlichen Nation dient, würde man wahrscheinlich nicht glauben, weil die Auswirkungen der Kollision den gesamten Planeten betreffen (und es außerdem nicht ganz einfach ist, den Asteroiden genau im Gebiet der besonders bösen Nation einschlagen zu lassen).

Man stelle sich nun aber einmal nicht einen totalitären Staat vor, der von feindlichen Truppen überrannt wird, sondern einen blühenden und selbstbewußten Staat. Man stelle sich eine Tradition von bedingungslosem Gehorsam vor. Und dann stelle man sich vor, daß den Ausführenden folgende Geschichte aufgetischt wird: Der Asteroid wird auf der Erde aufprallen, und wir müssen ihn ablenken; damit aber die Bevölkerung nicht unnötig beunruhigt wird, muß die Operation geheimgehalten werden. Können wir sicher sein, daß in einem Staat mit gefestigter Befehlsstruktur, partieller Informationsvergabe, genereller Geheimhaltung und einer Coverstory selbst apokalyptische Befehle verweigert werden? Sind wir wirklich sicher, daß in den folgenden Jahrzehnten und Jahrhunderten nichts dergleichen geschieht? Wie sicher sind wir uns da?

Die Behauptung, daß alle Technologien ihre guten und schlechten Seiten haben, bringt hier nur wenig. Die Behauptung ist natürlich wahr, doch wenn »schlecht« gewisse apokalyptische Maßstäbe annimmt, dann müssen wir der Technologie Grenzen setzen (in gewisser Hinsicht tun wir dies ohnehin, weil wir nicht alle Technologien entwickeln können; einige davon werden dann eben auf Eis gelegt), oder die internationale Gemeinschaft muß Verrückten, Autokraten und Fanatikern die Hände binden.

Asteroiden und Kometen aufzuspüren ist vorausschauende gute Wissenschaft und relativ preiswert. Warum sollen wir dann, in Kenntnis unserer Schwäche, überhaupt die Entwicklung von Technologien zur Ablenkung kleiner Welten in Erwägung ziehen? Sollen wir diese Technologie aus Sicherheitsgründen nur mehreren Nationen gleichzeitig anvertrauen? Das hat nichts mehr mit dem alten Gleichgewicht des atomaren Schreckens zu tun. Kaum ein Verrückter wird sich von der Tatsache abhalten lassen, daß vielleicht jemand anderes schneller sein könnte. Wie stark können wir darauf vertrauen, daß die internationale Gemeinschaft eine geschickt geplante, geheime Asteroidenablenkung rechtzeitig entdeckt und verhindert? Wenn man eine derartige Technologie entwickelt, kann man sich dann auch eine zuverlässige Schutzvorrichtung dazu vorstellen?

Selbst wenn wir uns auf Aufklärung beschränken, gibt es immer noch Restrisiken. Angenommen, innerhalb einer Generation erfassen wir die

Flugbahnen von dreißigtausend Objekten mit mindestens hundert Meter Durchmesser und veröffentlichen diese Informationen ordnungsgemäß: Karten mit den Flugbahnen der dreißigtausend Asteroiden und Kometen, das Zehnfache der Sterne, die bei klarem Himmel mit bloßem Auge sichtbar sind. Die Öffentlichkeit wird dann vermutlich viel mehr beunruhigt sein als heute. Auf Druck der verängstigten Öffentlichkeit wird man dann Mittel ersinnen, um nicht existenten Gefahren zu begegnen; dadurch wird aber auch die Gefahr eines Mißbrauchs geschürt. Aus diesem Grund ist die Entdeckung und Beobachtung von Asteroiden nicht nur ein neutraler Gegenstand zukünftiger Politik, sondern eher eine Art versteckte Bombe. Die einzig vorhersehbare Lösung ist in meinen Augen die genaue Bestimmung der Flugbahn, eine realistische Einschätzung der Bedrohung und nachhaltige Information der Öffentlichkeit – so daß zumindest in demokratischen Staaten die Menschen ihre eigenen, wohlüberlegten Entscheidungen treffen können.

Erdnahe Asteroiden und die Mittel zur Änderung ihres Kurses sind Gegenstand ernsthafter Untersuchungen. Erste Anzeichen deuten darauf hin, daß Offiziere im US-Verteidigungsministerium und in den Waffenlabors zu verstehen beginnen, daß es wirklich gefährlich ist, Asteroiden durch den Weltraum zu bugsieren. Zivile und militärische Wissenschaftler diskutieren gemeinsam darüber. Viele Menschen sehen im möglichen Einschlag eines Asteroiden eine Art Märchen. Und schon wird aufgeregt drauflosgeschnattert, der Himmel stürze über uns ein. Die Tendenz, jede Katastrophe, die wir nicht persönlich miterleben, als unglaubwürdig abzutun, ist auf lange Sicht ziemlich einfältig, in diesem Fall erweist sie sich jedoch als nützlich, weil sie noch größere Katastrophen vermeiden hilft.

Inzwischen müssen wir aber immer noch das Ablenkungsdilemma lösen. Wenn wir diese Technologie entwickeln und einsetzen, dann können wir daran zugrunde gehen. Wenn wir sie aber nicht entwickeln und einsetzen, dann werden wir am Asteroideneinschlag zugrunde gehen. Die Lösung des Dilemmas liegt in der Zeitspanne, in der diese Gefahren vermutlich auftreten – sie ist relativ kurz für die erste und relativ lang für die zweite.

Ich stelle mir gern vor, daß unser zukünftiger Umgang mit erdnahen Asteroiden in etwa so aussieht: Mit erdgebundenen Observatorien ent-

Irgendwann im einundzwanzigsten Jahrhundert: Ein kleiner Asteroid fliegt an der Erde vorbei und wird von Forschern besucht. Menschen werden diese kleinen Welten gründlich erforschen und mit der Ablenkung von Asteroiden beginnen – sobald sicher ist, daß die entsprechende Technologie selbst in Extremsituationen nicht mißbraucht werden kann. (Darstellung von Don Davis)

decken wir alle großen Asteroiden, zeichnen ihren Kurs auf, bestimmen ihre Rotationsgeschwindigkeit und Zusammensetzung. Wissenschaftler sind gewissenhaft, wenn es um die Erklärung von Gefahren geht – weder übertreiben sie, noch verschweigen sie irgendwelche Aspekte. Wir senden unbemannte Raumsonden aus, damit sie an einigen ausgewählten Himmelskörpern vorbeifliegen, sie umkreisen, auf ihnen landen und Oberflächenproben auf die Erde zurückbringen. Schließlich werden wir auch Menschen dorthin senden. (Aufgrund der geringen Schwerkraft werden sie zehn Kilometer oder noch höher in den Himmel hinaufspringen und einen Ball in die Umlaufbahn des Asteroiden werfen können.) Da wir uns der Gefahren voll bewußt sind, werden wir von einer Kursänderung des Asteroiden Abstand nehmen, bis die Möglichkeiten eines Mißbrauchs dieser Ablenkungstechnologien wesentlich geschrumpft sind. Das wird vermutlich eine Weile dauern. Wenn wir die Entwicklung dieser Technologien zu schnell betreiben, können wir uns vielleicht selbst zerstören. Wenn wir zu langsam sind, dann zerstören wir uns mit Sicherheit. Die Zuverlässigkeit weltweiter politischer Organisationen und das Vertrauen, das sie erwecken, müssen sicher noch wachsen, bevor man sie mit einem Problem dieser Größenordnung betraut. Gleichzeitig gibt es aber anscheinend auch keine annehmbare Lösung auf nationaler Ebene. Wem würde es schon behagen, die Mittel zur Zerstörung der Welt in den Händen einer mutmaßlichen oder tatsächlichen feindlichen Nation zu wissen, gleich, ob die eigene Nation über vergleichbare Mittel verfügt? Wenn die Gefahr interplanetarer Zusammenstöße begriffen wird, dann bringt das die Menschheit an einen gemeinsamen Tisch – zumindest bis die Gefahr vorüber ist.

Doch *diese* Gefahr wird uns immer begleiten. Asteroiden ändern langsam ihren Kurs. Kometen dagegen rasen ohne Vorwarnung aus der Tiefe des Weltalls auf uns zu. Man wird ihnen immer auf eine Weise begegnen müssen, die uns nicht in Gefahr bringt. Durch die Schaffung zweier neuer Gefahrenklassen – natürlich und künstlich – motivieren die kleinen erdnahen Welten nachhaltig die Errichtung übernationaler Institutionen und die Einigung der Menschheit. Andere Alternativen sind da kaum in Sicht.

In unserer üblichen Art – zwei Schritte vorwärts und einen zurück – befinden wir uns ohnehin schon in einem Einigungsprozeß: durch die modernen Transport- und Kommunikationstechnologien, durch die Weltwirtschaft, durch die weltweite Umweltkrise. Die Bedrohung aus dem Weltall beschleunigt lediglich unsere Schritte. Eines Tages werden wir auch ganz vorsichtig lernen, wie man den Kurs kleiner nichtmetallischer Welten mit weniger als hundert Meter Durchmesser ändern kann. Wir werden mit kleineren Explosionen beginnen und uns langsam vorarbeiten. Wir werden Erfahrung in der Kursänderung von Asteroiden und Kometen unterschiedlicher Zusammensetzung und Stärke sammeln und versuchen herauszufinden, welche sich versetzen lassen. Im zweiundzwanzigsten Jahrhundert können wir vielleicht kleine Welten im Sonnensystem bewegen. Dazu verwenden wir (siehe nächstes Kapitel) keine Kernexplosionen, sondern Maschinen zur Kernfusion. Wir bringen kleine Asteroiden aus Edel- und Nutzmetallen in die Erdumlaufbahn. Schrittweise entwickeln wir eine Verteidigungstechnologie, mit der wir einen großen Asteroiden oder Kometen von seinem Kurs auf die Erde ablenken können. Gleichzeitig achten wir besonders darauf, daß diese Technologien vor Mißbrauch geschützt sind.

Da die Gefahr des Mißbrauchs einer Ablenkungstechnologie viel größer zu sein scheint als die Gefahr eines Einschlages, können wir warten, Vorsichtsmaßnahmen ergreifen, politische Institutionen umstrukturieren – wir haben bestimmt mehrere Jahrzehnte, vielleicht sogar Jahrhunderte dafür Zeit. Wenn wir unsere Karten vernünftig ausspielen und auch ein wenig Glück dabei haben, dann gehen Fortschritt auf der Erde und Fortschritt im Weltraum Hand in Hand. Die beiden sind ohnehin eng miteinander verbunden.

Die Bedrohung durch Asteroiden zwingt uns zum Handeln. Letzten Endes müssen wir überall im inneren Sonnensystem Menschen stationieren. Zur Bewältigung so bedeutender Aufgaben genügt es nicht, Roboter ins All zu schicken. Dazu müssen wir unsere Weltpolitik und das internationale System ändern. Während ein Großteil unserer Zukunft im dunkeln liegt, ist dieser Schluß relativ naheliegend und unabhängig von den Launen menschlicher Institutionen.

Selbst wenn wir nicht die Nachfahren berufsmäßiger Wanderer wären, selbst wenn wir nicht von Entdeckergeist beseelt wären, würden einige von uns schließlich doch die Erde verlassen müssen – um unser aller Überleben zu gewährleisten. Dort draußen brauchen wir jedoch Stützpunkte und eine Infrastruktur. In nicht allzu ferner Zukunft werden einige von uns in einer künstlichen Umwelt und auf fremden Welten leben. Das ist das eine von den beiden Argumenten für Menschen im Weltall, die uns in der Diskussion über eine bemannte Mars-Mission fehlten.

Andere Planetensysteme sind ebenfalls von Asteroideneinschlägen bedroht – weil kleine Urwelten, deren Überreste Asteroiden und Kometen darstellen, aus demselben Stoff gemacht sind wie die Planeten selbst. Nach Entstehung der Planeten blieben viele dieser Planetesimale übrig. Die durchschnittliche Zeitspanne zwischen menschheitsbedrohenden Einschlägen auf der Erde liegt ungefähr bei zweihunderttausend Jahren, dem zwanzigfachen Alter unserer Zivilisation. Ganz anders mag sich diese Zeitspanne bei außerirdischen Zivilisationen verhalten (wenn es sie überhaupt gibt), denn sie hängt von Faktoren wie der physikalischen und chemischen Beschaffenheit des Planeten, seiner Biosphäre, der biologischen und sozialen Struktur der Zivilisation und von der Aufprallquote selbst ab. Planeten mit höherem atmosphärischem Druck sind gegen etwas größere Einschläge geschützt. Der Druck kann jedoch nicht sehr viel höher sein, denn dann machen Treibhauseffekt und andere Auswirkungen die Existenz von Leben unwahrscheinlich. Wenn die Anziehungskraft wesentlich geringer ist als auf der Erde, dann verringert sich auch die Gefahr von Kollisionen, aber auch sie kann sich von den Bedingungen auf der Erde nicht allzusehr unterscheiden, weil sonst die Atmosphäre in den Weltraum entweicht.

Die Einschlagquote in anderen Planetensystemen ist ungewiß. Unser System besitzt zwei größere Populationen kleiner Körper. Einige davon kreuzen auf ihrem Kurs die Erde. Sowohl die Existenz dieser Populationen als auch die Mechanismen, die die Kollisionsquote auf einem bestimmten Niveau halten, hängen von der Verteilung der Welten ab. Unsere Oortsche Wolke scheint zum Beispiel von Eiswelten bevölkert zu sein, die durch Gravitationseinflüsse aus der Nachbarschaft von Uranus und Neptun herausgeschleudert wurden. Wenn es in Systemen, die ansonsten unserem Sonnensystem gleichen, keine Planeten gibt, die die Rolle von Uranus und Neptun übernehmen, dann sind ihre Oortschen Wolken sehr viel dünner besiedelt. Sterne in offenen und Kugelhaufen, Sterne in Doppel- oder Mehrfachsystemen, Sterne in geringerer Entfernung zum galaktischen Zentrum, Sterne, die häufiger mit großen molekularen Wolken im interstellaren Raum in Berührung kommen, sind vielleicht einem größeren Strom von einschlagenden Körpern ausgesetzt als erdähnliche Planeten. Der Kometenstrom wäre auf der Erde vielleicht mehrere hundert- oder tausendmal größer, wenn es den Planeten Jupiter nicht gäbe. In Systemen ohne jupiterähnliche Planeten gibt es keinen gravitationalen Schutzschild gegen Kometen, und zivilisationsbedrohende Einschläge treten viel häufiger auf.

In gewisser Hinsicht kann ein stärkerer Strom interplanetarer Objekte die Evolutionsrate beschleunigen, da beispielsweise die Säugetiere erst nach dem Aussterben der Dinosaurier entstanden. Dies gilt jedoch nur in beschränktem Umfang: Irgendwann einmal häufen sich die Einschläge so sehr, daß Leben in keiner Form fortbestehen kann.

Aus dieser Argumentation geht unter anderem hervor, daß nur wenige Zivilisationen, die auf den verschiedensten Planeten der Galaxie entstehen, ohne hohes technisches Niveau langfristig überleben können. Da Einschläge durch Asteroiden und Kometen auf bewohnten Planeten in der gesamten Galaxie möglich sind, hätten alle intelligenten Wesen nur die Wahl: Aufbruch ins All oder Untergang.

Kapitel 19

Terraforming

Wer könnte denn leugnen, daß der Mensch
nicht auch den Himmel machen könnte,
wenn er nur die Instrumente und das Material dazu hätte?

Marsilio Ficino, *Theologia Platonica,* 1474

Während des Zweiten Weltkriegs veröffentlichte ein junger amerikanischer Schriftsteller namens Jack Williamson eine Science-fiction-Erzählung, deren Handlung im zweiundzwanzigsten Jahrhundert in unserem Sonnensystem spielte. Auf der Venus gab es seiner Erzählung zufolge Kolonien Chinas*, Japans und Indonesiens. Mars wurde von Deutschen und die Jupiter-Monde von Russen besiedelt. Der englischsprachigen Bevölkerung waren die Asteroiden und natürlich die Erde vorbehalten.

Gegenüberliegende Seite: *Terraforming auf Mars. Blick von Phobos auf den Planeten. Vallis Marineris ist mit flüssigem Wasser gefüllt, und auf der Nachthalbkugel sind erleuchtete Städte zu sehen. (Darstellung © David A. Hardy)*

* Im richtigen Leben plant die chinesische Weltraumbehörde, Ende dieses Jahrhunderts zwei Astronauten in die Erdumlaufbahn zu senden. Die Raumkapsel soll mit einer umgebauten Rakete vom Typ *Langer Marsch 2E* von der Wüste Gobi aus in den Weltraum befördert werden. Selbst wenn die chinesische Wirtschaft nur langsam weiterwächst – und nicht in einer exponentiellen Wachstumskurve nach oben schnellt, wie dies Anfang und Mitte der neunziger Jahre der Fall war –, dann ist China vielleicht schon Mitte des einundzwanzigsten Jahrhunderts oder früher eine der führenden Raumfahrtnationen der Erde.

Die Schaffung von Lebensraum auf oder unter den Oberflächen des Mondes oder der Asteroiden scheint bis Mitte oder Ende des einundzwanzigsten Jahrhunderts technisch möglich. Viele Ressourcen könnten auf der jeweiligen »Welt« selbst beschafft werden. Da die Schwerkraft auf diesen Welten gering ist, könnten Menschen mit geringen Hilfsmitteln dort fliegen. (Darstellung von Pat Rawlings; © Pat Rawlings 1986)

Williamson veröffentlichte die Geschichte im Juli 1942 unter dem Pseudonym Will Stewart, ihr Titel: *Collision Orbit.* Die Handlung wurde bestimmt durch die bevorstehende Kollision eines unbewohnten mit einem bewohnten Asteroiden und den Versuch, den Kurs des Asteroiden zu ändern. Zu der Zeit war auf der Erde niemand von einem Asteroideneinschlag bedroht, so daß diese Geschichte – abgesehen von Comic Strips – vermutlich eine absolute Neuheit zu diesem Thema darstellte. (Daß *Kometen* auf der Erde einschlagen können, war schon lange bekannt.)

Anfang der vierziger Jahre wußte man nur wenig über die Umweltbedingungen auf Mars und Venus. Man glaubte, daß Menschen dort ohne allzu aufwendige lebenserhaltende Systeme leben könnten. Doch die Asteroiden waren etwas anderes. Selbst damals wußte man bereits, daß Asteroiden kleine, trockene und luftleere Welten sind. Wenn man sie bevölkern, gar große Menschenmassen dort ansiedeln wollte, dann mußte man diese kleinen Welten entsprechend umgestalten.

In seiner Erzählung *Collision Orbit* beschreibt Williamson eine Gruppe von »Weltraumingenieuren«, die diese öden Kolonien in bewohnbares Land verwandeln. Diesen Prozeß der Umgestaltung in eine erdähnliche Welt nannte er »Terraforming«. Er wußte, daß durch die geringe Schwerkraft auf einem Asteroiden jedwede Atmosphäre schnell in den Weltraum entweicht. Somit war das Wichtigste an seinem Terraformingprozeß die Schaffung einer sogenannten Para-Schwerkraft, einer künstlichen Schwerkraft, um eine dichte Atmosphäre an den Asteroiden binden zu können.

Nach unserem heutigen Wissensstand ist so etwas wie »Para-Schwerkraft« physikalisch unmöglich. Doch wir können uns gewaltige durchsichtige Kuppeln vorstellen, die einen bestimmten Lebensraum umhüllen (ein Modell des Russen Konstantin Ziolkowskij). Auch Kolonien im *Innern* eines Asteroiden, wie sie der britische Wissenschaftler J.D. Bernal in den zwanziger Jahren entwarf, sind vorstellbar. Weil Asteroiden klein sind und ihre Anziehungskraft daher gering ist, dürften selbst umfangreiche Tiefbauarbeiten relativ einfach durchzuführen sein. Wenn man einen Tunnel durch den Asteroiden gräbt, könnte man an einem Ende hineinspringen und nach schwungvollen fünfundvierzig Minuten am anderen Ende wieder herauskommen. Im Innern eines geeigneten Kohlenstoff-Asteroiden kann es Materialien zur Herstellung und Bearbeitung von Stein, Metall und Plastik sowie reichlich Wasser geben – alles, was man braucht, um ein geschlossenes Ökosystem im Untergrund zu errichten. Zur Schaffung einer künstlichen Welt, zum Terraforming, müssen wir noch einen großen Schritt weitergehen, aber nichts ist – abgesehen von der »Para-Schwerkraft« – unmöglich. Die moderne Technologie liefert bereits alle notwendigen Voraussetzungen. Wenn es genügend gute Gründe gäbe, dann würden bestimmt viele von uns im zweiundzwanzigsten Jahrhundert auf (oder in) einem Asteroiden leben. Sie bräuchten dann natürlich eine Energiequelle, die sie nicht nur am Leben erhält, sondern auch, wie Bernal riet, ihren Asteroiden antreibt. (Der Schritt von einer Kursänderung mittels atomarer Sprengkraft zu einer etwas sanfteren Art der Fortbewegung ist gar nicht so groß.) Wenn man aus chemisch gebundenem Wasser eine Sauerstoffatmosphäre herstellen könnte, dann könnte man wie auf der Erde organische Materie zur Energiegewinnung verbrennen. Auch Sonnenenergie könnte in Betracht kommen, obwohl das Sonnenlicht auf einem Hauptgürtel-Asteroiden zehnmal schwächer ist als auf der Erde. Man könnte sich trotzdem großflächige Sonnenkollektoren auf unbewohnten Asteroiden vorstellen, die Sonnenlicht in Elektrizität umwandeln. Photovoltaik ist in der Raumfahrt heute an der Tagesordnung, und auch auf der Erde findet sie immer weitere Verbreitung. Sie kann genügend Energie für den Haushaltsbedarf unserer Nachfahren liefern, zur Kursänderung eines Asteroiden reicht sie vermutlich jedoch nicht.

Für diesen Zweck empfahl Williamson die Verwendung von Antimaterie. Antimaterie verhält sich genauso wie Materie, nur mit einem entscheidenden Unterschied. Nehmen wir zum Beispiel Wasserstoff: Ein normales Wasserstoffatom besteht aus einem positiv geladenen Proton und einem negativ geladenen Elektron. Ein Anti-Wasserstoffatom besteht aus einem negativ geladenen Proton und einem positiv geladenen Elektron (auch Positron genannt). Die Protonen besitzen ungeachtet ihrer elektrischen Ladung immer dieselbe Masse. Und die Elektronen besitzen ungeachtet ihrer elektrischen Ladung auch immer dieselbe Masse. Teilchen mit gegensätzlicher Ladung ziehen sich an. Ein Wasserstoffatom und ein Anti-Wasserstoffatom sind stabil, weil in beiden Fällen die positive und negative Ladung im Gleichgewicht ist. Antimaterie ist keine Erfindung von Science-fiction-Autoren oder theoretischen Physikern. Antimaterie existiert. Physiker können sie in Kernbeschleunigern erzeugen. Sie kommt in energiereicher kosmischer Strahlung vor. Warum sieht und hört man dann nichts davon? Weil Materie und Antimaterie sich sofort auslöschen, wenn sie einander begegnen und in Gammaphotonen zerstrahlen. Wir können nicht von vornherein sagen, ob etwas aus Materie oder Antimaterie besteht. Die spektroskopischen Eigenschaften von Wasserstoff und Anti-Wasserstoff sind zum Beispiel absolut identisch.

Albert Einsteins Antwort auf die Frage, warum wir nur Materie und keine Antimaterie sehen, lautete: »Die Materie hat gewonnen.« Damit wollte er sagen, daß zumindest in unserem Sektor des Universums ein sogenannter Materierest* übrigblieb, nachdem Materie und Antimaterie

Gegenüberliegende Seite: *Als bescheidener Versuch des Menschen, einen Eindruck im Sonnensystem zu hinterlassen, ist die Benennung von Oberflächenformationen auf anderen Welten nach kulturell bedeutenden Persönlichkeiten zu werten. In diesen schattierten Reliefkarten der USGS sieht man Krater auf Merkur (oben), die von der Internationalen Astronomischen Union nach Tschaikowsky, Dvořák, Homer, Ibsen, Kuiper, Melville, Matisse, Proust und Raffael benannt wurden, sowie Täler, die den Namen der Radarobservatorien Arecibo (Cornell University) und Goldstone (Jet Propulsion Laboratory) tragen. Auf der Projektion in der unteren Bildhälfte ist fast direkt am Südpol der Krater Chao Meng-Fu zu sehen. Radardaten deuten darauf hin, daß in diesen ewig dunklen Regionen gefrorenes Wasser liegt.*

* Andernfalls bestünde alles in diesem Teil des Universums aus Antimaterie. Wir würden sie dann Materie nennen – und die Existenz von Welten und Leben aus der anderen Materie mit den umgekehrten elektrischen Ladungen schiene uns fragwürdig.

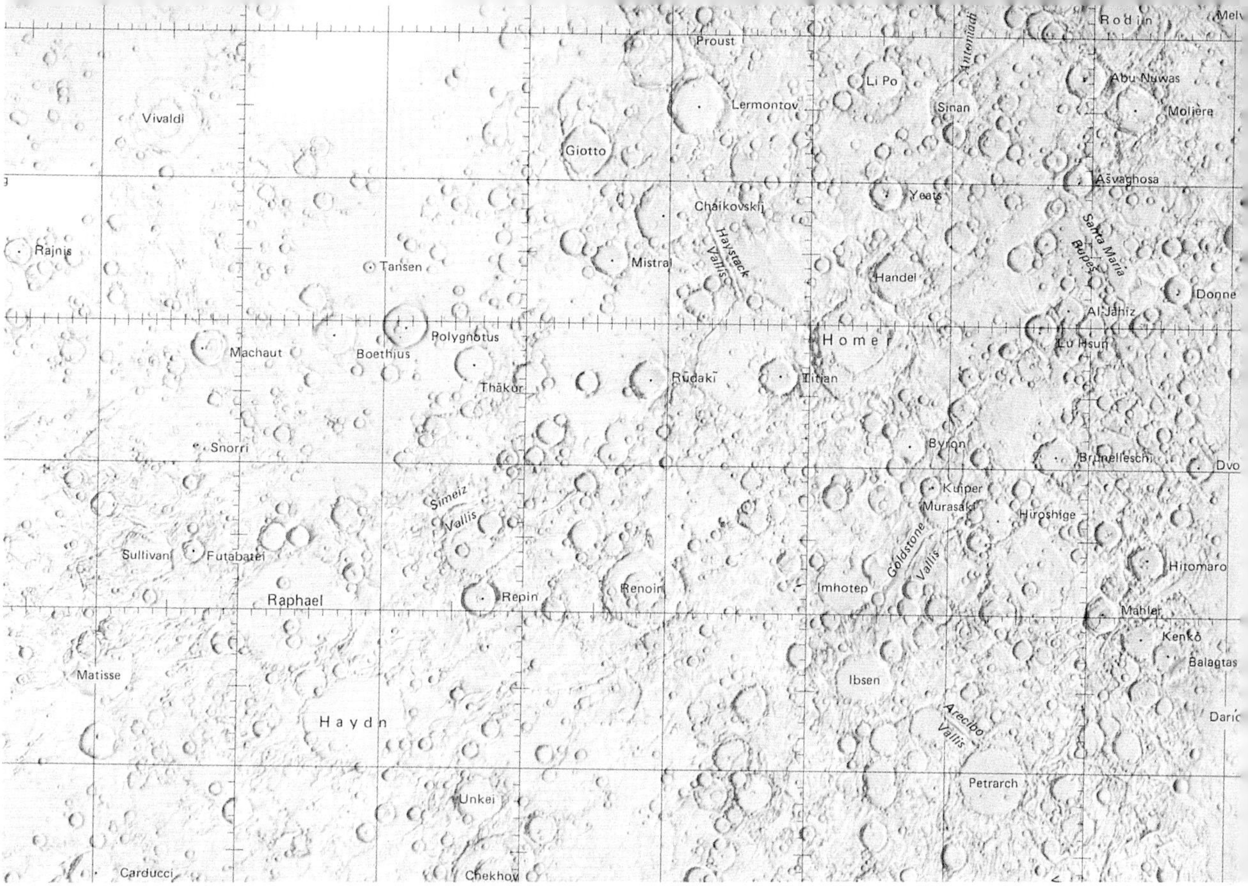
Rodin
Proust
Antoniadi
Li Po
Abu Nuwas
Vivaldi
Lermontov
Sinan
Molière
Giotto
Asvaghosa
Yeats
Chaikovskij
Haystack Vallis
Rajnis
Tansen
Mistral
Handel
Santa Maria Rupes
Donne
Al-Jahiz
Polygnotus
Homer
Lu Hsun
Machaut
Boethius
Thākur
Rudaki
Titian
Byron
Snorri
Brunelleschi
Simeiz Vallis
Kuiper
Murasaki
Hiroshige
Goldstone Vallis
Sullivan
Futabatei
Hitomaro
Raphael
Repin
Renoir
Imhotep
Mahler
Kenkō
Balagtas
Matisse
Ibsen
Arecibo Vallis
Haydn
Petrarch
Unkei
Carducci
Chekhov

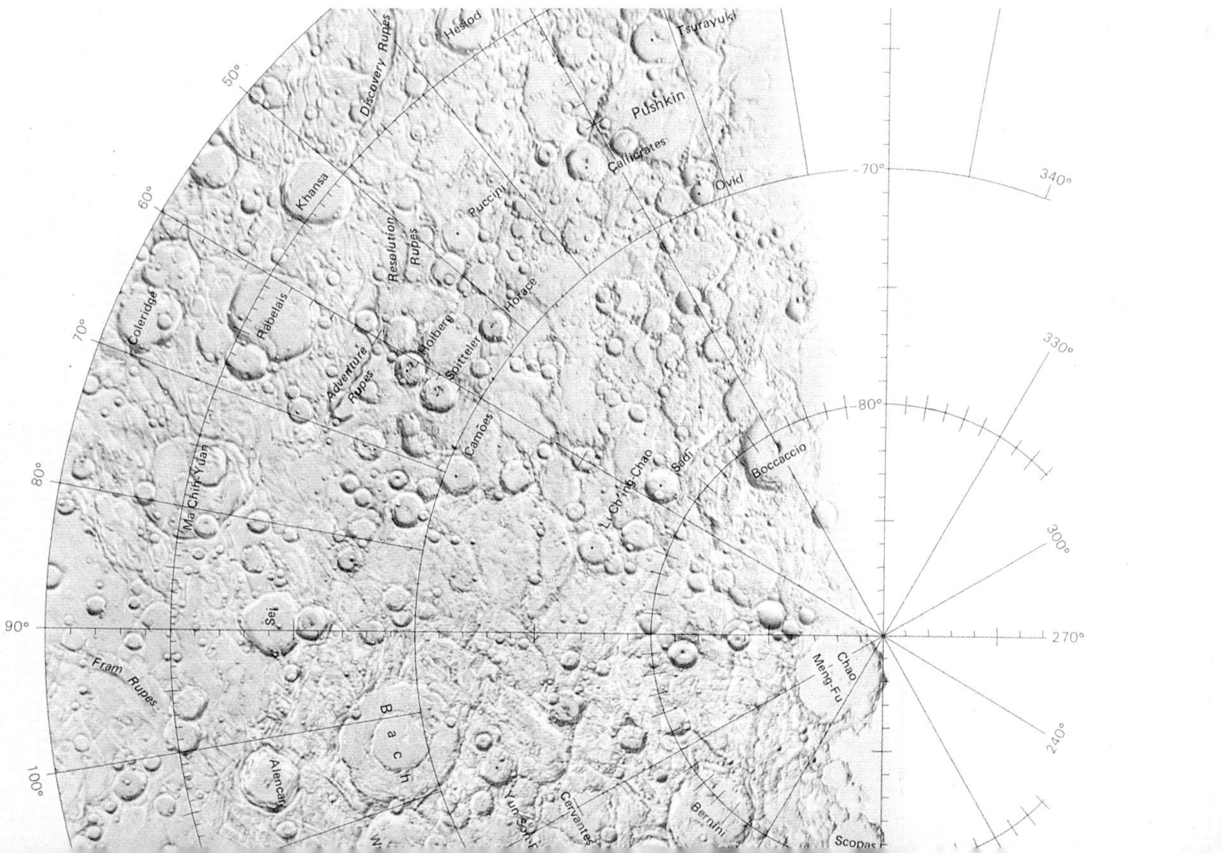
Hesiod
Tsurayuki
Discovery Rupes
50°
Pushkin
Callicrates
Ovid
-70°
340°
60°
Khansa
Puccini
Resolution Rupes
Coleridge
Rabelais
Horace
Molberg
Spitteler
70°
Adventure Rupes
330°
Camões
-80°
Ma Chih-Yüan
Li Ch'ing-Chao
Sadi
Boccaccio
80°
300°
90°
Sei
270°
Fram Rupes
Chao Meng-Fu
Bach
240°
100°
Alencar
Yun Sun-Do
Cervantes
Bernini
Scopas

sich gegenseitig ausgelöscht hatten. Aus der Gammastrahlen-Astronomie und anderen Wissenschaftszweigen wissen wir, daß das Universum fast vollständig aus Materie besteht. Doch eine Diskussion darüber führt an dieser Stelle zu weit. Wenn anfangs jedoch die Materie nur zu einem Teilchen pro Milliarde überwog, dann könnte man damit schon das Universum, wie wir es heute sehen, erklären.

Williamson glaubte, daß die Menschen im zweiundzwanzigsten Jahrhundert Asteroiden durch die kontrollierte Annihilation von Materie und Antimaterie bewegen können. Die daraus resultierende Gammastrahlung könne man bündeln und zum Antrieb von Raketen verwenden. Die Antimaterie vermutete er im Hauptgürtel der Asteroiden (zwischen Mars und Jupiter), weil er sich dadurch die Existenz des Asteroidengürtels erklärte. Vor sehr langer Zeit, so argumentierte er, drang ein Antimaterie-Antiasteroid aus den Tiefen des Weltraums in das Sonnensystems ein, prallte auf einen erdähnlichen Planeten auf und zerstörte ihn. Die Trümmer dieser gewaltigen Kollision sind die Asteroiden, und einige davon bestehen immer noch aus Antimaterie. Wenn man es versteht, sich einen Anti-Asteroiden nutzbar zu machen (Williamson räumte ein, daß das nicht so leicht sei), dann kann man Welten nach Belieben umlenken.

Zu jener Zeit erschienen Williamsons Ideen zwar als futuristisch, aber keinesfalls als verrückt. Teile seines *Collision Orbits* kann man als visionär bezeichnen. Heute haben wir jedoch allen Grund zur Annahme, daß es keine nennenswerten Mengen Antimaterie im Sonnensystem gibt und der Asteroidengürtel keine Ansammlung von Planetentrümmern, sondern eine lange Reihe von kleinen Körpern ist, die sich (wegen Jupiters Gravitationseinfluß) nicht zu einer erdähnlichen Welt vereinen konnten.

Wir erzeugen heute winzige Mengen Antimaterie in Kernbeschleunigern und können im zweiundzwanzigsten Jahrhundert vermutlich größere Mengen davon herstellen. Diese Methode ist so wirksam (die *gesamte* Materie wird zu Energie, $E = mc^2$), daß Antimateriemotoren bis dahin vielleicht im Einsatz sind und Williamson und seinen Visionen recht geben. Welche Energiequellen können wir sonst heranziehen, um Asteroiden neu anzuordnen, zu beleuchten, zu beheizen und zu bewegen?

Die Sonne scheint, weil in ihrem Kern Wasserstoff zu Helium umgewandelt wird. Dabei wird Energie frei, die jedoch weniger als ein Pro-

zent der Energie beträgt, die bei der Annihilation von Materie und Antimaterie entsteht. Selbst künstlich erzeugte Reaktionen sind derzeit noch nicht realistisch. Die dafür notwendigen Temperaturen sind viel zu hoch. Man könnte allerdings schweren Wasserstoff verwenden, wie wir es bei Kernwaffen bereits tun. Deuterium ist ein Proton, das durch Kernkräfte an ein Neutron gebunden ist. Tritium ist ein Proton, das durch Kernkräfte an zwei Neutronen gebunden ist. Es ist anzunehmen, daß wir in ungefähr einem Jahrhundert die kontrollierte Fusion von Deuterium und Tritium sowie Deuterium und Helium zur Energiegewinnung heranziehen. Deuterium und Tritium sind in geringen Mengen in Wasser (auf der Erde und anderen Welten) enthalten. Für den Fusionsprozeß benötigt man ^{3}He (zwei Protonen und ein Neutron bilden seinen Kern), das im Lauf von Jahrmilliarden vom Sonnenwind auf die Oberfläche der Asteroiden getragen wurde. Diese Prozesse sind zwar längst nicht so effizient wie die Protonenreaktionen in der Sonne. Mit der Energie eines wenige Meter großen Eisstollens könnte man aber eine kleine Stadt ein Jahr lang mit Strom versorgen.
Fusionsreaktoren spielen heute noch keine wesentliche Rolle bei der Lösung oder zumindest Minderung des Treibhauseffekts. Im zweiundzwanzigsten Jahrhundert sollten sie eigentlich weitverbreitet sein. Mit Raketenantrieb auf Kernfusionsbasis wird es möglich sein, Asteroiden und Kometen im inneren Sonnensystem von ihrem Kurs abzubringen oder einen Hauptgürtel-Asteroiden in eine Erdumlaufbahn zu bugsieren. Eine Welt mit zehn Kilometern Durchmesser könnte vom Saturn zum Mars gebracht werden, indem man den Wasserstoff in einem Eiskometen von einem Kilometer Durchmesser nuklear verbrennt. (Ich lege allerdings weitaus größere politische Stabilität und Sicherheit zugrunde.)

Lassen wir einmal alle ethischen Bedenken beiseite, die sich angesichts der Neuordnung von Welten oder unserem Hang zu Katastrophen ergeben. Kleinwelten auszuhöhlen, für menschliche Nutzung anzulegen und innerhalb des Sonnensystems hin- und herzubewegen, scheint in einem oder zwei Jahrhunderten durchaus möglich. Vielleicht gibt es bis dahin auch geeignete internationale Sicherheitssysteme. Lassen wir nun einmal Asteroiden und Kometen beiseite. Wie sieht es dann mit der Umgestaltung, dem Terraforming, von Planeten aus? Könnten wir auf dem Mars leben?

Schichtwechsel: Besatzungsmitglieder einer Mars-Basis steigen in den Orbit auf, wo sie ein interplanetares Transportmittel zur Erde zurückbringt. (NASA-Darstellung von Pat Rawlings/SAIC)

Kuppel abhängt. (Vielleicht bin ich da aber auch überängstlich. Die Niederländer sind genauso lustig und zufrieden wie ihre europäischen Nachbarn, obwohl ihr Überleben auch nur von einigen Deichen abhängt.)

Selbst wenn das alles nur Hirngespinste sind und wir nur wenig über Mars wissen, so kann man sich eine Besiedelung der Planeten dennoch vorstellen.

Wir brauchen uns nur unsere eigene Welt anzusehen, auf der Menschen sehr wohl in der Lage sind, die Lebensbedingungen des Planeten grundlegend zu ändern. Zerstörung der Ozonschicht, globale Erwärmung und Treibhauseffekt, globale Abkühlung und Atomkrieg werden in entscheidendem Maße von heute verfügbaren Technologien beeinflußt – und treten stets als unerwartete Nebenwirkung auf. Wenn wir unsere Umwelt wirklich ändern *wollen*, dann können wir das sogar in noch viel stärkerem Maße. Mächtigere Technologien bewirken einen noch stärkeren Wandel.

Es ist einfacher, aus einer Parklücke herauszufahren, als einzuparken, und so ist es auch einfacher, die Umwelt eines Planeten zu zerstören, als auf eine Welt mit genau definierter Temperatur, Zusammensetzung und Druck der Atmosphäre zu übersiedeln. Wir kennen bereits viele unfruchtbare und unbewohnbare Welten und – mit sehr hoher Wahrscheinlichkeit – nur eine einzige grüne und menschenfreundliche Welt. Diese Erkenntnis geht auf die Frühzeit der Planetenforschung zurück. Wenn wir die Erde oder eine andere Welt mit einer Atmosphäre verändern, müssen wir sehr vorsichtig sein. Wenn wir nur ein bißchen an der Umwelt herumbasteln, verselbständigt sie sich – eine Abkühlung um wenige Grad führt zu zunehmender Vereisung (was vermutlich auf Mars eingetreten ist), eine Erwärmung um wenige Grad zu einem steigenden Treibhauseffekt (wie auf Venus). Es ist nicht sicher, ob unsere Kenntnisse für derartige Aufgaben ausreichen.

Meines Wissens schrieb ich 1961 den ersten wissenschaftlichen Artikel über das Terraforming, die Schaffung erdähnlicher Bedingungen auf einem fremden Planeten. Ich war mir damals ziemlich sicher, daß die Oberflächentemperatur der Venus weit über dem Siedepunkt von

Erste menschliche Siedlungen auf dem Mars in einer Darstellung von Chesley Bonestell. (Privatbesitz des Autors)

Wasser liegt und auf den Treibhauseffekt aus Kohlendioxid und Wasserdampf zurückzuführen ist. Ich schlug vor, künstlich erzeugte Mikroorganismen in die oberen Wolkenschichten auszusetzen, die dann CO_2, N_2 und H_2O aus der Atmosphäre abziehen und in organische Moleküle verwandeln. Je mehr CO_2 verschwindet, so meine Argumentation damals, um so mehr verringert sich der Treibhauseffekt und sinkt die Oberflächentemperatur. Die Mikroben werden dann durch die Atmosphäre auf die Oberfläche gelangen, wo sie verdampfen, so daß der Wasserdampf wieder in die Atmosphäre aufsteigen kann. Der Kohlenstoff aus dem CO_2 wird durch die hohen Temperaturen unweigerlich zu Graphit oder in eine andere Form von nichtflüchtigem Kohlenstoff umgewandelt. Mit der Zeit sinken dann die Temperaturen unter den Siedepunkt, und die Venus-Oberfläche wird mit ihren Seen und Tümpeln aus warmem Wasser bewohnbar.

Die Idee wurde sofort von einigen Science-fiction-Autoren aufgegriffen. In diesem Reigen aus ernsthafter Wissenschaft und Science-fiction wurde jedoch bald klar, daß man die Venus nicht mit bestimmten Photosynthese-Organismen impfen kann. In der Folgezeit fand man heraus, daß die Wolken der Venus aus einer konzentrierten Schwefelsäurelösung bestehen, die die Gentechnik vor gewisse Herausforderungen stellt. Doch der Fehler steckt woanders. (Es gibt nämlich auf der Erde Mikroorganismen, die in konzentrierten Schwefelsäurelösungen zu Hause sind.) Ich dachte 1961, daß der atmosphärische Druck auf der Venus-Oberfläche »ein paar« Bar beträgt, ein paar mehr als auf der Erde. Wir wissen heute, daß der Druck neunzig Bar beträgt. Wenn mein Modell funktioniert hätte, dann hätten wir jetzt eine mehrere hundert Meter hohe Graphitschicht auf der Oberfläche und eine Atmosphäre aus fast reinem molekularem Sauerstoff mit einem Druck von fünfundsechzig Bar. Die Frage, ob wir unter diesem atmosphärischen Druck zuerst implodieren oder in dem ganzen Sauerstoff sofort in Flammen aufgehen, erübrigt sich. Bevor sich jedoch soviel Sauerstoff bilden kann, verbrennt das Graphit sofort wieder zu CO_2 und unterläuft damit den gesamten beschriebenen Prozeß. Mit diesem Modell könnte man die Venus also nur ein ganz klein wenig bewohnbarer machen.

Nehmen wir an, wir verfügen Anfang des zweiundzwanzigsten Jahrhunderts über vergleichsweise billige Schwerlasttransporter, mit denen wir große Lasten zu anderen Welten befördern können, über genügend

Die Venus-Oberfläche in einer Darstellung des Science-fiction-Malers Chesley Bonestell aus den fünfziger Jahren. Ich ließ dieses Bild 1961 im Rahmen einer wissenschaftlichen Arbeit über Venus in der Zeitschrift Science *abdrucken. Damals entwarf ich eine Strategie zur Umgestaltung des Planeten. (Privatbesitz des Autors)*

starke Fusionsreaktoren und über eine fortschrittliche Gentechnik. Alle drei Annahmen sind angesichts der heutigen Entwicklung wahrscheinlich. Könnten wir dann die Planeten umgestalten, »terraformen«?★ James Pollack vom Ames Research Center der NASA und ich haben dieses Problem untersucht. Hier unsere Ergebnisse:

Venus: Das Hauptproblem der Venus ist ihr gewaltiger Treibhauseffekt. Wenn wir diesen Treibhauseffekt annähernd ausschalten könnten, dann wäre das Klima vermutlich erträglich. Eine Kohlendioxid-Atmosphäre von neunzig Bar ist in der Tat erdrückend. Die Luft über einer briefmarkengroßen Fläche wiegt ungefähr eine halbe Tonne. Dieses Problem zu lösen ist nicht ganz einfach.

★ Jack Williamson, emeritierter Professor für Englisch an der Eastern New Mexico University, schrieb mir im Alter von fünfundachtzig Jahren, daß er »erstaunt [war] zu sehen, wie weit die Wissenschaft gekommen« sei, seit er erstmals das Konzept des Terraforming eingeführt habe. Unsere Technologie wird es uns eines Tages ermöglichen, doch derzeit liegen wir noch weit hinter Williamsons Ideen zurück.

Wenn wir die Venus mit Asteroiden und Kometen bombardieren könnten, dann würde jede Kollision einen Teil der Atmosphäre wegsprengen. Um jedoch fast die ganze Atmosphäre zu entfernen, bräuchten wir mehr große Asteroiden und Kometen, als es gibt – zumindest im planetaren Bereich unseres Sonnensystems. Und selbst wenn es ausreichend »Geschosse« gäbe, selbst wenn wir sie alle auf die Venus aufprallen lassen könnten, dann würden wir dabei auch eine ganze Menge verlieren. Wer weiß, welche Wunder, welche praktischen Erkenntnisse sie birgt? Wir würden dabei auch einen Großteil der wunderbaren Oberflächengestalt der Venus auslöschen, die wir doch gerade erst zu verstehen begonnen haben und die uns vermutlich viel über unsere Erde erzählen kann. Soweit zum gewaltsamen Terraforming. Es ist wohl ratsam, von solchen Methoden Abstand zu nehmen, selbst wenn wir sie eines Tages in die Praxis umsetzen können (was ich stark bezweifle). Wir streben nach einer eleganteren Lösung, die nicht zuletzt die Umweltbedingungen der jeweiligen Himmelskörper respektiert. Die Mikrobenmethode kommt dem schon näher, hilft aber letzten Endes auch nicht weiter, wie wir bereits gesehen haben. Wir könnten einen dunklen Asteroiden zermahlen und das Pulver in der oberen Venus-Atmosphäre ausstreuen, oder aber Staub von der Venus-Oberfläche in die Atmosphäre befördern, womit wir bei dem physikalischen Äquivalent einer nuklearen Eiszeit beziehungsweise beim Klima wären, das dem Kometeneinschlag im Mesozoikum folgte. Wenn das Sonnenlicht, das bis zur Oberfläche durchdringt, ausreichend abgedimmt wird, dann sinken die Oberflächentemperaturen. Dadurch verdunkelt sich die Venus aber, und der Venus-Tag ist vielleicht gerade einmal so hell wie eine Vollmondnacht auf der Erde. Und das Problem des hohen Luftdrucks ist immer noch nicht gelöst. Da der verstreute Staub binnen weniger Jahre auf die Oberfläche sinkt, müßte er regelmäßig ersetzt werden. Eine derartige Methode wäre vielleicht für kürzere Forschungsmissionen denkbar, aber nicht für die Errichtung dauerhafter Kolonien.

Wir könnten auch einen riesigen Sonnenschirm in die Umlaufbahn der Venus bringen und die Oberfläche auf diese Weise abzukühlen versuchen. Das wäre jedoch extrem kostspielig und brächte viele Nachteile mit sich, die wir bereits von der Staubschichtmethode her kennen. Wenn es uns gelänge, die Oberflächentemperaturen auf ein vernünftiges Maß abzukühlen, dann würde das Kohlendioxid in der Atmosphäre ab-

regnen. Es gäbe dann für eine gewisse Zeit Kohlendioxid-Ozeane auf dem Planeten. Wenn man diese Ozeane abdecken könnte, damit sie nicht wieder verdunsten (zum Beispiel mit Wasserozeanen, die durch Schmelzen eines Eismonds aus dem äußeren Sonnensystem gewonnen werden), dann wäre das Kohlendioxid vermutlich sicher verstaut, und Venus würde sich in einen Wasserplaneten verwandeln. Es wurde auch angeregt, das Kohlendioxid in Karbonatgestein zu verwandeln.
Alle hier aufgeführten Methoden sind jedoch gewaltsam, unelegant und abartig teuer. Die gewünschte Metamorphose des Planeten liegt noch in weiter Ferne, selbst wenn sie verantwortungsvoll und wünschenswert wäre. Die asiatischen Kolonien, die Jack Williamson auf Venus anlegen wollte, müssen sich wohl eine andere Bleibe suchen.

Mars: Bei Mars haben wir genau das umgekehrte Problem. Dort ist der Treibhauseffekt zu gering. Der Planet ist wie eine gefrorene Wüste. Doch die Tatsache, daß Mars vor vier Milliarden Jahren – als die Sonne noch nicht so hell strahlte wie heute – Flüsse, Seen und vielleicht sogar Ozeane besaß, wirft die Frage nach einer natürlichen Wechselhaftigkeit des Mars-Klimas auf, nach einem Auslöser, der den Planeten jederzeit wieder in sein ursprüngliches und angenehmes Klimastadium zurückversetzt. (Es sei jedoch von vornherein klargestellt, daß dabei vor allem an den Polen Mars-Landschaften zerstört werden, die Schlüsseldaten über die Vergangenheit des Planeten enthalten.)
Von der Erde und von Venus wissen wir, daß Kohlendioxid ein Treibhausgas ist. Auf Mars fand man Karbonate und in einer Polkappe Trockeneis. Man könnte sie in gasförmiges Kohlendioxid verwandeln. Um den gewünschten Treibhauseffekt zu erzielen, müßte man jedoch die gesamte Mars-Oberfläche bis zu einer Tiefe von mehreren Kilometern umgraben. Abgesehen von den technischen Schwierigkeiten und den Unannehmlichkeiten für die bereits angesiedelten Mars-Bewohner käme dieses Vorhaben einer unverantwortlichen Zerstörung der Mars-Oberfläche und damit einzigartiger wissenschaftlicher Quellen gleich.
Und wie steht es mit den anderen Treibhausgasen? Wir könnten auf der Erde erzeugte Fluorchlorkohlenwasserstoffe (FCKW) auf den Mars befördern. Diese künstlichen Substanzen gibt es nach unseren heutigen Kenntnissen nirgendwo sonst im Sonnensystem. Wir können sicher ausreichende Mengen von diesem Gas herstellen, um Mars zu erwärmen,

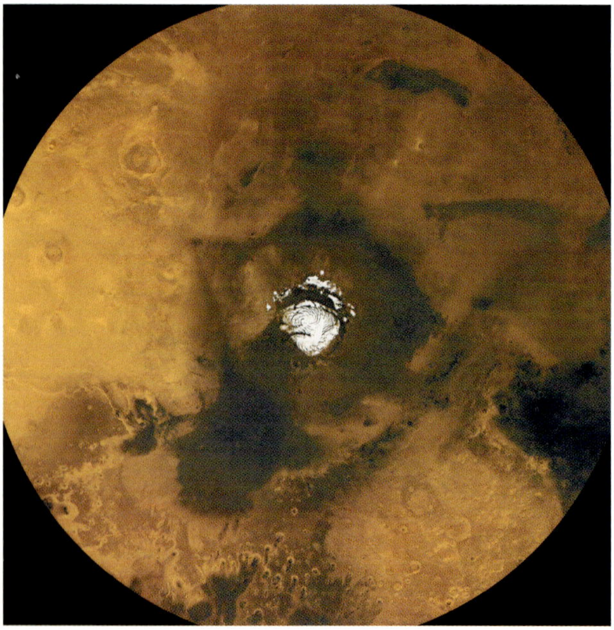

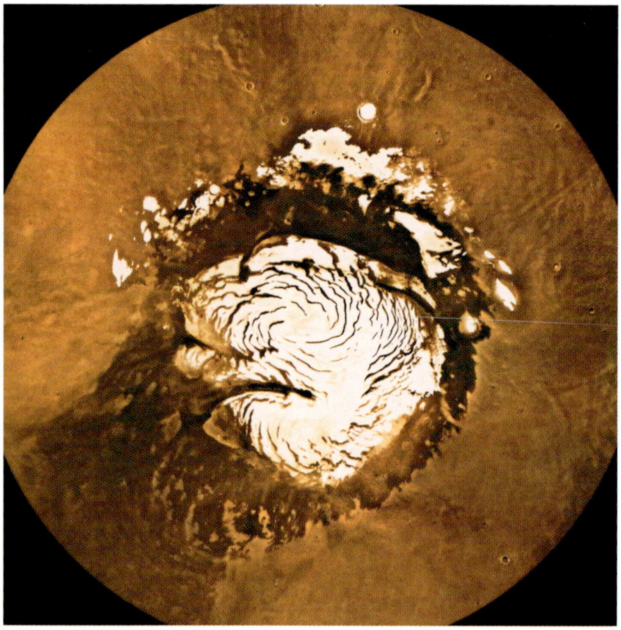

Oben links: *Blick auf die Nordpolkappe von Mars* (Viking-*Photomosaik, mit freundlicher Genehmigung der USGS/NASA)*
Oben rechts: *Nahaufnahme der Nordpolkappe. Die Menge Kohlendioxid, die in den Polkappen von Mars gebunden ist, scheint für die dichte Atmosphäre, die man für den jungen Planeten annimmt, nicht auszureichen. Vielleicht ist der Mars-Boden reich an Karbonaten. Das Kohlendioxid in den Polkappen und im Mars-Boden sowie andere Gase, die auf Mars erzeugt werden können, lassen zusammengenommen vermutlich einen Treibhauseffekt entstehen, der Mars ein erdähnliches Klima bescheren könnte.* (Viking-*Photomosaik, mit freundlicher Genehmigung der USGS/NASA)*

denn ganz *unabsichtlich* heizten wir mit unserer Technologie auch die Erde binnen weniger Jahrzehnte beträchtlich auf. Der Transport zum Mars wäre jedoch teuer. Selbst mit Raketen vom Typ *Saturn V* oder *Energija* müßten wir hundert Jahre lang jeden Tag eine Ladung losschicken. Vielleicht kann man sie aber auch aus fluorhaltigen Mineralien herstellen, die es auf Mars gibt.

Diese Methode hat jedoch noch einen anderen ganz entscheidenden Nachteil: Auf Mars wie auf Erden würde das FCKW die Bildung einer Ozonschicht verhindern. FCKW kann zwar die Mars-Temperatur auf ein erträgliches Maß erhöhen, sorgt zugleich aber auch dafür, daß das UV-Licht von der Sonne extrem gefährlich bleibt. Man müßte dann vielleicht das UV-Licht mit einer genau dosierten atmosphärischen Schicht aus Asteroiden- oder Oberflächenstaub oberhalb des FCKW absorbieren. Inzwischen sind aber die Nebenwirkungen so groß, daß ihre Beseitigung allein schon einen gewaltigen technologischen Aufwand bedeutet.

Ein drittes mögliches Treibhausgas zur Erwärmung des Mars ist Ammoniak (NH_3). Eine geringe Menge davon würde ausreichen, die Mars-Oberfläche über den Gefrierpunkt von Wasser zu erwärmen. Im Prinzip könnten speziell für die auf Mars herrschenden Bedingungen gezüchtete Mikroorganismen analog zu bestimmten Mikroben auf der Erde das N_2 in der Mars-Atmosphäre zu NH_3 umwandeln. Die Umwandlung könnte auch in speziellen Fabriken erfolgen. Man könnte den benötigten

Stickstoff auch aus anderen Regionen des Sonnensystems auf den Mars befördern. (N_2 ist der wichtigste Bestandteil der Atmosphäre auf der Erde und auf Titan.) Ultraviolettes Licht würde Ammoniak in ungefähr dreißig Jahren wieder in N_2 verwandeln, so daß der Ammoniaknachschub stets gesichert bleiben müßte.

Eine gut durchdachte Kombination der Treibhausgase Kohlendioxid, Fluorchlorkohlenwasserstoff und Ammoniak könnte die Oberflächentemperatur auf Mars so nahe an die Null-Grad-Grenze heranbringen, daß die nächste Phase des Terraforming beginnen kann: Temperaturen steigen wegen der großen Mengen Wasserdampf in der Luft weiter an, gentechnisch erzeugte Pflanzen bilden reichlich Sauerstoff, und die Oberfläche wird genauer auf die erwünschten Lebensbedingungen abgestimmt. Mikroben, höhere Pflanzen und Tiere könnten auf dem Mars angesiedelt werden, bevor die Mars-Umwelt den Erfordernissen ungeschützter menschlicher Siedler entspricht.

Die Nutzbarmachung des Mars gestaltet sich insgesamt wesentlich einfacher als das Terraforming der Venus. Sie ist jedoch für unsere heutigen Verhältnisse immer noch sehr teuer und zerstört zudem die natürliche Mars-Umwelt. Angesichts ausreichender Gründe könnte das Terra-

Terrassenformationen am Nordpol des Mars. Staub- und Eisschichten bergen vielleicht lebenswichtige Informationen über die letzten Klimawechsel auf dem Planeten. (Darstellung von Ron Miller)

forming auf Mars im zweiundzwanzigsten Jahrhundert jedoch vielleicht Wirklichkeit werden.

Die Monde von Jupiter und Saturn: Das Terraforming der Satelliten von Jupiter und Saturn weist unterschiedliche Schwierigkeitsgrade auf. Am leichtesten läßt sich vermutlich Titan für menschliche Bedürfnisse umgestalten. Er besitzt bereits eine Stickstoffatmosphäre wie die Erde, und sein atmosphärischer Druck ähnelt auch mehr dem der Erde als dem von Venus oder Mars. Außerdem sind mit ziemlicher Gewißheit wichtige Treibhausgase wie Ammoniak und Wasser in gefrorener Form auf seiner Oberfläche vorhanden. Die Bildung von Treibhausgasen, die bei den gegenwärtigen Temperaturen auf Titan nicht gefrieren, und die direkte Erwärmung der Oberfläche durch Kernfusion könnten vielleicht der Schlüssel zum Terraforming Titans sein.

Wenn es einen zwingenden Grund gäbe, andere Welten für die Menschheit bewohnbar zu machen, sie zu »terraformen«, dann wäre dieses gewaltige Projekt nur in dem bereits beschriebenen zeitlichen Rahmen durchführbar. Das gilt mit Sicherheit für Asteroiden und vielleicht für Mars, Titan und andere Monde der äußeren Planeten, aber wahrscheinlich nicht für Venus. Pollack und ich erkannten, daß manche Menschen die Vorstellung, andere Welten im Sonnensystem für den Menschen bewohnbar zu machen, äußerst faszinierend finden und Observatorien, Forschungseinrichtungen und Wohnungen dort einrichten wollen. Die USA sind schon allein wegen ihrer Geschichte besonders stark daran interessiert.

In jedem Fall kann die Umformung anderer Welten nur dann gekonnt und verantwortungsvoll betrieben werden, wenn wir diese Welten besser verstehen als heute. Die Befürworter des Terraforming müssen erst einmal die langfristige und gründliche wissenschaftliche Erforschung dieser Welten unterstützen.

Wenn wir die Schwierigkeiten des Terraforming in vollem Umfang verstehen, erscheinen uns die Kosten oder Umweltsünden vielleicht zu hoch, so daß wir uns auf die Errichtung von geschlossenen Ökosystemen unter einer Kuppel oder unter der Oberfläche beschränken. Vielleicht geben wir den Gedanken, die Oberflächen anderer Welten in einen erdähnlichen Zustand zu versetzen, eben zu »terra-formen«, ganz auf. Vielleicht erfinden wir aber auch elegantere, kostengünstigere und umweltverträglichere Methoden, von denen wir jetzt noch nichts wissen.

Wenn wir das Thema ernsthaft verfolgen wollen, dann müssen wir uns bestimmte Fragen gefallen lassen. Vorausgesetzt, eine Terraforming-Methode steht in einem annehmbaren Verhältnis von Kosten und Nutzen, wie sicher müssen wir uns dann sein, daß wissenschaftliche Schlüsselinformationen dadurch nicht zerstört werden? Wie gut müssen wir die Welt verstehen, bevor wir sie mit Sicherheit in den gewünschten Zustand versetzen können? Können wir langfristig garantieren, daß eine künstlich erzeugte Welt Bestand hat, wenn unsere politischen Institutionen auf der Erde schon nach kurzer Zeit versagen? Wenn die gewünschte Welt schon bewohnt ist – vielleicht nur von Mikroorganismen –, hat der Mensch dann das Recht, sie zu verändern? Welche Verantwortung haben wir, die Welten des Sonnensystems für zukünftige Generationen zu bewahren – die sie vielleicht ganz anders nutzen wollen? Diese Fragen lassen sich vielleicht zu einer einzigen Frage zusammenfassen: Darf man uns, die wir *unsere eigene* Welt ruiniert haben, eine andere Welt anvertrauen?

Man kann sich vorstellen, daß einige Techniken zur Umgestaltung anderer Welten auch zur Behebung von Schäden auf der Erde eingesetzt werden. In Anbetracht der Dringlichkeit kann man davon ausgehen, daß der Zeitpunkt für Terraforming gekommen ist, wenn wir unsere eigene Welt

In ferner Zukunft wird der Mond eines iovianischen Planeten für die Bedürfnisse des Menschen umgestaltet. (Darstellung von Michael Carroll)

in Ordnung gebracht haben. Die Wiederherstellung unserer Erde ist gewissermaßen ein Test. Der erste Schritt zur Umgestaltung des Sonnensystems muß auf Erden gemacht werden. Wir müssen zuerst die Bewohnbarkeit der Erde garantieren. Dann können wir zu den Asteroiden, Kometen, zu Mars, zu den Monden des äußeren Sonnensystems und darüber hinaus aufbrechen. Jack Williamsons Schätzung, daß wir im zweiundzwanzigsten Jahrhundert soweit sind, ist dann vielleicht sogar realistisch.

Die Vorstellung, daß unsere Nachfahren auf anderen Welten leben und arbeiten oder daß wir je nach Bedarf einige von diesen Welten verschieben können, scheint der blühenden Phantasie eines Science-fiction-Autors entsprungen zu sein. Sei realistisch, sagt mir eine innere Stimme. Doch diese Vorstellung *ist* realistisch. Unsere Technologie steht auf dem Scheitelpunkt zwischen alltäglicher Routine und dem Versuch des Unmöglichen. Es ist leicht, sich in Widersprüchen zu verzetteln. Wenn wir uns in der Zwischenzeit nichts Schreckliches antun, dann kann in einem anderen Jahrhundert das Terraforming genauso im Bereich des Möglichen liegen wie heute eine bemannte Raumstation.

Meiner Meinung nach würde uns das Leben auf einer anderen Welt verändern. Unsere Nachfahren, anderswo geboren und aufgewachsen, wären ihrer Heimatwelt stärker verbunden als der Erde. Ihre Bedürfnisse und die Methoden, mit denen sie diese Bedürfnisse befriedigen, ihre Technologien und ihre Sozialstrukturen werden ganz anders aussehen. Ein Grashalm ist auf Erden nichts Besonderes. Auf Mars käme er jedoch einem Wunder gleich. Unsere Nachfahren auf dem Mars würden den Wert eines Fleckchens Grün zu schätzen wissen. Und wenn ein Grashalm keinen Preis hat, welchen Wert hat dann ein Menschenleben? Der amerikanische Revolutionär Thomas Paine dachte bei der Beschreibung der ersten Siedler in der Neuen Welt ähnlich:

> Die Bedürfnisse, die mit der Nutzbarmachung einer Wildnis einhergehen, ließen unter ihnen einen Gemeinschaftsgeist entstehen, den von Kriegen und Intrigen heimgesuchte Länder längst vergessen hatten. Unter solchen Umständen wird der Mensch zu dem, was er sein sollte. Er sieht seine Artgenossen ... als Brüder.

Die »Organisation der Raumfahrer« ist eine der exklusivsten Organisationen der Welt: Um Mitglied werden zu können, muß man in den Weltraum geflogen sein. Dieses Poster wurde für das Jahrestreffen 1992 entworfen und von Astronauten und Kosmonauten aus fünfundzwanzig Nationen unterschrieben. Das Treffen befaßte sich mit bemannten Mars-Missionen. Wie bei Mars kann man auch bei diesem Poster nicht sagen, welche Seite nun oben ist. (Privatbesitz des Autors)

Da unsere raumfahrenden Nachkommen unfruchtbare und öde Welten mit eigenen Augen gesehen haben werden, werden sie Leben als besonders wertvoll erachten. Da sie gesehen haben, was unsere Art auf Erden angerichtet hat, werden sie entsprechend handeln und nachfolgenden Generationen das Leid ersparen, das ihre Ahnen erfahren mußten, sowie aus unserem Wissen und unseren Fehlern lernen. Denn wir stehen erst am Anfang einer langen Entwicklung.

Kapitel 20

Finsternis

... Denn des Olympos Götter, fern
Wohnend in Lichthöhen der Luft, schauen das Tun
Sterblicher doch.

Euripides, *Die Bakchen,* Vers 392–394, 408/407 v.Chr.[1]

Als Kinder fürchteten wir die Finsternis. Alles mögliche konnte sich da verbergen. Das Ungewisse macht uns immer noch Angst. Ironischerweise sind wir dazu bestimmt, im Dunkeln zu *leben.* Diese unerwartete wissenschaftliche Entdeckung ist nur etwa dreihundert Jahre alt. In welcher Richtung man auch die Erde verläßt, man taucht zuerst ins Blau, dann sieht man das Sonnenlicht verlöschen, und schließlich ist man von Schwärze umgeben, die nur hier und dort von einem schwach leuchtenden und weit entfernten Stern unterbrochen wird.

Selbst als Erwachsene noch schrecken wir vor der Finsternis zurück. Deshalb gibt es Menschen, die davon abraten, die Dunkelheit genauer zu erforschen. Lieber nichts davon wissen, sagen sie.

In der Milchstraße gibt es vierhundert Milliarden Sterne. Und da soll unsere langweilige Sonne der einzige Stern sein, der einen bewohnten Planeten besitzt? Vielleicht. Vielleicht ist die Entstehung von Leben oder Intelligenz außergewöhnlich und unwahrscheinlich. Vielleicht entstehen aber immer wieder Kulturen und zerstören sich selbst, sobald sie dazu fähig sind.

Gegenüberliegende Seite: *Radioteleskope untersuchen den Nachthimmel, der dann ganz anders aussieht als in sichtbarem Licht. Viele »Sterne« sind gar keine Sterne, sondern Milliarden von Lichtjahren entfernte helle Radiogalaxien oder Quasare. Können wir zwischen diesen Radioquellen und den Radiogeräuschen unserer eigenen technischen Zivilisation in der Finsternis Hinweise auf andere Zivilisationen im Weltraum entdecken? (Mit freundlicher Genehmigung des National Radio Astronomy Observatory)*

Das erste SETI-Programm wurde 1960 von Frank Drake am National Radio Astronomy Observatory in Greenbank, West Virginia, durchgeführt. Er hörte zwei Wochen lang nahe gelegene sonnenähnliche Sterne auf einer bestimmten Frequenz ab (»nahe gelegen« ist relativ zu verstehen: der nächst gelegene Stern war zwölf Lichtjahre und damit hundertdreizehntausend Milliarden Kilometer weit entfernt.)

Kurz nachdem Drake sein Radioteleskop ausgerichtet und das System eingeschaltet hatte, empfing er ein sehr starkes Signal. War das eine Nachricht von Außerirdischen? Dann verschwand das Signal. Wenn das Signal verschwindet, kann man es nicht mehr untersuchen. Man kann wegen der Erdrotation nicht feststellen, ob es sich mit dem Himmel weiterbewegt. Wenn es nicht wiederholbar ist, dann kann man fast nichts daraus lernen; es könnte eine irdische Interferenz, ein Versagen des Verstärkers oder Detektors – oder aber ein Signal von Außerirdischen dahinterstecken. Nicht wiederholbare Daten sind nicht besonders viel wert, ganz gleich wie berühmt der betreffende Wissenschaftler ist.

Wochen später registrierte man das Signal erneut. Es handelte sich um ein Militärflugzeug, das auf einer unerlaubten Frequenz sendete. Drake veröffentlichte negative Ergebnisse. In der Wissenschaft bedeuten negative Ergebnisse jedoch alles andere als ein Scheitern. Seine Leistung bestand im Nachweis, daß moderne Geräte in der Lage sind, Signale von mutmaßlichen fremden Zivilisationen auf einem anderen Planeten oder Stern zu empfangen.

Man nahm die Versuche mehrmals für kürzere Zeit wieder auf. Es gab ein paarmal falschen Alarm, doch nichts davon wurde von der wissenschaftlichen Gemeinschaft anerkannt.

In der Zwischenzeit wurde die Nachrichtentechnik immer billiger und die Instrumente immer besser. SETI fand immer mehr wissenschaftliche Anerkennung. Man braucht unterschiedliche Strategien, die sich gegenseitig ergänzen. Bereits vor Jahren wußte man, daß bei gleichbleibendem Trend die notwendige Technologie sogar von privater Hand finanziert werden könnte. Früher oder später würde dann auch die Regierung Geld für ein Großprojekt bewilligen. Nach dreißig Jahren harter Arbeit kann man wohl eher von später als von früher sprechen. Doch wenigstens ist es jetzt soweit.

Die Planetary Society – eine gemeinnützige Gesellschaft, 1980 vom damaligen Direktor des JPL, Bruce Murray, und mir gegründet – widmet sich der Erforschung von Planeten und der Suche nach außerirdischem Leben. Paul Horowitz, Physiker an der Harvard University, brachte mehrere bedeutende Neuerungen in SETI ein und wollte sie ausprobieren. Wenn wir genügend Startkapital aufbringen konnten, dann wollten wir das Programm durch Mitgliederspenden weiter unterstützen.

1983 baten Ann Druyan und ich den Regisseur Steven Spielberg, das Projekt zu unterstützen. Entgegen der angestammten Hollywood-Tradition hatte Spielberg in zwei sehr erfolgreichen Filmen die Ansicht vertreten, daß außerirdische Lebewesen nicht unbedingt feindlich gesinnt und gefährlich sein müssen. Spielberg war einverstanden. Mit seiner Hilfe konnte die Planetary Society das Projekt META starten. META steht für »Megachannel Extra Terrestrial Assay«. Statt einer einzelnen Frequenz wie in Drakes Versuch hatten wir nun 8,4 Millionen Frequenzen. Jeder Kanal, jede »Station«, die wir einstellen, hat dadurch einen außergewöhnlich schmalen Frequenzbereich. Wir kennen keine Prozesse in den Sternen und Galaxien, die so genau umrissene »Radiolinien« erzeugen können. Wenn wir ein Signal empfangen, das in einen so schmalen Kanal fällt, dann kann das unserer Ansicht nach als Hinweis auf eine fremde Intelligenz und Technologie gewertet werden.

Hinzu kommt, daß sich die Erde dreht. Das bedeutet, daß alle entfernten Radioquellen einer scheinbaren, meßbaren Bewegung unterliegen – analog dem Auf- und Untergehen der Sterne. So wie der Ton einer Autohupe niedriger wird, wenn das Auto vorbeifährt, so verschiebt sich wegen der Erdrotation auch die Frequenz einer echten extraterrestrischen Radioquelle. Die Quellen von Interferenzen auf der Erdoberfläche bewegen sich dagegen mit der gleichen Geschwindigkeit wie der META-Empfänger. Die Frequenzen, mit denen META den Weltraum abhört, werden ständig nachgestellt, um die Erdrotation zu kompensieren. Dadurch können die Signale aus dem Weltraum stets in einem einzelnen Kanal auftreten. Die Radiointerferenzen auf der Erde verraten sich dadurch, daß sie durch benachbarte Kanäle jagen.

Das META-Radioteleskop in Harvard besitzt einen Durchmesser von 26 Metern. Jeden Tag wird im Gleichschritt mit der Erdrotation eine kleine Sektion des Sternenhimmels (schmaler als der Vollmond am Himmel) ausgewählt und untersucht. Am folgenden Tag ist die unmittelbar angrenzende Sektion an der Reihe. Im Lauf eines Jahres kann man den gesamten Sternenhimmel der Nordhalbkugel und einen Teil des südlichen Himmels durchkämmen. Mit einem identischen System, das ebenfalls von der Planetary Society finanziert wird, beobachtet man in der Nähe von Buenos Aires den Himmel der Südhalbkugel. Die beiden META-Teleskope erforschen demnach den gesamten Himmel. Das Radioteleskop ist durch die Schwerkraft an die rotierende Erde gebunden und betrachtet damit jeden Stern ungefähr zwei Minuten lang. Dann folgt der nächste Stern. 8,4 Millionen Kanäle scheinen viel, doch jeder Kanal ist äußerst schmal. Alle zusammen machen nur wenige Hunderttausendstel des gesamten Radiospektrums aus. Deshalb müssen wir unsere 8,4 Millionen Kanäle jedes Jahr an eine andere Stelle des Radiospektrums plazieren und hoffen, daß eine fremde Zivilisation, die nichts über uns weiß, genau auf diesen Frequenzen sendet.

Wasserstoffatome kommen im Universum bei weitem am häufigsten vor. Sie finden sich in Wolken und als Gas im gesamten interstellaren Raum. Wenn sie Energie gewinnen, strahlen sie einen Teil davon als Radiowellen mit der Frequenz von genau 1420,405751768 Megahertz ab. (Ein Hertz entspricht dem Eintreffen eines Wellenberges und Wellentales pro Sekunde in einem Empfangsgerät. Bei 1420 Megahertz treffen 1,420 *Milliarden* Wellen pro Sekunde im Detektor ein. Die Wellenlänge des Lichts ist die Lichtgeschwindigkeit, geteilt durch die Wellenfrequenz, und somit entsprechen 1420 Megahertz einer Wellenlänge von einundzwanzig Zentimetern.) Radioastronomen in der gesamten Galaxie werden das Universum immer wieder bei 1420 Megahertz beobachten und annehmen, daß andere Radioastronomen dasselbe tun.

Auf Ihr gewöhnliches Radiogerät übertragen bedeutet dies: Sie können mit Ihrem Radio daheim nur eine Rundfunkstation empfangen, aber niemand kennt die Frequenz. Und die Frequenzskala Ihres Radios, auf der Sie mit einem Knopf den gewünschten Sender einstellen, reicht von der Erde bis zum Mond. Eine so lange Skala systematisch abzusuchen dauert ziemlich lange. Die Schwierigkeit besteht darin, von vornherein die richtige Frequenz einzustellen. Wenn Sie einschätzen können, auf welchen Frequenzen Außerirdische senden, dann können Sie sich viel Zeit und Ärger sparen. Deswegen versuchen wir es zuerst mit der »magischen« Frequenz des Wasserstoffs.

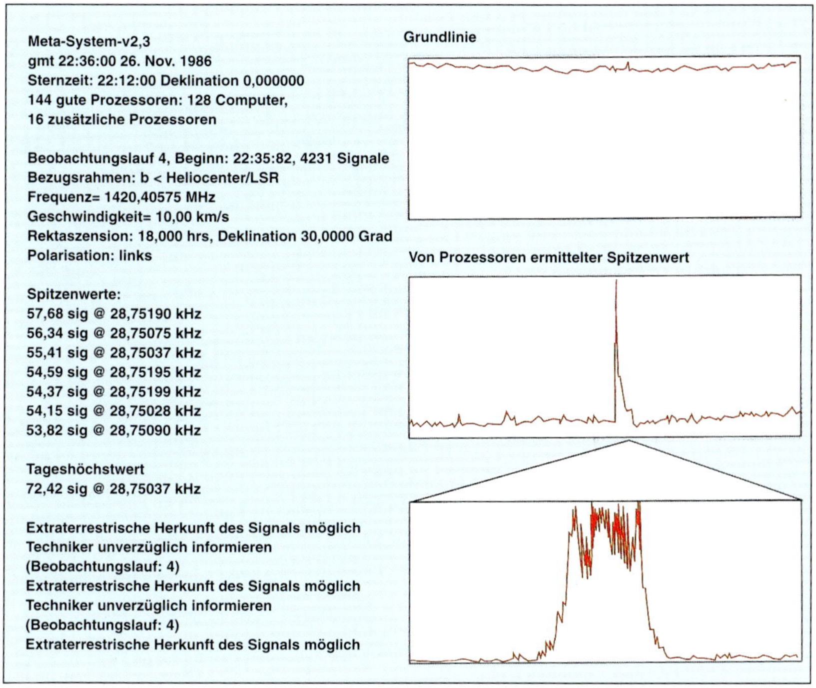

Daten und Kurven eines möglichen Signals einer fremden Zivilisation, Projekt META, 26. November 1986 (Aus: Paul Horowitz und Carl Sagan, The Astrophysical Journal, *20. September 1993)*

Horowitz und ich veröffentlichten detaillierte Ergebnisse aus unserer fünfjährigen Forschungsarbeit mit META und aus zwei Folgejahren. Ein Signal von Außerirdischen fanden wir nicht. Aber wir entdeckten etwas Überraschendes, das mir immer noch kalte Schauer über den Rücken jagt.

Es gibt natürlich Hintergrundgeräusche von der Erde: durch Rundfunk und Fernsehstationen, Flugzeuge, Mobiltelefone, Raumschiffe und Raumsonden. Wie bei allen Radioempfängern steigt mit der Zeit die Wahrscheinlichkeit, daß durch Schwankungen in der Elektronik ein Störsignal entsteht. Deshalb ignorieren wir alles, was nicht *wesentlich* deutlicher als der Hintergrund ist.

Jedes starke Schmalbandsignal, das in einem einzigen Kanal bleibt, nehmen wir sehr ernst. Sobald ein solches Signal eintrifft, benachrichtigt META die Beobachter. Fünf Jahre lang machten wir bei der Untersuchung des gesamten erreichbaren Himmels rund sechzig Billionen Beobachtungen auf unterschiedlichen Frequenzen. Einige Dutzend Signale wurden herausgefiltert und genauer untersucht. Fast alle wurden wieder ausgemustert, weil beispielsweise ein Fehler in den Mikroprozessoren des Empfängers entdeckt wurde.

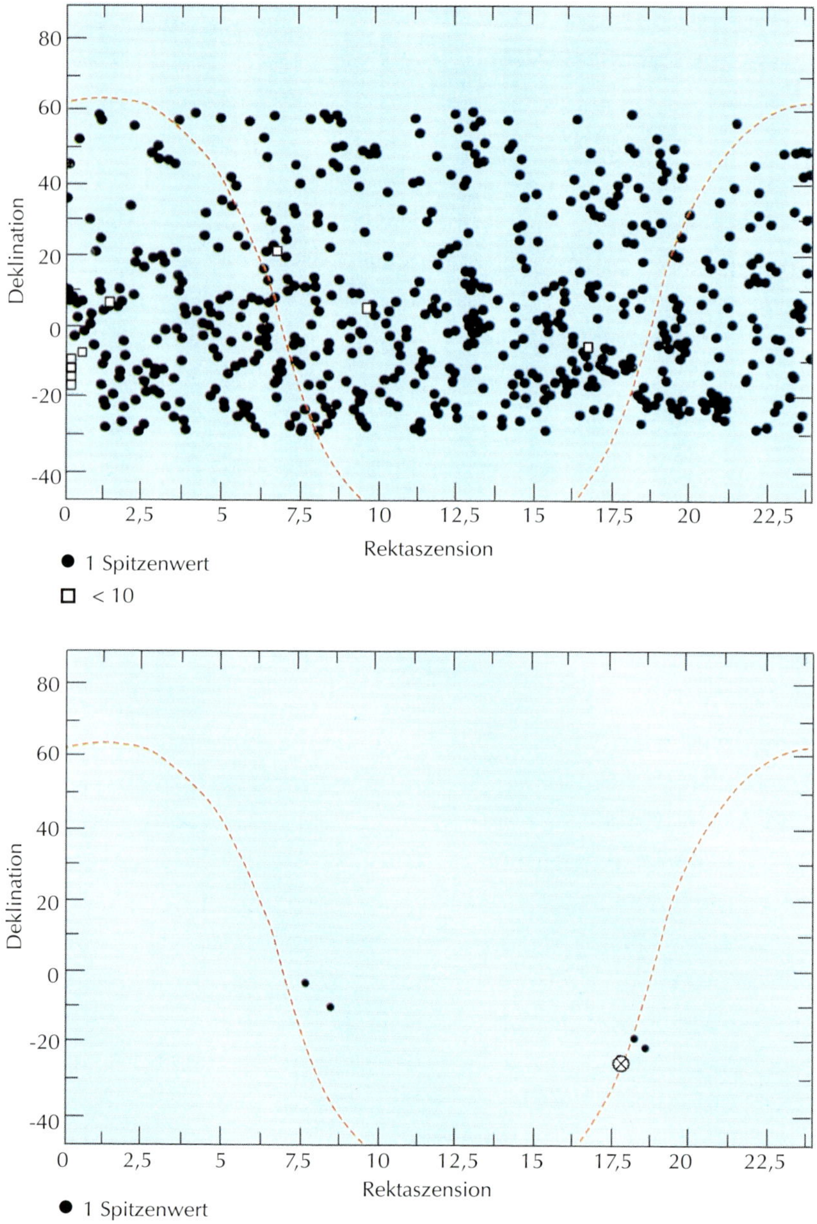

Verteilung der META-Radioquellen am Himmel. Deklination und Rektaszension sind die Breiten- und Längenkoordinaten, die in der Astronomie verwendet werden. In der oberen Graphik sind alle Signale des fünfjährigen Beobachtungslaufs auf der »magischen« Frequenz von 2840 Megahertz (der Oberton der 1420-Megahertz-Wasserstofflinie) zu sehen, die von außerirdischen Intelligenzen stammen können (weil sie beispielsweise in einem einzelnen Schmalbandkanal auftraten). Eine genauere Untersuchung führte jedoch zur Ausmusterung fast aller Signale, da sie auf Fehler in der Elektronik, auf Radiointerferenzen von der Erde und von Raumschiffen zurückzuführen waren. Übrig blieben die vier Signale auf der unteren Graphik. Sie liegen in unmittelbarer Nähe der galaktischen Ebene (hier als gestrichelte Linie dargestellt). Zwei Signale liegen in der Nähe des galaktischen Zentrums, das mit einem Kreuzchen gekennzeichnet ist. (Aus: Paul Horowitz und Carl Sagan, The Astrophysical Journal, *20. September 1993)*

Elf »Ereignisse« – die stärksten und wahrscheinlichsten Signale nach drei vollständigen Himmelsbeobachtungen – blieben übrig. Sie erfüllen alle Kriterien, die wir an ein echtes Signal von Außerirdischen stellen. Bis auf eines. Und dieses eine fehlende Kriterium ist ausnehmend wichtig:

Nachprüfbarkeit. Wir konnten keines dieser Signale ein zweites Mal aufspüren. Wir sehen uns das entsprechende Segment des Himmels drei Minuten später noch einmal an, und wir finden nichts. Wir sehen am folgenden Tag wieder nach: nichts. Nach einem oder sieben Jahren: immer noch nichts.

Es ist sehr unwahrscheinlich, daß jedes Signal, das wir von einer fremden Zivilisation empfangen, schon nach ein paar Minuten wieder verschwindet und nie mehr wiederkehrt. (Woher wüßte sie denn, daß wir zuhören?) Vielleicht ist das Funkeln daran schuld. Sterne funkeln, weil der Raum zwischen dem Auge des Betrachters und den Sternen von turbulenten Luftschichten durchzogen ist. Manchmal verhalten sich diese Luftschichten wie eine Linse und lenken das Licht eines Sterns ein wenig ab, so daß es einen Augenblick lang heller erscheint. Analog dazu können auch die astronomischen Radioquellen funkeln – was durch Wolken von elektrisch geladenem, »ionisiertem« Gas im weiten Beinahevakuum des Weltraums hervorgerufen wird und gewöhnlich bei Pulsaren zu beobachten ist.

Man denke nun an ein Radiosignal, das ein wenig zu schwach ist, als daß wir es auf der Erde empfangen könnten. Durch Zufall wird dieses Signal für kurze Zeit gebündelt, verstärkt und dadurch für unsere Radioteleskope registrierbar. Interessanterweise beträgt die Lebensdauer einer solchen Vergrößerung dem Verhalten von interstellarem Gas zufolge wenige Minuten - und die Chance, das Signal wiederzufinden, ist sehr gering. Wir sollten wirklich monatelang ein und dieselben Koordinaten am Himmel beobachten.

Obwohl keines dieser Signale wiederholt wurde, verschafft mir eine Entdeckung Gänsehaut: Acht von den elf besten Signalen lagen in oder nahe der galaktischen Ebene. Die fünf stärksten befanden sich in den Sternbildern Cassiopeia, Einhorn, Hydra und Schütze in der Nähe des galaktischen Zentrums. Die Milchstraße ist eine flache, radähnliche Ansammlung von Gas, Staub und Sternen. Weil sie so flach ist, können wir sie als matten Lichtstreifen am Nachthimmel erkennen. In diesem Streifen befinden sich fast alle Sterne unserer Galaxie. Wenn unsere Spitzensignale wirklich auf Radiointerferenzen von der Erde oder einen Fehler in der Elektronik zurückzuführen sind, warum sehen wir sie gerade dann, wenn wir unsere Teleskope auf die Milchstraße ausrichten? Vielleicht verfolgt uns ja auch eine besonders ungünstige Statistik. Die

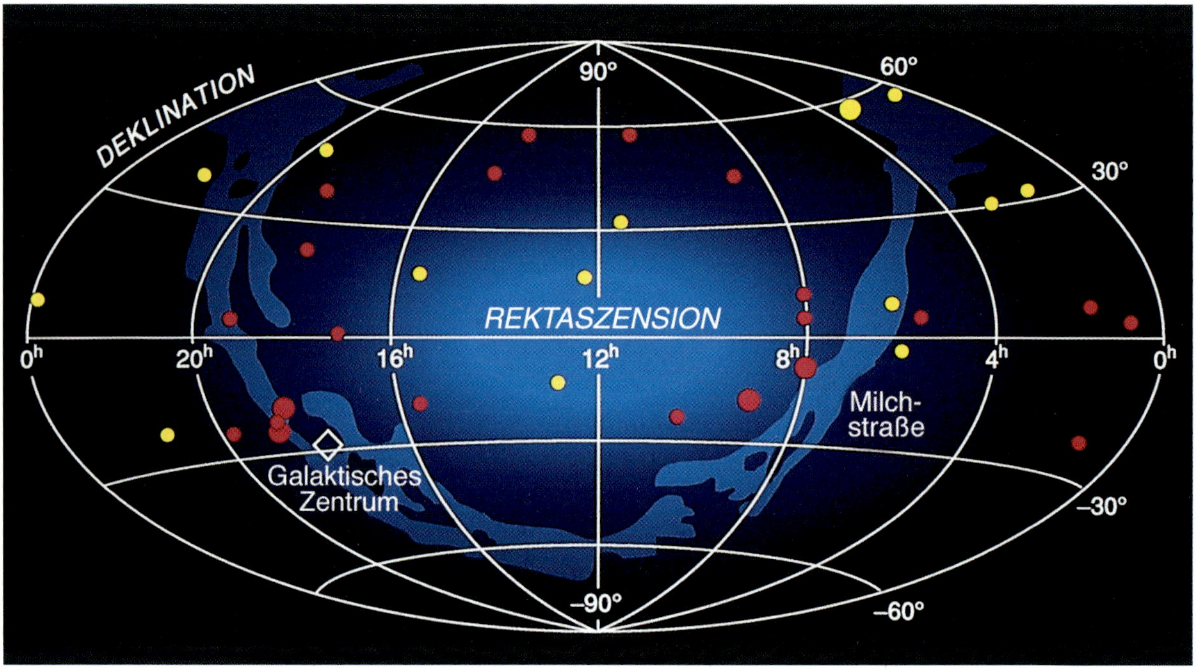

Die siebenunddreißig stärksten META-Signale, die einer eingehenden Überprüfung standhielten. Gelbe Punkte markieren Entdeckungen bei 1420 Megahertz, rote Punkte Entdeckungen bei 2840 Megahertz. Die großen Punkte zeigen die fünf stärksten Signale. Auch hier ist eine Konzentration der stärksten Signale an der galaktischen Ebene zu erkennen. (Copyright 1994 by Sky Publishing Corp. Abdruck mit Genehmigung. Graphik von José R. Díaz, Sky and Telescope Magazine, *übernommen aus: Paul Horowitz und Carl Sagan,* The Astrophysical Journal, *20. September 1993)*

Wahrscheinlichkeit, daß der Zusammenhang mit der galaktischen Ebene auf puren Zufall zurückzuführen ist, beträgt jedoch weniger als ein halbes Prozent.

Man stelle sich eine gewaltige Karte vom Nachthimmel vor, die an einer Zimmerwand angebracht ist: An der Decke liegt der Nordstern, unten am Boden befinden sich die blasseren Sterne, auf die der Südpol der Erde zeigt. Quer über diese Karte schlängelt sich das unregelmäßige Band der Milchstraße. Und nun muß man mit verbundenen Augen fünf Darts auf diese Karte schleudern, wobei aber der Südhimmel großenteils abgedeckt ist, weil man den vom Teleskop in Harvard auch nicht sehen kann. Man müßte die fünf Wurfpfeile mehr als zweihundertmal auf die Karte werfen, bis sie rein zufällig so nahe am galaktischen Zentrum auftreffen wie die fünf stärksten Signale. Da diese Signale jedoch nicht wiederholbar sind, können wir nicht zuverlässig auf außerirdische Intelligenz schließen.

Vielleicht lassen sich diese Signale aber auf ein neues astrophysikalisches Phänomen zurückführen, von dem wir bis jetzt noch nichts wissen. Vielleicht handelt es sich ja nicht um eine fremde Zivilisation, die diese von uns registrierten Signale in erstaunlich schmalen Frequenzbereichen aussendet, sondern um einen Stern oder um eine Gaswolke in der Ebene der Milchstraße.

Erlauben wir uns an dieser Stelle jedoch einmal einige extravagante Spekulationen. Stellen wir uns einmal vor, daß *alle* ausgefilterten Signale tatsächlich von anderen Zivilisationen stammen. Von der kurzen Beobachtungszeit können wir dann auf die Anzahl der Sender in der gesamten Milchstraße schließen: Sie liegt bei rund einer Million. Wenn die nächstgelegene Zivilisation wenige hundert Lichtjahre entfernt ist, dann kann sie unsere Fernseh- oder Rundfunksignale noch nicht empfangen haben. Sie erfährt erst in ein paar Jahrhunderten, daß es auf der Erde eine technisch begabte Zivilisation gibt. Die Galaxie steckt vielleicht voller Leben und Intelligenzen, die jedoch – wenn sie nicht gerade riesige Mengen obskurer Sternensysteme untersuchen – nicht wissen, was hier auf der Erde so alles geschieht. In ein paar hundert Jahren werden sie uns entdecken, und dann wird die Sache erst richtig interessant. Glücklicherweise haben wir viele Generationen Zeit, uns darauf vorzubereiten.

Wenn andererseits *keines* unserer Signale von einer fremden Zivilisation stammt, dann müssen wir daraus schließen, daß nur sehr wenige Zivilisationen (oder gar keine) in der Lage sind, Signale auszusenden – zumindest nicht auf unseren Frequenzen und so, daß wir sie hören können.

Man denke sich nun eine Zivilisation wie die unsere, die jedoch ihre ganze Energieerzeugung (rund zehn Billionen Watt) zur Aussendung eines Signals auf unserer Frequenz und in alle Richtungen im Weltall verwendet. Die von META gewonnenen Daten würden daraus schließen, daß es im Umkreis von fünfundzwanzig Lichtjahren – wo etwa ein Dutzend sonnenähnliche Sterne liegen - keine solche Zivilisation gibt. Das ist in der Tat nicht sehr weit. Wenn dagegen diese Zivilisation uns direkt anfunkt und eine Antenne verwendet, die in etwa der Anlage am Arecibo Observatory entspricht, und META nichts entdeckt, dann bedeutet das, daß es auf den vierhundert Milliarden Sternen in der Milchstraße keine einzige fremde Zivilisation gibt.

Und wie könnte diese Zivilisation, selbst wenn sie wollte, uns überhaupt direkt anfunken?

Man denke sich nun das umgekehrte technologische Extrem: Eine sehr weit entwickelte Zivilisation sendet zehnbillionenmal stärkere Signale

(10^{26} Watt, die gesamte Energie der Sonne) in alle Richtungen aus. Wenn die META-Ergebnisse negativ sind, können wir daraus schließen, daß es intelligente Lebewesen nicht nur nicht in der Milchstraße, sondern nirgendwo im Umkreis von siebzig Millionen Lichtjahren gibt – nicht in M31, der nächstgelegenen Galaxie, die unserer Milchstraße ähnelt, nicht in M33, nicht im Fornax-System noch in M81, nicht in Centaurus A noch im Virgohaufen und auch nicht in der nächstgelegenen Seyfert-Galaxie; nicht auf einem einzigen der hunderttausend Milliarden Sterne in Tausenden von benachbarten Galaxien gibt es danach intelligente Lebewesen.

Vielleicht ist es ja nicht gerade ein Zeichen von Intelligenz, sondern eher von Dummheit, soviel Energie in den interstellaren (und intergalaktischen) Raum zu verschleudern. Vielleicht ist diese Zivilisation ja gar nicht auf neue Bekanntschaften erpicht. Vielleicht interessiert sie sich aber auch einfach nicht für so rückständische Lebewesen wie uns. Soll es denn wirklich keine einzige Zivilisation auf hundert Billionen Sternen geben, die mit der Stärke auf der Frequenz sendet? Die negativen META-Ergebnisse lassen jedoch gewisse Schlüsse zu – wir wissen nur nicht, ob es sich um zahlreiche sehr weit entwickelte Zivilisationen oder um ihre Kommunikationsstrategie handelt. Selbst wenn META nichts findet, bleibt trotzdem ein weiter Bereich offen – zahlreiche fremde Zivilisationen, die weiter entwickelt sind als wir und auf magischen Frequenzen in alle Richtungen senden. Wir haben einfach noch kein Signal von ihnen empfangen.

Am 12. Oktober 1992 – zufällig der fünfhundertste Jahrestag der Entdeckung Amerikas durch Christoph Kolumbus – startete die NASA ihr eigenes neues SETI-Programm. Mit einem Radioteleskop in der Mojave-Wüste wollte man den gesamten Himmel systematisch absuchen – wie bei META konzentrierte man sich nicht auf bestimmte Sterne, aber man dehnte den Frequenzbereich sehr viel weiter aus. Am Arecibo Observatory konzentrierte sich ein weitaus empfindlicheres NASA-Teleskop auf erfolgversprechende benachbarte Sternsysteme. Auf dem Höhepunkt des Experiments hätte die NASA im Vergleich zu META viel schwächere Signale empfangen und außerdem nach ganz anderen Signalen suchen können.

META zeigt ein Dickicht von kosmischer Hintergrundstrahlung und

Radiointerferenzen. Rasche Wiederholung der Beobachtung und Bestätigung des Signals – vor allem an anderen, unabhängigen Radioteleskopen – sind der Schlüssel zur Gewißheit. Horowitz und ich gaben den NASA-Wissenschaftlern die Koordinaten unserer einmaligen und rätselhaften Ereignisse. Vielleicht hätten sie unsere Ergebnisse bestätigen und aufklären können. Das NASA-Programm entwickelte außerdem neue Technologien und Ideen und konnte viele Schulkinder begeistern. In den Augen vieler Bürger war das Experiment zehn Millionen Dollar pro Jahr wert. Doch fast genau ein Jahr nach der Genehmigung stellte der amerikanische Kongreß angeblich aus Kostengründen das Projekt wieder ein. Man muß sich vor Augen führen, daß der Verteidigungshaushalt nach dem Ende des kalten Krieges immer noch rund dreißigtausendmal höher ist.

Zudem ging der Kongreß von einer äußerst geringen Erfolgsquote und von einem geringen Nutzen für die Bevölkerung aus. Doch wie soll man »garantieren«, daß man eines Tages außerirdische Lebewesen aufspürt? Wie gering sind unsere Erfolgschancen wirklich? Und wie will man den Nutzen einer derartigen Entdeckung vorherbestimmen? Wie bei allen großen Forschungsabenteuern wissen wir nicht, ob und was wir entdecken werden. Wenn wir das im voraus wüßten, dann bräuchten wir ja nicht erst zu suchen.

Programme wie SETI sind harten Kosten-Nutzen-Rechnern ein Dorn im Auge. Es ist ungewiß, wann und ob man etwas entdeckt und wieviel das alles kostet. Der Nutzen kann gewaltig sein, aber das wissen wir eben auch nicht. Es wäre natürlich verrückt, einen Großteil der Haushaltsbudgets aller Länder der Erde für derartige Abenteuer auszugeben, aber meines Erachtens sollte man eine Kultur auch daran messen, ob sie sich wenigstens ein *bißchen* für die Lösung der großen Probleme interessiert.

Trotz dieses Dämpfers beschloß eine Gruppe von Wissenschaftlern und Ingenieuren, am SETI Institute in Palo Alto weiterzumachen. Die NASA erlaubte ihnen die Nutzung der bereits bezahlten Instrumente. Mäzene aus der Elektronikindustrie spendeten beträchtliche Summen, mindestens ein geeignetes Radioteleskop steht zur Verfügung, und der Anfang für das größte aller SETI-Programme wurde gemacht. Wenn man damit beweisen kann, daß ein sinnvoller Beobachtungslauf möglich ist, ohne von Hintergrundgeräuschen überschwemmt zu werden – und vor allem

Kapitel 21

Himmelwärts!

Die Himmelsleitern werden für ihn herabgelassen,
damit er auf ihnen den Himmel erklimme.
O Götter, hebt den König empor.
Tragt ihn himmelwärts, himmelwärts!

Totenlied für einen Pharao (um 2600 v. Chr.)

Als meine Großeltern Kinder waren, galten elektrisches Licht, Auto, Flugzeug und Radio als erstaunlicher technischer Fortschritt, als Wunder ihrer Zeit. Sie hörten allerlei seltsame Geschichten darüber, aber sie selbst hatten in ihrem kleinen Dorf in Österreich noch nichts davon gesehen. Zu derselben Zeit sahen jedoch zwei Menschen weitaus ehrgeizigere Erfindungen voraus: Konstantin Ziolkowskij, ein halbtauber Schullehrer aus der russischen Stadt Kaluga, war der Theoretiker, Robert Goddard, Professor an einem College in Massachusetts, war der Ingenieur. Beide träumten davon, mit Raketen zu den Planeten und Sternen zu fliegen. Schritt für Schritt arbeiteten sie die zugrundeliegende Physik und viele Details aus. Nach und nach nahmen ihre Maschinen Gestalt an.

Gegenüberliegende Seite: *Sternenhimmel am Kreuz des Südens (Copyright A. Fuzii/*Ciel et Espace)

Zu ihrer Zeit galt allein schon der Gedanke an Raumfahrt als ein Zeichen für Geisteskrankheit. Goddard wurde verlacht, sobald er das Thema Raumfahrt überhaupt erwähnte. Deshalb wagte er es nicht, seine langfristigen Überlegungen zur Raumfahrt zu veröffentlichen oder vor einem größeren Publikum zu diskutieren. Als Heranwachsende hatten er und

Ziolkowskij eine Art Erscheinung, und seither ließ sie der Gedanke an die Raumfahrt nicht mehr los. Ziolkowskij träumte davon, in einer Maschine zu den Sternen zu fliegen, aber es war schwierig, ganz allein an diesem Traum zu arbeiten. Viele seiner Zeitgenossen hielten ihn schlichtweg für verrückt. Wer sich in der Physik besser auskannte als Ziolkowskij und Goddard, der behauptete, daß Raketen im luftleeren Raum nicht funktionieren würden und der Mond und die Planeten außerhalb menschlicher Reichweite lägen.

Eine Generation später baute Wernher von Braun, inspiriert von Ziolkowskijs und Goddards Visionen, mit seiner V-2 die erste Rakete, die den Rand des Weltraums erreichen konnte. Ironischerweise diente die Rakete als Vernichtungswaffe für die Nazis. In der Raketenfabrik schufteten Zwangsarbeiter, und von Braun selbst war ein SS-Offizier. Er wollte auf den Mond, traf aber London.

Noch eine Generation später flogen wir schließlich in den Weltraum, umkreisten die Erde und betraten den Mond. Unsere Maschinen wurden immer besser und selbständiger und flogen durch das ganze Sonnensystem, entdeckten und erforschten neue Welten, verglichen sie mit der Erde und suchten nach Leben.

In der langfristigen Perspektive der Astronomie hat das Wort »jetzt« wirklich etwas Epochales. »Jetzt« gelang es uns auch erstmals, uns selbst – und vielen anderen Arten von Lebewesen – wissentlich gefährlich zu werden:

- Wir verfeuerten Hunderttausende von Jahren fossile Brennstoffe. In den sechziger Jahren wurde so viel Holz, Kohle, Öl und Gas verbrannt, daß Wissenschaftler erstmals vor dem steigenden Treibhauseffekt warnten. Die Gefahren einer globalen Erwärmung drangen langsam an die Öffentlichkeit.
- In den zwanziger und dreißiger Jahren erfand man Fluorchlorkohlenstoffe. 1974 entdeckte man, daß sie die schützende Ozonschicht angreifen. Fünfzehn Jahre später wurde ihre Produktion weltweit untersagt.
- 1945 erfand man die Atombombe. Erst 1983 verstand man die weltweiten Folgen eines Atomkriegs. Bis 1992 wurde eine Vielzahl von atomaren Sprengköpfen entschärft.
- 1801 entdeckte man den ersten Asteroiden. Anfang der achtziger

Eine klassische Darstellung von Chesley Bonestell/Space Art International: Eine Rakete der Klasse V-2 wird startklar gemacht (Mit freundlicher Genehmigung von Frederick C. Durant III.)

Jahre des zwanzigsten Jahrhunderts dachte man mehr oder weniger ernsthaft daran, Asteroiden von ihrem Kurs abzubringen. Die potentiellen Gefahren, die von dieser Technologie ausgehen, wurden wenig später erkannt.
- Biologische Kriegsführung ist seit Jahrhunderten bekannt, doch mit der noch jungen Molekularbiologie nimmt sie ganz andere Ausmaße an.
- Der Mensch hat das Aussterben von Tier- und Pflanzenarten in einer nie dagewesenen Weise beschleunigt. Erst in den letzten zehn Jahren wurde das ganze Ausmaß dieser Verluste deutlich und damit auch die Gefahr, daß wir in unserer Unkenntnis über die Zusammenhänge des Lebens auf der Erde unsere eigene Zukunft bedrohen.

Wenn man die Daten in dieser Zusammenstellung und die Technologien, die derzeit entwickelt werden, betrachtet, dann ist es durchaus wahrscheinlich, daß wir noch viel schlimmere Schäden anrichteten. In gewisser Hinsicht sind wir vielleicht sogar einzigartig: Infolge unserer Taten oder Unterlassungen und des Mißbrauchs unserer eigenen Erfindungen erleben wir einen – zumindest für die Erde – außergewöhnlichen Augenblick: Zum ersten Mal ist eine Art fähig, sich selbst auszulöschen. Doch gleichzeitig ist eine Art zum ersten Mal in der Lage, zu den Planeten und Sternen zu fliegen. Beides fällt zusammen, beide Male ist dieselbe Technologie im Spiel – innerhalb weniger Jahrzehnte der Geschichte eines viereinhalb Milliarden alten Planeten. Unser Einfluß auf die Zukunft ist heute besonders groß.
Die Entwicklung läuft vielleicht auf vielen Welten ähnlich ab: Ein neu geformter Planet kreist friedlich um seinen Stern. Langsam entsteht Leben, und es entwickelt sich ein bunter Reigen verschiedener Kreaturen. Intelligenz entsteht und trägt – jedenfalls bis zu einem gewissen Punkt – enorm viel zum Überleben bei. Dann wird die Technik erfunden. Die intelligenten Wesen erkennen, daß es Naturgesetze gibt und daß diese Gesetze im Experiment nachgewiesen werden können. Und daß die Kenntnis von diesen Gesetzen in ungeahntem Maße zur Rettung und Zerstörung von Leben eingesetzt werden kann. Sie erkennen, daß Wissenschaft Macht verleiht. Und im Nu bauen sie Mechanismen, mit denen die Welt verändert werden kann. Manche Zivilisationen sehen

einen Ausweg, indem sie Gebote und Verbote erlassen, und überstehen die gefährlichen Momente. Andere wieder sind nicht so vorsichtig und gehen unter.

Da auf lange Sicht jede planetare Kultur von der Kollision mit einer anderen Welt bedroht ist, muß jede überlebende Zivilisation die Raumfahrt vorantreiben – nicht aus einem romantischen Forscherdrang heraus, sondern aus purem Überlebenswillen. Wenn man dann einmal mehrere Jahrhunderte oder Jahrtausende lang kleine Welten herumbewegt und Planeten umgestaltet hat, dann ist diese Zivilisation selbständig. Viele andere Zivilisationen werden – wenn es sie gibt – auf die weite Reise durch das Weltall gehen.*

Inzwischen kann man schätzen, wie bedrohlich unsere Situation wirklich ist. J. Richard Gott III., Astrophysiker an der renommierten Princeton University, möchte ein verallgemeinertes kopernikanisches Prinzip übernehmen, das ich an anderer Stelle als das »Prinzip der Mittelmäßigkeit« bezeichnet habe. Es ist anzunehmen, daß wir nicht in einer besonderen Epoche leben. Kaum jemand lebte je in einer ganz besonderen Epoche. Mit größter Wahrscheinlichkeit werden wir geboren, leben unser Leben und sterben irgendwann in einem durchschnittlichen Zeitalter. Mit ziemlicher Gewißheit leben wir laut Richard Gott nicht in einer Anfangs- oder Endzeit. Mit ziemlicher Gewißheit. Wenn unsere Art sehr jung ist, dann wird sie auch nicht lange überleben. Denn wenn sie noch lange existierte, dann würden wir heute in einer außergewöhnlichen Epoche, also in einer Anfangszeit, leben.

* Würde eine Zivilisation von einem anderen Stern, die ihre Pubertät überlebte, anderen weniger weit entwickelten Zivilisationen Mut machen? Vielleicht würde sie alles daransetzen, ihre Existenz zu verkünden, und damit zeigen, daß es einen Ausweg aus der Selbstvernichtung gibt. Oder wäre sie zuerst einmal äußerst vorsichtig? Da sie die eigenen Katastrophen überlebt hat, hält sie sich vielleicht lieber bedeckt, damit nicht eine andere unbekannte und aufstrebende Zivilisation irgendwo draußen im Weltraum auf der Suche nach einem geeigneten Lebensraum den vermeintlichen Konkurrenten ausschaltet. Deshalb sollten wir bei der Erforschung benachbarter Sterne diskret vorgehen. Vielleicht läßt die fremde Zivilisation aber auch aus einem anderen Grund nichts von sich hören: Die Signale einer weiter entwickelten Zivilisation könnten die wachsende Zivilisation davon abhalten, sich für eine bessere Zukunft einzusetzen – weil sie hofft, daß jemand aus dem Dunkeln auftaucht und sie vor sich selbst schützt.

Richard Gott zufolge beträgt die gesamte Lebensdauer für unsere Art mit einer Wahrscheinlichkeit von 97,5 Prozent höchstens acht Millionen Jahre. Diese Obergrenze setzt er auch für die meisten Säugetiere an. Hierauf hat unsere Technik wenig Einfluß. Aber Richard Gotts Untergrenze beträgt mit derselben Wahrscheinlichkeit nur zwölf Jahre. Seinen Schätzungen zufolge besteht nur eine Chance von eins zu vierzig dafür, daß heute geborene Babys ihr Teenageralter erreichen. In unserem Alltag versuchen wir Risiken von eins zu vierzig zu vermeiden. Wir besteigen kein Flugzeug, wenn wir wissen, daß eines von vierzig abstürzt. Wir lassen uns nur dann operieren, wenn die Überlebenschance fünfundneunzig Prozent beträgt und wir andernfalls mit mehr als fünfprozentiger Wahrscheinlichkeit an unserer Krankheit sterben. Eine Wahrscheinlichkeit von eins zu vierzig, daß unsere Art die nächsten zwölf Jahre überlebt, ist in der Tat äußerst beunruhigend. Wenn Richard Gotts Voraussagen zutreffen, dann können wir nicht mehr zu den Sternen reisen, ja nicht einmal mehr einen Fuß auf einen anderen Planeten setzen.

Gotts Ausführungen haben meiner Ansicht nach jedoch etwas Nebelhaftes. Obwohl wir nur das Alter unserer Art kennen, stellen wir angeblich hochwahrscheinliche Mutmaßungen über ihre Zukunft an. Wie soll das gehen? Wir sind Kämpfer. Wer bis jetzt überlebt hat, wird auch weiter überleben. Newcomer verschwinden leichter. Man kann mit einiger Wahrscheinlichkeit also nur annehmen, daß der Moment, in dem wir das Thema anschneiden, nicht weiter außergewöhnlich ist. Warum ist die ganze Schlußfolgerung dann so unbefriedigend? Weil wir Angst vor ihren Konsequenzen haben?

Das Prinzip der Mittelmäßigkeit findet sicher in weiten Bereichen seine Anwendung. Aber deswegen ist noch längst nicht alles mittelmäßig. Gewisse Aspekte unserer Epoche *sind* einzigartig. Das hat nichts mit Geo-Chauvinismus zu tun, sondern die Erde ist, wie ich oben ausgeführt habe, wirklich einzigartig und von entscheidendem Einfluß auf unsere Zukunft. Erstens hat heute unser galoppierender technischer Fortschritt ein Maß erreicht, mit dem wir uns selbst ausrotten können, und zweitens können wir heute den zerstörerischen Prozeß hinauszögern oder verhindern, indem wir die Erde verlassen.

Die unter beiden Punkten subsumierten Fähigkeiten machen unsere Epoche aus zwei einander widersprechenden Gründen außergewöhnlich – und stärken beziehungsweise schwächen Richard Gotts These. Ich kann nicht vorhersehen, ob die neue Technologie zur Vernichtung der Menschheit oder die neue Raumfahrt zur Rettung der Menschheit beiträgt. Doch da wir nie zuvor in der Lage waren, uns selbst auszulöschen, und nie zuvor die technischen Möglichkeiten besaßen, andere Welten zu besiedeln, glaube ich, daß unsere Zeit außergewöhnlich ist. Wenn das stimmt, dann sinkt die Zuverlässigkeitsrate von derartigen Schätzungen gewaltig. Das Schlimmste kommt noch schlimmer und das Beste besser: Unsere kurzfristigen Überlebenschancen sind geringer, und unsere langfristigen Chancen – wenn wir bis dahin noch leben – sind besser, als Richard Gott vorausberechnet hat.

Die geringen kurzfristigen Überlebenschancen sind jedoch kein Grund zu verzweifeln, wie auch die langfristigen Überlebenschancen kein Grund zum selbstgefälligen Ausruhen sind. Nichts zwingt uns zu Schicksalsergebenheit und passivem Zuschauen. Wenn wir das Schicksal schon nicht beim Kragen packen können, dann können wir es vielleicht ablenken, abmildern, oder wir können ihm gar entkommen.

Zuerst müssen wir jedoch dafür sorgen, daß unser Planet bewohnbar bleibt – nicht irgendwann einmal in ein paar hundert oder tausend Jahren, sondern jetzt gleich, binnen weniger Jahre oder Jahrzehnte. Dazu ist ein Umdenken in der Regierung, Industrie, Ethik, Wirtschaft und Religion erforderlich. Wir haben so etwas – zumindest auf weltweiter Ebene – noch nie gemacht. Gefährliche Technologien und Korruption sind vielleicht schon zu weit verbreitet, zu viele Regierungschefs eher an kurzfristigen als an langfristigen Erfolgen interessiert. Es gibt vielleicht zu viele Bürgerkriege, Einzelstaaten und Ideologien, um einen weltweiten Wandel herbeizuführen. Vielleicht sind wir auch zu dumm, um die eigentlichen Gefahren zu erkennen. Vielleicht merken wir gar nicht, daß wir von denjenigen gezielt mit falschen Informationen gefüttert werden, die an einem grundlegenden Wandel nicht interessiert sind.

Die Menschheit bewies im Laufe ihrer Geschichte jedoch immer wieder, daß sie durchaus zu einem langfristigen sozialen Wandel, den bis dahin niemand für möglich hielt, fähig ist. Seit unserer Frühzeit arbeiteten wir nicht nur für unseren eigenen Vorteil, sondern für den unserer Kinder und Kindeskinder. Meine Großeltern und Eltern taten das für mich. Wir taten uns trotz unserer verschiedenen Ansichten zusammen, um einem gemeinsamen Feind zu begegnen. Wir scheinen heute viel eher als noch vor zehn Jahren geneigt, drohende Gefahren zu erkennen.

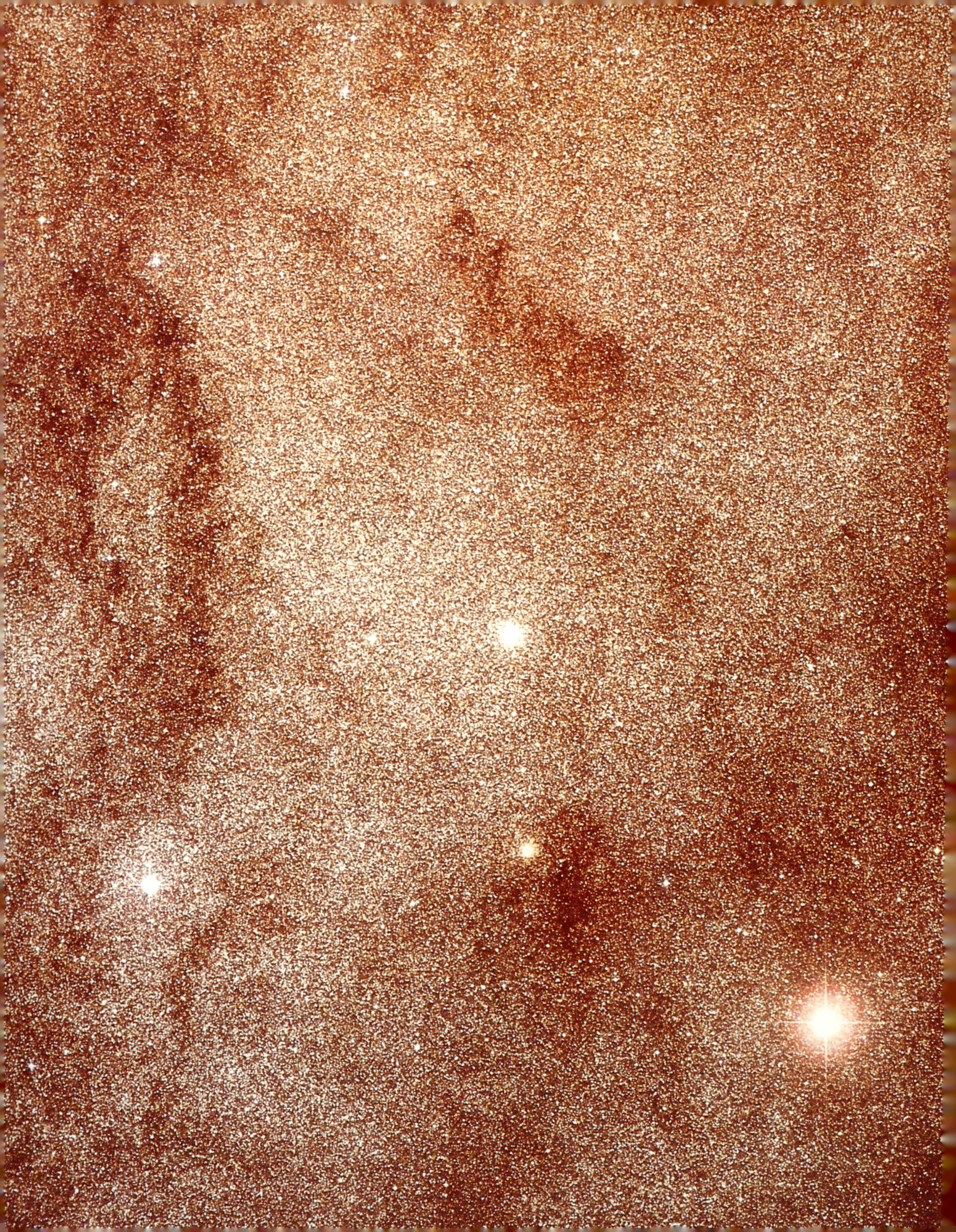

Die neu erkannten Gefahren bedrohen uns alle gleichermaßen. Niemand kann sagen, was aus unserer Erde wird.

Der Baum der Unsterblichkeit wuchs der alten chinesischen Mythologie zufolge auf dem Mond. Der Baum des langen Lebens oder gar der Unsterblichkeit scheint in der Tat auf anderen Welten zu wachsen. Wenn wir im Weltraum zu Hause wären, wenn es auf verschiedenen Welten autarke Kolonien gäbe, könnte die Menschheit Katastrophen vermeiden. Die Zerstörung der Ozonschicht auf einer Welt wäre für andere eine Warnung. Ein verheerender Kometenaufprall hätte vermutlich keine Auswirkungen auf die anderen Welten. Je mehr Menschen auf anderen Welten leben, je bunter die Vielfalt der bewohnten Welten, je unterschiedlicher die Umgestaltung der Planeten, je höher die gesellschaftlichen Werte und Normen – um so sicherer wäre die Menschheit. Wer im Innern einer Welt aufwächst, die nur ein Hundertstel der irdischen Anziehungskraft und einen schwarzen Himmel besitzt, hat andere Interessen, Ansichten, Eigenschaften und Fähigkeiten als jemand, der auf der Erde lebt. Wer während der Terraforming-Phase auf Mars, Venus oder Titan lebt, denkt sicher auch ganz anders. Diese Strategie – die Bildung kleinerer, selbständiger sowie selbstbewußter Gruppen mit unterschiedlichen Fähigkeiten – spielte bei der Evolution von Lebewesen auf der Erde und vor allem bei unseren eigenen Vorfahren eine wichtige Rolle. Diese Strategie ist wahrscheinlich sogar der Schlüssel zum Verstehen unserer eigenen Art.*

Und damit wären wir bei der zweiten fehlenden Begründung für eine Kolonisierung des Weltraums: Wir müssen unsere Überlebenschancen verbessern. Dabei geht es nicht nur darum, vorhersehbare, sondern auch unerwartete Katastrophen zu überleben. Richard Gott ist ebenfalls der Auffassung, daß wir durch die Errichtung menschlicher Kolonien auf anderen Welten unsere Überlebenschancen wesentlich verbessern können. Diese »Lebensversicherung« ist vergleichsweise nicht einmal besonders teuer. Man müßte dazu nicht einmal das Raumfahrtbudget der Raumfahrtnationen verdoppeln (das ohnehin nur einen Bruchteil der

Gegenüberliegende Seite: *Blick in den Kosmos. (Mit freundlicher Genehmigung des ROE/Anglo-Australian Oservatory, Aufnahme von David Malin)*

* Vgl. Carl Sagan und Ann Druyan, *Shadows of Forgotten Ancestors: A Search for Who We Are* (dt. *Schöpfung auf Raten. Neue Erkenntnisse zur Entwicklungsgeschichte der Erde*, München 1993)

Verteidigungs- und verschiedener anderer unwichtiger Ausgaben ausmacht). Wir könnten schon bald Menschen auf erdnahen Asteroiden ansiedeln und Basislager auf Mars errichten. Dazu reichen unser Wissen und unser Stand der Technik bereits heute aus. Die Technik wird zugleich immer besser und die Raumfahrt immer einfacher.

Ein ernsthaftes Weltraum-Kolonisierungsprogramm ist – auf jährliche Ausgaben umgerechnet – vergleichsweise so billig, daß es die Lösung der anderen dringenden sozialen Probleme unserer Erde nicht gefährdet. Wenn wir diesen Weg einschlagen, werden ganze Fluten von Bildern aus einer anderen Welt mit Lichtgeschwindigkeit auf die Erde strömen. Virtuelle Realität wird das Abenteuer für Abermillionen Menschen auf der Erde nachvollziehbar machen. Man wird viel direkter daran Anteil nehmen als in der Frühzeit der Raumfahrt. Je mehr Menschen man für das Projekt begeistern kann, um so leichter wird es durchzusetzen sein. Mit welchem Recht aber, fragen wir uns, bewohnen, verändern und erobern wir andere Welten? Wenn es im Sonnensystem andere Lebewesen gäbe, wäre dies eine wichtige Frage. Wenn es außer uns aber niemanden gibt, haben wir dann nicht das Recht, das Sonnensystem zu bevölkern?

Unsere Forschungs- und Besiedlungskampagne muß vor allem vom Respekt für die natürliche Umgebung der Planeten und die wissenschaftlichen Erkenntnisse, die sie bergen, getragen sein. Ferner müssen Vertreter aller Nationen und gesellschaftlichen Gruppen daran beteiligt sein. Die Besiedlung des amerikanischen Kontinents bietet da nicht gerade ein leuchtendes Beispiel. Doch dieses Mal sind wir nicht von der Gier nach Gold, Gewürzen, Sklaven oder religiösem Eifer getrieben wie die europäischen Eroberer des fünfzehnten und sechzehnten Jahrhunderts. Ebendieses wirtschaftliche Interesse ist einer der Hauptgründe für die Schwankungen, denen die bemannte Raumfahrt unterliegt.

Trotz aller Beteuerungen fühle ich mich an dieser Stelle als Chauvinist. Wenn es andere Lebewesen in diesem Sonnensystem gäbe, dann wären sie in Gefahr, weil die Menschen kommen. In diesem Fall würde ich sogar davon Abstand nehmen, andere Welten zu kolonisieren, weil wir dadurch alle anderen Zivilisationen in Gefahr brächten. Unserem heutigen Wissensstand zufolge gibt es jedoch kein einziges Lebewesen im Weltraum, nicht einmal eine Mikrobe. Es gibt nur irdisches Leben. In diesem Falle trete ich zum Schutze irdischen Lebens mit allem Nachdruck dafür ein, daß wir, im vollen Bewußtsein unserer eigenen Grenzen, das Sonnensystem mit allen Mitteln erforschen und dann beginnen, andere Welten zu besiedeln.

Und hier sind die noch ausstehenden praktischen Argumente: die Erde von ansonsten unvermeidbaren Aufprallkatastrophen zu retten und viele andere Bedrohungen für unsere Umwelt abzuwenden. Ohne diese Gründe kann man die Entsendung von Menschen zum Mars oder sonstwo im Weltraum vielleicht nicht rechtfertigen. Doch angesichts dieser Gründe – und der schlagenden Argumente aus Bildung und Wissenschaft, aus Hoffnung und Zukunftsperspektiven – kann man das Unternehmen rechtfertigen. Wenn wir kaum langfristige Überlebenschancen besitzen, dann sind wir es unserer eigenen Art schuldig, andere Welten zu erkunden.

Die Ruhe vor dem Sturm ist spürbar.

HARDY

Kapitel 22

Auf Zehenspitzen durch das Weltall

Ich schwöre es bei dem Untergange der Sterne (bei den sprühenden Meteoren) – und dies ist ein großer Schwur, wenn ihr es versteht.

Der Koran, 56. Sure[1]

Freilich ist es seltsam, die Erde nicht mehr zu bewohnen, kaum erlernte Gebräuche nicht mehr zu üben...

Rainer Maria Rilke, *Die erste Elegie*[2]

Die Aussicht, den Himmel zu stürmen, andere Welten nach unserem Willen umzugestalten, sollte uns auch eine Warnung sein. Wir kennen den menschlichen Hang zu Maßlosigkeit und Stolz. Wir wissen, daß wir neue Technologien nicht immer richtig einschätzen und bedienen. Wir kennen die Geschichte zum Turmbau zu Babel, dessen Spitze bis in den Himmel hinaufreichen sollte, und Gottes Sorge angesichts des menschlichen Tuns: »Jetzt wird ihnen nichts mehr unerreichbar sein, was sie sich auch vornehmen.«[3]

Laut Psalm 115 ist der Himmel Gott vorbehalten: »Der Himmel ist der Himmel des Herrn, die Erde aber gab er den Menschen.«[4] Platon erzählt das griechische Analogon vom Turmbau zu Babel – die Geschichte von Ephialtes und Otos: »Sie ... gingen mit hohen Gedanken um, so daß sie selbst an die Götter sich wagten.«[5] Die Götter standen vor der Wahl: Wenn sie die aufstrebenden Menschen töteten, bedeutete dies das Ende der Opfergaben und Gottesdienste. Andererseits konnten sie solch unbotmäßiges Tun nicht ungestraft durchgehen lassen. Wenn wir jedoch langfristig keine Alternative haben, wenn wir uns nur zwischen vielen

Gegenüberliegende Seite: *Nach einer generationenlangen Reise über viele Lichtjahre hinweg trifft eine Asteroidenkolonie auf den erdähnlichen Planeten eines anderen Sterns. Darstellung © David A. Hardy*

Welten oder keiner entscheiden können, dann müssen wir uns unsere Rechtfertigung und Unterstützung anderswo suchen. Viele Religionen, vom Hinduismus über das gnostische Christentum bis zu den Mormonen, lehren, daß die Menschen letzten Endes danach streben müssen, gottgleich zu werden. Man sehe sich dazu auch eine Geschichte aus dem jüdischen Talmud an, die nicht in das Buch Genesis aufgenommen

Das beste Porträt der Milchstraße nach dem heutigen Wissensstand. Die Darstellung zeigt die Sicht von einem Punkt, der knapp sechzigtausend Lichtjahre vom galaktischen Zentrum entfernt und rund zehntausend Lichtjahre über der galaktischen Ebene liegt. Der Betrachter ist so weit weg, daß nur die hellsten Sterne und Nebel zu sehen sind. Die Sonne befindet sich am Rand des Spiralarms in der Bildmitte unterhalb des galaktischen Zentrums. (Darstellung von Jon Lomberg © 1992 Jon Lomberg und National Air and Space Museum. Ein ca. 70x100 cm großes Poster ist erhältlich bei der Planetary Society, 65 N. Catalina Avenue, Pasadena CA 91106, USA)

wurde. (Sie stimmt verdächtig mit der Geschichte vom Apfel, der vom Baum der Erkenntnis stammt, dem Sündenfall und der Vertreibung aus dem Paradies überein.) Im Garten Eden erzählt Gott Adam und Eva, daß er das Universum absichtlich nicht ganz vollendet habe. Es sei nun Aufgabe der Menschen, im Laufe zahlloser Generationen gemeinsam mit Gott in einem großartigen Experiment die Schöpfung zu vollenden.

Die Bürde dieser Verantwortung ist groß, vor allem wenn sie auf einer so schwachen und unvollkommenen Art mit einer so unglücklichen Geschichte ruht. Mit unseren heutigen Kenntnissen sind wir noch weit von einer »Vollendung« entfernt. Doch wenn wie heute unser eigenes Überleben gefährdet ist, wachsen wir vielleicht mit unserer Aufgabe.

Obwohl Robert Goddard ganz andere Gründe anführte als ich, war auch er der Auffassung, daß man in den interplanetaren Raum vordringen muß, um das Überleben der menschlichen Art zu sichern. Konstantin Ziolkowskij dachte ähnlich:

> Es gibt zahllose Planeten, die wie vereinzelte Erden im Raum schweben ... Der Mensch bewohnt eine davon. Doch warum kann er sich nicht andere Erden und die Kraft von unzähligen Sonnen zunutze machen? ... Wenn die Sonne ihre Energie verbraucht hat, dann muß man sie verlassen und sich nach einem anderen Stern umsehen, der gerade erst entstanden ist.

Vielleicht aber, so vermutete er, brechen »abenteuerlustige Seelen auf der Suche nach neuen Welten« schon lange vor dem Erlöschen der Sonne auf.

Je mehr ich jedoch darüber nachdenke, desto größer sind meine Zweifel. Wird da nicht blindes Vertrauen in den technischen Fortschritt gesetzt? Werden da nicht meine eigenen Ängste vor der Fehlbarkeit des Menschen in den Wind geschlagen? Kurzfristig gesehen ist die Raumfahrt allein technisch hochentwickelten Nationen vorbehalten. Gibt es denn keine praktischen Alternativen?

Unsere selbstgeschaffenen Umweltprobleme und unsere Massenvernichtungswaffen sind aus Wissenschaft und Technik hervorgegangen. Manch einer wird sich den Ausstieg aus Wissenschaft und Technik wünschen, weil die Menschheit anscheinend nicht damit umgehen kann. Manch einer wird sich eine einfachere Gesellschaft wünschen, in der wir keine Gewalt über die Umwelt haben. Manch einer wird sich eine Agrargesellschaft zurückwünschen, in der neue Erfindungen auf das strengste kontrolliert werden. Eine autoritäre Theokratie bietet erwiesenermaßen die Möglichkeit zu solchen Kontrollen.

Eine weltweite Gesellschaft auf dieser Basis ist jedoch wegen des raschen technischen Fortschritts instabil. Der menschliche Hang zu Selbstverbesserung, Neid und Konkurrenz wird unter der Oberfläche weiterschwelen. Früher oder später wird man versuchen, den anderen zu übertrumpfen. Ohne strenge Kontrollen sind wir dann schon bald wieder da, wo wir angefangen haben. Eine scharf kontrollierte Gesellschaft muß der Exekutive ein großes Machtpotential zubilligen. Angesichts der gewaltigen Errungenschaften, die unser Leben bequemer und sicherer machen, ist es jedoch schwierig, den Erfindungsgeist des Menschen einzuschränken. Außerdem dämmt theoretisch gesehen die Rückentwicklung unserer Zivilisation zwar die selbstgeschaffenen Katastrophen ein, die Erde bleibt aber nach wie vor schutzlos dem Aufprall eines Asteroiden oder Kometen ausgeliefert.

Man mag sich vielleicht sogar wünschen, daß wir wieder zu einer Gesellschaft von Jägern und Sammlern werden, in der wir ohne Ackerbau und Viehzucht von dem leben, was das Land uns bietet. Speer, Pfeil und Bogen sowie Feuer wären schon Technologie genug. Die Erde könnte jedoch höchstens einige Zehnmillionen Jäger und Sammler ernähren. Wie sollen wir die Erdbevölkerung derart drastisch dezimieren? Außerdem wissen wir kaum mehr, wie es sich als Jäger und Sammler lebt. Wir wissen nichts von ihrer Kultur, von ihren Fähigkeiten und ihren Werkzeugen. Wir haben die Jäger und Sammler fast vollständig ausgerottet und ihren Lebensraum zerstört. Selbst wenn wir wollten, könnten nur ganz wenige von uns aus ihrer zivilisierten Welt in die Steinzeit zurückkehren. Und außerdem könnten wir dann auch nichts gegen den Aufprall eines Asteroiden oder Kometen ausrichten.

Die Alternativen sehen verheerend aus, denn sie sind nicht durchführbar. In der Tat resultieren viele unserer heutigen Gefahren aus dem Fortschritt von Wissenschaft und Technik – aber hauptsächlich deswegen, weil wir zwar mächtiger, aber nicht im gleichen Maße klüger geworden sind. Die Macht, die Welt zu verändern, verlangt in nie dagewesenem Maße nach Besonnenheit und Vorsicht.

Wissenschaft ist natürlich eine zweischneidige Disziplin. Ihre Errungenschaften können uns sowohl nützen als schaden. Wir können der Wissenschaft aber nicht einfach den Rücken kehren. Die frühen Warnungen vor technischen Gefahren kommen ebenfalls aus der Wissenschaft. Mit ein paar technischen Reparaturen ist es dabei jedoch nicht getan. Wir müssen unsere Einrichtungen und unser Verhalten ändern, weil unsere Probleme nicht ohne die Wissenschaft gelöst werden können. Die Technologien, die uns bedrohen, und die Befreiung von dieser Bedrohung entspringen ein und derselben Quelle. Und sie laufen Kopf an Kopf.

Wenn es dagegen menschliche Kolonien auf verschiedenen Welten gäbe, dann sähe unsere Zukunft viel rosiger aus. Wir hätten dann gewissermaßen mehrere Eisen im Feuer. Jede Kolonie wäre stolz auf die Errungenschaften ihrer Welt, auf ihre Ingenieurskunst, ihr Sozialgefüge und ihre Erbanlagen. Kulturelle Eigenheiten würde man natürlich besonders zu betonen versuchen. Und genau diese Andersartigkeit wäre ein Mittel zum Überleben.

Mit zunehmender Selbständigkeit werden die Weltraumkolonien technischen Fortschritt, geistige Offenheit und Abenteuerlust forcieren – selbst wenn die Menschen auf der Erde vorsichtig sein, neue Erkenntnisse fürchten und drakonische Sozialkontrollen einführen müssen. Sobald die ersten Kolonien ihre Eigenständigkeit bewiesen haben, dürfen die Erdlinge aufatmen. Die Menschen im Weltraum könnten ihre Artgenossen auf der Erde zuverlässig gegen die seltenen, aber katastrophalen Kollisionen mit Asteroiden und Kometen schützen. Aus diesem Grund hätten die Menschen im Weltraum auch die Oberhand über die Erdbewohner.

Solche Bilder kontrastieren mit allen Vorhersagen, denen zufolge der Fortschritt in Wissenschaft und Technik an seine Grenzen stößt, Kunst, Literatur und Musik einmal gekannte Höhen nie wieder erreichen werden, und in der Politik eine stabile liberaldemokratische Weltregierung entsteht, in der man, frei nach Hegel, das »Ende der Geschichte« sehen könnte. Die Kolonisierung des Weltraums kontrastiert auch mit einer anderen, aber ebenso deutlichen Tendenz unserer Zeit, der Tendenz zu Autoritätsgläubigkeit, Zensur, Völkerhaß und der Abneigung gegen Wißbegier und Lernfreudigkeit. Ich glaube dagegen, daß nach Behebung der zugegebenermaßen vorhandenen Anlaufschwierigkeiten die Besiedlung des Sonnensystems durch uns Erdenbewohner eine kulturelle Blütezeit, eine Ära erstaunlicher Fortschritte in Wissenschaft und Technik einläuten wird. Und auch im sozialen Bereich wird es eine positive Weiterentwicklung geben. Die Erforschung und Besiedelung des Sonnensystems ist der Anfang, nicht das Ende der Geschichte.

Wir Menschen können die Zukunft nicht vorhersehen. Ich kann das auch nicht. Ich habe mich – nicht ohne eine gewisse Beklommenheit – in diesem Buch so weit vorgewagt, weil wir jetzt gerade erst die Herausforderungen erkennen, vor die uns unsere eigene Technik stellt. Diese Herausforderungen ziehen meiner Ansicht nach unmittelbare Konsequenzen nach sich, von denen ich einige kurz darzustellen versucht habe. Sie ziehen aber auch weniger direkte, längerfristige Konsequenzen nach sich, die mich sogar noch mehr beunruhigen. Ich will sie dennoch kurz darlegen.

Selbst wenn sich unsere Nachkommen auf erdnahen Asteroiden, auf Mars, auf den Monden des äußeren Sonnensystems und auf dem Kuiperschen Kometengürtel niederlassen, wäre die Menschheit immer noch nicht ganz in Sicherheit. Eines Tages kann es auf der Sonne zu gewaltigen Ausbrüchen von Röntgen- und Ultraviolettstrahlung kommen. Das Sonnensystem kann von einer riesigen interstellaren Wolke verschluckt werden, die Planeten verdunkeln sich und kühlen aus. Ein tödlicher Kometenschauer kann aus der Oortschen Wolke ausbrechen und die Siedlungen auf den benachbarten Welten bedrohen. Ein benachbarter Stern kann sich in eine Supernova verwandeln. Eines wirklich fernen Tages wird die Sonne – während ihrer Entwicklung zu einem Roten Riesen – größer und heller werden, die Erde Luft und Wasser in den Weltraum abgeben, die Kontinente werden verbrennen, das Meer wird kochen und verdunsten, das Gestein verdampfen und unser Planet schließlich von der Sonne verschluckt werden.

Das Sonnensystem ist nicht nur nicht für uns gemacht, es wird eines Tages auch gefährlich für uns werden. Wir müssen also mehrere Eisen im Feuer haben, wenn wir überleben wollen. Eines Tages müssen wir, wie Ziolkowskij und Goddard vor langer Zeit erkannten, das Sonnensystem verlassen.

Wenn das für uns zutrifft, dann könnte das auch für andere Zivilisationen zutreffen. Und wenn das tatsächlich für andere zutrifft, warum sind sie dann nicht hier? Viele Antworten sind hier möglich. Selbst die wenig wahrscheinliche Annahme, daß sie hier waren. Oder aber, daß es außer uns niemanden gibt, weil alle anderen Zivilisationen sich selbst auslöschten, bevor ihre Raumfahrt weit genug entwickelt war. Oder aber weil die Menschheit die erste technisch entwickelte Zivilisation in einer Galaxie mit vierhundert Milliarden Sonnen ist. Wahrscheinlicher ist da

Die beste Aufnahme, die bisher mit einem erdgebundenen Teleskop vom Großen Orionnebel gemacht wurde – ein Tummelplatz für Sterne in eineinhalbtausend Lichtjahren Entfernung. (Mit freundlicher Genehmigung des ROE/Anglo-Australian Observatory, Aufnahme von David Malin)

schon die Überlegung, daß der Weltraum groß und die Sterne weit voneinander entfernt sind. Selbst wenn es viel ältere und weiter entwickelte Zivilisationen als unsere gibt, die Raumfahrt betreiben, neue Welten umgestalten und zu anderen Sternen aufbrechen, dann ist es nach den Berechnungen von William I. Newman von der University of California in Los Angeles und mir unwahrscheinlich, daß sie gerade hier aufkreuzen. Da die Lichtgeschwindigkeit endlich ist, hat diese Zivilisation noch keine Meldung davon, daß auf einem Planeten der Sonne eine technische Kultur entstand. Noch nicht.

Wenn optimistische Schätzungen zutreffen, jeder millionste Stern eine technologisch entwickelte Zivilisation beherbergt und diese Zivilisationen außerdem kreuz und quer über die Milchstraße verstreut sind, dann läge die nächste immer noch mehrere hundert Lichtjahre (mindestens hundert, wahrscheinlicher aber tausend Lichtjahre) weit entfernt. Angenommen, die nächstgelegene Zivilisation auf dem Planeten eines anderen Sterns ist zweihundert Lichtjahre entfernt. Dann erhält sie in rund hundertfünfzig Jahren die ersten schwachen Fernseh- und Radarsignale aus unserer Nachkriegszeit. Was soll die Zivilisation damit anfangen? Jedes Jahr werden unsere Signale deutlicher, interessanter, vielleicht aber auch beängstigender. Eines Tages werden die fremden Wesen vielleicht reagieren. Sie senden ein Radiosignal aus oder besuchen uns. In jedem Fall aber wird die Reaktion von der endlichen Lichtgeschwindigkeit bestimmt. Wir müssen demnach mindestens bis zum Jahr 2350 auf eine Antwort warten. Wenn sie weiter entfernt sind,

Nahaufnahme des Orionnebels durch das Hubble-Weltraumteleskop. Diese gewaltige Gaswolke wird von hellen, heißen und sehr jungen Sternen am unteren Bildrand erleuchtet. In der Mitte sind einige kokonartige Gebilde verstreut. Dabei handelt es sich um sehr junge Sterne, die nur wenige hunderttausend Jahre alt und von Staub- und Gasscheiben von der Größe unseres Sonnensystems umgeben sind. (Mit freundlicher Genehmigung von C.R. O'Dell/Rice University/NASA)

dauert es länger, und wenn sie noch weiter entfernt leben, dann dauert es noch länger. Wenn wir das erstemal eine Nachricht von einem fremden Stern empfangen, dann leben wir vielleicht selbst schon auf vielen Welten im Sonnensystem und bereiten uns auf weitere Erkundungen vor.

Mit oder ohne Nachricht vom fremden Stern sollten wir zu anderen Sonnensystemen aufbrechen oder uns – was in diesem unberechenbaren Teil der Galaxie sicherer scheint – im interstellaren Raum weitab von den Gefahren der Sterne einrichten. Selbst ohne große interstellare Reisepläne ließe sich eine solche Zukunft denken.

Aus Sicherheitsgründen würden einige Weltraumkolonien ihre Beziehungen zum Rest der Menschheit abbrechen und sich nicht länger dem Einfluß anderer Gemeinschaften, Konventionen und technologischer Imperative aussetzen wollen. Zu einer Zeit, in der Kometen und Asteroiden routinemäßig umgelenkt werden, können wir eine kleine Welt bevölkern und uns dann treiben lassen. Mit zunehmender Entfernung würde die Erde von einem hellen Planeten zu einem blauen Punkt schrumpfen und schließlich vollkommen verschwinden. Die Sonne würde verblassen, bis sie nur noch als ein gelber Lichtpunkt unter vielen zu erkennen ist. Die Reisenden würden in die interstellare Finsternis hinausfliegen. Einige Gruppen werden sich vermutlich mit dem gelegentlichen Funk- und Laserkontakt zu ihrer alten Heimat begnügen. Andere wieder werden auf ihre eigenen Überlebenschancen vertrauen und aus Angst vor Ansteckung zu verschwinden suchen. Eines Tages wird jeglicher Kontakt zu ihnen abbrechen und ihre Existenz in Vergessenheit geraten.

Selbst die Ressourcen eines geeigneten Asteroiden oder Kometen sind begrenzt. Wasser, das man zum Trinken, für die Gewinnung von Sauerstoff zum Atmen und von Wasserstoff zur Energiegewinnung benötigt, muß dann beispielsweise anderswo beschafft werden. Diese Kolonien müssen deswegen letztlich von einer Welt zur anderen wandern. Wir können sie als Pioniere oder Siedler bezeichnen. Weniger wohlgesinnte Beobachter werden in ihnen die Zerstörer mehrerer Welten sehen. In der Oortschen Wolke gibt es jedoch eine Billion kleiner Welten.

Wenn wir in kleinen Gruppen auf einer bescheidenen Stief-Welt weitab von der Sonne leben, dann wissen wir, daß jedes Körnchen Nahrung und jedes Tröpfchen Wasser vom Funktionieren durchdachter Technologien abhängt. An diesen Umstand dürften wir allerdings schon gewohnt sein. Ressourcen auszugraben und bewegliche Ressourcen zu jagen ähnelt einer vergessenen Kindheitserinnerung. Im Grunde sind wir – mit einigen wesentlichen Änderungen – doch wieder Jäger und Sammler. Zu 99,9 Prozent unseres Aufenthalts auf Erden lebten wir so. Die letzten Jäger und Sammler scheinen recht glücklich gewesen zu sein. Diese Lebensweise formte uns. Nach einer kurzen und nur teilweise erfolgreichen Periode der Seßhaftigkeit werden wir vielleicht wieder zu Wanderern. Wir mögen heute technologisch weiter entwickelt sein, aber auch damals war unsere Technologie (Steinwerkzeuge und Feuer) der Schlüssel zum Überleben. Wenn Sicherheit durch Isolation und Abgeschiedenheit zu erreichen ist, dann werden einige unserer Nachfahren zu den äußeren Kometen der Oortschen Wolke emigrieren. Bei einer Billion Kometenkernen, die voneinander jeweils so weit

Gegenüberliegende Seite: *Nahaufnahme einiger Verdichtungswolken aus Gas und Staub im Orionnebel. Bei sechsundfünfzig der einhundertzehn hier untersuchten Sterne konnte eine Scheibe gefunden werden. Es ist viel leichter, den Stern als die Scheibe zu entdecken, so daß möglicherweise* alle *jungen Sterne von einer Verdichtungsscheibe umgeben sind. Die Schlußfolgerung liegt auf der Hand: Viele, vielleicht die meisten und möglicherweise sogar alle reifen Sterne besitzen ein Planetensystem – ein Grund mehr, eines Tages in den interstellaren Raum zu fliegen. (Mit freundlicher Genehmigung von C. R. O'Dell/ Rice University/NASA)*

entfernt sind wie der Mars von der Erde, gibt es dort draußen viel zu tun.*

Der äußere Rand der Oortschen Wolke liegt ungefähr auf halber Strecke zum nächsten Stern. Nicht alle, aber vermutlich viele andere Sterne besitzen eine Oortsche Wolke. Wenn die Sonne an benachbarten Sternen vorbeifliegt, wird unsere Oortsche Wolke andere Kometenwolken treffen und teilweise passieren – wie zwei Mückenschwärme, die sich gegenseitig durchdringen, aber nicht miteinander kollidieren. Den Kometen eines anderen Sterns zu besiedeln ist dann nicht viel schwieriger, als einen Kometen unseres Sonnensystems zu kolonisieren. Von der Grenze eines anderen Sonnensystems werden die Kinder des blauen Punkts sehnsüchtig auf die beweglichen Lichtpunkte blicken, die sie als große und hell erleuchtete Planeten erkennen. Einige Gruppen werden dann – getrieben von der menschlichen Faszination für Meere und Sonnenlicht – die lange Reise zu den hellen, warmen und freundlichen Planeten einer neuen Sonne antreten.

Andere Gruppen halten nichts von dieser Strategie. Denn Planeten stehen für Naturkatastrophen. Planeten können Leben und Intelligenz beherbergen. Planeten sind leicht zu finden. Lieber im Dunkeln bleiben. Lieber auf viele kleine und dunkle Welten ausweichen. Lieber im Verborgenen bleiben.

Wenn wir eines Tages unsere Maschinen und uns selbst weit in den Weltraum hinausschicken können, dann werden wir völlig neue und bis heute unbekannte Phänomene entdecken. Hier nur drei mögliche Beispiele:

Erstens: Rund fünfhundertfünfzig astronomische Einheiten (AE) von hier – rund zehnmal weiter von der Sonne entfernt als Jupiter und damit viel leichter zu erreichen als die Oortsche Wolke – befindet sich etwas Außergewöhnliches. Licht kann wie durch eine gewöhnliche optische Linse auch durch große Massen abgelenkt werden. (Die Gravitations-

* Vielleicht fliegen dann kleinere Welten schneller als heute Raumschiffe. Dann können unsere Nachfahren eines Tages die beiden *Voyager*-Sonden überholen, bevor sie die Oortsche Wolke verlassen und in den interplanetaren Raum hinausfliegen. Vielleicht werden sie diese altertümlichen Gerätschaften einfangen, vielleicht werden sie sie aber auch einfach weiterfliegen lassen.

linsen in Form von weit entfernten Sternen und Galaxien werden gerade erst entdeckt.) Fünfhundertfünfzig AE von der Sonne – bei einprozentiger Lichtgeschwindigkeit in einem Jahr erreichbar – beginnt der Brennpunkt (wenn man allerdings die Auswirkungen der Sonnenkorona, des Kranzes aus ionisiertem Gas um die Sonne, mit einbezieht, dann liegt der Brennpunkt viel weiter draußen). Auch entfernte Radiosignale werden gewaltig verstärkt. Somit könnten wir mit einem einfachen Radioteleskop vom nächsten Stern aus einen Kontinent und von der nächst gelegenen Spiralgalaxie aus das innere Sonnensystem erkennen. Wenn man eine kugelrunde Linse mit der richtigen Brennweite auf das Zentrum der Sonne fixieren könnte, dann könnte man das Universum in einzigartiger Vergrößerung und in nie dagewesener Deutlichkeit betrachten, den Signalen fremder Lebewesen lauschen und die frühesten Ereignisse in der Geschichte des Universums erschauen. Umgekehrt könnte man die Linse aber auch zur Verstärkung unserer eigenen schwachen Signale verwenden, damit man sie über gewaltige Entfernungen hinweg hören kann. Andere Zivilisationen haben ihre eigenen Gravitationslinsen, die von der Masse und dem Radius ihres Sterns abhängen,

Eine neue Erde umkreist einen sonnenähnlichen Stern in einem getrennten Doppelsternsystem. (Darstellung von Don Davis)

decken (wahrscheinlich sehen sie uns zuerst), dann werden wir freundliche Beziehungen zu ihnen aufbauen. Da andere Raumfahrtzivilisationen vermutlich sehr viel weiter entwickelt sind als wir, werden streitsüchtige Menschen im interstellaren Raum nicht lange überleben.

Unsere Zukunft sieht dann vielleicht so aus, wie sie Voltaire sich vorstellte:

> Er wußte sich ihrer so gut zu bedienen, daß er einmal einen Sonnenstrahl, ein andermal einen Kometen als Fahrgelegenheit benutzte, um mit seinen Begleitern von Himmelskörper zu Himmelskörper zu gelangen, so wie ein Vogel von Ast zu Ast fliegt. In kurzer Zeit durchquerte er die Milchstraße.[6]

Selbst heute entdecken wir viele Gas- und Staubscheiben, die junge Sterne umgeben. Aus derselben Materie bildeten sich vor viereinhalb Milliarden Jahren die Erde und die anderen Planeten unseres Sonnensystems. Wir beginnen zu verstehen, wie feine Staubkörner langsam zu ganzen Welten anwachsen, wie große erdähnliche Planeten entstehen, rasch Wasserstoff und Helium einfangen und dann zum versteckten Kern eines Gasriesen werden, und weshalb kleine terrestrische Planeten relativ wenig Atmosphäre besitzen. Wir verfolgen die Geschichte von Welten – wie Eis und organische Materie aus dem kalten Rand des frühen Sonnensystems und Gestein und Metall der inneren Regionen, erwärmt durch die junge Sonne, zusammenwuchsen. Wir beginnen die wichtige Rolle der frühen Kollisionen zu verstehen, bei denen ganze Welten zerstört, gewaltige Krater ausgehoben, Welten beschleunigt, Monde geschaffen und zerstört und Ringe gebildet wurden; bei denen vielleicht ganze Ozeane vom Himmel regneten und neu geschaffene Welten mit einem Klecks organischer Materie verziert wurden. Wir beginnen, diese Kenntnisse auf andere Systeme anzuwenden.

In den nächsten Jahrzehnten werden wir die Anordnung und zum Teil auch die Zusammensetzung vieler anderer reifer Planetensysteme um benachbarte Sterne untersuchen können. Wir werden zu verstehen beginnen, welche Aspekte unseres Systems die Regel und welche die Ausnahme sind. Sehen die meisten Planeten aus wie Jupiter, wie Neptun oder wie die Erde? Oder haben alle anderen Systeme auch einen Jupiter, einen Neptun und eine Erde? Welche anderen Kategorien von uns heute unbekannten Welten gibt es noch? Sind alle Sonnensysteme in eine große kugelförmige Kometenwolke eingebettet? Die meisten Sterne sind keine einzelnen Sonnen, sondern Doppel- und Mehrfachsysteme, in denen sich die Sterne gegenseitig umkreisen. Gibt es in solchen Systemen Planeten? Und wie sehen sie aus? Wenn, wie wir heute glauben, Planetensysteme auf die Entstehung von Sonnen folgen, machten sie dann woanders eine andere Entwicklung durch? Wie sehen Planetensysteme aus, die viele Jahrmilliarden älter sind als unser Sonnensystem? In den nächsten Jahrhunderten werden wir sehr viel mehr über andere Systeme wissen. Wir werden wissen, welche wir besuchen und welche wir besiedeln müssen.

Angenommen, wir könnten auf der ersten Hälfte unserer Reise konstant mit 1 g – unserer Erdgeschwindigkeit – beschleunigen und auf der zweiten Hälfte unsere Geschwindigkeit konstant mit 1 g verlangsamen, bis wir am Zielort ankommen. Dann wären wir in einem Tag auf Mars, in eineinhalb Wochen auf Pluto, in einem Jahr in der Oortschen Wolke und in ein paar Jahren auf einem benachbarten Stern.

Selbst eine vorsichtige Schätzung legt nahe, daß wir in einigen Jahrhunderten mit annähernder Lichtgeschwindigkeit werden reisen können. Vielleicht ist diese Vermutung hoffnungslos optimistisch. Vielleicht dauert es ja Jahrtausende. Wenn wir uns jedoch zuvor nicht selbst zerstören, dann werden wir neue Technologien erfinden, die uns heute so seltsam erscheinen wie einem Jäger und Sammler die Raumsonde *Voyager*. Bereits heute können wir ein – sicher klappriges, teures, umständliches – Raumschiff entwerfen, das annähernde Lichtgeschwindigkeit erreicht. Mit der Zeit wird das Design eleganter, preisgünstiger und effizienter. Eines Tages werden wir nicht mehr nur von Komet zu Komet hüpfen wollen. Wir werden Lichtjahre durchmessen und den Himmel kolonisieren.

Diese Nachfahren werden vielleicht Hunderte von Generationen nach den Menschen kommen, die jemals auf einem Planeten lebten. Ihre Kultur wird anders, ihre Technologie weiter entwickelt, ihre Sprache verändert, ihr Verhältnis zu künstlicher Intelligenz vertrauter und vielleicht sogar ihr Erscheinungsbild ganz anders sein als das ihrer beinahe schon legendären Vorfahren, die Ende des zwanzigsten Jahrhunderts erstmals in den Weltraum hinausflogen. Sie werden sich mit High-Tech bestens auskennen und auch unsere Geschichte kennen. Trotz der Warnung des

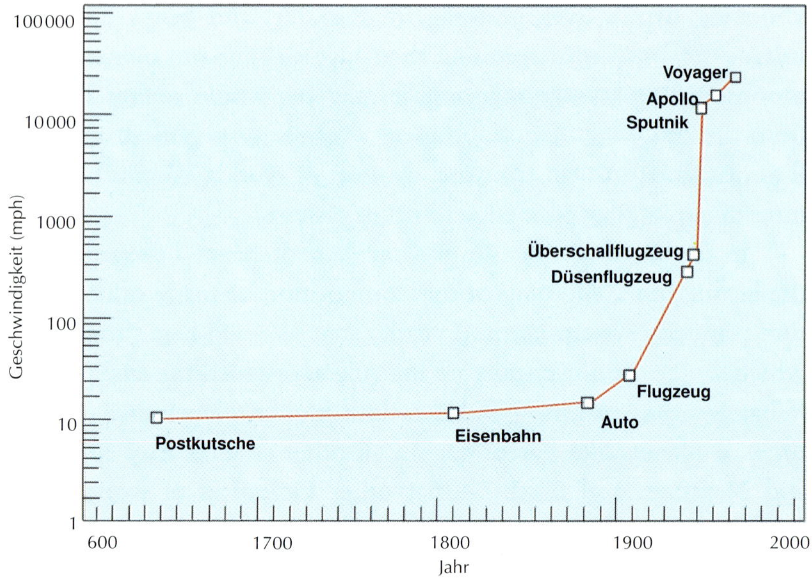

Die Geschwindigkeit menschlicher Transportmittel in den letzten Jahrhunderten. Im zwanzigsten Jahrhundert stieg die Geschwindigkeit von wenig mehr als zehn Meilenkilometern (knapp zwanzig Stundenkilometer) um das Dreitausendfache auf dreißigtausend Meilenkilometer (rund fünfzigtausend Stundenkilometer). Wie wird die Entwicklung weitergehen?

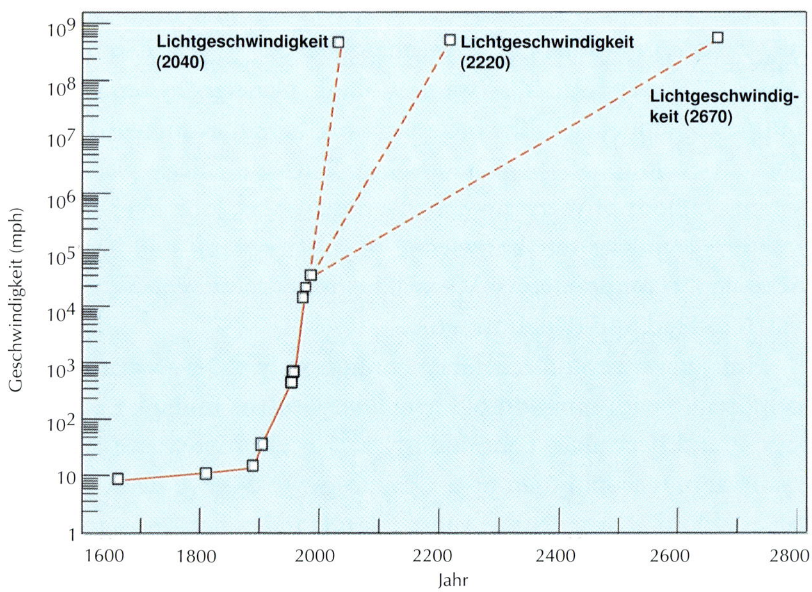

Schätzungen aufgrund jüngster Entwicklungen in der Transportgeschwindigkeit. Die senkrechte Achse erstreckt sich von einer Meile (1,6 Kilometer) pro Stunde auf eine Milliarde Stundenmeilen, die eineinhalbfache Lichtgeschwindigkeit. Diese Schätzungen sind nicht ernstzunehmen, zeigen aber zumindest, daß der technische Fortschritt eine Annäherung an die Lichtgeschwindigkeit in den nächsten Jahrhunderten oder vielleicht schon früher ermöglichen kann.

heiligen Augustinus, daß kein Geretteter sich je nach dem umsehen dürfe, dem er entronnen sei, werden sie die Erde nicht ganz vergessen.

Man mag einwenden, daß wir noch längst nicht soweit sind. So schrieb Voltaire in seinem *Memnon*: »...wie es unmöglich ist, den höchsten Grad der Gewandtheit, der Stärke und der Macht zu erreichen und vollkommen glücklich zu sein. Selbst wir sind weit davon entfernt. Es gibt einen Himmelskörper, auf dem man das tatsächlich findet, aber in den hunderttausend Millionen Welten*, die im All verstreut sind, gibt es das alles nur in Abstufungen... Ich fürchte..., daß unser kleiner Erdball gerade das Irrenhaus ist, von dem zu sprechen Ihr mir die Ehre erweist.«[7]. Wir können doch nicht einmal unsere eigene Welt in Ordnung bringen, sind von Haß und Neid getrieben, zerstören unsere Umwelt, bringen uns gegenseitig um und waren bis vor kurzem noch davon überzeugt, daß das Universum nur für uns allein geschaffen wurde – können wir wirklich in den Weltraum fliegen, Welten bewegen, Planeten neu gestalten und zu benachbarten Systemen ausschwärmen?

Ich glaube nicht, daß ausgerechnet *wir* mit unseren Bräuchen und Gepflogenheiten in den Weltraum hinausfliegen. Wenn wir nur mächtiger, aber nicht klüger werden, werden wir uns selbst mit Gewißheit auslöschen. Damit wir in so ferner Zukunft überhaupt noch existieren, müssen wir heute unsere Institutionen und uns selbst ändern. Wie kann ich da überhaupt Vermutungen über die ferne Zukunft der Menschheit anstellen? Meiner Ansicht nach ist alles eine Frage der natürlichen Auslese. Wenn wir nur noch ein klein wenig gewalttätiger, beschränkter, dümmer und selbstsüchtiger werden, dann haben wir mit großer Wahrscheinlichkeit gar keine Zukunft.

Wer heute jung ist, kann die ersten Schritte auf einem erdnahen Asteroiden oder Mars vielleicht sogar noch miterleben. Erst in späteren Generationen wird man die Monde der iovianischen Planeten und den Kuiperschen Kometengürtel besiedeln. Die Oortsche Wolke liegt in noch weiterer Ferne. Wenn wir das nächstgelegene Planetensystem besiedeln können, werden wir uns verändert haben. Die Abfolge so vieler Generationen wird uns verändert haben. Die geänderten Lebensumstände werden uns verändert haben. Wir passen uns an. Wir selbst werden Alpha Centauri und die anderen benachbarten Sterne nicht mehr erreichen. Dort wird eine uns verwandte Art eintreffen, die unsere Stärken herausgearbeitet und unsere Schwächen reduziert hat, eine Art, die in passenden Umständen lebt, zuversichtlich, vorausblickend, klug und vorsichtig ist. Eine Art, die wir gerne ins Universum schicken, in dem es

* Diese Zahl kommt amüsanterweise modernen Schätzungen über die Zahl der möglichen Planeten in der Milchstraße nahe.

vermutlich viel ältere, mächtigere und grundverschiedene Lebewesen gibt.

Die großen Abstände zwischen den Sternen haben ihr Gutes. Lebewesen und Welten leben gewissermaßen in Quarantäne. Und dieser Zustand kann nur von denjenigen überwunden werden, die soviel Selbsterkenntnis und Urteilsvermögen besitzen, daß sie sicher von einem Stern zum andern reisen können.

In gewaltigen Zeitabständen, in Hunderten von Millionen oder Milliarden Jahren explodieren die Zentren von Galaxien. Wir sehen im Weltraum verstreut Galaxien mit einem aktiven Kern, Quasare, Galaxien, die durch Kollisionen deformiert wurden, deren Spiralarme abgerissen und deren Sternsysteme durch Strahlung zerstört oder von Schwarzen Löchern verschlungen wurden – und wir erkennen, daß auf sehr lange Sicht weder der interstellare Raum noch Galaxien sicher sind.

Ein Halo aus dunkler Materie umgibt die Milchstraße und reicht vermutlich halbwegs bis an die nächste Spiralgalaxie (M31 im Sternbild Andromeda, die ebenfalls Hunderte Milliarden Sterne enthält) heran. Wir wissen nicht, woraus diese dunkle Materie besteht, noch, wie sie

Eine bewohnbare, nahezu erdähnliche Welt umkreist den iovianischen Planeten eines benachbarten Sterns. (Darstellung von Kasuaki Iwasaki)

Ein Ionen-Raumschiff fliegt mit annähernder Lichtgeschwindigkeit zum bewohnbaren Planeten eines benachbarten Sterns. (Darstellung © David A. Hardy)

sich zusammensetzt – aber ein Teil davon* liegt vermutlich in Welten, die nicht an bestimmte Sterne gebunden sind. In diesem Fall werden unsere fernen Nachfahren sich im intergalaktischen Raum niederlassen und zu anderen Galaxien aufbrechen können.

Spätestens wenn wir unsere Galaxie besiedeln wollen, müssen wir uns fragen: Wie unabänderlich ist unser Streben nach Sicherheit? Sind wir eines Tages mit unserer Geschichte und unseren Erfolgen zufrieden, so daß wir von der kosmischen Bühne abzutreten bereit sind? In mehreren Jahrmillionen – vermutlich aber schon viel früher – werden wir nicht mehr dieselben sein. Selbst wenn wir nichts dazu tun, wird der Prozeß der natürlichen Mutation und Selektion uns ausgelöscht oder in eine

* Ein Großteil kann aus »nichtbaryonischer« Materie, das heißt weder aus den gewöhnlichen Protonen und Neutronen noch aus Antimaterie, bestehen. Über neunzig Prozent der Masse des Universums scheinen in diesem dunklen und höchst geheimnisvollen Stoff zu stecken, der auf der Erde völlig unbekannt ist. Vielleicht werden wir ihn eines Tages nicht nur verstehen, sondern sogar nutzen können.

andere Art verwandelt haben (wie man an der Entwicklung von anderen Säugetieren sieht). Selbst wenn wir mit annähernder Lichtgeschwindigkeit reisen könnten und nichts anderes im Sinn hätten, könnten wir im Lauf der Existenz unserer Spezies nicht einmal einen repräsentativen Bruchteil der Milchstraße erforschen. Und nach ihr kommen noch Hunderte von Milliarden Galaxien. Bleibt unsere Motivation dieselbe, während wir selbst uns binnen geologischer und kosmologischer Zeitspannen verändern? Dann gibt es vielleicht viel triftigere Gründe für die Erforschung des Weltalls als nur die Besiedelung einiger Welten.

Manche Wissenschaftler glauben, daß wir eines Tages neue Formen von Leben schaffen, Gedanken lesen, Sterne kolonisieren, Galaxien neu gestalten oder die Ausdehnung des Universums verhindern. In einem amüsanten Artikel, der 1993 in der Zeitschrift *Nuclear Physics* erschien, vermutete der Physiker Andrei Linde, daß unabhängige, voneinander abgeschiedene Universen im Laborversuch geschaffen werden können. »Ich weiß jedoch selbst nicht«, schrieb er mir, »ob dieser Versuch einfach ein Scherz oder etwas anderes ist.« Der menschliche Ehrgeiz, sich Fähigkeiten anzueignen, die einst den Göttern vorbehalten waren, oder, anders ausgedrückt, die Schöpfung zu vollenden, wird angesichts dieser Projekte sicher nie zur Ruhe kommen.

Oben: *Die Große Magellansche Wolke ist eine Satellitengalaxie in ungefähr 170 000 Lichtjahren Entfernung. (Mit freundlicher Genehmigung des ROE/Anglo-Australian Observatory, Aufnahme von David Malin)*

Unten: *Die Milchstraße geht am Nachthimmel eines Planeten in der Großen Magellanschen Wolke auf. (Darstellung von Michael Carroll)*

Der große Andromedanebel M31 (und eine seiner Satellitengalaxien) ist hinter den Sternen der Milchstraße zu sehen. M31 ist ungefähr 2,2 Millionen Lichtjahre entfernt. (Mit freundlicher Genehmigung von Bill und Sally Fletcher)

Rechts: *Die ungewöhnliche ellipsenförmige Galaxie Centaurus A ist vierzehn Millionen Lichtjahre entfernt.*
Links: *Die Spiralgalaxie NGC 3628 in Kantenstellung (beide Abbildungen mit freundlicher Genehmigung des Anglo-Australian Observatory, Aufnahmen von David Malin)*

Viele Seiten lang haben wir nun einfach spekuliert. Kehren wir am Ende in die Gegenwart zurück.

Mein Großvater wurde geboren, als Radiowellen noch nicht einmal in wissenschaftlichen Labors eine Rolle spielten, und er lebte lange genug, um den ersten künstlichen Satelliten im Weltraum zu erleben. Andere Menschen wurden geboren, bevor es Flugzeuge gab, und sahen im Alter, wie vier Sonden zu den Sternen gesandt wurden. Trotz all unserer Niederlagen, Grenzen und Fehlbarkeiten vermögen wir Menschen Großes zu leisten. Das gilt für unsere Wissenschaft, für Bereiche der Technik, für unsere Kunst, Musik, Literatur, für unsere Nächstenliebe und unser Mitleid und manchmal sogar für unsere Staatskunst. Welche ungeahnten Wunder wird eine neue Generation vollbringen? Und die danach? Wie weit wird unser rastloses Menschengeschlecht Ende des nächsten Jahrhunderts gedrungen sein? Und Ende des nächsten Jahrtausends? Vor zwei Milliarden Jahren hießen unsere Vorfahren Mikroben, vor einer halben Milliarde Jahren Fische, vor hundert Millionen Jahren waren sie so etwas wie Mäuse, vor zehn Millionen Jahren Primaten. Und vor einer Million Jahren Proto-Menschen, die überlegten, wie man das Feuer zähmt. Unsere Evolution ist vom Wandel geprägt, der heute immer schneller vonstatten geht.

Wenn wir zum erstenmal zu einem erdnahen Asteroiden aufbrechen, betreten wir einen Lebensraum, der unsere Art für immer binden kann. Die erste Reise der Menschen zum Mars ist ein wichtiger Schritt in der Verwandlung des Menschen in eine multiplanetare Spezies – so wie unsere amphibischen Vorfahren an Land gingen und unsere Primatenvorfahren von den Bäumen herabstiegen.

Viele Fische mit einfachen Lungen und ungelenken Beinen mußten sterben, bevor sie endgültig an Land gehen konnten. Als die Wälder langsam zurückwichen, sprangen unsere aufrecht gehenden Vorfahren auf der Flucht vor Jägern in der Savanne oft zurück auf die Bäume. Der Übergang war schmerzlich, dauerte mehrere Jahrmillionen und wurde von denen, die ihn vollzogen, nicht wahrgenommen. In unserem Fall nimmt der Übergang nur wenige Generationen ein und wird nur wenige Menschenleben kosten. Der Übergang geschieht diesmal mit einer solchen Geschwindigkeit, daß wir ihn kaum wahrnehmen. Wenn die ersten Kinder im Weltraum geboren werden, wenn wir uns auf Asteroiden, Kometen, Monden und Planeten niedergelassen haben, wenn wir uns dort selbst versorgen und vermehren können, dann verändert sich die Geschichte der Menschheit. Die Besiedelung anderer Welten bedeutet jedoch nicht, daß wir die Erde verlassen, genausowenig wie die Entwicklung von Amphibien das Ende der Fische bedeutete. Lange Zeit wird nur ein kleiner Teil der Menschheit im Weltraum leben.

»In der modernen westlichen Gesellschaft«, schreibt der Gelehrte Charles Lindholm,

> beraubt uns der Verfall der Traditionen und der Zusammenbruch angestammten religiösen Glaubens unseres *Telos* (des Sinns und Zweckes unseres Daseins), des autoritativen Wissens um unser Potential. Ohne göttlichen Heilsplan besitzen wir nur ein entmystifiziertes Bild einer zerbrechlichen und fehlbaren Menschheit, die nicht mehr fähig ist, gottähnlich zu werden.[8]

Ich glaube, daß es sehr gesund – und sogar notwendig – ist, stets an die eigene Zerbrechlichkeit und Fehlbarkeit erinnert zu werden. Mir sind Menschen, die »gottähnlich« werden wollen, gar nicht geheuer. Wir haben jedoch ein langfristiges Ziel und einen Heilsplan, von dem das Überleben unserer eigenen Art abhängt. Wenn wir in uns selbst gefangen sind, dann liegt hier der Ausweg – ein wertvoller Ausweg, der uns ungeheure Chancen bietet und der ganzen Menschheit hilft. Die Bevölkerung anderer Welten vereint Nationen und ethnische Gruppen, verbindet Generationen und verlangt nach Besonnenheit und Urteilsvermögen, befreit unser Wesen und bringt uns in gewisser Hinsicht zu unseren Anfängen zurück. Bereits heute liegt dieses neue *Telos* in unserer Reichweite.

Der Psychologe William James bezeichnete Religion als das Gefühl, im Universum zu Hause zu sein. Wie ich in den ersten Kapiteln dieses Buches ausführte, tendierte die Menschheit oft dazu, das Universum als maßgeschneidertes Zuhause zu betrachten, statt das Universum in unsere Vorstellung von einem Zuhause einzubeziehen. Wenn wir James' Definition auf das *echte* Universum übertragen, dann haben wir noch keine wahre Religion. Sie wird zu einer Zeit kommen, da uns die großen Ernüchterungen nicht mehr schmerzen, da wir zu den Sternen hinausfliegen, da wir uns an andere Welten und sie sich an uns gewöhnt haben.

Der Kosmos dehnt sich unendlich aus. Nach einer kurzen Pause der Seßhaftigkeit werden wir wieder zu Nomaden. Unsere fernen Nachfahren werden auf verschiedenen Welten innerhalb und außerhalb des Sonnensystems leben und werden durch ihr gemeinsames Erbe, durch die Achtung ihres Heimatplaneten und durch die Kenntnis vereint, daß von allen Lebewesen im Universum nur die Menschen von der Erde stammen.

Sie werden in den Himmel blicken und den blauen Punkt im All suchen. Sie werden ihn wegen seiner Dunkelheit und Zerbrechlichkeit nicht weniger lieben. Sie werden staunen, wie verwundbar die Wiege unseres Wissens, wie gefährlich unsere Kindheit, wie bescheiden unsere Anfänge einst waren, wie viele Brücken wir überschreiten mußten, bevor wir den richtigen Weg fanden.

Anmerkungen

Die in der amerikanischen Originalausgabe nicht nachgewiesenen Zitate wurden für die deutsche Ausgabe nach bestem Wissen recherchiert. Einige Zitate konnten trotz größter Bemühungen nicht aufgefunden werden. Sie wurden aus dem Englischen übersetzt.

Einführung

1 Rainer Maria Rilke, *Duineser Elegien*, Frankfurt/Main 1970, S. 22

2 Herman Melville, *Moby Dick*, Hamburg 1956, S. 11

Kapitel 1

1 Mark Aurel, *Selbstbetrachtungen*, Leipzig 1982, S. 31

2 Ammianus Marcellinus, *Römische Geschichte*, Berlin 1968–71, Bd. 2, S. 89

Kapitel 2

1 Francis Bacon, *Weisheit der Alten*, herausgegeben von Philipp Rippel, Frankfurt/Main 1990, S. 63

2 Zit. nach Leopold Prowe, *Nicolaus Coppernicus*, Neudruck der Ausgabe 1883–84, Osnabrück 1967, Bd. 1, Teil 2, S. 528

3 Xenophanes, *Die Fragmente*, München/Zürich 1983, S. 43 und S. 45

Kapitel 3

1 Voltaire, *Sämtliche Romane und Erzählungen* in zwei Bänden, Berlin/Darmstadt/Wien 1964, Bd. 1, S. 160

2 Carl Sagan und Anne Druyan, *Shadows of Forgotten Ancestors. A Search for Who We Are*, New York 1992 (dt. *Schöpfung auf Raten. Neue Erkenntnisse zur Entwicklungsgeschichte der Erde*, München 1993)

Kapitel 4

1 Galileo Galilei, *Dialog über die beiden hauptsächlichsten Weltsysteme. Das ptolemäische und das kopernikanische*, Stuttgart 1982, S. 6

2 Heinrich Denzinger, *Enchridion symbolorum definitiorum et declaratio-*

num de rebus fidei et morum/Kompendium der Glubensbekenntnisse und kirchlichen Lehrentscheidungen. Lat./dt., übersetzt und herausgegeben von Peter Hünermann, Freiburg i.B. 1991, S. 799–809

3 George Bernard Shaw, *Die heilige Johanna*, Vorrede, übersetzt von Wolfgang Hildesheimer, Frankfurt/Main 1990, S. 69

4 Bryan Appleyard, *Understanding the Present: Science and the Soul of Modern Man*, London 1992 (dt. *Der halbierte Mensch. Die Naturwissenschaften und die Seele des modernen Menschen*, München 1992), S. 315

5 Ebd., S. 49

6 Ebd., S. 55

7 Ebd., S. 40

8 Ebd., S. 39

9 Ebd., S. 49

10 Ebd., S. 27

11 Ebd., S. 15

12 Ebd., S. 193

13 Ebd., S. 160

14 Ebd., S. 28

15 Ebd., S. 324

16 Ebd., S. 26

17 Ebd.

Kapitel 5

1 Voltaire, *Sämtliche Romane und Erzählungen* in zwei Bänden, Berlin/Darmstadt/Wien 1964, Bd. 1, S. 146ff

Kapitel 6

1 Zit. nach der Einheitsübersetzung der Heiligen Schrift, Stuttgart ^{2}1983

Kapitel 7

1 Herman Melville, *Moby Dick*, Hamburg 1956, S. 328

Kapitel 8

1 *»Obsecro num tu speras numeri planetarum caussas assignari posse?* Successit haec cura …« Johannes Kepler, *Epitome Astronomiae Copernicanae*, in *Gesammelte Werke*, herausgegeben von Max Caspar, Bd. VII, München 1953, S. 267

2 William Shakespeare, *Der Sturm*, in *Shakespeares dramatische Werke*, Bd. 10, herausgegeben von Alois Brandl, übersetzt von August Wilhelm von Schlegel und Ludwig Tieck, Leipzig/Wien o. J.

Kapitel 9

1 Euripides, *Ion*, herausgegeben von Christoph Klock und Dietram Müller, übersetzt von Ursula Graw, Christoph Klock, Dietram Müller und Gerhard Tiecke, Stuttgart 1982, Vers 872–875 (RUB 3579)

Kapitel 11

1 Li Tai-Bo, *Rausch und Unsterblichkeit.* Ausgewählt aus den Werken des Dichters und mit einer Einleitung versehen von Günther Debon, München u. a. 1958, S. 45

Kapitel 12

1 Strabons *Erdbeschreibung in 17 Büchern*, Berlin/Stettin 1831, 1. Teil, S. 89f

Kapitel 13

1 Qu Yuan, *Die neun Gesänge*, Gesang V, in *Altchinesische Hymnen. Aus dem »Buch der Lieder« und den »Gesängen von Ch'u«*, übertragen und erläutert von Peter Weber-Schäfer, Köln 1967, S. 18

Kapitel 14

1 Ulf Merbold, *Flug ins All. Von Spacelab 1 bis zur D1-Mission*, Bergisch Gladbach 1986, S. 208

Kapitel 15

1 Herman Melville, *Moby Dick*, Hamburg 1956, S. 328

Kapitel 16

1 *Das Gilgamesch-Epos*, übersetzt und mit Anmerkungen versehen von Albert Schott, Stuttgart 1994, S. 32

2 Wernher von Braun, *Das Marsprojekt. Studie einer interplanetarischen Expedition.* Sonderheft der Zeitschrift *Weltraumfahrt. Beiträge zur Weltraumforschung und Aeronautik*, Frankfurt/Main 1952, S. 9

3 Ebd., S. 7

4 Ebd.

5 Robert Heinlein, *The Man Who Sold the Moon*, Chicago/Ill. 1950 (dt. *Der Mann, der den Mond verkaufte*, München 1971)

Kapitel 17

1 Aristoteles, *Physikvorlesung*, in *Werke*, Bd. 11, herausgegeben von Hellmut Flashar, übersetzt von Hans Wagner, Berlin [4]1983, S. 224

Kapitel 18

1 Herman Melville, *Moby Dick*, Hamburg 1956, S. 13

Kapitel 20

1 Euripides, *Die Bakchen,* übersetzt von J.J.Donner, in Euripides, *Sämtliche Tragödien in zwei Bänden,* Bd. 1, Stuttgart 1984, S. 105

Kapitel 22

1 *Der Koran. Das heilige Buch des Islam*, nach der Übertragung von Ludwig Ullmann neu bearbeitet und erläutert von L.W.Winter, München 1959, S. 437

2 Rainer Maria Rilke, *Duineser Elegien*, Frankfurt/Main 1970, S. 11

3 Genesis 11, 6. Zit. nach der Einheitsübersetzung der Heiligen Schrift, Stuttgart [2]1983

4 Zit. nach der Einheitsübersetzung der Heiligen Schrift, Stuttgart [2]1983

5 Platon, *Das Gastmahl,* übersetzt von Franz Susemihl, in Platon, *Sämtliche Werke in drei Bänden,* herausgegeben von Erich Loewenthal, Bd.1, Heidelberg [8]1982, S. 682

6 Voltaire, *Sämtliche Romane und Erzählungen* in zwei Bänden, Berlin/Darmstadt/Wien 1964, Bd. 1, S. 140

7 Voltaire, a.a.O., S. 132

8 Charles Lindholm, *Charisma*, Oxford 1990

Weiterführende Literatur

Victor R. Baker, *The Channels of Mars*, Austin/Texas 1982

John D. Barrow und Frank J. Tipler, *The Anthropic Cosmological Principle*, New York 1986

J. Kelly Beatty und Andrew Chaiken (Hg.), *The New Solar System*, Cambridge/Mass. [3]1990

John Desmond Bernal, *The World, the Flesh, and the Devil*, Bloomington/Ind. 1969 (Neuauflage der Ausgabe von 1929)

John B. Bury, *History of the Papacy in the 19th Century*, New York 1964

Michael H. Carr, *The Surface of Mars*, New Haven/Conn. 1981

Peter Cattermole, *Venus: The Geological Survey*, Baltimore 1994

Andrew Chaikin, *A Man on the Moon*, New York 1994

Eric Chaisson und Steve McMillan, *Astronomy Today*, Englewood Cliffs/N.J. 1993

Clark R. Chapman und David Morrison, »Impacts on the Earth by Asteroids and Comets: Assessing the Hazard«, in *Nature*, 367, 1994, S. 33–40

I. Bernard Cohen, »G. D. Cassini and the Number of Planets«, in *Nature, Experiment and the Sciences*, Hg. Trevor Levere and W.R. Shea, Dordrecht 1990

Michael Collins, *Liftoff*, New York 1988

I. A. Crawford, »Instertellar Travel: A Review for Astronomers«, in *Quarterly Journal of the Royal Astronomical Society*, 31, 1990, S. 377

I. A. Crawford, »Space, World Government and ›The End of History‹«, in *Journal of the British Interplanetary Society*, 46, 1993, S. 415–420

Daniel Deudney, »Forging Missiles into Spaceships«, in *World Policy Journal*, 2, 1985, H. 2, S. 271–303

Frank Drake und Dava Sobel, *Is Anyone Out There?*, New York 1992

Ben R. Finney and Eric M. Jones (Hg.), *Interstellar Migration and the Human Experience*, Berkeley/Calif. 1985

Peter Francis, *Volcanoes: A Planetary Perspective*, Oxford 1993

Francis Fukuyama, *The End of History and the Last Man*, New York 1992 (dt. *Das Ende der Geschichte*, München 1992)

Esther C. Goddard (Hg.), *The Papers of Robert H. Goddard*, 3 Bde., New York 1970

J. Richard Gott III, »Implications of the Copernican Principle for Our Future Prospects«, in *Nature*, 263, 1993, S. 315–319

Ronald Greely, *Planetary Landscape*, New York ²1994

A. W. Harris, G. Canavan, C. Sagan und S. J. Ostro, »The Deflection Dilemma: Use vs. Misuse of Technologies for Avoiding Interplanetary Collision Hazards«, in Tom Gehrels (Hg.), *Hazards Due to Asteroids and Comets*, Tucson 1994

Paul Horowitz und Carl Sagan, »Project META: A Five-Year All-Sky Narrowband Radio Search for Extraterrestrial Intelligence«, in *Astrophysical Journal*, 415, 1992, S. 218–235

Harry Hurt, *For All Mankind*, New York 1988

William J. Kaufmann III, *Universe*, New York ⁴1993

Kevin W. Kelley (Hg.), *The Home Planet*, Reading/Mass. 1988

Hugh H. Kieffer, B. M. Jakosky, C.W. Snyder und M. S. Matthews (Hg.), *Mars*, Tucson/Ariz. 1992

John S. Lewis und Ruth A. Lewis, *Space Resources: Breaking the Bonds of Earth*, New York 1987

Richard S. Lewis, *The Voyages of Apollo: The Exploration of the Moon*, New York 1974

Andrej D. Linde, *Particle Physics and Inflationary Cosmology*, Harwood Academy Publishers 1991

Charles Lindholm, *Charisma*, Oxford 1990

Jonathan Lunine, »Does Titan Have Oceans«?, in *American Scientist*, 82, 1994, S. 134–144

Eugene F. Mallove und Gregory L. Matloff, *The Starflight Handbook*, New York 1989

Thomas R. McDonough, *The Search for Extraterrestrial Intelligence*, New York 1987

Walter A. McDougall, *The Heavens and the Earth: A Political History of the Space Age*, New York 1985

Harry Y. McSween jr., *Stardust to planets*, New York 1994

Ron Miller und William K. Hartmann, *The Grand Tour: A Traveler's Guide to the Solar System*, New York 1993 (überarb. Ausg.)

David Morrison, *Exploring Planetary Worlds*, New York 1993

Murmurs of Earth, CD-ROM of the Voyager interstellar record, Einführung Carl Sagan und Ann Druyan, Los Angeles 1992 (WNM 14022)

Bruce C. Murray, *Journey to the Planets*, New York 1989

Jay M. Pasachoff, *Astronomy: From Earth to the Universe*, New York 1993

James B. Pollack und Carl Sagan, »Planetary Engineering«, in J. Lewis und M. Matthews (Hg.), *Near-Earth Resources*, Tucson/Ariz. 1992

Carl Sagan, *Cosmos*, New York 1980 (dt. *Unser Kosmos: eine Reise durch das Weltall*, München 1982)

Carl Sagan, *Contact: A Novel*, New York 1985 (dt. *Contact: Roman*, München 1986)

Carl Sagan und Ann Druyan, *Comet*, New York 1985 (dt. *Der Komet*, München 1985)

Carl Sagan und Richard Turco, *A Path Where No Man Thought: Nuclear Winter and the End of Arms Race*, New York 1990

Carl Sagan, W. Reid Thompson und Bishun N. Khare, »Titan: A Laboratory for Prebiological Organic Chemistry«, in *Accounts of Chemical Research*, 25, 1992, S. 286–292

Carl Sagan, W. Reid Thompson, Robert Carlsson, Donald Gurnett und Charles Hord, »A Search for Life on Earth from the *Galileo* Spacecraft«, in *Nature*, 365, 1993, S. 715–721

Carl Sagan und S. J. Ostro, »Long-Range Consequences of Interplanetary Collision Hazards«, in *Issues in Science and Technology* (Sommer 1994), S. 67 –72

J. William Schopf, *Major Events in the History of Life*, Boston 1992

Alan Shepherd, Deke Slayton u. a., *Moonshot*, Atlanta/Ga. 1994

B. Stewart, »Science and Animism«?, in *Creation/Evolution*, 12, 1992, H. 1, S. 8f.

Richard Turco, *Earth Under Siege: Air Pollution and Global Change*, New York (in Druck)

Steven Weinberg, *Dreams of a Final Theory*, New York 1994

John Noble Wilford, Mars Beckons, *The Mysteries, the Challenges, the Expectations of Our Next Great Adventure in Space*, New York 1990

Don E. Wilhelms, *To a Rocky Moon: A Geologist's History of Lunar Exploration*, Tucson/Ariz. 1993

Alexander Wolszczan, »Confirmation of Earth-Mass Planets Orbiting the Millisecond Pulsar PSR B1257+12«, in *Science*, 264, 1994, S. 538–542

Konstantin Ziolkowskij, *The Call of the Cosmos*, Moskau o. J. (1960)

Danksagung

Das meiste in diesem Buch ist neu. Mehrere Kapitel wurden aus Artikeln erarbeitet, die zuerst im Magazin *Parade* erschienen, einer Sonntagsbeilage verschiedener amerikanischer Tageszeitungen, die insgesamt schätzungsweise achtzig Millionen Leser erreicht und damit eines der meistgelesenen Magazine der Welt sein dürfte. Ich bin dem Chefredakteur Walter Anderson und dem verantwortlichen Redakteur David Currier für ihre fachliche und moralische Unterstützung zu tiefem Dank verpflichtet. Auch den Lesern von *Parade* schulde ich Dank, denn ihre Zuschriften zeigten, wo ich mich klar und verständlich ausgedrückt hatte und wo weniger, und wie meine Ausführungen beim Publikum ankommen. Andere Kapitel entstanden teilweise aus Artikeln, die in den Zeitschriften *Issues in Science and Technology, Discover, The Planetary Report, Scientific American* und *Popular Mechanics* erschienen. Bestimmte Aspekte dieses Buchs diskutierte ich mit vielen Freunden und Kollegen, deren Anregungen viel zur Verbesserung des Buchs beitrugen. Obwohl ich sie nicht alle einzeln aufzählen kann, möchte ich allen meinen tiefsten Dank aussprechen. Ganz besonders danke ich Norman Augustine, Roger Bonnet, Freeman Dyson, Louis Friedman, Everett Gibson, Daniel Goldin, J. Richard Gott III, Andrei Linde, Jon Lomberg, David Morrison, Roald Sagdeev, Steven Soter, Kip Thorne und Frederick Turner für ihre Anregungen, Seth Kaufmann, Peter Thomas und Joshua Grinspoon für ihre Hilfe bei den Tabellen und Graphiken und einer Reihe von brillanten Künstlern, die mir ihre Werke für die Veröffentlichung in diesem Buch zur Verfügung stellten. Die Großzügigkeit von Kathy Hoyt, Al McEwen und Larry Soderblom gestattete die Abbildung von einigen hervorragenden Photomosaiken, Karten und anderen NASA-Aufnahmen, die vom Astrogeologenteam an der USGS erstellt wurden.

Der rege Gedankenaustausch mit anderen Direktoriumsmitgliedern der Planetary Society, vor allem mit Bruce Murray, Louis Friedman, Norman Augustine, Joe Ryan und Thomas O. Paine, gewährte mir tieferen Einblick in die Entwicklung der Weltraumforschung. Die Erforschung des Sonnensystems, die Suche nach außerirdischem Leben und internationale Missionen zu anderen Welten sind wesentliche Anliegen der Planetary Society, die damit wohl auch die Botschaft dieses Buches am meisten verkörpert. Informationen über die größte gemeinnützige Organisation zur Erforschung des Weltraums sind erhältlich bei

The Planetary Society
65 N. Catalina Avenue
Pasadena, CA 91106
USA

Wie bei allen Büchern, die ich nach 1977 geschrieben habe, kann ich Ann Druyan nicht genug danken für ihre konstruktive Kritik und ihre wesentlichen Beiträge zu Inhalt und Stil. Angesichts der Unendlichkeit von Zeit und Raum freue ich mich nach wie vor darüber, einen Planeten und eine Epoche mit Annie teilen zu dürfen.

Register

kursiv gesetzte Ziffern verweisen auf Illustrationen

Abendstern 185
Aberration 36 f.
Aglaonice *210*
Akkretionsscheibe
s. Verdichtungsscheibe
Aldrin, B. 219
Alpha 269
Alpha Centauri 43, 413
Amazonien *93*
Ambrosius 48
Ames Research Center 193
Aminosäuren 119, 126 f.
Ammoniak 142, 180, 335, 360
Andromeda 44
Annihilation 350 f.
Anthropisches Prinzip 49 f., 53, 55
Anthropozentrismus 38 f., 68 f.
Antimaterie 348, 350 f., 415
Antipoden 11
Apollo 7 221
Apollo 10 *225*
Apollo 11 219, *220,* 228, 289, 297
Apollo 3 272
Apollo 17 20 f., 228
Apollo-Programm 223 f., 228, 281 f., 295
Appleyard, B. 65 ff.
Arakawa, E. 125
Arecibo *322*
Argyre-Becken *272*
Ariel *144,* 145
Aristoteles 33
Armstrong, N. 219
Arsia Mons *207*
Asteroiden 158, 204, 211, 238, 249, 274, 280, 294, 307, 312, *312,* 320 ff., *321, 325,* 327 ff., *329,* 345, 384
Besiedlung *346,* 346 ff., 413
Kursablenkung *332,* 332 f., 337, *340*
Zerstörung 332
Zusammensetzung 321 f.
Astronomische Einheit 161
Äthan 128, 130
Atlantis 95
Atmosphäre *79, 171*
frühe 119
Atombombe 384

Aufklärungssatelliten 99
Augustinus 11, 33, 45, 48, 139, 412
Außerirdisches Leben 48

Bahamas *75*
Bains, K. 181
Bakterien, methanogene 82
Barbaren 10
Bellarmin, R. 34 f.
Bernal, J. D. 347
BETA 380
Beta Pictoris 161, *161*
Bethe, H. 409
Big Bang s. Urknall
Biogase 82
Blausäure 124
Bodenschätze, außerirdische 286 f.
Bradley, J. 36
Braun, W. von 283, 384
Braune Zwerge 408, *409*
Brown, G. E. 408 f.
Bush, G. 281

Caldera 199, 207 f.
Camarina 325, 335
Canavan, G. 334
Carlsson, R. 94
Carr, B. J. 408
Cassini 132 f., 133
Cassini, G. D. 140 f.
Cassini-Teilung *97*
Castalia *322*
Centaurus A *417*
Cerberus 208
Challenger 233
Charon *16, 159*
Chlorophyll 80, *81,* 82
Chryse Planitia *247*
Chyba, Ch. 328
Cicero 48
Clementine 137, 331
Cohen, I. B. 140
Collins, M. 219
Coma-Galaxishaufen *41 f.*
Cook, J. 300
Coronae 208, 214
Crater Lake 203

Danilova *210*
Danu Montes *192*
Darwin, Ch. 46, 119
Deimos 259, *260,* 264, *312*
Demokrit 33
Dermott, St. 129 f., 132
Deuterium 351
Dione *97, 128*
Discovery 171
Donar 137
Doppelsternsysteme *407,* 411
Drake, F. 370
Druyan, A. 27, 47, 62, 371
Dryade 10
Duke, Ch. *219*

Einschlagkrater 207, 210, 211 f., 219, 310
Einstein, A. 45, 50, 348
Eistla Regio *211*
Eisvulkan 217
Eiszeiten 240
Eleuthera *75*
Elliot, J. 144
Elysium-Plateau *250, 261*
Enceladus *121, 128*
Endeavor *279*
Energija 268 f., 291
Epikur 33
Epsilon Eridani 161
Erdaufgang *235*
Erdbeobachtungssatelliten 99, *242*
Erde, Alter 45
  Apollo 15-Bild *227*
  Apollo 17-Bild *21*
  Atmosphäre 79, *171,* 239
  frühe Atmosphäre 119
  galaktische Ansicht *19*
  Galileo-Bild *76, 81, 173*
  Gewässer 83
  Himmelsfarbe 172 ff.
  Infrarotstrahlung *77, 80,* 80
  Klima 236
  Kollision mit Himmelskörpern 325 ff., *328*
  Leben 80
  Mikroorganismen 249
  Monatstemperaturen *79*
  nächtliche Lichtemission *92*
  Nah-Infrarot *77, 80*
  Reflexion *230*
  Sat-Bild 77, *77,* 79
  Tagestemperaturen *79*
  Vegetation 80
  Voyager 1-Bild *22, 23*
  Wasser 80, 249
  Zukunft der 169

Erdkern 202
Eta Carinae *28*
Europa (Mond) *104 f.*
Europäische Südsternwarte 317

Falschfarbenbilder *81, 84 f.*
FCKW s. Fluorchlorkohlenwasserstoffe
Fixsterne 13, 138
Flares 291
Flood, D. J. 226 ff.
Fluorchlorkohlenwasserstoffe 95, 237, 335, 359 f., 384
Freyja Montes *212*
Frija 137
Fusionsreaktor 351, 357

Gagarin, J. 173, 224, 281
Gaia-Hypothese 47
Galaktische Ebene *397*
Galaktisches Zentrum 375
Galaxien 41 ff., 44, 414 ff.
Galilei, G. 35 f., 38, 41, 57 f., 122, 139, *248,* 303
  Rehabilitierung 59
Galileo 20, *81,* 94, *95,* 166, *181, 186, 188,* 188, *199, 229,* 312, *313, 319, 337*
Ganymed *102*
Gaspra *95,* 312, *313*
Genesis 43, 45
Geographos 331
George III. 141
Geozentrisches Weltbild 33, 36 ff., 43, 63
Gezeitenbeschleunigung 100
Gibson, E. 253
Giotto-Mission 318
Glenn, J. 224
Gobi, Sat-Bild *85*
Goddard, R. H. 235, 383 f., 398, 401
Gott, J. R. 387 ff.
Gravitationsgesetz 51 f.
Gravitationslinsen 406 ff.
Griechen 10, 47
Große Magellansche Wolke *163, 416*
Großer Dunkler Fleck 153
Großer Roter Fleck *104*
Großstädte 75
Gruber, L. 12
Gurnett, D. 94

Halleyscher Komet *16,* 158, 268, 312, *313,* 319
Hansen, C. 23
  J. 240
Harris, A. 334
  D. 123
Hawking, St. 408
Hawking-Strahlung 408
Hawthorne, N. 67
Heinrich der Seefahrer 285 f.
Hekla 200
Heliopause 167, 197
Heliozentrisches Weltbild 34, 63, 139
Helium 142, 153, 160, 180 f., 410
Herculaneum 200
Herschel, W. 141, 145
Herschel-Krater 308
Hord, Ch. 94
Horner, R. E. 226 ff.
Horowitz, P. 371, 373, 379
Howe-Krater *210*
Hubble-Weltraumteleskop *28, 41,* 98, *159,* 216, *317,* 317, 319, *403*
  Reparatur *279*
Huygens 117, 130 f., 133
Huygens, Ch. 122, 140

Iapetus *129,* 141, 197
IC434 *37*
Ida *95,* 243, *312,* 322
Infrarotstrahlung 191
Io *104 f., 199, 214 ff.*
  Vulkanismus 214 ff.
Ionenraumschiff *415*
Ionosphäre 83, 193
Island 200
Ithaka-Chasma *120*

Jäger und Sammler 63, 399, 405
James, W. 419
Johannes Paul II. 59
Jupiter *23,* 100, *103 f.,* 112, 142 f., *199*
  Atmosphäre 180 ff.
  Großer Roter Fleck *104*
  Monde *16,* 35, 94, 101, 122, 140, 362
  Ringe 304
Shoemaker-Levy-Einschlag *303,* 316 ff., *317 ff., 331*

Kallisto *16, 104*
Kant, I. 55
Karlsson, H. 253
Kennedy, J. F. 224, 228, 282
Kepler, J. 69
Khare, B. 123, 125
Klimaerwärmung 239 f., 354
Klimaprognosen 240
Kohlendioxid 80, 93, 165, 176, 191, 242, 247, 327, 352, 358 f., *360*
Kollision von Himmelskörpern 306 ff., *311,* 316 ff., *326,* 327
  Quote 343
Kometen 158, 160, 165, 168, 204, 211, 303, 312, *325,* 327 ff.
Kontinentalplatten 201 f.
Kopernikus, N. 34 f., 38, 57 f., 122
Krater 199, 204
Kreta 200
Kreuz des Südens *383*
Krikalew, S. 269
Krümmung des Raums 52
Kuiper, G. P. 122, 145, 158
Kuiper-Gürtel *157,* 158, 160, 401, 413
Kuramoto, K. 286

Lakshmi Planum *190 ff.*
Lava 201 f., 208 ff., 239 f.
Leonow, A. 233
Levy, D. 315, 319
Lichtgeschwindigkeit 403, *412,* 416
Lichtstreuung 174
Linde, A. 54 f., 416
Lindholm, Ch. 419
Lokale Gruppe *42*
Loki Patera *214*
Ludwig XIV. 141
Lukrez 33

M17 *32*
M31 44, 414, *417*
Maasaw Patera *215*
Maat Mons *211,* 213
Magellan 20, 182, 189, *192, 196, 210*
Magma 202, 212
  Ozeane 204
Magnetfeld 82, 91
Mangala Vallis *276*
Margaritifer Sinus *257*
Mariner 1 186, 263
Mariner 2 185, 186, 193, 195, 197, 263
Mariner 5 194
Mariner 9 204, 243, 248, 263 f.
Mars 82, 136 f., *178, 180,* 204, *238,* 238, 243, *247,* 247-277, *250 ff.,* 299, 345, *360*
  Atmosphäre 178 ff., 208, 352
  Besiedlung *345,* 352 ff., *353 ff,* 413
  Fahrzeug *265,* 266, *295*
  Flußtäler *252*
  Kultur 352
  künfige Missionen 264 ff., 274, 281 ff., 291 ff., *365,* 418
  Lebensspurentests 255 ff.
  Meteoritproben 253
  Mission 182, *185*
  Observer 260 ff., 269
  Oberflächenformen 248, *267, 361*
  Polkappen *250*
  Umgestaltung 359 ff.
  Vulkane *206,* 207
Matsui, T. 286
Mayer, C. H. 189 f.
Mazama 203
McCandless, B. *233*
McDonald Observatory 187
McElroy, M. 237
Meeresbodenvulkanismus 201
Melville, H. 10, 330
Mensch, zentrale Stellung 63
Menschheit, Lebenserwartung 388
  Überlebenschancen 389, 391
  Zukunft 411 ff.
Merkur *16,* 136, 176, *309*
  Phasen 35
Messier 100 *71*
META 371 ff., *373,* 378, 380
  Radioquellen *374, 376*
Meteor-Krater *310*
Meteorite 249 f., 314
Meteoritenschauer 314
Methan 80, 95, 122, 124, 128, 142, 153 ff., 165, 167, 181
  Herkunft 82
Methanvulkan 217
Milchstraße *27, 32, 42,* 42, *44, 163,* 168, 367 f., 375, *397,* 414, 416
Mimas *16, 120,* 308
Mir 268 f., 291, *292*

Miranda *135,* 145 ff., *148,* 165, 307
Mittelalter 64
Molina, M. 237
Mond 35, 41, 60, 155, 176, 204, *219,* 219 ff., *228,* 234, 274, *310*
  Besiedlung *346*
  Entstehung 311, *311*
  Landung, *Appollo 11* 219, *226*
  Reflexion *230*
  Stiefelabdruck *222*
  Südpol *309*
Mont Pelée 200
Morgenstern 185
Morrison, D. 187
Mort, G. *57*
Mount St. Helens *201*
Muhleman, D. O. 128, 130
Murray, B. 371
Musgrave, St. *279*

N

Nachrichtensatelliten 98
Neptun 20, 22, *24,* 98, 100 ff., 109, 112, 143, *151 ff.,* 151 ff.
  Atmosphäre 181
  Eigenschaften 152 ff.
  Monde 101
  Ringe 153, 304
Nereus 323
Neutronenstern 162
Nevado del Ruiz 200
Newcomb, S. 255
Newman, W. I. 402
Newton, I. 36, 45, 52, 70
New York, Sat-Bild *84 f., 88*
NGC 1365 *53*
NGC 3628 *417*
NGC 4881 *41*
Nitrile 124
Nuklearer Winter 236, 243 f.
Nukleinsäuren 119
Nukleotid-Basen 119, 126

O

Oberon *140,* 145
Odyssee *120*
Olympus Mons *206,* 207 f., *273*
Oortsche Wolke *157,* 158 ff., 168, 343, 401, 406, 411, 413
Organische Materie 165 f.
  Moleküle 119
Origenes 48
Orionnebel *402 f., 405*
Osiander, A. 34 f.
Ostro, St. 334
Ovda-Regio-Hochland *209*
Oxia Palus *247*
Ozeane 79
Ozon 79, 82, 237
Ozonloch 98
Ozonschicht 95, 203, *236,* 335
  Zerstörung 236 f., 354, 391

P

Paine, Th. 364
Pancakes *211*
Para-Schwerkraft 347
Parallaxe 35 ff.
Parallaxenverschiebung 36
Paris, Sat-Bild *90*
Pelé 214
Perseiden 314
Pferdekopfnebel *37*
Phobos 259, *260,* 264, 308, *312, 345,* 352
Pholus *158*
Phosphor 181
Photovoltaik 348
Pinatubo 203, *236*
Pioneer 10 167
Pioneer 11 167
Pioneer 12 *188,* 189, *190 f.,* 241
Pius IX. 59, 66
Planetary Society 371
Planeten 13, 136 f.
  anderer Sterne 161 ff.
  Bahnen 51
  Forschung, vergleichende 235, 244, 355
  Missionen *263*
  Ringe, Entstehung 306
  Systeme 43, 405, 164, 167, 410 f., 413
  Umgestaltung 357 ff., 391
Planetesimale 158, 342
Platon 33, 200
Plattentektonik 213, 260
Plinius der Ältere 200
Pluto *16,* 22, 142, 151, 157 ff., *159*
Polarlicht 91
Polkappen 79
Pollack, J. 187, 193, 243, 357, 362
Pompeji 200
Porco, C. 23
Positron 348

Prinzip der Mittelmäßigkeit 387 f.
Prometheus *215*
Proton 269, 291
Ptolemäisches Weltbild 31, 33, 57
Ptolemäus, C. 31
Pulsar 43, 162 ff.
Pulsar-Timing-Methode 164

Quasare 44, *367,* 414
Quayle, D. 282

Radarkartierung 188 f.
Radiofrequenzanalysen 371 ff.
Radiohelligkeitstemperatur 191
Radiosignale, ›verdächtige‹ 375
Radioteleskope *367*
Radio(wellen) 82 f., 162, 165, 190, 193, 241, 368
Raketen 224 f., 290, 384
Ranger 7/8/9 186
Raumfahrt 383, 398, 401 f.
  bemannte 98 f., 234, 260, 281, 285, 392
Raumschiffe, Rendezvous *293*
Raumsonden 99, 262, 292, *296*
Raumstationen, künftige 269 ff., 281, 291
Rayleigh, J. W. 175
  -Streuung 175, 181, 187
Relativitätstheorie, allgemeine 52
  spezielle 45 f.
Rhea *16,* 141
Ride, S. 94
Ringe der Gasplaneten, Entstehung 306
Roboter 113, 266
Romanenko, J. 300
Römer 10
Rousseau, J.-J. 67, 300, 380
Rowland, S. 237
Russell, B. 300

Sagdeew, R. 268
Saint-Pierre 200
Salton-See, Sat-Bild *87*
Santorin 200
Satelliten 98 f.
Saturn 20, 22, *24,* 41, *70, 97,* 100, *106 f.,* 112, *118,* 143, 303
  Atmosphäre 181
  Monde *16,* 20, 101, 121 f., 132, 362
  Ringe 101, *106,* 303 f., *305*
Saturn-Rakete 221
Saudi-Arabien, Sat-Bild *88*
Sauerstoff 80, *81,* 165, 167
  Entstehung 79 f.
Schimpansen 62
Schwarzes Loch 98, 408 f., 414
Schwefel 181, *215,* 215
Schwefelsäureatmosphäre *186*
Schwefelwasserstoff 142
Schwerkraft 52
SETI 369 ff., 378 ff.
Shapley, H. 408
Shaw, G. B. 64
Shoemaker, C. 315, 319
  E. 307, 315, 319
Shoemaker-Levy 9 303, *315,* 315
  Einschlag 316 ff., *317 ff.,* 329, *331*
Simons, D. 172 f.
Sirius 25
SNC-Meteorite 249, 253, *254 f.,* 258
Solá, J. C. 122
Sonne *25,* 42, 350
  galaktische Ansicht *19, 397*
  Zukunft der 401
Sonnenkollektoren 348
Sonnenlicht 174, 176, 234, 348
Sonnensystem 16, 99, *167,* 167, 312, 401, 411
  Entstehung 43, 410
  Grenzen 167 f.
  Zukunft 401
Sonnenuntergangsfarbe 175
Sonnenwind *167,* 195
Space Exploration Initiative 281 f., 284
Space shuttle 264
Spielberg, St. 371
Spin-off-Effekte 288
Spiralgalaxie *70*
Stern, A. 158
Sternschnuppe 314
Stickney-Krater 308
Stickoxide 176
Stickstoff 160, 176, 361
Stickstoffvulkan 217
Stoiker 48
Super-Rotation 187
Supernova 162, *163,* 164, 401
Surt 214

Tambora 203
Taupo 203
Terraforming 345 ff., 391
Tertullian 35
Tethys *97,* 120
Tharsis-Plateau *206*
Tholin 123, *123,* 125, *126,* 132, 155, 158
Thomas von Aquin 33, 45
Thompson, R. 94, 125
Thoreau, H. D. 380
Titan *16,* 20, 94, 112, *117 f.,* 121 ff., *125,* 140, 157 f., 165, 176, 182, 187
  Eigenschaften 121 ff.
  Radiowellenexperiment 128
Titania *139,* 145
Transportgeschwindigkeit, Entwicklung *412*
Treibhauseffekt *77,* 80, 95, 191, 208, 236, *236,* 239 ff., 327, 343, 351, 354, 359, 384
Treibhausgase 95, 237, 240, 359
Tritium 351
Triton *115, 151,* 153 ff., *154 ff.,* 165, 176, *217*
Trockeneis 247
Truly, R. 23
Tunguska-Ereignis *329*
Turcotte, D. 213

Ulysses 319
Umbriel 145, *145*
Universum, Alter 45
  Arten von 54
Uran 202
Uranus 20, 22, *24,* 98, 100 ff., 107, 112, *142,* 142-147, *149*
  Atmosphäre 182
  Eigenschaften 143 ff.
  Monde *16,* 101 f., *138 ff.,* 147
  Ringe 144 f., *146 f.,* 304
Urknall *42,* 42, 50, 69, 72
Urnebel 160
Utopia Planitia *298*
UV-Strahlung 79, 124 f., 187, 237, 239, 257, 352, 360

V-2-Rakete 384, *385*
Vallis Marineris *250 f., 257*
Vega 161
Vega 1 182, 318
Vega 2 182, 318
Vela *163*
Venera 4 194
Venera 9/10 195
Venera 14 194
Venera 15/16 189, *191*
Venera-Sonden 178
Venus 16, 23, 35, 82, 94, 136, 185 ff., *186 ff.,* 208ff., *209 ff.,* 345
  Atmosphäre 176, 180 f., 186 ff., 213, 240, 356
  Oberflächenformen 208 ff.
  Phasen 35
  Radarkarte *190*
  Radarkartierung 188 f.
  Temperatur 194, 208
  Topographie 188
  Treibhauseffekt 240, *241,* 355 f., 357
  Umgestaltung 357 ff.
Verdichtungsscheibe 161 f., *161,* 308
Verdichtungswolke *405*
Vesuv 200
Veverka, J. 123
Viking 1 179, *247,* 248, 258, *259*
Viking 2 248, *298*
Viking-Mission 14, *238,* 255 ff.
Virgo-Haufen *71*
Virtual Reality 266, 392
Völkerwanderung 11 f.
Voyager 1 20 ff., 38, 99, 107 ff., 112, 124 f., 167 ff., 214, 231, 306
Voyager 2 20, 99 f., 102, 107 ff., 112, 124, *138,* 146, 151 ff., 167 ff., 214, 231, 306, 319
Voyager-Flugbahnen *101*
  Mission 107-114
  Sonden, Funktionsweise 108 ff., *109*
Vulkane 199, *202,* 208, 212 f., 216
  Alter 207
Vulkanismus, planetarischer 199 ff.

Washington, Sat-Bild *91*
Wasser, 249
Wasserdampf 80, *81,* 142, 191

Wasserstoff 142, 153, 180 f., 348, 410
schwerer 351
Wedellmeer, Sat-Bild *87*
Weißer Zwerg 164
Wellenlänge 174 ff.
Weltraumkolonien 400, 404
Weltraumorganisationen 291
Westeuropa, Sat-Bild *84*
Wettersatelliten 98
Wiesner, J. 224
Williamson, J. 345 ff., 350
Wochentage, Namensgebung 137
Wolszczan, A. 163
Wostok 1 173
Wotan 137

Xenophanes 38

Yukatán 325

Zeitdilatation 46
Ziolkowskij, K. 330, 347, 383 f., 401
Zivilisationen, fremde 368, 386 f., 401 ff., 410

Zum Autor

Carl Sagan hat im amerikanischen Weltraumforschungsprogramm von Beginn an eine bedeutende Rolle gespielt. Seit den fünfziger Jahren wies er als Berater der NASA die Apollo-Astronauten vor ihrem Flug zum Mond ein und führte bei den *Mariner-, Viking-, Voyager- und Galileo*-Expeditionen zu den Planeten unseres Sonnensystems Experimente durch. In diesem Rahmen war er auch an der Vorbereitung der ersten erfolgreichen Planetenmission, *Mariner 2,* beteiligt. Maßgeblich wirkte er auch bei der Lösung der Rätsel um die Ursachen der hohen Temperatur auf Venus (Antwort: massiver Treibhauseffekt), der jahreszeitlich bedingten Veränderungen auf Mars (Antwort: vom Wind hochgewirbelter Staub) und des roten Dunstes auf Titan (Antwort: komplexe organische Moleküle) mit.

Sagan ist einer der ersten, die auf die globalen Folgen eines Nuklearkriegs aufmerksam gemacht haben, ein Pionier bei der Suche nach Leben auf anderen Planeten, bei dem Aufspüren von Funksignalen außerirdischer Intelligenzen und in der Laborforschung zum Ursprung des Lebens.

Die Erforschung des Sonnensystems

Die ersten Erfolge

Sowjetunion/Rußland

1970

1970 Erste Robotermission bringt Proben von einer anderen Welt auf die Erde (*Luna 16*/Mond)

1970 Erstes Geländefahrzeug auf einer anderen Welt (*Luna 17*/Mond)

1971 Erste weiche Landung auf einem anderen Planeten (*Mars 3*/Mars)

1972 Erste wissenschaftlich erfolgreiche Landung auf einem anderen Planeten (*Venera 8*/Venus)

1980

1980/1981 Erster ununterbrochener Weltraumflug von rund einem Jahr Dauer (entspricht der Flugzeit zum Mars) *(Sojus 35)*

1983 Erste komplette Radarkarte aus dem Orbit eines anderen Planeten (*Venera 15*/Venus)

1985 Erste Ballonstation in der Atmosphäre eines anderen Planeten errichtet (*Vega 1*/Venus)

1986 Erste Annäherung an einen Kometen (*Vega 1*/Halleyscher Komet)

1986 Erste Raumstation wird von mehreren Besatzungen im Rotationssystem belegt *(Mir)*